普通高等教育
“十三五”规划教材

Revit JICHU JIAOCHENG

Revit 基础教程

主 编 黄亚斌
副主编 徐立兵 周星星

中国水利水电出版社
www.waterpub.com.cn
·北京·

内 容 提 要

本书是柏慕进业公司针对各大高校在开展 Autodesk Revit 软件课程学习而编写的基于 Revit 的基础教程，主要包含初级课程和中高级课程两个方面的内容。读者通过简单的初级到中高级阶段的学习，可以在短时间内熟练地掌握 Revit 相关的知识和技巧。本书主要是针对 Revit 建筑专业的学习，实践性极强。通过对本书的学习，Revit 初学者能够顺利、快速地掌握此软件，并为此软件与其他 BIM 流程的衔接打下基础。

本书可作为建筑师、在校相关专业师生、三维设计爱好者等的自学用书，也可作为高等院校相关课程的教材。

本书配套的教学案例文件可在 http：//www.waterpub.com.cn/softdown 免费下载。

图书在版编目（CIP）数据

Revit基础教程 / 黄亚斌主编. -- 北京 : 中国水利水电出版社, 2017.2（2022.7重印）
普通高等教育“十三五”规划教材
ISBN 978-7-5170-5054-4

Ⅰ. ①R… Ⅱ. ①黄… Ⅲ. ①建筑设计－计算机辅助设计－应用软件－高等学校－教材 Ⅳ. ①TU201.4

中国版本图书馆CIP数据核字(2016)第321962号

书 名	普通高等教育“十三五”规划教材 **Revit 基础教程** Revit JICHU JIAOCHENG
作 者	主编 黄亚斌 副主编 徐立兵 周星星
出版发行	中国水利水电出版社 （北京市海淀区玉渊潭南路 1 号 D 座 100038） 网址：www.waterpub.com.cn E-mail：sales@waterpub.com.cn 电话：（010）68367658（营销中心）
经 售	北京科水图书销售中心（零售） 电话：（010）88383994、63202643、68545874 全国各地新华书店和相关出版物销售网点
排 版	中国水利水电出版社微机排版中心
印 刷	天津久佳雅创印刷有限公司
规 格	210mm×285mm 16 开本 13.5 印张 409 千字
版 次	2017 年 2 月第 1 版 2022 年 7 月第 3 次印刷
印 数	5001—7000 册
定 价	**48.00** 元

凡购买我社图书，如有缺页、倒页、脱页的，本社营销中心负责调换

版权所有·侵权必究

本书编委会

主　编：黄亚斌

副主编：徐立兵　北京柏慕进业工程咨询有限公司
　　　　周星星　北京柏慕进业工程咨询有限公司

参　编：潘学忠　贵州大地建设集团
　　　　乔晓盼　北京柏慕进业工程咨询有限公司
　　　　文晓琳　沈阳汇众志远工程咨询有限公司
　　　　余兴敏　深圳前海柏慕工程顾问有限公司
　　　　谢晓磊　北京柏慕进业工程咨询有限公司
　　　　吕　朋　北京柏慕进业工程咨询有限公司
　　　　闵庆洋　北京柏慕进业工程咨询有限公司
　　　　曾新玲　深圳市国晨工程造价咨询有限公司
　　　　高文俊　北京柏慕进业工程咨询有限公司
　　　　杨正茂　贵州建工集团第四建筑工程有限责任公司
　　　　李广欣　北京柏慕进业工程咨询有限公司
　　　　赵阳　　北京柏慕进业工程咨询有限公司
　　　　边军辉　贵州工商职业学院
　　　　何玓仪　贵州工商职业学院
　　　　李瑞颖　北京柏慕进业工程咨询有限公司
　　　　李　浩　青岛万达东方影都投资有限公司
　　　　吴云翠　北京柏慕进业工程咨询有限公司

前 言

近两年来，国家及各省的BIM标准及相关政策相继推出，这对BIM技术在国内的快速发展奠定了良好的环境基础。2015年6月由中华人民共和国住房和城乡建设部发布的《关于推进建筑信息模型应用的指导意见》是第一个国家层面的关于BIM应用的指导性文件，充分肯定了BIM应用的重要意义。

越来越多的高校对BIM技术有了一定的认识并积极进行实践，尤其是一些科研型的院校首当其冲，但是BIM技术最终的目的是要在实际项目中落地应用，想要让BIM真正能够为建筑行业带来价值，就需要大量的BIM技术相关人才。BIM人才的建设也是建筑类院校人才培养方案改革的方向，但由于高校课改相对BIM的发展较慢，BIM相关人才相对紧缺，而柏慕进业长期致力于BIM技术及相关软件应用培训在高校的推广，所以我们提出以下方案：先学习BIM概论、认识BIM在项目管理全过程中的应用；再结合本专业人才培养方案改革的方向与核心业务能力进行BIM技术相关的应用能力的培养。

为了更好的在高校推广BIM技术及相关软件应用培训，培养更多的BIM技术相关人才，柏慕进业推出了《Revit基础教程》。《Revit基础教程》基于"教、学、做一体化，以任务为导向，以学生为中心"的课程设计理念编写，符合现代职业能力的迁移理念。本书分为初级和中高级两大部分，一共十六个章节。通过这十六个章节的学习，读者可以在短时间内熟练的掌握Revit相关的知识和技巧。本书主要是针对Revit建筑专业的学习，实践性极强。通过对本书的学习，Revit初学者能够顺利、快速地掌握此软件，并为此软件与其他BIM流程的衔接打下基础。

除了本书的编委，也要感谢柏慕进业的所有工作人员，感谢深圳市国晨工程造价咨询有限公司、深圳前海柏慕工程顾问有限公司、沈阳汇众志远工程咨询有限公司、青岛万达东方影都投资有限公司等合作企业，感谢他们的大力参与和支持，把实际项目中总结的经验无私的分享给读者。

北京柏慕进业工程咨询有限公司创立于2008年，公司致力于以BIM技术应用为核心的建筑设计及工程咨询服务，主要业务有BIM咨询、BIM培训、柏慕产品研发、BIM人才培养。前后为国内外千余家地产商、设计院、施工单位、机电安装公司、工程总包、工程咨询、工程管理公司、物业管理公司等各类建筑企业提供 BIM 项目咨询及培训服务，完成各类 BIM 咨询项目百余个，具备丰富的 BIM 项目应用经验。同时，柏慕进业是 Autodesk 官方教材、广联达 BIM 官方教材编写单位，Autodesk ATC 授权培训中心，至今已出版 80 余本 BIM 相关书籍，与百余所院校达成校企合作。

由于时间紧迫，加之作者水平有限，书中难免有疏漏之处，还请广大读者谅解并指正。

官方微信号：baimujinye

欢迎广大读者朋友来访交流，请咨询北京柏慕进业公司北京总部（电话：010-84852873 或 010-8485，地址：北京市朝阳区农展馆南路 13 号瑞辰国际中心 1805 室）。或加柏慕官方微信，搜索公众号“柏慕进业”，或登录柏慕官方网站（www.51bim.com）了解更多关于 BIM 的资讯。

目 录

前言

初级课程阶段 ······ 1

第 1 章 Autodesk Revit 基础知识 ······ 1

1.1 Autodesk Revit 2015 的安装与启动 ······ 1
1.2 软件概述 ······ 10
1.3 工作界面介绍与基本工具应用 ······ 15

第 2 章 标高与轴网 ······ 25

2.1 标高 ······ 25
2.2 轴网 ······ 29

第 3 章 柱、梁和结构构件 ······ 34

3.1 绘制柱 ······ 34
3.2 绘制梁 ······ 37
3.3 绘制结构构件 ······ 39

第 4 章 墙体与门窗 ······ 41

4.1 墙体 ······ 41
4.2 门窗 ······ 50

第 5 章 楼板与天花板 ······ 55

5.1 楼板 ······ 55
5.2 天花板 ······ 59

第 6 章 屋顶与洞口 ······ 64

6.1 屋顶 ······ 64
6.2 洞口 ······ 73

第 7 章　楼梯、扶手与坡道……77
7.1　楼梯……77
7.2　扶手……83
7.3　坡道……87
第 8 章　房间与面积……91
8.1　房间……91
8.2　面积……94
第 9 章　场地……99
9.1　创建场地……99
9.2　场地构件与建筑红线……103
中高级课程阶段……108
第 10 章　组与链接……108
10.1　组……108
10.2　链接……114
第 11 章　建筑平立剖出图……117
11.1　平面图出图……117
11.2　立面图、剖面图出图……125
第 12 章　成果输出与明细表……133
12.1　图纸设置与制作……133
12.2　图纸导出与打印……138
12.3　明细表……142
第 13 章　渲染与漫游……151
13.1　渲染……151
13.2　漫游……154
第 14 章　族与体量……163
14.1　族概述……163
14.2　族案例……176
14.3　体量……197

初级课程阶段

第 1 章　Autodesk Revit 基础知识

1.1　Autodesk Revit 2015 的安装与启动

1.1.1　Autodesk Revit 2015 的安装

打开解压好的 Autodesk Revit 2015 安装包，双击“Setup.exe”文件，进入安装程序界面，如图 1.1-1 所示。

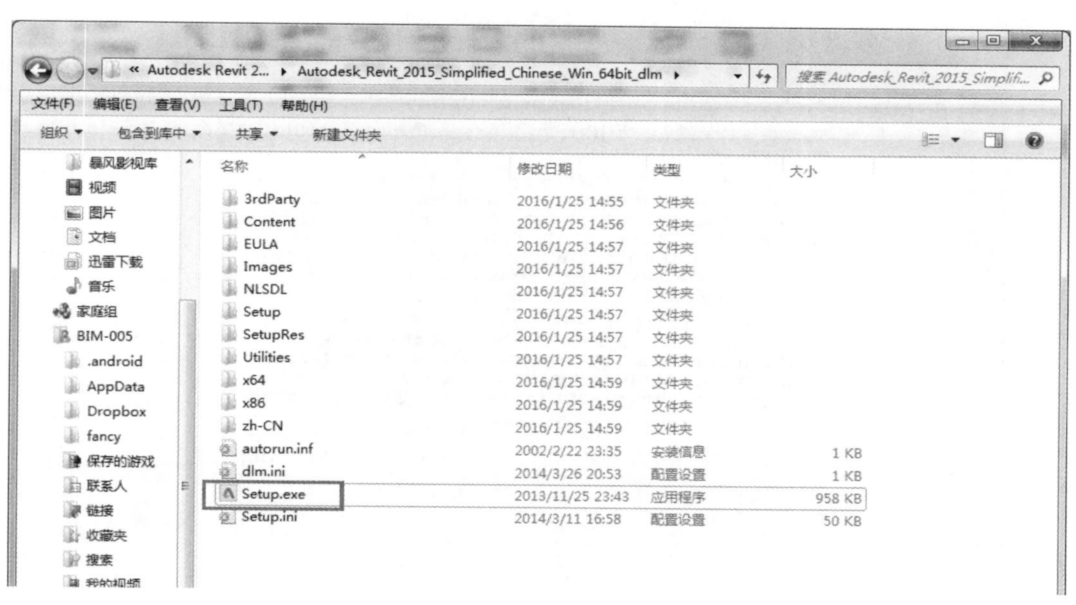

图 1.1–1

在安装程序界面单击“安装”命令，如图 1.1-2 所示。

图 1.1–2

在弹出的界面中选择“我接受”，然后单击“下一步”按钮，如图 1.1-3 所示。

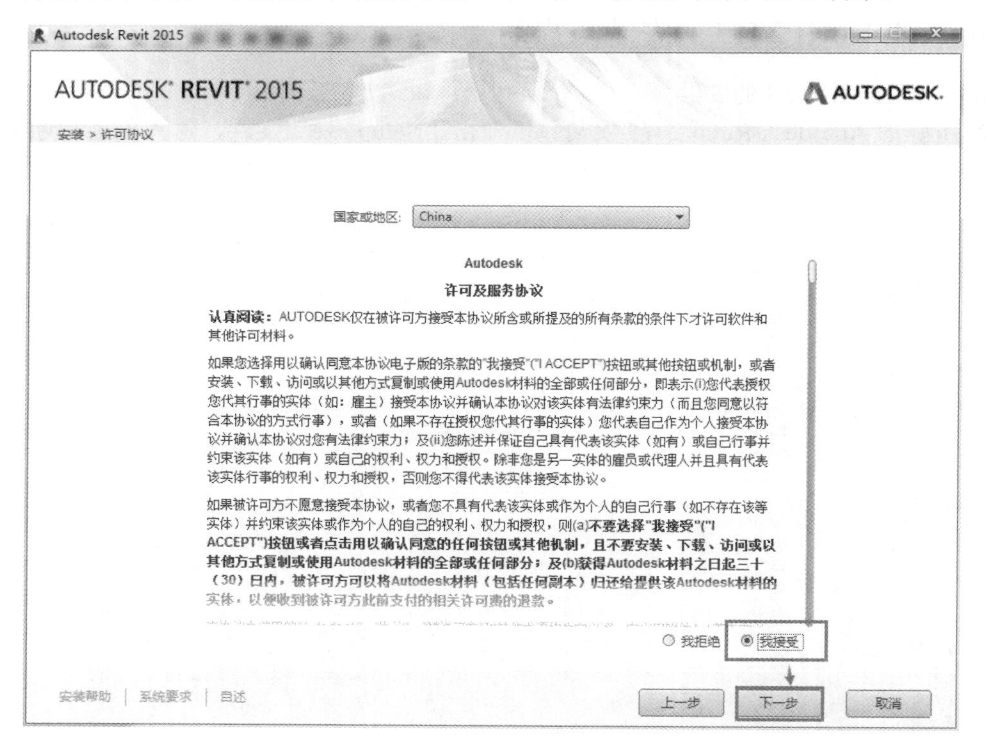

图 1.1–3

在“许可类型”中选择“单机”，在“产品信息”中选择“我有我的产品信息”，输入序列号：“666-69696969”，产品密钥：“829G1”，单击“下一步”，如图 1.1-4 所示。

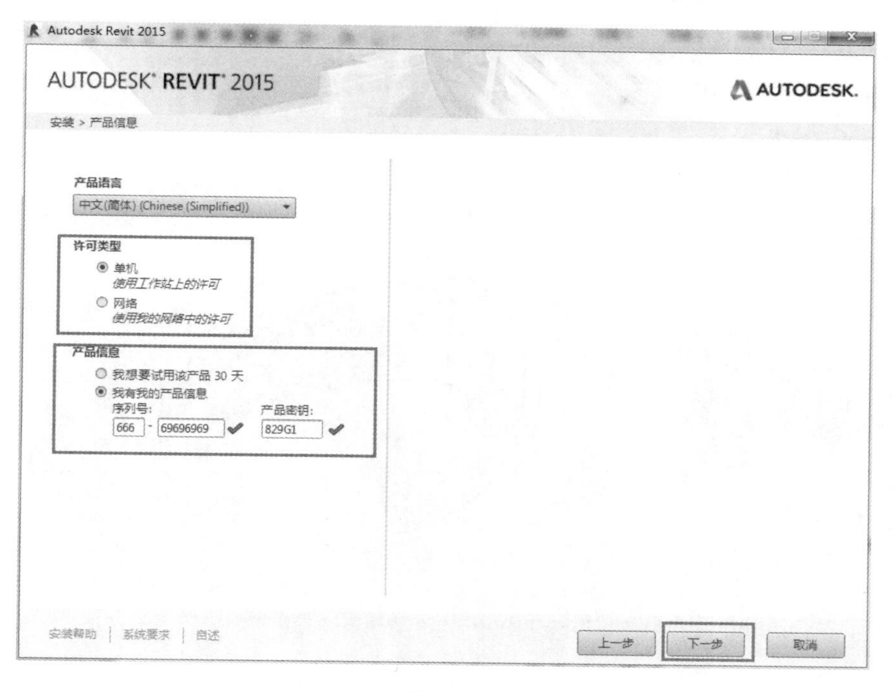

图 1.1–4

在弹出的界面中可以对所要安装的程序和安装的路径进行设置，设置完成后单击“安装”，如图 1.1-5 所示。

【注意】 安装时安装路径中不能包含有中文文件名称，否则将导致安装失败。

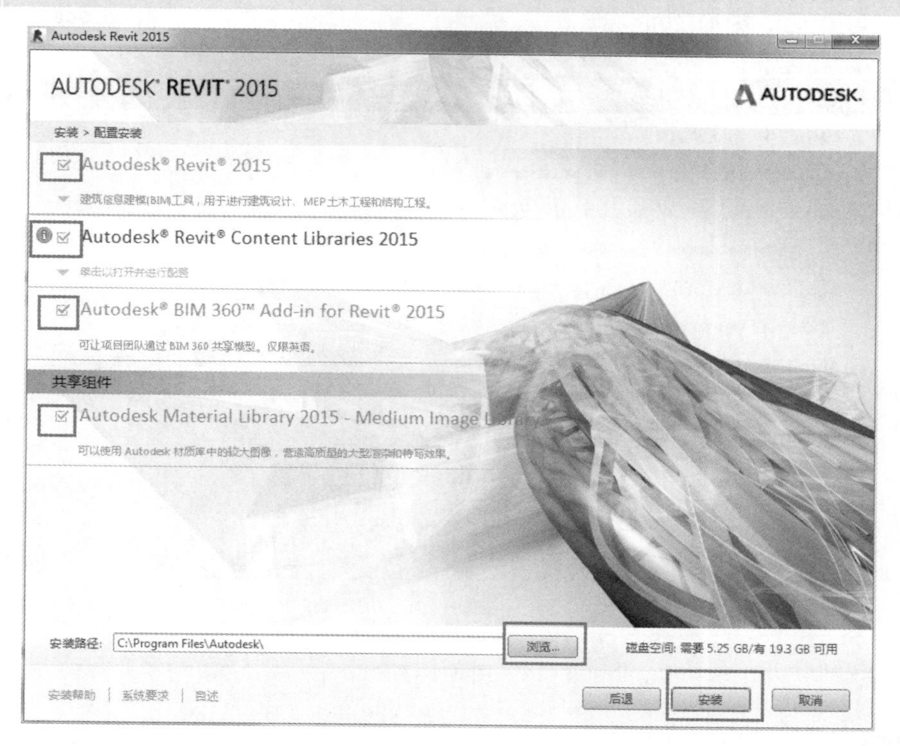

图 1.1–5

单击“安装”后，进入如图 1.1-6 所示的界面并等待，直至安装结束。

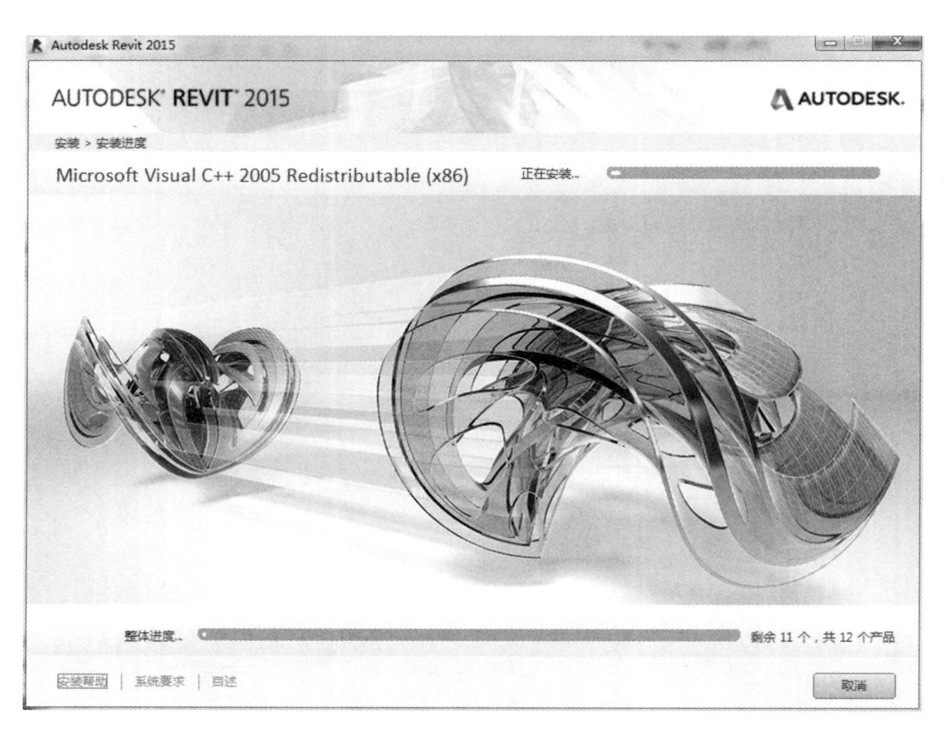

图 1.1–6

安装完成后弹出如图 1.1-7 所示界面，单击“完成”。

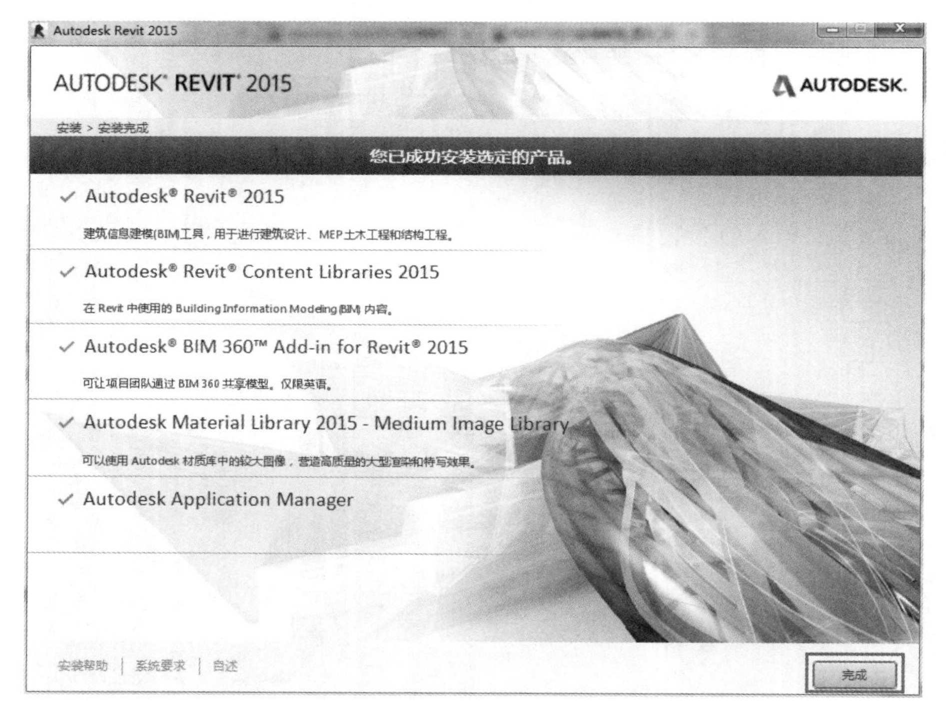

图 1.1–7

1.1.2 Autodesk Revit 的启动与激活

断开网络连接后在桌面双击 Revit 2015 的快捷方式启动 Revit 2015，进入激活许可界面，选择“我已阅读”，然后单击“我同意”，如图 1.1-8 所示。

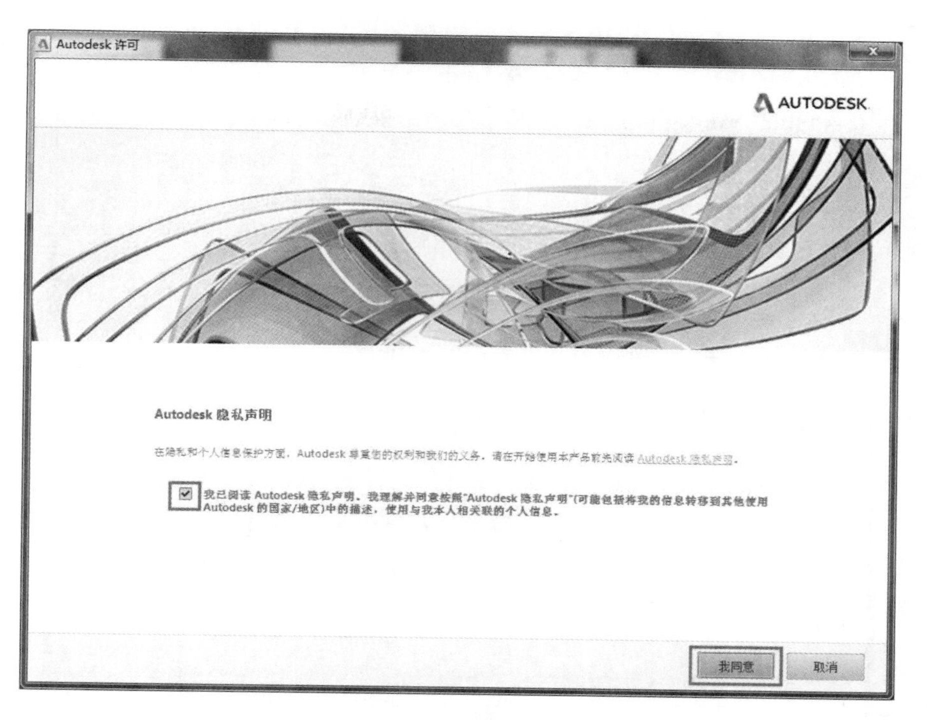

图 1.1–8

在弹出的界面中单击“激活”按钮，然后勾选“使用脱机方法申请激活码”，单击“下一步”，如图 1.1-9 和图 1.1-10 所示。

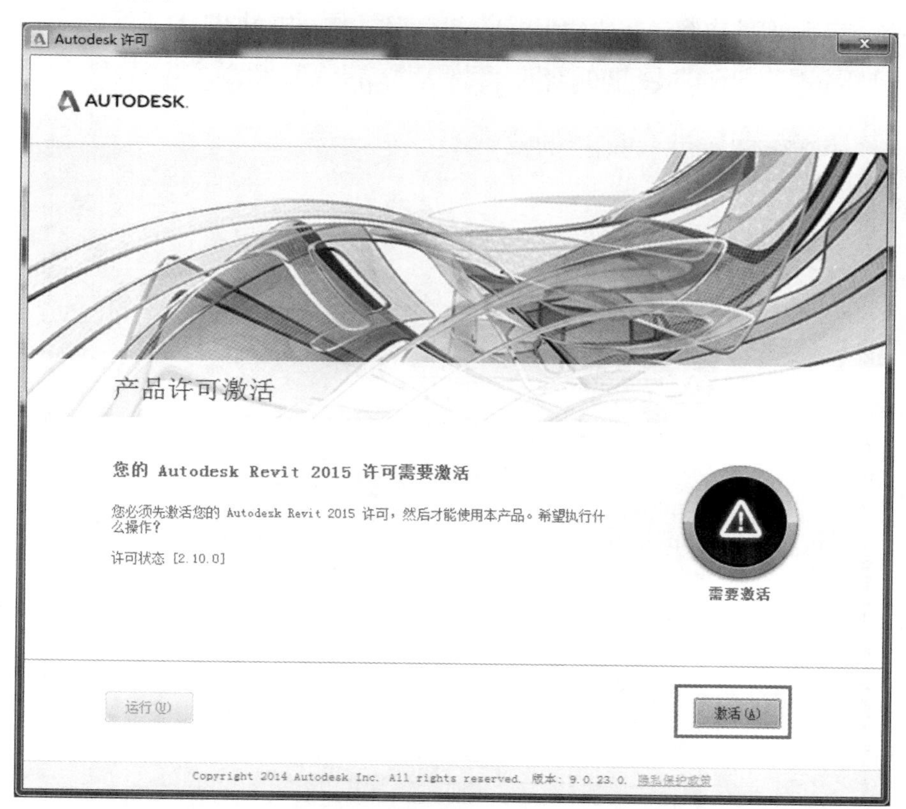

图 1.1–9

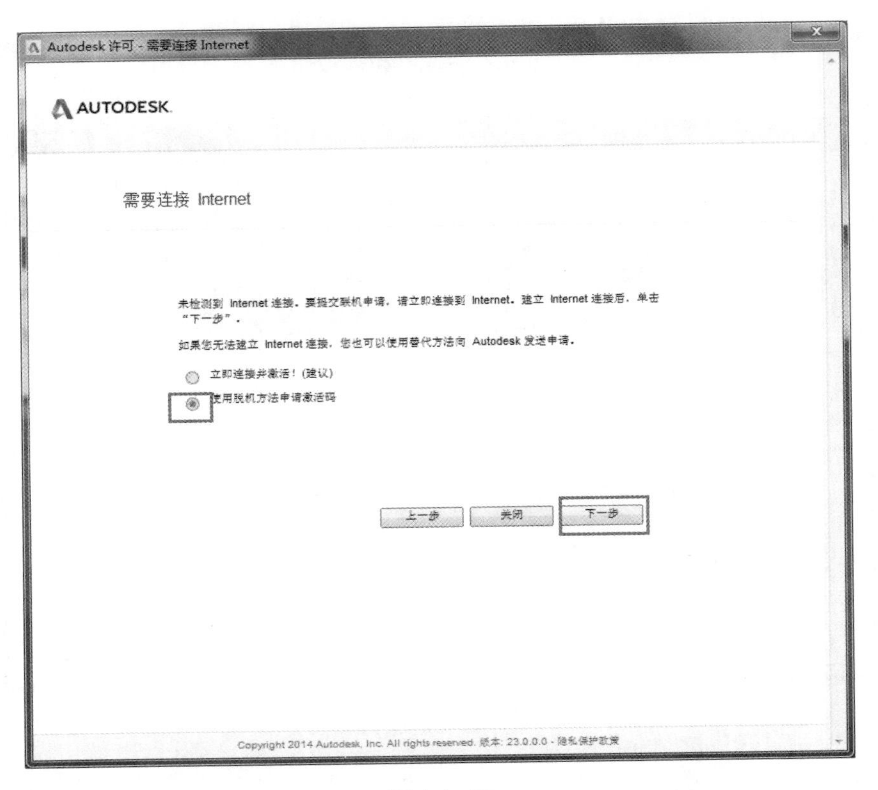

图 1.1–10

选择“申请号”后面的内容，按“Ctrl+C”组合键复制，如图 1.1-11 所示。

图 1.1–11

打开 Revit 2015 注册机文件夹，然后右键单击“Autodesk 2015_x64”，选择“以管理员身份运行”命令，如图 1.1-12 所示。

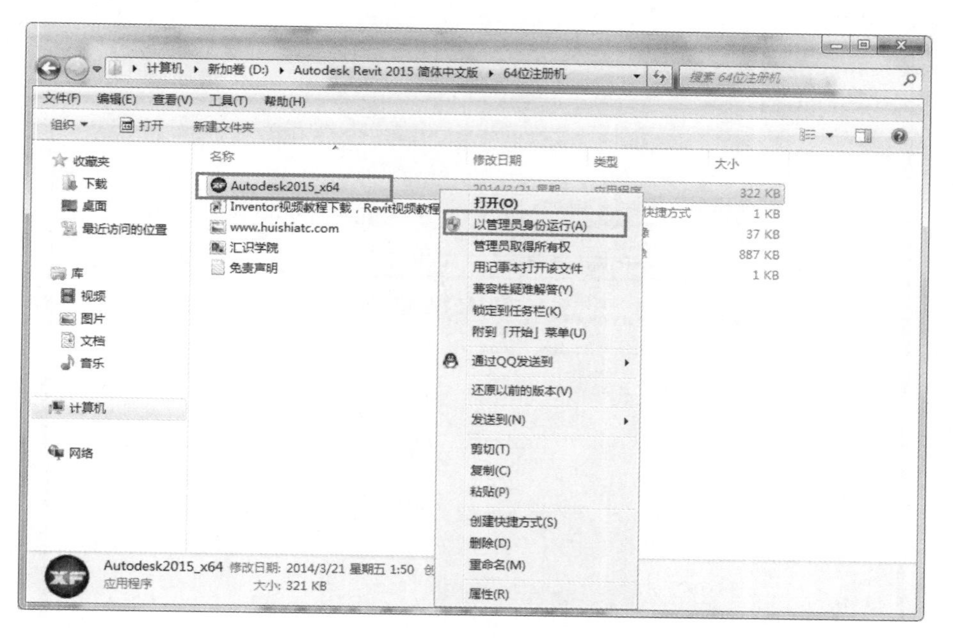

图 1.1–12

在弹出的对话框中将之前的“申请码”复制到“Request”一栏中，然后单击“Patch”按钮，如图 1.1-13 所示，此时会弹出如图 1.1-14 所示的对话框，单击“确定”。

图 1.1–13

图 1.1–14

然后选中“Activation”栏中所有的内容，“Ctrl+C”复制，如图 1.1-15 所示。

图 1.1–15

回到软件激活界面，单击“上一步”，在弹出的对话框中再次单击“上一步”，如图 1.1-16 和图 1.1-17 所示。

Autodesk 许可 - 脱机激活申请
AUTODESK.
脱机激活申请
产品: Autodesk Revit 2015
序列号: 666-69696969
产品密钥: 829G1
申请号: RS9H C7V5 EKQR 50D8 NZQV 9XYL J4ZH 9ZLZ
使用可访问 Internet 的计算机并通过填写以下申请表来申请产品许可的激活码。请准备好提供产品名称、序列号、产品密钥和申请号(上述)。
http://www.autodesk.com/productlicensesupport_sc
上一步
关闭
Copyright 2014 Autodesk, Inc. All rights reserved. 版本: 23.0.0.0 - 隐私保护政策

图 1.1–16

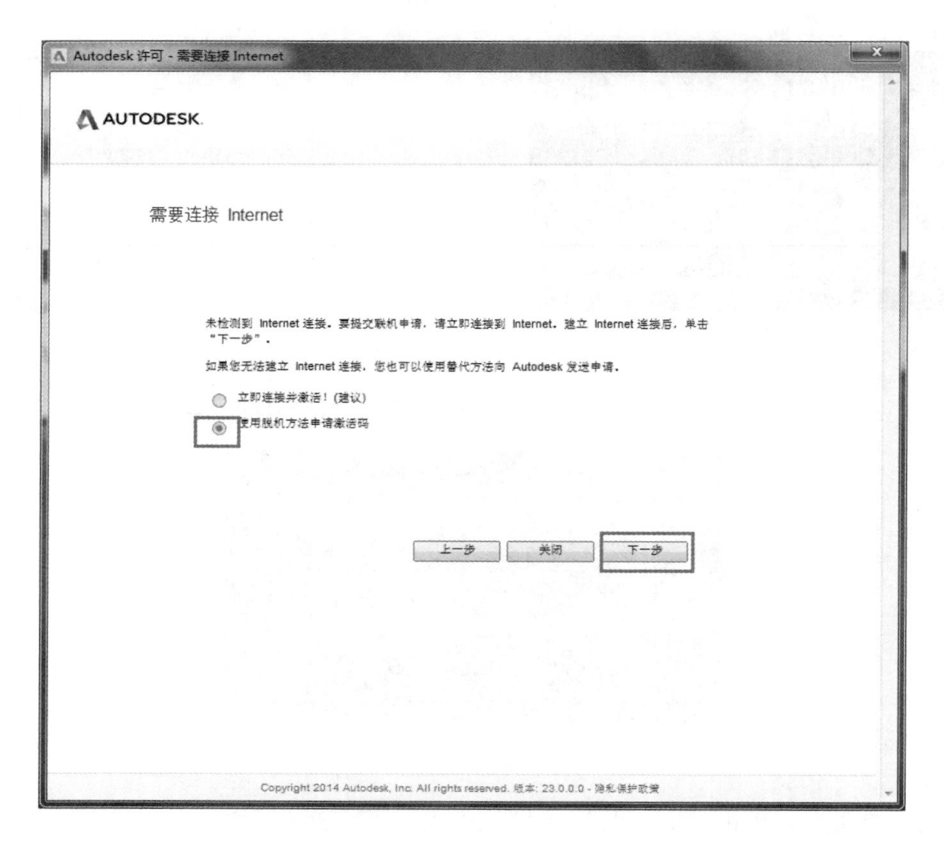
Autodesk 许可 - 需要连接 Internet
AUTODESK.
需要连接 Internet
未检测到 Internet 连接。要提交联机申请，请立即连接到 Internet。建立 Internet 连接后，单击“下一步”。
如果您无法建立 Internet 连接，您也可以使用替代方法向 Autodesk 发送申请。
立即连接并激活！(建议)
使用脱机方法申请激活码
上一步
关闭
下一步
Copyright 2014 Autodesk, Inc. All rights reserved. 版本: 23.0.0.0 - 隐私保护政策

图 1.1–17

然后再次单击“激活”，如图 1.1-18 所示，在弹出的对话框中选择“我具有 Autodesk 提供的激活码”，然后将激活码复制到下方的表格中，单击“下一步”，如图 1.1-19 所示。

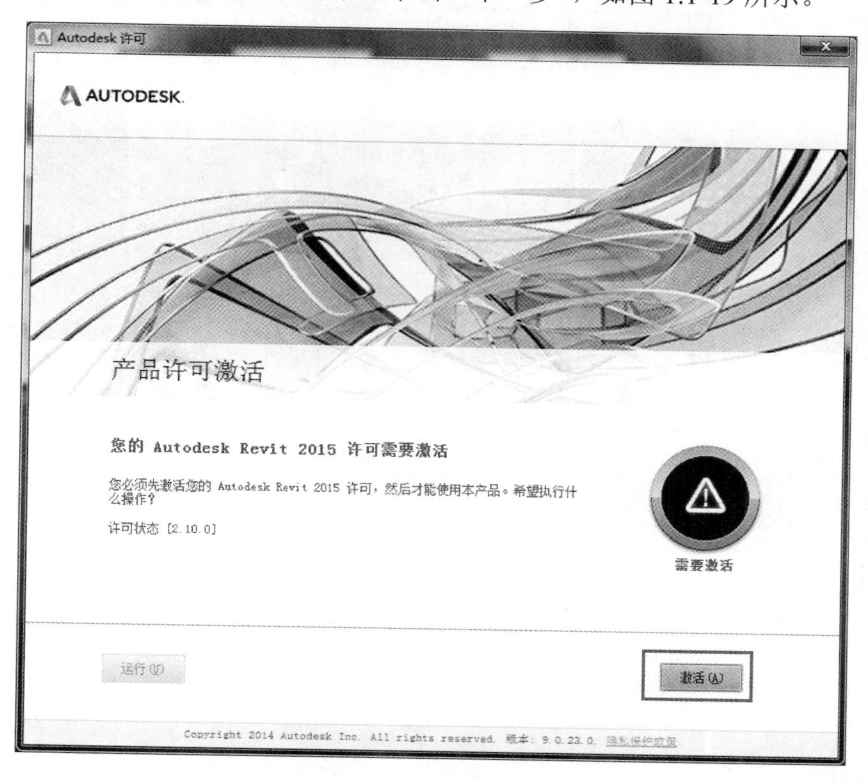

图 1.1-18

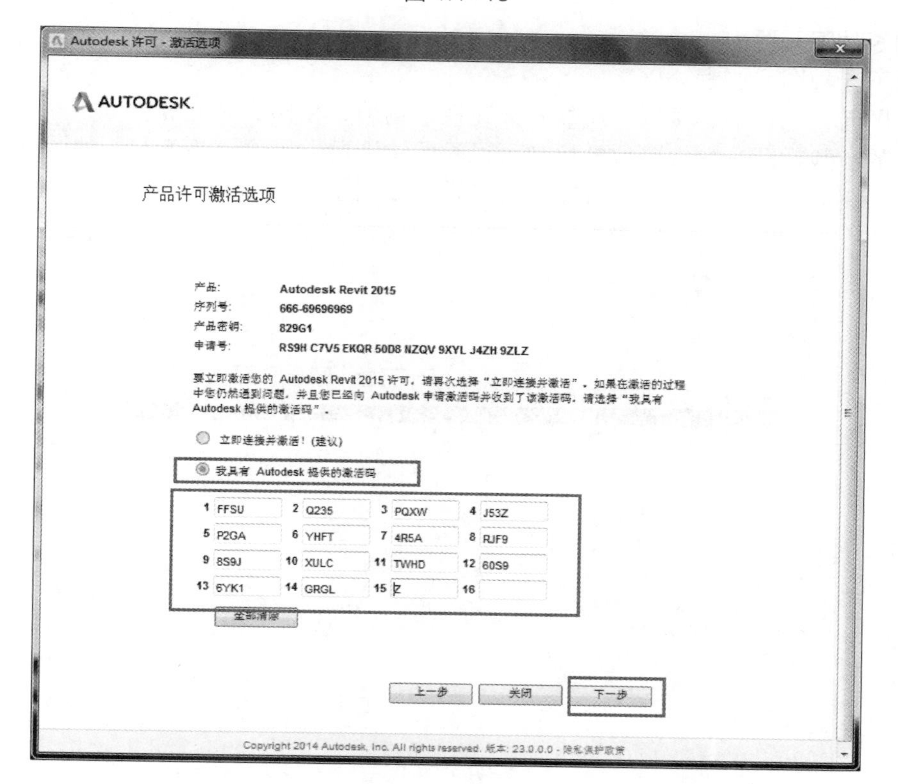

图 1.1-19

单击“完成”按钮，完成注册，如图 1.1-20 所示。

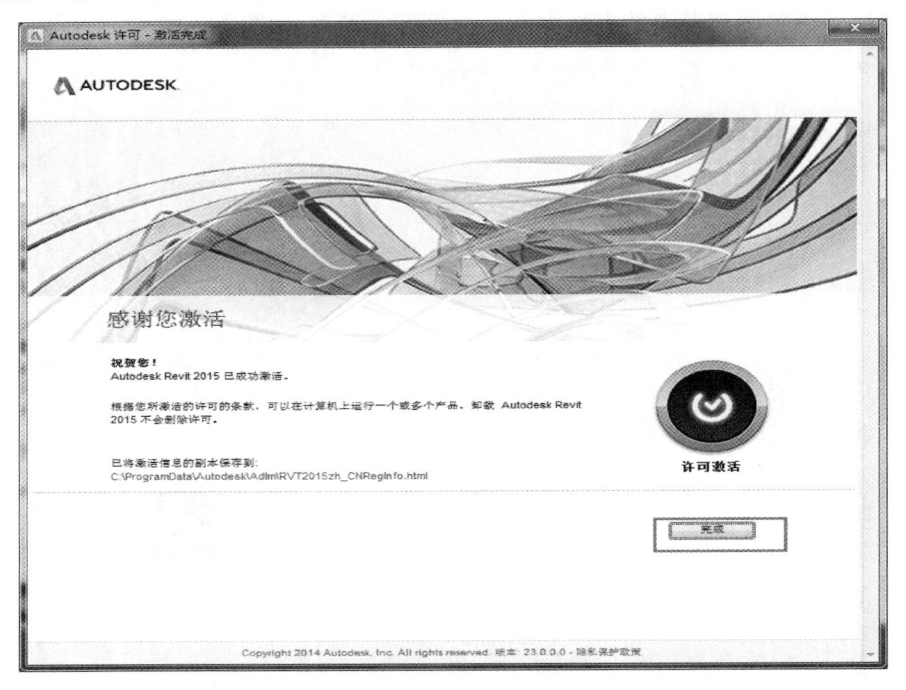

图 1.1-20

1.2 软件概述

1.2.1 软件的 5 种图元要素

软件有以下 5 种图元要素。

（1）主体图元：包括墙、楼板、屋顶和天花板、场地、楼梯、坡道等。

主体图元的参数设置，如大多数的墙都可以设置构造层、厚度、高度等，如图 1.2-1 所示。楼梯都具有踏面、踢面、休息平台、梯段宽度等参数，如图 1.2-2 所示。

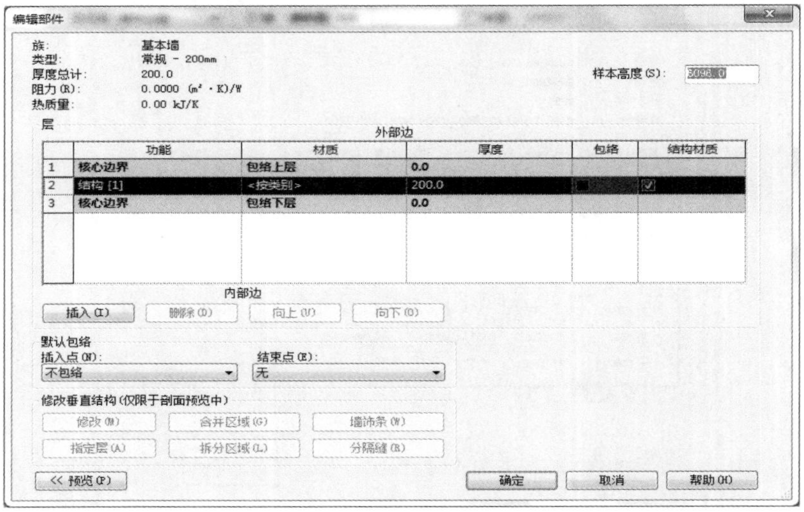

图 1.2-1

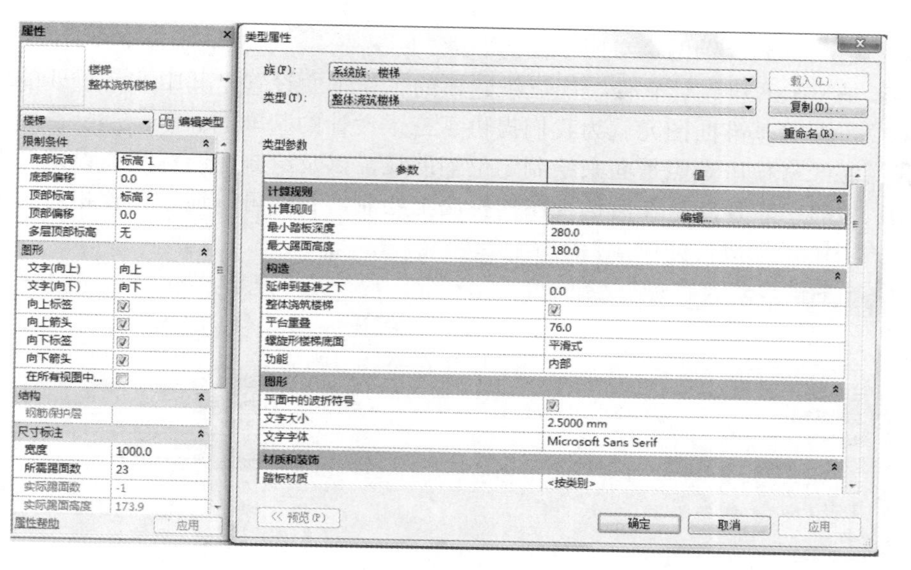

图 1.2–2

主体图元的参数设置由软件系统预先设置，用户不能自由添加参数，只能修改原有的参数设置，编辑创建出新的主体类型。

（2）构件图元：包括窗、门和家具、植物等三维模型构件。

构件图元和主体图元具有相对的依附关系，如门窗是安装在墙主体上的，删除墙，则墙体上安装的门窗构件也同时被删除，这是 Revit 软件的特点之一。

构件图元的参数设置相对灵活，变化较多，所以在 Revit 中，用户可以自行定制构件图元，设置各种需要的参数类型，以满足参数化设计的修改需要，如图 1.2-3 所示。

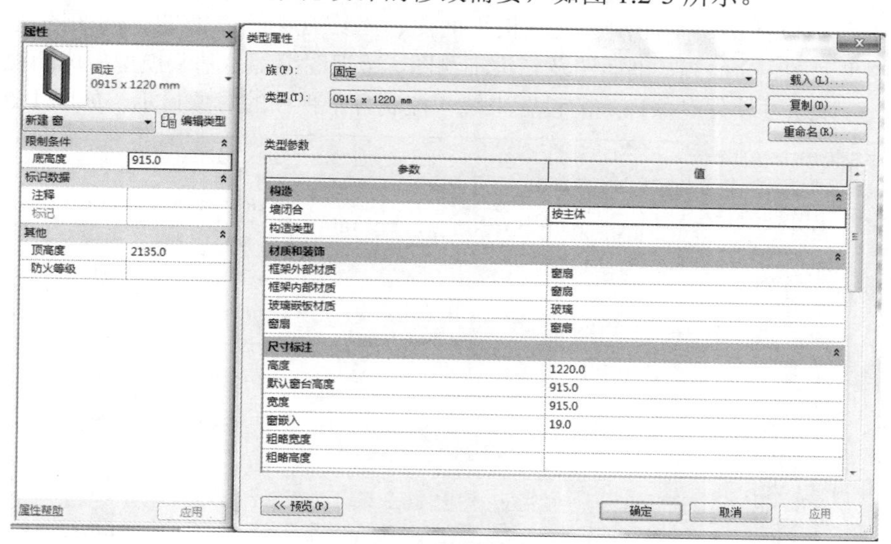

图 1.2–3

（3）注释图元：包括尺寸标注、文字注释、标记和符号等。

注释图元的样式都可以由用户自行定制，以满足各种本地化设计应用的需要，比如展开项目浏览器的族中注释符号的子目录，即可编辑修改相关注释族的样式，如图 1.2-4 所示。

Revit 中的注释图元与其标注、标记的对象之间具有某种特定的关联的特点，如门窗定位的尺寸标注，若修改门窗位置或门窗大小，其尺寸标注会根据系统情况自动修改；若修改墙体材料，则墙体材料的材质标记会自动变化。

（4）图元：包括标高、轴网、参照平面等。

因为 Revit 是一款三维设计软件，而三维建模的工作平面设置是其中非常重要的环节，所以标高、轴网、参照平面等基准面图元就为我们提供了三维设计的基准面。

此外，我们还经常使用参照平面来绘制定位辅助线，以及绘制辅助标高或设定相对标高偏移来定位，如绘制楼板时，软件默认在所选视图的标高上绘制，我们可以通过设置相对标高偏移值来调整，如卫生间的下降楼板等，如图 1.2-5 所示。

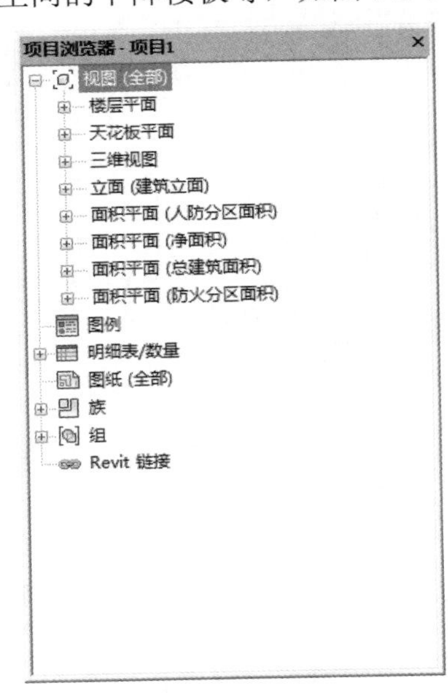

图 1.2-4

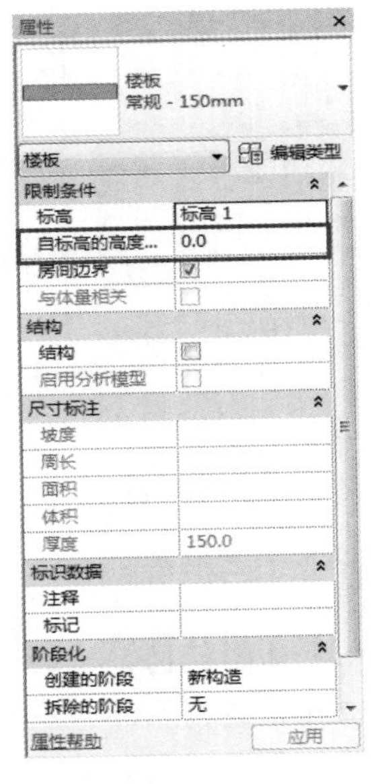

图 1.2-5

（5）视图图元：包括楼层平面图、天花板平面图、三维视图、立面图、剖面图及明细表等。

视图图元的平面图、立面图、剖面图及三维轴测图、透视图等都是基于模型生成的视图表达，它们是相互关联的，可以通过软件对象样式的设置来统一控制各个视图的对象显示，如图 1.2-6 所示。

图 1.2-6

每一个平面、立面、剖面视图都具有相对的独立性，如每一个视图都可以设置其独有的构件，可见性设置、详细程度、出图比例、视图范围设置等，这些都可以通过调整每个视图的视图属性来实现，如图 1.2-7 所示。

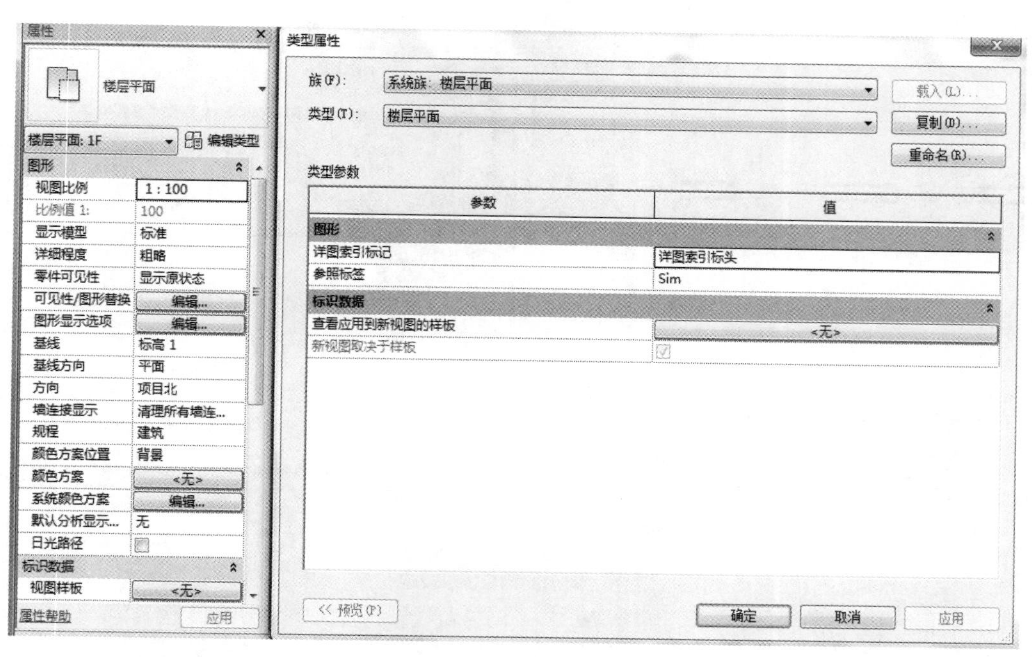

图 1.2–7

Revit Architecture 软件的基本构架就是由以上 5 种图元要素构成的。对以上图元要素的设置、修改及定制等操作都有相类似的规律，需读者用心体会。

1.2.2 “族”的名词解释和软件的整体构架关系

Autodesk Revit Architecture 作为一款参数化设计软件，族的概念需要深入理解和掌握。通过族的创建和定制，使软件具备了参数化设计的特点及实现本地化项目定制的可能性。族是一个包含通用属性（称作参数）集和相关图形表示的图元组，所有添加到 Revit Architecture 项目中的图元（从用于构成建筑模型的结构构件、墙、屋顶、窗和门到用于记录该模型的详图索引、装置、标记和详图构件）都是使用族来创建的。

在 Autodesk Revit Architecture 中，族有以下 3 种。

（1）内建族：在当前项目中为专有的特殊构件所创建的族，不需要重复利用。

（2）系统族：包含基本建筑图元，如墙、屋顶、天花板、楼板及其他在施工场地使用的图元。标高、轴网、图纸和视口类型的项目和系统设置也是系统族。

（3）标准构件族：用于创建建筑构件和一些注释图元的族，例如窗、门、橱柜、装置、家具、植物和一些常规自定义的注释图元（如符号和标题栏等），它们具有可自定义高度的特征，可重复利用。

在应用 Autodesk Revit Architecture 软件进行项目定制的时候，首先需要了解该软件是一个有机的整体，它的 5 种图元要素之间是相互影响和密切关联的。所以，我们在应用软件进行设计、参数设置及修改时，需要从软件的整体构架关系来考虑。

以窗族的图元可见性、子类别设置和详细程度等设置来说，族的设置与建筑设计表达密切相关。

在制作窗族时，我们通常设置窗框竖梃而且玻璃在平面视图不可见，因为按照中国的制图标准，窗户表达为 4 条细线，如图 1.2-8 所示。

在制作窗族时，我们还需要为每一个构件设置其所属子类别，因为某些时候我们还需要在项目中单独控制窗框、玻璃等构件或符号在视图中的显示，如图 1.2-9 所示。

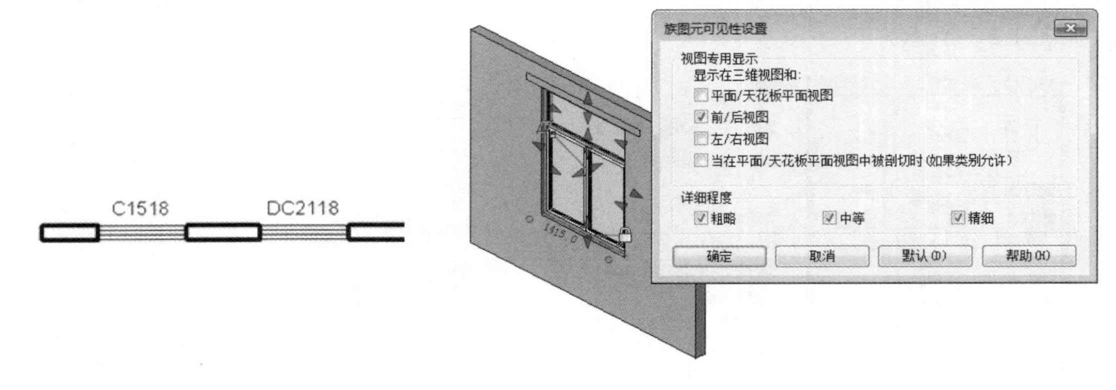

图 1.2-8

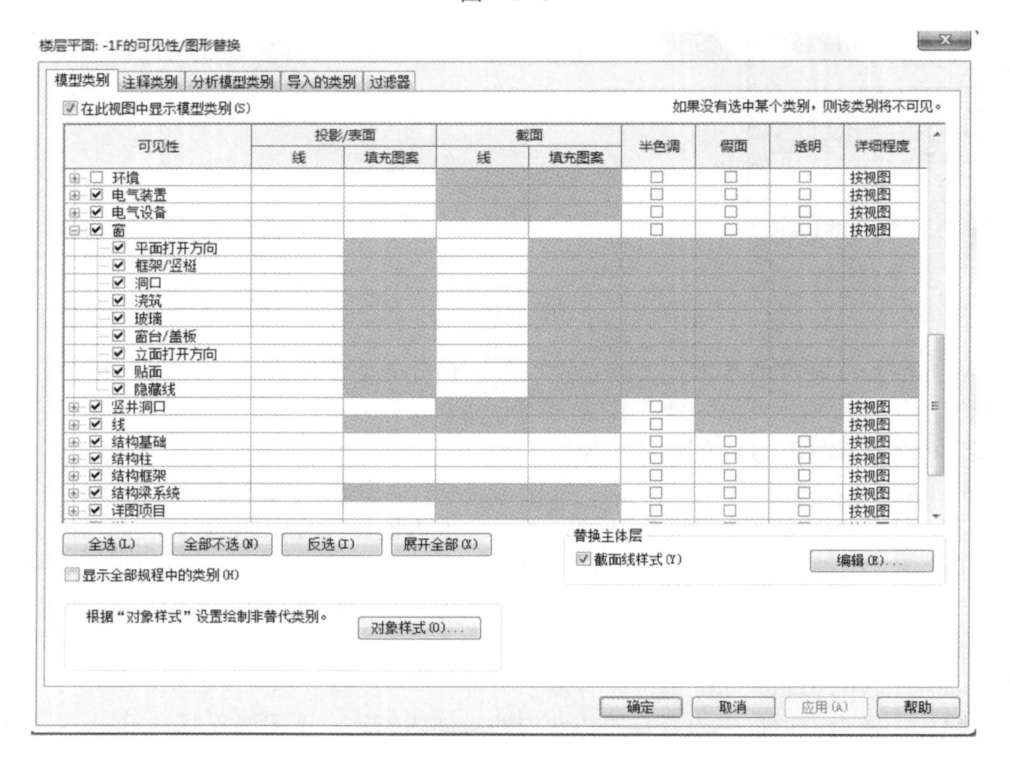

图 1.2-9

此外，在项目中窗的平面表达，在 1∶100 的视图比例和 1∶20 的视图比例中，它们平面显示的要求是不同的，在制作窗族设置详细程度时加以考虑，如图 1.2-10 所示。

在项目中，门窗标记与门窗表，以及族的类型名称也是密切相关的，需要综合考虑。比如在项目图纸中，门窗标记的默认位置和标记族的位置有关，如图 1.2-11 所示。

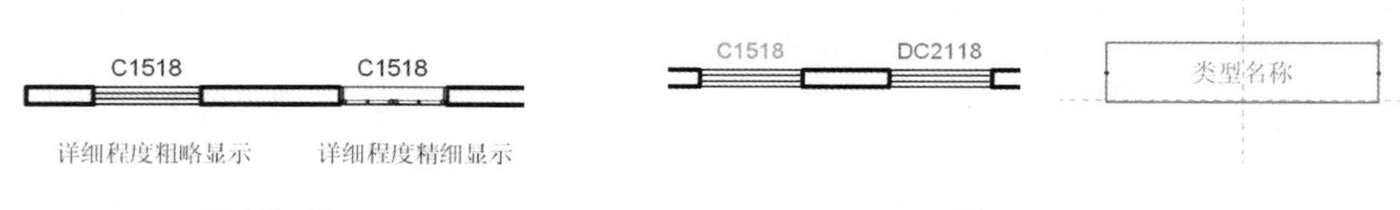

图 1.2-10　　图 1.2-11

标记族选用的标签与门窗表选用的字段有关，如图 1.2-12 所示。

<窗明细表>							
A	B	C	D	E	F	G	H
设计编号	洞口尺寸		参照图集	樘数	备注	类型	樘数
	宽度	高度		标高			总数
C0609	600	900	参照03J603-2	1F	断热铝合金中空玻璃固定窗	C0615	1
C0615	600	1400	参照03J603-2	1F	断热铝合金中空玻璃固定窗	C0615	1
C0625	600	2500	参照03J603-2	1F	断热铝合金中空玻璃固定窗	推拉窗C0624	2
C0823	850	2300	参照03J603-2	1F	断热铝合金中空玻璃固定窗	推拉窗C0624	3
C0915	900	1500	参照03J603-2	1F	断热铝合金中空玻璃推拉窗	C0915	2
C2406	2400	600	参照03J603-2	1F	断热铝合金中空玻璃推拉窗	推拉窗C2406	1
C3423	3400	2300	参照03J603-2	1F	断热铝合金中空玻璃推拉窗	C3415	1
总计：11							11

图 1.2-12

在调用门窗族类型的时候，为了方便从类型选择器中选用门窗，我们需要把族的名称和类型名称定义得直观、易懂。按照中国标准的图纸表达习惯，最好的方式就是把族名称、类型名称与门窗标记族的标签，以及明细表中选用的字段关联起来，作为一个整体来考虑，如图 1.2-13 所示。

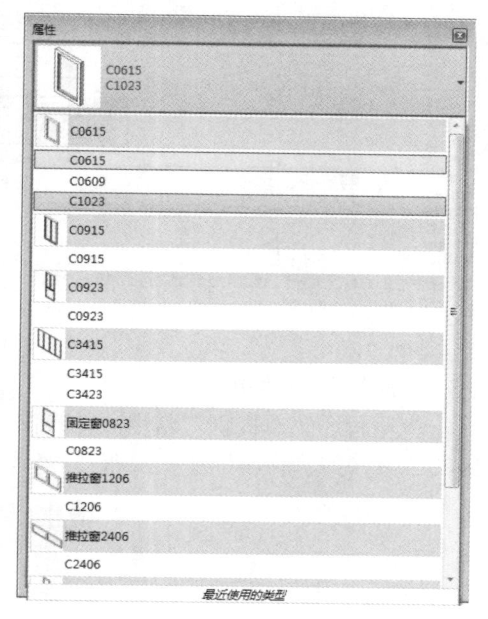

图 1.2-13

1.2.3 Revit Architecture 的应用特点

了解 Revit Architecture 的应用特点，我们才能更好地结合项目需求，做好项目应用的整体规划，避免事后返工。

（1）要建立三维设计和建筑信息模型的概念，创建的模型具有现实意义。比如创建墙体模型，它不仅具有高度，而且具有构造层，有内外墙的差异，有材料特性、时间及阶段信息等，所以，创建模型时，这些都需要根据项目应用加以考虑。

（2）关联和关系的特性。平立剖图纸与模型，明细表的实时关联，即一处修改，处处修改的特性；墙和门窗的依附关系，墙能附着于屋顶楼板等主体的特性；栏杆能指定坡道楼梯为主体、尺寸、注释和对象的关联关系等。

（3）参数化设计的特点。类型参数、实例参数、共享参数等对构件的尺寸、材质、可见性、项目信息等属性的控制。不仅是建筑构件的参数化，而且可以通过设定约束条件实现标准化设计，如整栋建筑单体的参数化、工艺流程的参数化、标准厂房的参数化设计。

（4）设置限制性条件，即约束，如设置构件与构件、构件与轴线的位置关系，设定调整变化时的相对位置变化的规律。

（5）协同设计的工作模式。工作集（在同一个文件模型上协同）和链接文件管理（在不同文件模型上协同）。

（6）阶段的应用引入了时间的概念，实现四维的设计施工建造管理的相关应用。阶段设置可以和项目工程进度相关联。

（7）实时统计工程量的特性，可以根据阶段的不同，按照工程进度的不同阶段分期统计工程量。

1.3 工作界面介绍与基本工具应用

Revit Architecture 2015 界面与以往旧版本的 Revit 软件的界面变化很大，界面变化的主要目的就是为了简化工作流程。在 Revit Architecture 2015 中，只需单击几次，便可以修改界面，从而更好地支持我们的工作，例如，可以将功能区设置为 3 种显示设置之一，还可以同时显示若干个项目视图，或按层次放置视图以便于仅看到最上面的视图，如图 1.3-1 所示。

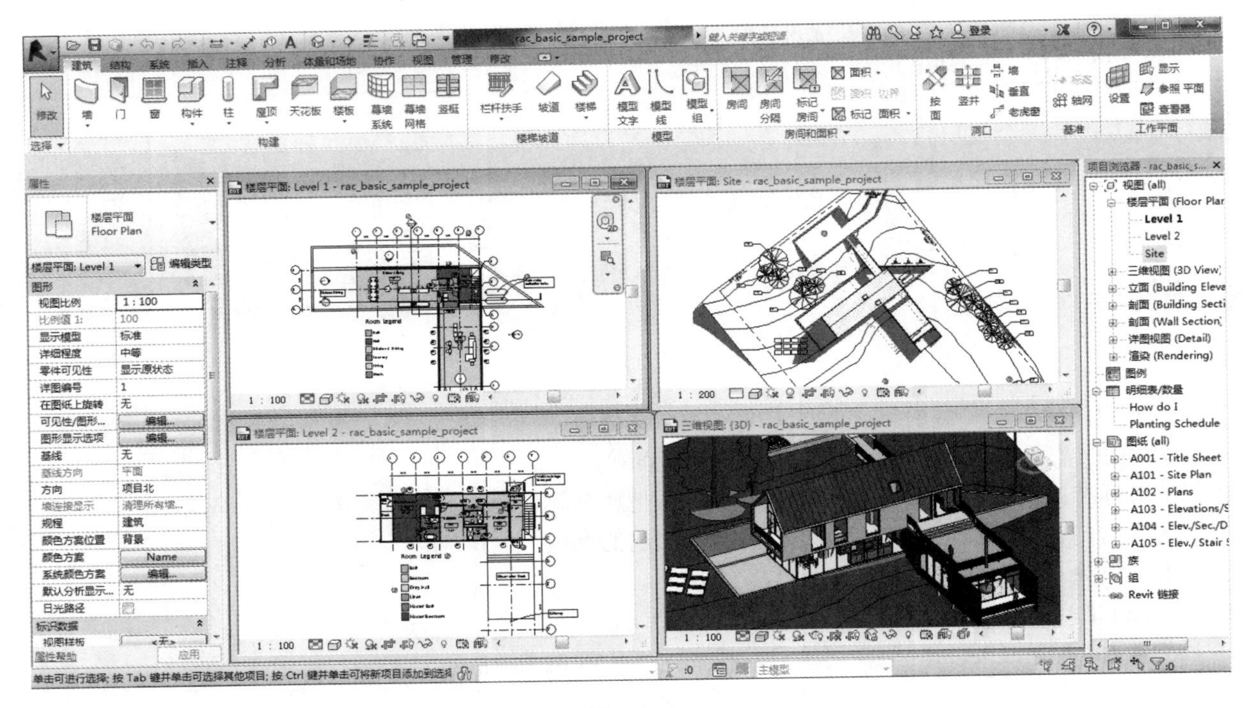

图 1.3-1

1.3.1 应用程序菜单

应用程序菜单提供对常用文件操作的访问，如“新建”“打开”和“保存”菜单。还允许使用更高级的工具（如“导出”和“发布”）来管理文件。单击按钮打开应用程序菜单，如图 1.3-2 所示。

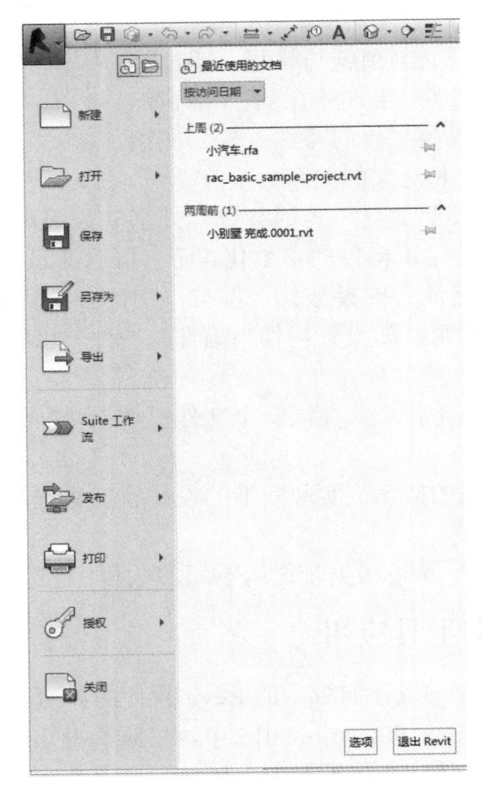

图 1.3-2

在 Revit Architecture 2014 中自定义快捷键时选择应用程序菜单中的“选项”命令，弹出“选项”对话框，然后单击“用户界面”选项卡中的“自定义”按钮，在弹出的“快捷键”对话框中进行设置，如图 1.3-3 所示。

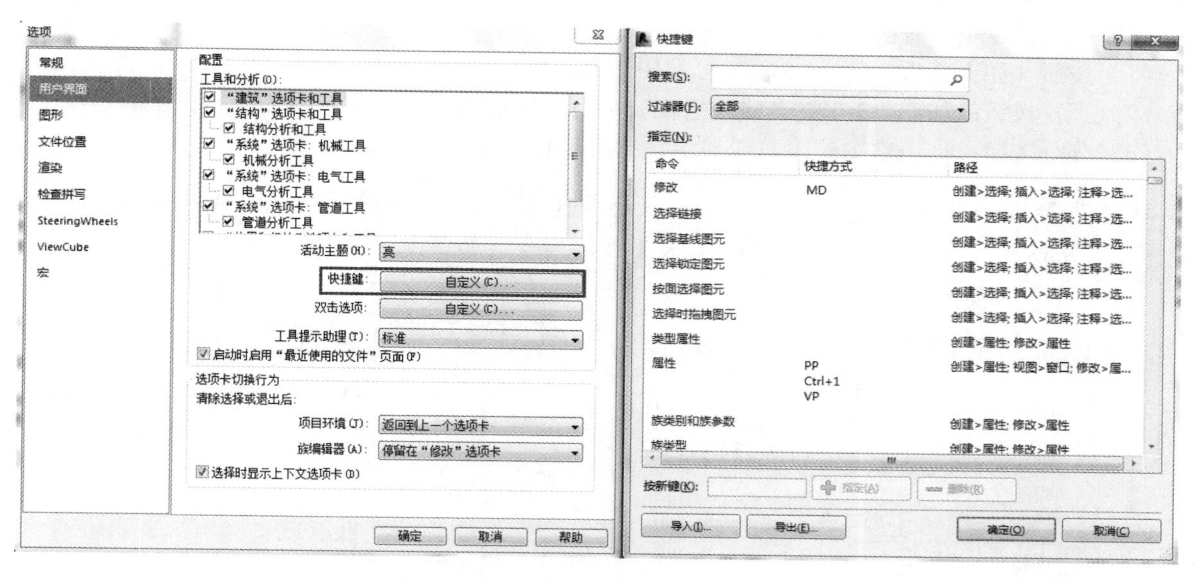

图 1.3–3

1.3.2 快速访问工具栏

单击快速访问工具栏后的下拉按钮▼，将弹出工具列表，在 Revit Architecture 2014 中每个应用程序都有一个 QAT，增加了 QAT 中的默认命令的数目。若要向快速访问工具栏中添加功能区的按钮，可在功能区中单击鼠标右键，在弹出的快捷菜单中选择“添加到快速访问工具栏”命令，按钮会添加到快速访问工具栏中默认命令的右侧，如图 1.3-4 所示。

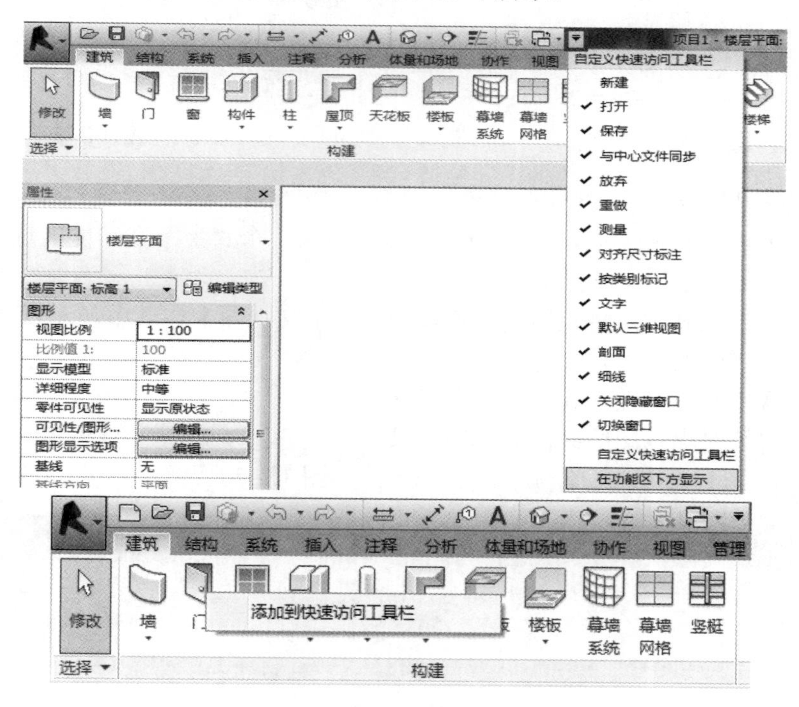

图 1.3–4

可以对快速访问工具栏中的命令进行“向上/向下”移动命令、添加分隔符、删除命令等操作，如图 1.3-5 所示。

1.3.3 功能区 3 种类型的按钮

功能区包括以下 3 种类型的按钮。

（1）按钮（如天花板 天花板）：单击可调用工具。

（2）下拉按钮：如图 1.3-6 中“墙”包含一个下三角按钮，用以显示附加的相关工具。

（3）分割按钮：调用常用的工具或显示包含附加相关工具的菜单。

【注意】 如果看到按钮上有一条线将按钮分割为 2 个区域，单击上部（或左侧）可以访问通常最常用的工具；单击另一侧可显示相关工具的列表，如图 1.3-6 所示。

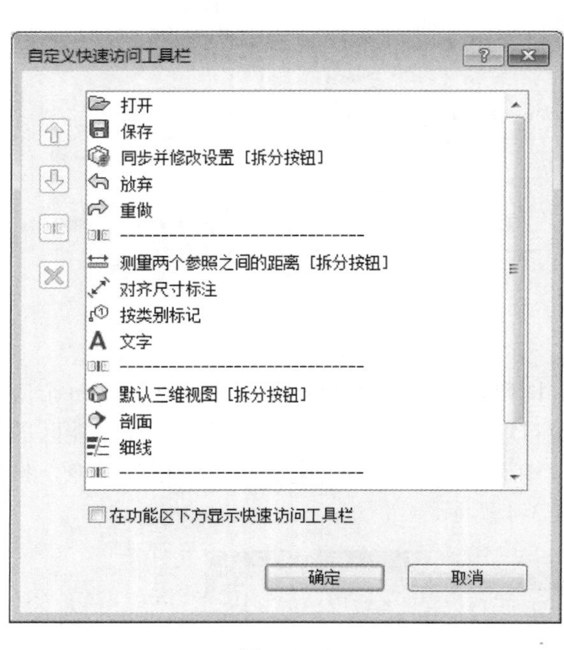

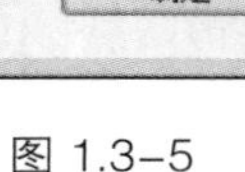

图 1.3-5

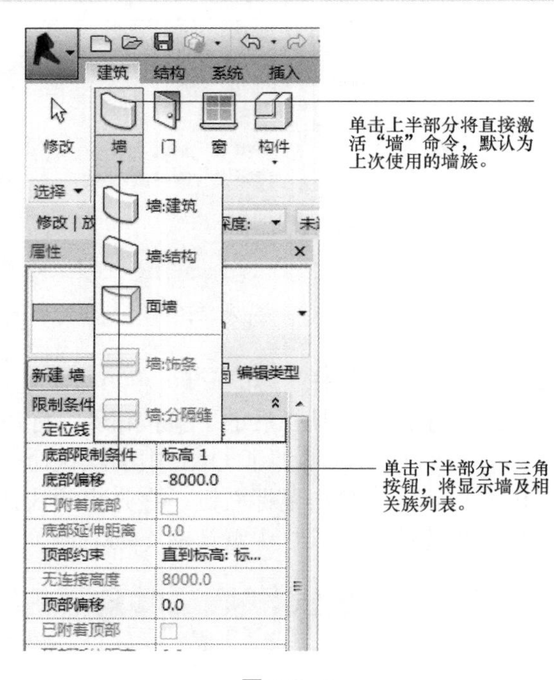

图 1.3-6

1.3.4 上下文功能区选项卡

激活某些工具或者选择图元时，会自动增加并切换到一个“上下文功能区选项卡”，其中包含一组只与该工具或图元的上下文相关的工具。

例如，单击“墙”工具时，将显示“放置墙”的上下文选项卡，其中显示以下 3 个面板。

（1）选择：包含“修改”工具。

（2）图元：包含“图元属性”和“类型选择器”。

（3）图形：包含绘制墙草图所必需的绘图工具。

退出该工具时，上下文功能区选项卡即会关闭，如图 1.3-7 所示。

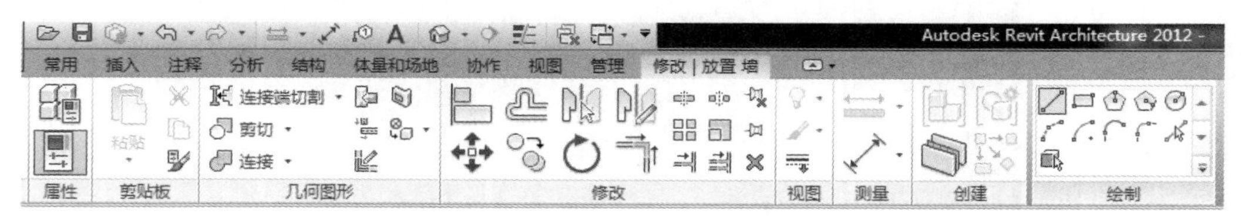

图 1.3-7

1.3.5 全导航控制盘

将查看对象控制盘和巡视建筑控制盘上的三维导航工具组合到一起。用户可以查看各个对象，以及围绕模型进行漫游和导航。全导航控制盘（大）和全导航控制盘（小）经优化适合有经验的三维用户使用，如图 1.3-8 所示。

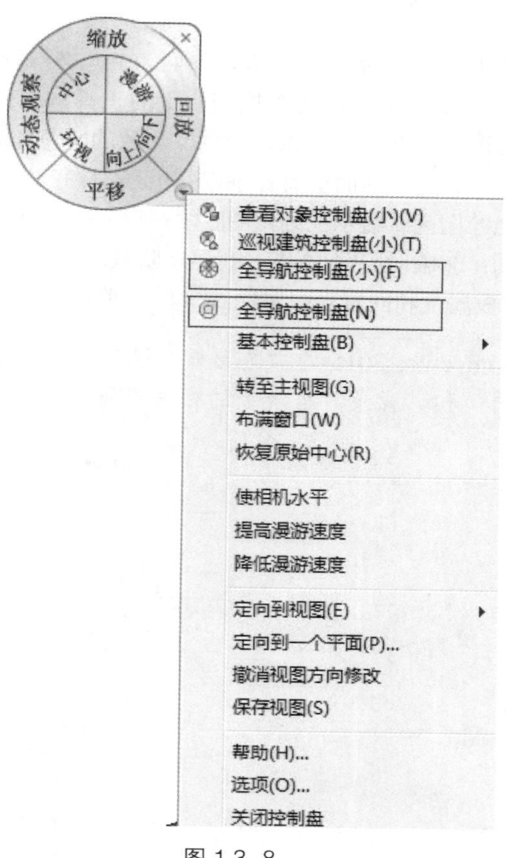

图 1.3-8

【注意】 显示其中一个全导航控制盘时，单击任何一个选项，然后按住鼠标不放即可进行调整，如按住“缩放”，前后拉动鼠标可进行视图的大小控制。

切换到全导航控制盘（大）：在控制盘上单击鼠标右键，在弹出的快捷菜单中选择“全导航控制盘（大）”命令。

切换到全导航控制盘（小）：在控制盘上单击鼠标右键，在弹出的快捷菜单中选择“全导航控制盘（小）”命令。

1.3.6 ViewCube

ViewCube 是一个三维导航工具，可指示模型的当前方向，并让用户调整视点，如图 1.3-9 所示。

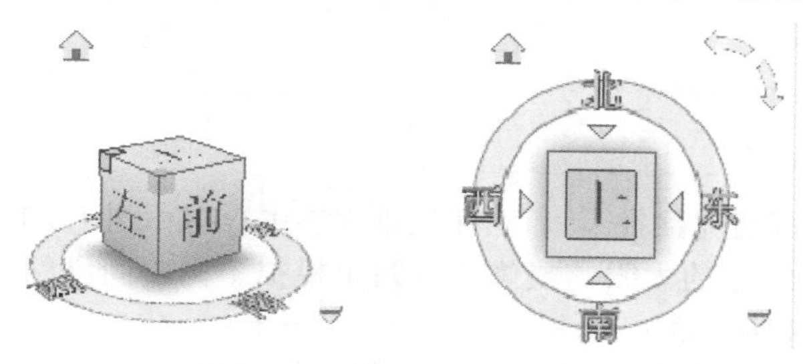

图 1.3-9

主视图是随模型一同存储的特殊视图，可以方便地返回已知视图或熟悉的视图，用户可以将模型的任何视图定义为主视图。

具体操作：在 ViewCube 上单击鼠标右键，在弹出的快捷菜单中选择“将当前视图设定为主视图”命令。

1.3.7 视图控制栏

视图控制栏位于 Revit 窗口底部的状态栏上方，界面为 1 : 100 。通过它，可以快速访问影响绘图区域的功能，视图控制栏上的工具从左向右依次是：①比例；②详细程度；③模型图形样式：单击可选择线框、隐藏线、着色、一致的颜色和真实 5 种模式（同时增加了新的选项卡——“图形显示选项”，此选项后面会有详细介绍）；④打开/关闭日光路径；⑤打开/关闭阴影；⑥显示/隐藏渲染对话框（仅当绘图区域显示三维视图时才可用）；⑦打开/关闭裁剪区域；⑧显示/隐藏裁剪区域；⑨锁定/解锁三维视图；⑩临时隐藏/隔离；⑪显示隐藏的图元；⑫临时视图属性：单击可选择启用临时视图属性、临时应用样板属性和回复视图属性；⑬显示/隐藏分析模型；⑭高亮显示位移集。

【要点】 在 Revit Architecture 2015 的“图形显示选项”功能面板中，如图 1.3-10 所示，可进行“轮廓”“阴影”“照明”和“背景”等命令的相关设置，如图 1.3-11 所示。

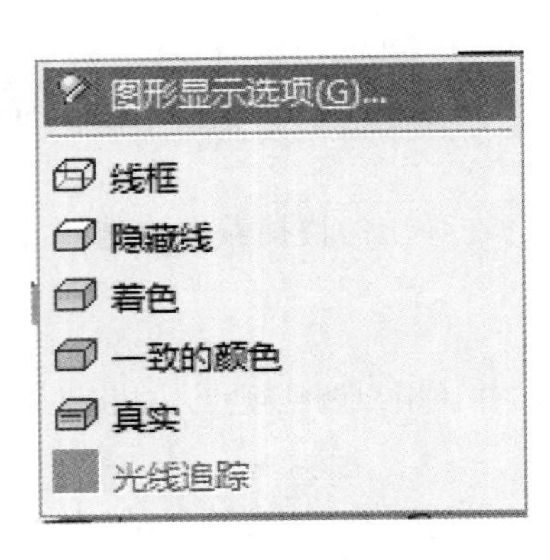

图 1.3–10

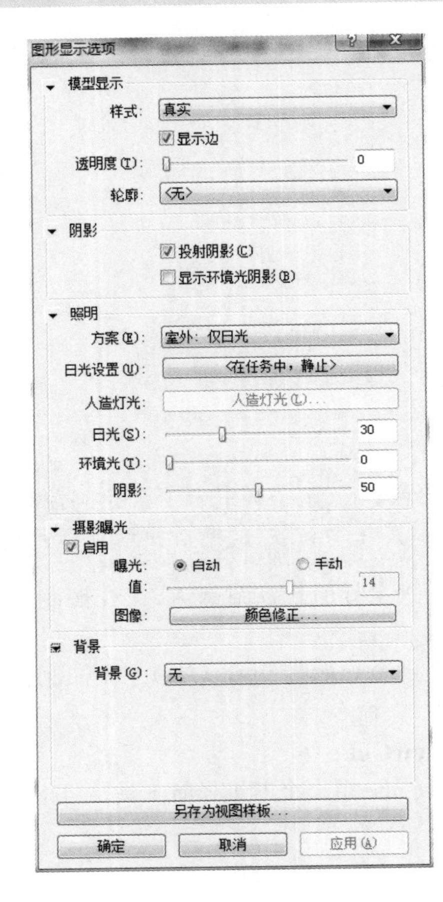

图 1.3–11

进行相关设置并打开日光路径 后，在三维视图中会有如图 1.3-12 所示的效果。

可以通过直接拖曳图中的太阳，或修改时间来模拟不同时间段的光照情况，还可以通过拖曳太阳轨迹来修改日期，如图 1.3-13 所示。

也可以在“日光设置”对话框中进行设置并保存，如图 1.3-14 所示。

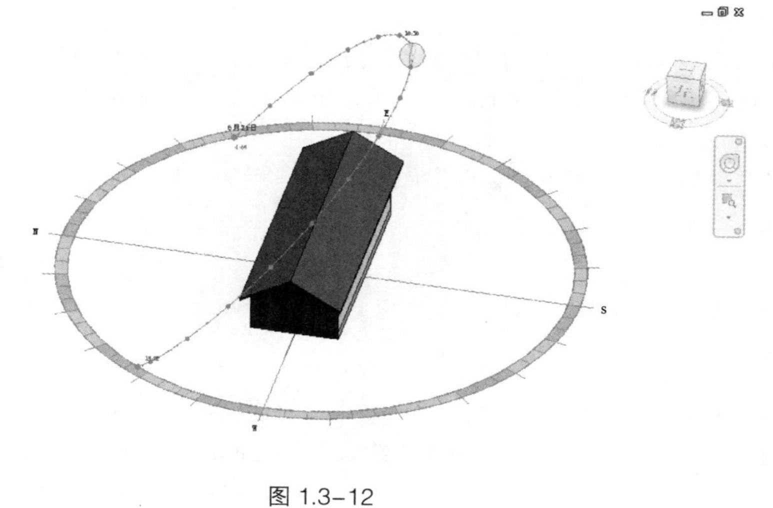

图 1.3-12

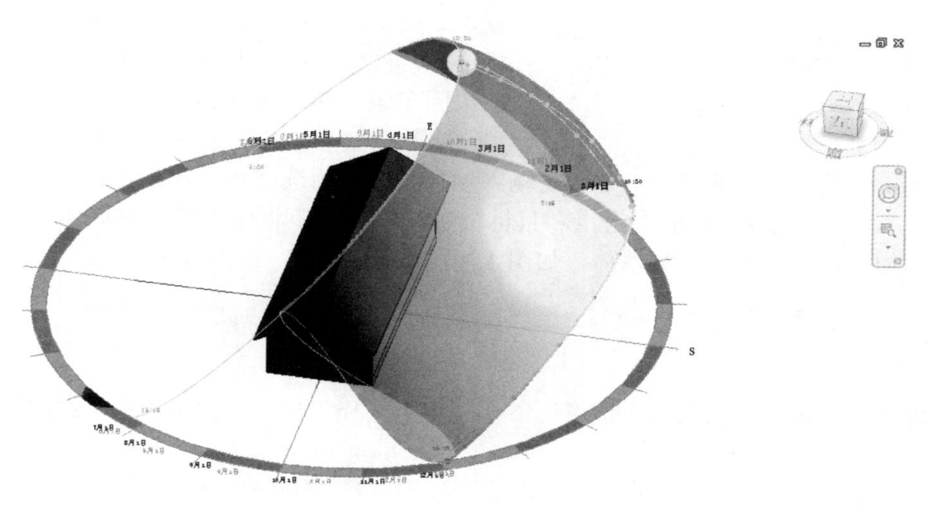

图 1.3-13

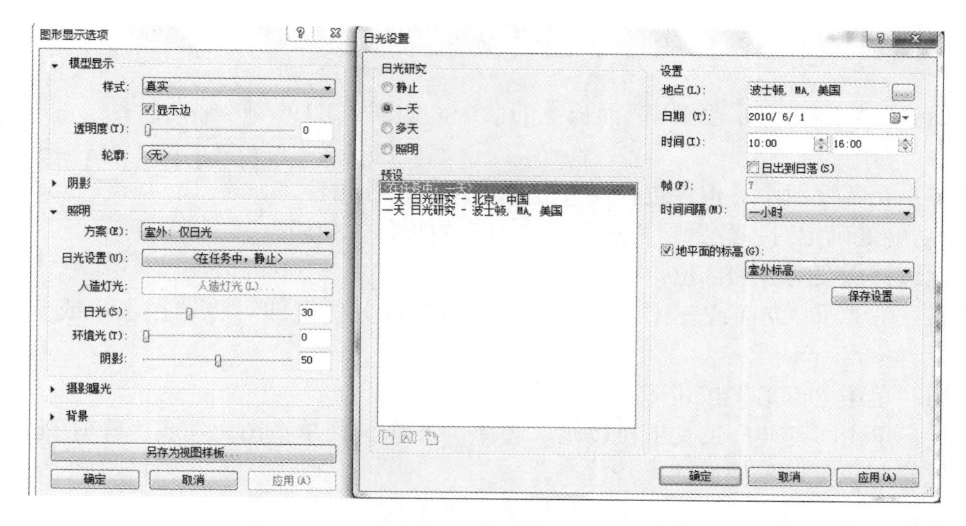

图 1.3-14

打开三维制图，单击锁定/解锁三维视图功能按钮，如图 1.3-15 所示，用于锁定三维视图并添加保存命令的操作。

1.3.8 基本工具的应用

常规的编辑命令适用于软件的整个绘图过程，如移动、复制、旋转、阵列、镜像、对齐、拆分、修剪、偏移等编辑命令，如图 1.3-16 所示，下面主要通过墙体和门窗的编辑来详细介绍。

1. 墙体的编辑

选择“修改 | 墙”选项卡中“修改”面板下的“编辑”命令，如图 1.3-16 所示。

图 1.3-15

图 1.3-16

（1）复制：在选项栏  修改 | 墙 约束 分开 多个 中，勾选“多个”复选框，可复制多个墙体到新的位置，复制的墙与相交的墙自动连接，勾选“约束”复选框，可复制在垂直方向或水平方向的墙体。

（2）旋转：拖曳“中心点”可改变旋转的中心位置，如图 1.3-17 所示。用鼠标拾取旋转参照位置和目标位置，旋转墙体。也可以在选项栏设置旋转角度值后按回车键旋转墙体  分开 复制 角度: 135（注意：勾选“复制”复选框会在旋转的同时复制一个墙体的副本）。

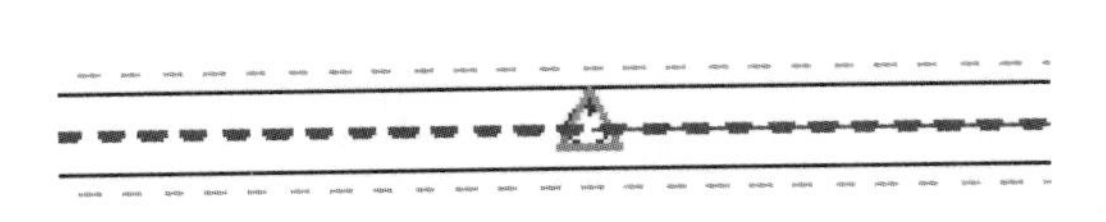

图 1.3-17

（3）阵列：勾选“成组并关联”选项，输入项目数，然后选择“移动到”选项中的“第二个”或“最后一个”，再在视图中拾取参考点和目标位置，二者间距将作为第一个墙体和第二个墙体或最后一个墙体的间距值，自动阵列墙体，如图 1.3-18 所示。

图 1.3-18

（4）镜像：在“修改”面板的“镜像”下拉列表中选择“拾取镜像轴”或“绘制镜像轴”选项镜像墙体。

（5）缩放：选择墙体，单击“缩放”工具，在选项栏  图形方式 数值方式 比例: 上选择缩放方式，选择“图形方式”单选按钮，单击整道墙体的起点、终点，以此来作为缩放的参照距离，再单击墙体新的起点、终点，确认缩放后的大小距离，选择“数值方式”单选按钮，直接输入缩放比例数值，按回车键确认即可。

选择“修改 | 墙”选项卡，“编辑”面板上的命令，如图 1.3-19 所示。

图 1.3-19

（1）对齐：在各视图中对构件进行对齐处理。选择目标构件，使用“Tab”功能键确定对齐位置，再选择需要对齐的构件，使用“Tab”功能键选择需要对齐的部位。

（2）拆分：在平面、立面或三维视图中单击墙体的拆分位置即可将墙在水平或垂直方向拆分成几段。

（3）修剪：单击“修剪”按钮即可修剪墙体。

（4）延伸：单击“延伸”工具下拉按钮，选择“修剪/延伸单个图元”或“修剪/延伸多个图元”命令，既可以修剪也可以延伸墙体。

（5）偏移：在选项栏设置偏移，可以将让所选图元偏移一定的距离。

（6）复制：单击“复制”按钮可以复制平面或立面上的图元。

（7）移动：单击“移动”按钮可以将选定图元移动到视图中指定的位置。

（8）旋转：单击“旋转”按钮可以绕选定的轴旋转至指定位置。

（9）镜像-拾取轴：可以使用现有线或边作为镜像轴，来反转选定图元的位置。

（10）镜像-绘制轴：绘制一条临时线，用做镜像轴。

（11）缩放：可以调整选定图元的大小。

（12）阵列：可以创建选定图元的线性阵列或半径阵列。

【注意】 如偏移时需生成新的构建，勾选“复制”复选框。

2. 门窗的编辑

选择门窗，自动激活“修改门/窗”选项卡，在“修改”面板下编辑命令。

可在平面、立面、剖面、三维等视图中移动、复制、阵列、镜像、对齐门窗。

在平面视图中复制、阵列、镜像门窗时，如果没有同时选择其门窗标记的话，可以在后期随时添加，在“注释”选项卡的“标记”面板中选择“标记全部”命令，然后在弹出的对话框中选择要标记的对象，并进行相应设置。所选标记将自动完成标记，如图 1.3-20 所示（和以往版本不同的是，对话框上方出现了包括链接文件在内的图元，后面几章会涉及相关知识）。

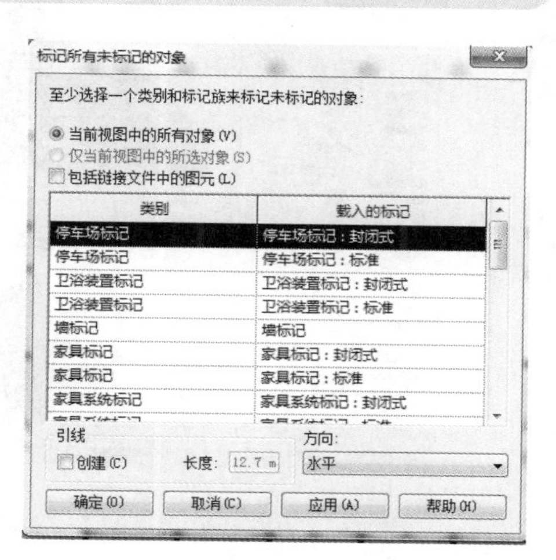

图 1.3–20

视图上下文选项卡中的基本命令，如图 1.3-21 所示。

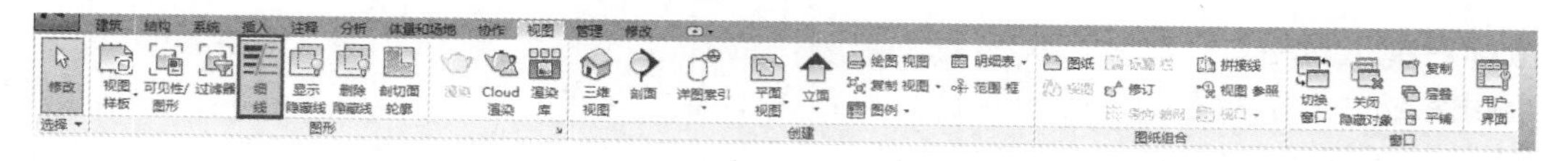

图 1.3–21

（1）细线：软件默认的打开模式是粗线模型，当需要在绘图中以细线模型显示时，可选择“图形”面板中的“细线”命令。

（2）窗口切换：绘图时打开多个窗口，通过“窗口”面板上的“窗口切换”命令选择绘图所需窗口。

（3）关闭隐藏对象：自动隐藏当前没有在绘图区域中使用的窗口。

（4）复制：选择该命令复制当前窗口。

（5）层叠：选择该命令，当前打开的所有窗口将层叠地出现在绘图区域，如图 1.3-22 所示。

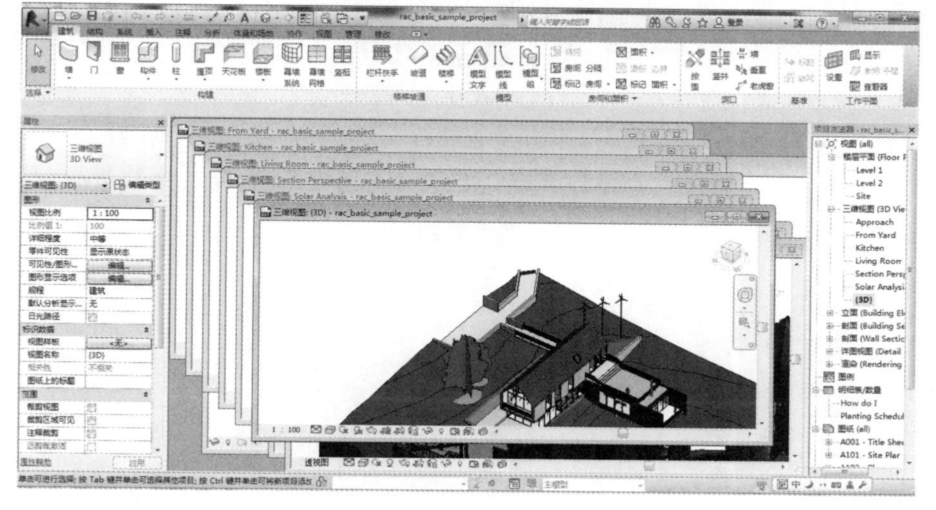

图 1.3–22

（6）平铺：选择该命令，当前打开的所有窗口将平铺在绘图区域，如图 1.3-23 所示。

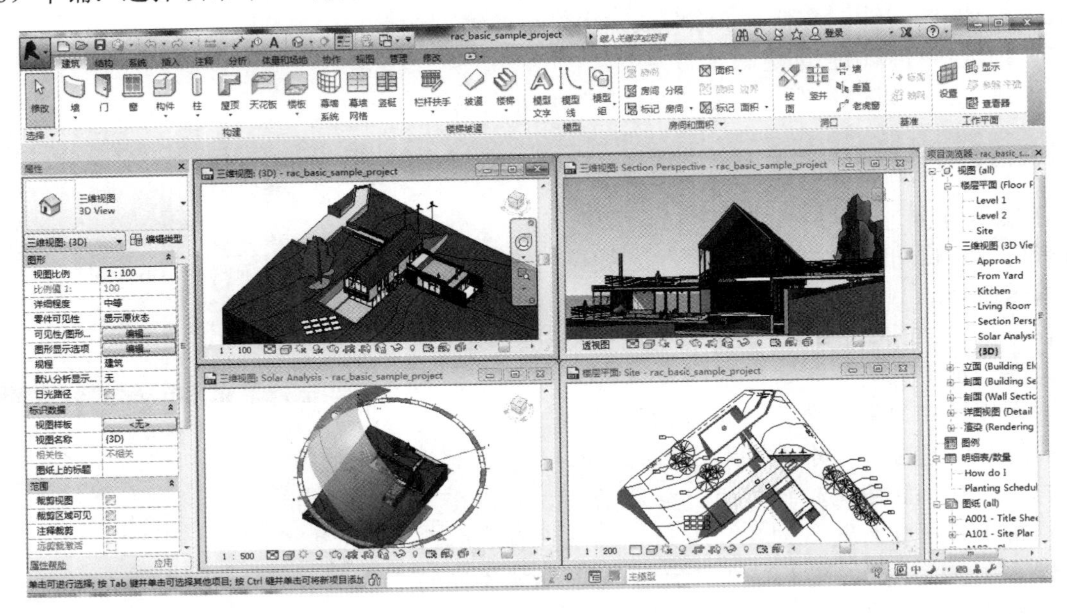

图 1.3-23

【注意】 以上界面中的工具在后面的内容中如有涉及将根据需要进行详细介绍。

1.3.9 鼠标右键工具栏

在绘图区域单击鼠标右键，弹出快捷菜单，菜单命令依次为“取消”“重复上一个命令”“上次选择”“查找相关视图”“区域放大”“缩小两倍”“缩放匹配”“平移活动制图”“上一次平移/缩放”“下一次平移/缩放”“属性”各选项，如图 1.3-24 所示。

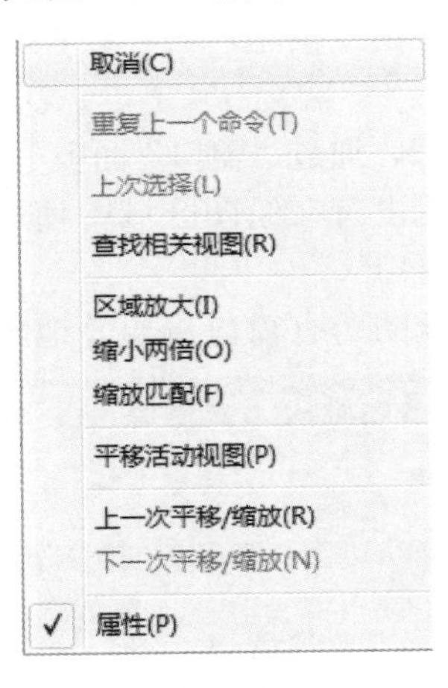

图 1.3-24

第2章 标高与轴网

2.1 标高

2.1.1 基本操作

2.1.1.1 创建标高

1. 修改标高

进入任意立面视图，通常样板中会有预设标高，如需修改现有标高高度，单击标高符号上方或下方表示高度的数值，如“标高 2”高度数值为“4.000”，单击后该数字变为可输入的形式，将原有数值修改为“3.000”，如图 2.1-1 所示。

【注意】 标高单位通常为“m”。

如果需要更改标高名称，则单击标高名称“标高 2”进行修改，输入“F2”，在弹出的对话框中选择“是”，如图 2.1-2 所示。同理，将“标高 1”修改为“F1”。

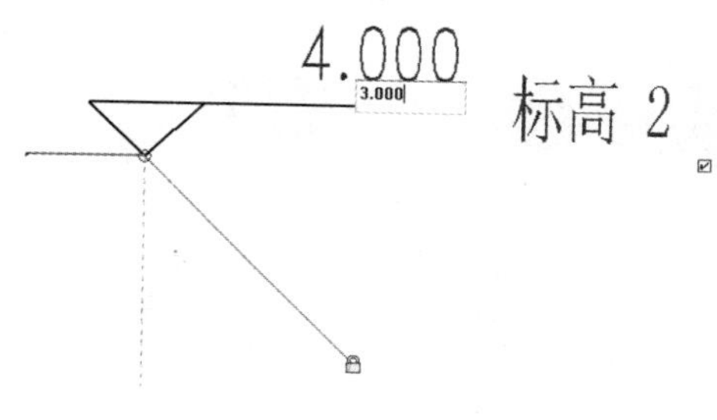

图 2.1-1

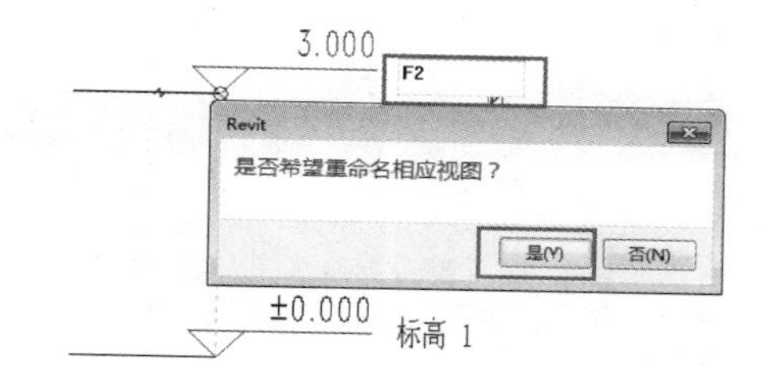

图 2.1-2

绘制添加新标高，单击“建筑”选项卡，“基准”面板，“标高”命令，进行绘制，如图 2.1-3 所示，绘制前可设置自动生成的平面视图，如图 2.1-4 所示。

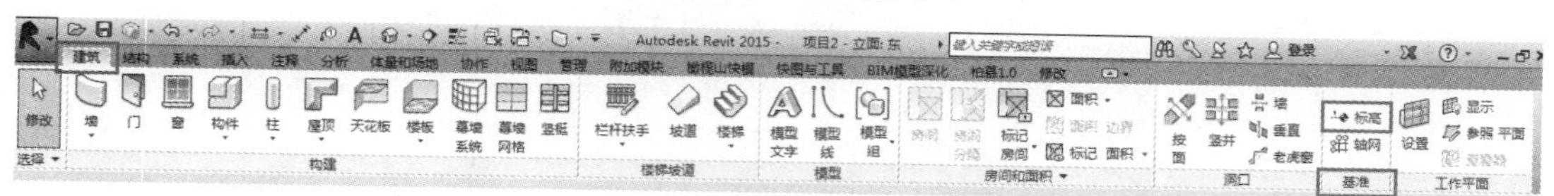

图 2.1-3

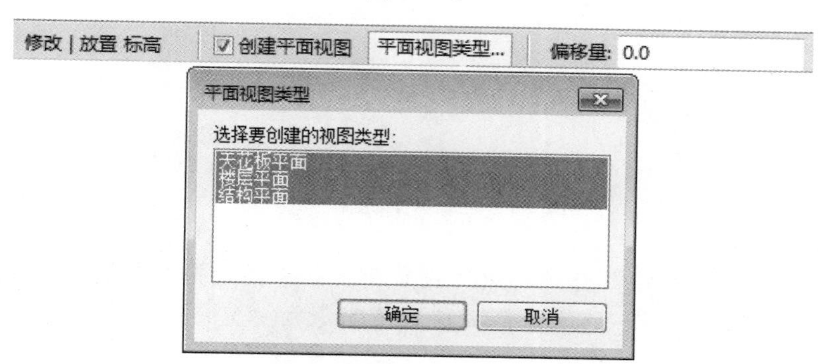

图 2.1-4

在“F2”上绘制一条标高“F3”，如需修改标高高度，则执行以下操作：单击需要修改的标高，如F3，在F2与F3之间会显示一条蓝色临时尺寸标注，单击临时尺寸标注上的数字，重新输入新的数值并按回车键，即可完成标高高度的调整，如图 2.1-5 所示（标高高度距离的单位为 mm）。

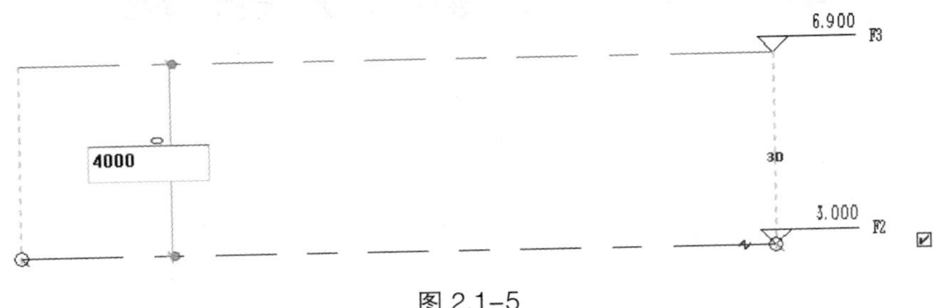

图 2.1-5

2. 复制标高

选择一层标高，选择“修改标高”选项卡，然后在“修改”面板中选择“复制”命令，可以快速生成所需标高。

选择标高“F3”，单击功能区的“复制”按钮，在选项栏勾选“约束”及“多个”复选框，如图 2.1-6 所示。光标回到绘图区域，在标高“F3”上单击，并向上移动，此时可直接用键盘输入新标高与被复制标高的间距数值，如“3000”，单位为 mm，输入后按回车键，即完成一个标高的复制，由于勾选了选项栏上的“多个”复选框，所以可继续输入下一个标高间距，而无须再次选择标高并激活“复制”工具，如图 2.1-7 所示。

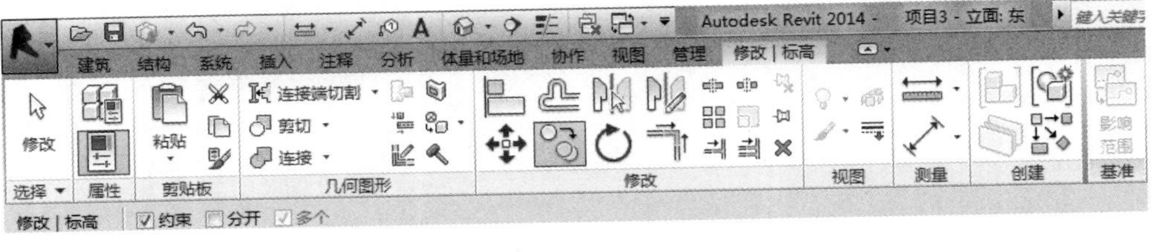

图 2.1-6

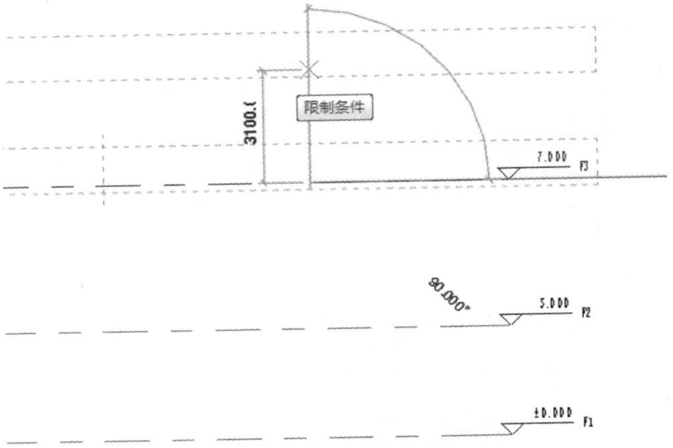

限制条件

3100.0

7.000 F3

90.000°

5.000 F2

±0.000 F1

图 2.1-7

【注意】 选项栏的“约束”选项可以保证正交，如果不选择“复制”选项将执行移动的操作，选择“多个”选项，可以在一次复制完成后不需激活“复制”命令而继续执行操作，从而实现多次复制。

通过以上“复制”的方式完成所需标高的绘制，结束复制命令可以单击鼠标右键，在弹出的快捷菜单中选择“取消”命令，或按“Esc”键结束复制命令。

3. 添加楼层平面

观察“项目浏览器”中“楼层平面”下的视图，如图 2.1-8 所示，通过复制及阵列的方式创建的标高均未生成相应的平面视图，同时观察立面图，有对应楼层平面的标高标头为蓝色，没有对应楼层平面的标头为黑色，因此双击蓝色标头，视图将跳转至相应平面视图，而黑色标高不能引导跳转视图。

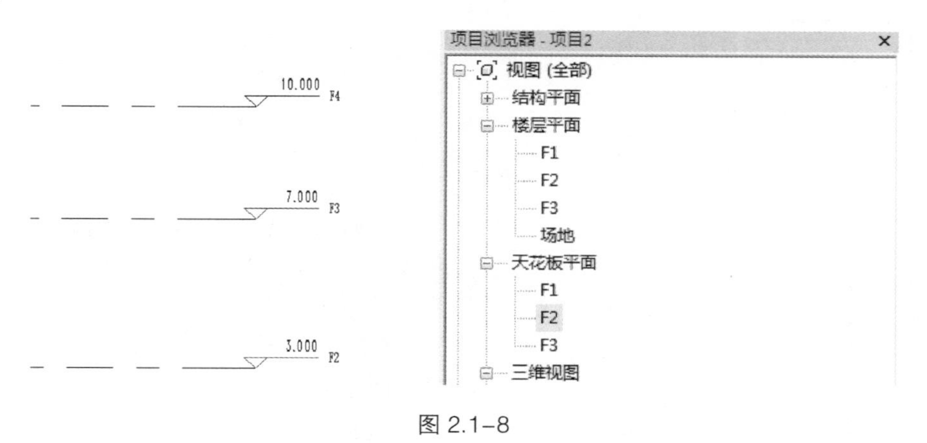

图 2.1-8

选择“视图”选项卡，然后在“平面视图”面板中选择“楼层平面”命令，如图 2.1-9 所示。

在弹出的“新建楼层平面”对话框中单击第一个标高，再按住“Shift”键单击最后一个标高，以上操作将选中所有标高，单击“确定”按钮。再次观察“项目浏览器”，所有复制和阵列生成的标高都已创建了相应的平面视图，如图 2.1-10 所示。

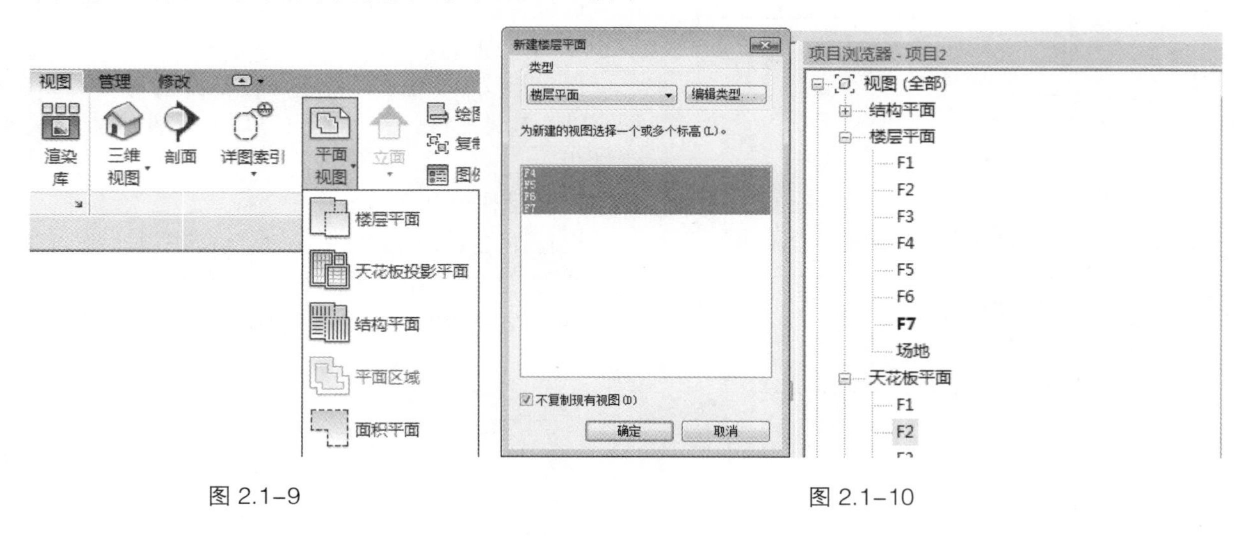

图 2.1-9　　　　图 2.1-10

2.1.1.2　编辑标高

选择任何一根标高线，所有对齐标高的端点位置会出现一条对齐虚线，用鼠标拖曳标高线端点，所有标高端点同步移动，如图 2.1-11 所示。

（1）如果想只移动单根标高的端点，则要先打开对齐锁定，再拖曳标高端点，如图 2.1-11 所示。

（2）如果标高状态为“3D”，则所有平行视图中的标高线端点同步联动，单击切换为“2D”，则只改变当前视图的标高线端点位置，如图 2.1-11 所示。

(3)选择任何一根标高线，单击标头外侧方框☑，即可关闭/打开轴号显示，如图 2.1-11 所示。

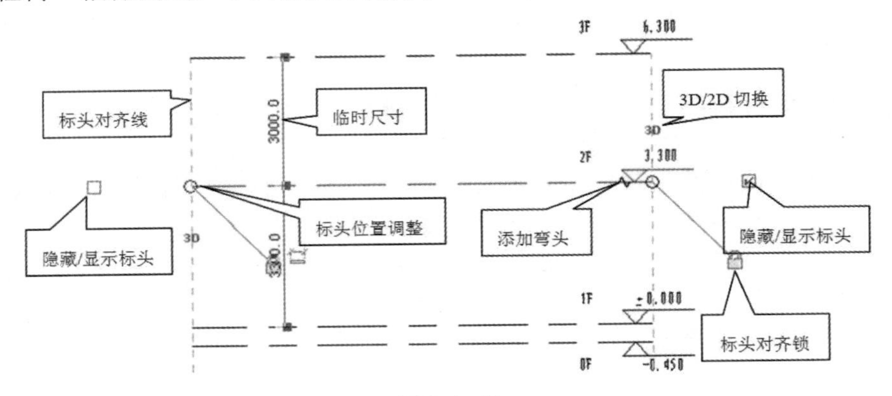

图 2.1-11

类型属性

族(F)： 系统族：标高　　载入(L)...

类型(T)： 上标头　　复制(D)...

重命名(R)...

类型参数

参数	值
限制条件	
基面	项目基点
图形	
线宽	1
颜色	黑色
线型图案	虚线-圆点
符号	BM_标记-上标高标头：上标高标
端点 1 处的默认符号	☑
端点 2 处的默认符号	☑
文字	
计量单位	
项目特征	

<< 预览(P)　确定　取消　应用

图 2.1-12

（4）如需控制所有标高号的显示，可选择一根标高线，在“属性”面板中选择“类型属性”命令，弹出“类型属性”对话框，在其中修改类型属性，单击端点默认编号的“ √ ”标志，如图 2.1-12 所示。

2.1.2　课上练习

根据 CAD 图纸“小别墅”绘制小别墅的标高。

新建项目，浏览“教学样板”样板文件，另存为“小别墅标高练习”，双击“东立面图”进入东立面视图，首先将标高“F2”的高度修改为：3.300m，然后通过“复制”命令创建其余标高，最后单击“视图”选项卡，“创建”面板，“平面视图”命令，生成相应的平面视图，如图 2.1-13 所示。

保存该文件，请在“初级课程\2.标高与轴网\2.1标高\2.1.2 课上练习\2-1-2.rvt”项目文件中查看最终结果。

2.1.3　课后作业

根据图 2.1-14 绘制标高 1 至标高 2，标高 1 至标高 2 之间的距离是 1850，标高 2 至标高 3 之间的距离是 2700。完成后如图 2.1-14 所示。

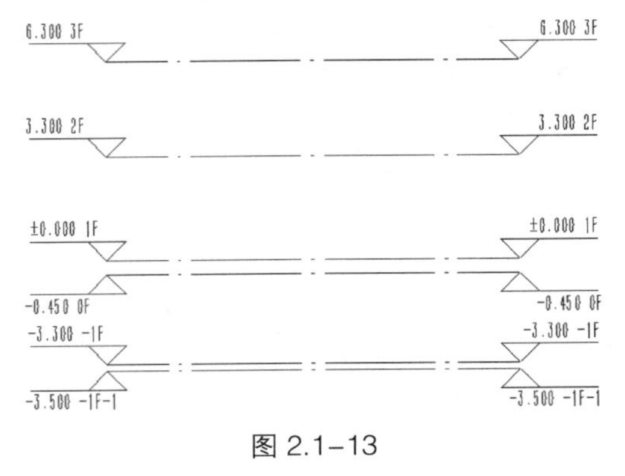

图 2.1-13

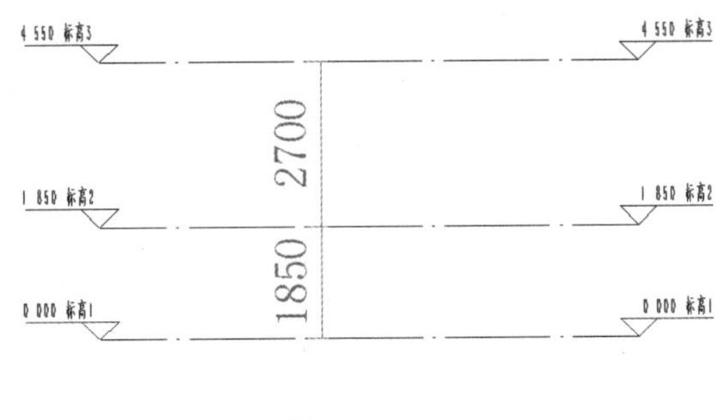

图 2.1-14

保存该文件，请在“初级课程\2.标高与轴网\2.1 标高\2.1.3 课后作业\2-1-3.rvt”项目文件中查看最终结果。

2.2 轴网

2.2.1 基本操作

2.2.1.1 绘制轴网

选择"建筑"选项卡，然后在"基准"面板中选择"轴网"命令，单击起点、终点位置，绘制一根轴线。绘制第一根纵轴的编号为1，自左向右绘制，后续轴号按1、2、3、……自动排序，绘制第一根横轴后单击轴网编号把它改为"A"，自下到上绘制后续编号将按照A、B、C、…自动排序，如图2.2-1所示。

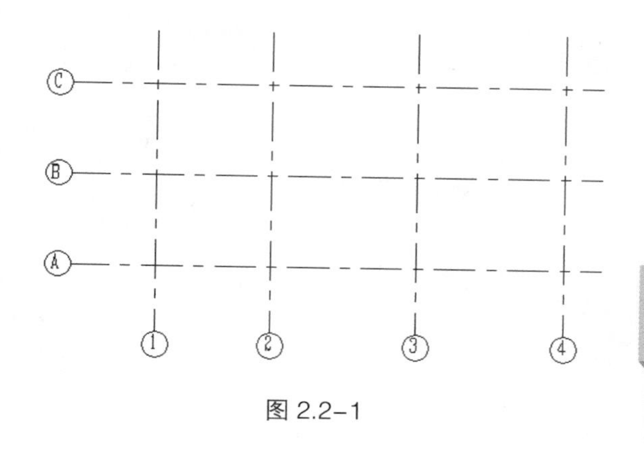

图2.2-1

【注意】 软件不能自动排除"I"和"O"字母作为轴网编号，需手动排除。

另外，我们可以将CAD图纸导入到Revit中通过"拾取"来创建轴网。

打开与要导入的图纸对应的平面视图，在"插入"选项卡，"导入"面板，单击"导入CAD"命令，如图2.2-2所示。

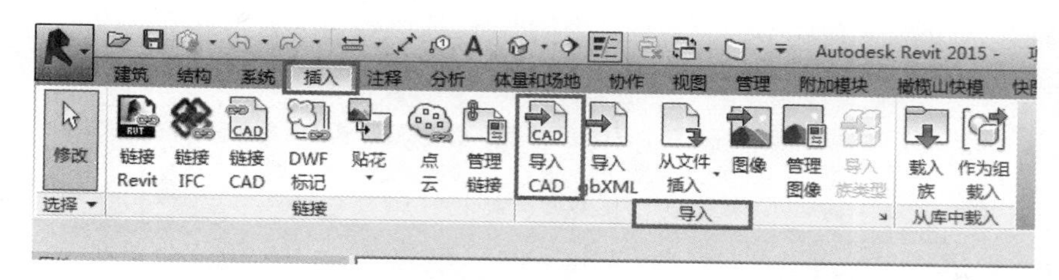

图2.2-2

选择我们需要的"dwg"文件，设置"颜色""图层/标高"及"单位"，以及"放置平面"等设置，然后单击"打开"，CAD文件就导入到Revit中了，如图2.2-3所示。

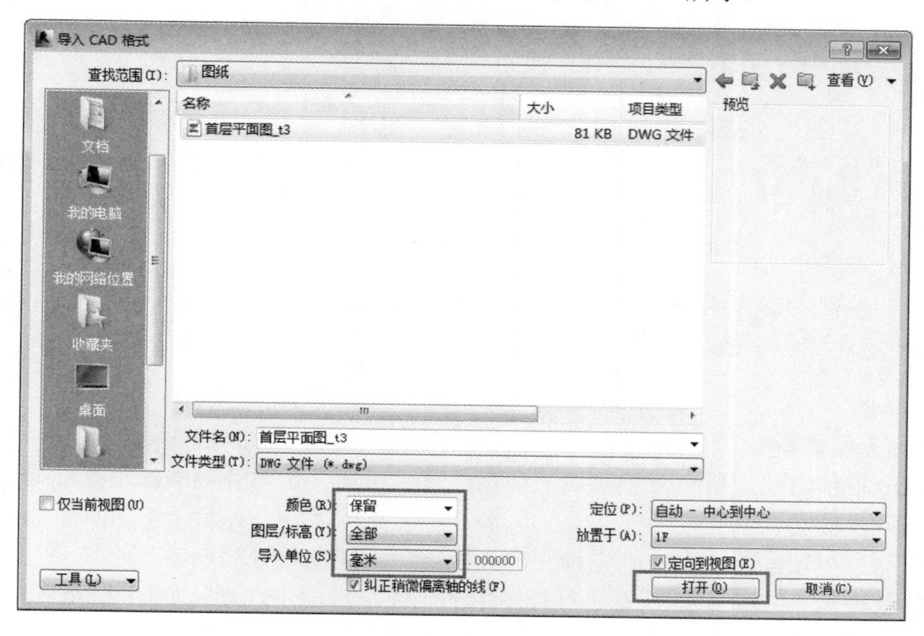

图2.2-3

在“建筑”选项卡的“基准”面板中，单击“轴网”命令，在绘制面板选择 拾取命令，然后单击 CAD 的轴网逐个进行拾取，如图 2.2-4 所示。

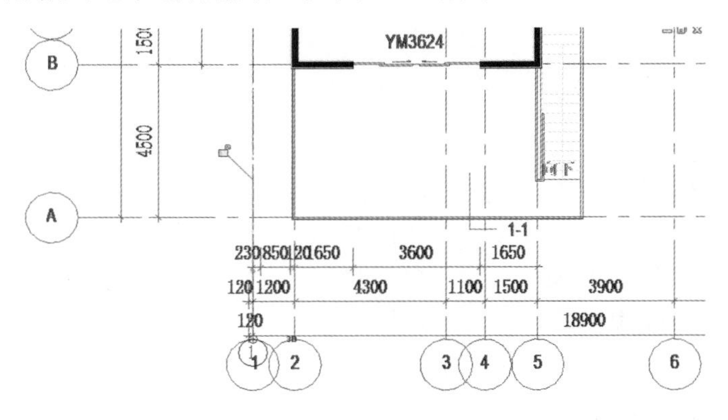

图 2.2–4

【注意】 在建模时我们也可以将 CAD 图纸导入到项目中进行绘制。

2.2.1.2 复制轴网

选择一根轴线，单击工具栏中的“复制”按钮，勾选“约束”和“多个”复选框，可以快速生成所需的轴线，轴号自动排序，如图 2.2-5 所示。

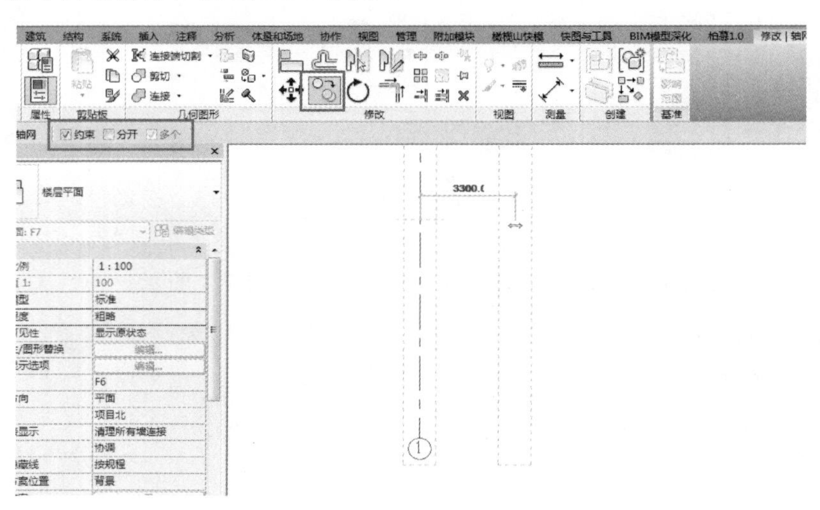

图 2.2–5

【注意】 轴网绘制完毕后，选择所有的轴线，自动激活“修改轴网”选项卡。在“修改”面板中选择“锁定”命令锁定轴网，以避免以后工作中误操作移动轴网位置。

2.2.1.3 编辑轴网

1. 轴网标头位置调整

选择任何一根轴网线，所有对齐轴线的端点位置会出现一条对齐虚线，用鼠标拖曳轴线端点，所有轴线端点同步移动。

如果只移动单根轴线的端点，则先打开对齐锁定，再拖曳轴线端点。

如果轴线状态为“3D”，则所有平行视图中的轴线端点同步联动，如图 2.2-6（a）所示。

单击切换为“2D”，则只改变当前视图的轴线端点位置，如图 2.2-6（b）所示。

2. 轴号显示控制

选择任何一根轴网线，单击标头外侧方框☑，即可关闭/打开轴号显示。

如需控制所有轴号的显示，可选择一根轴线，在“属性”面板中选择“类型属性”命令，弹出“类型属性”对话框，在其中修改类型属性，单击端点默认编号的“√”标记，如图 2.2-7 所示。

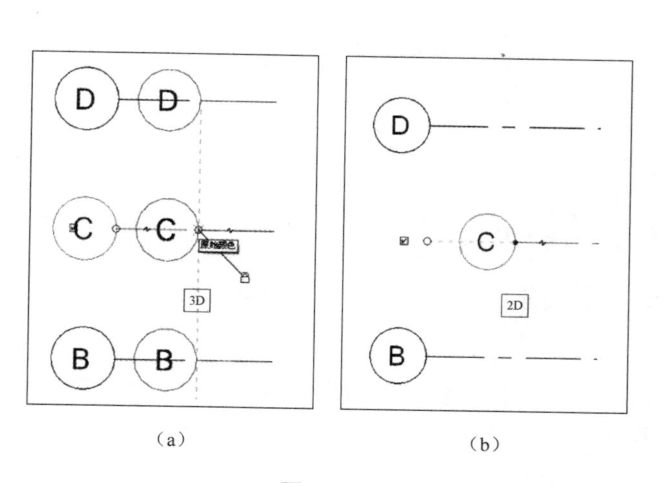

图 2.2-6

类型属性

族(F)：系统族：轴网　载入(L)...

类型(T)：6.5mm 编号间隙　复制(D)...

重命名(R)...

类型参数

参数	值
图形	
符号	符号_单圈轴号：宽度系数 0.65
轴线中段	无
轴线末段宽度	1
轴线末段颜色	黑色
轴线末段填充图案	轴网线
轴线末段长度	25.0
平面视图轴号端点 1 (默认)	☑
平面视图轴号端点 2 (默认)	☑
非平面视图轴号(默认)	底

<< 预览(P)　确定　取消　应用

图 2.2-7

除可控制“平面视图轴号端点”的显示，在“非平面视图轴号（默认）”中还可以设置轴号的显示方式，控制除平面视图以外的其他视图，如立面、剖面等视图的轴号，其显示状态为顶部、底部、二者或无显示，如图 2.2-8 所示。

在轴网的“类型属性”对话框中设置“轴线中段”的显示方式，分别有“连续”“无”“自定义”几项，如图 2.2-9 所示。

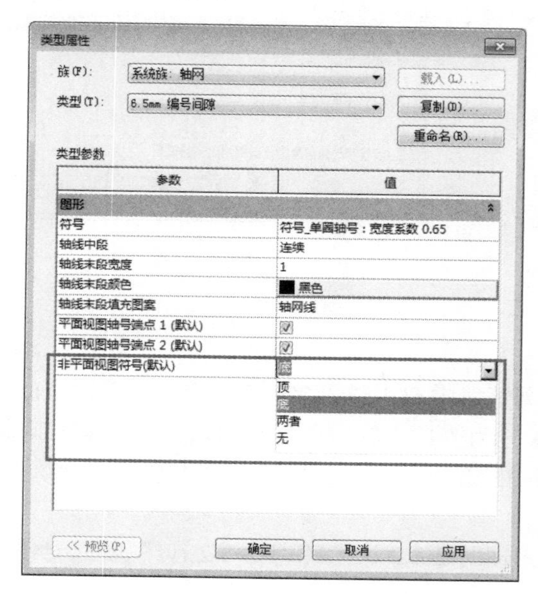

图 2.2-8

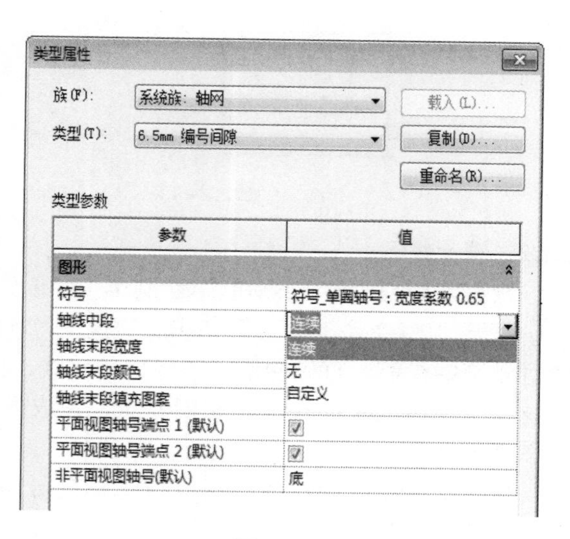

图 2.2-9

3. 轴号偏移

单击标头附近的“折线符号”和“偏移轴号”，单击“拖曳点”，按住鼠标不放，调整轴号位置，如图 2.2-10 所示。

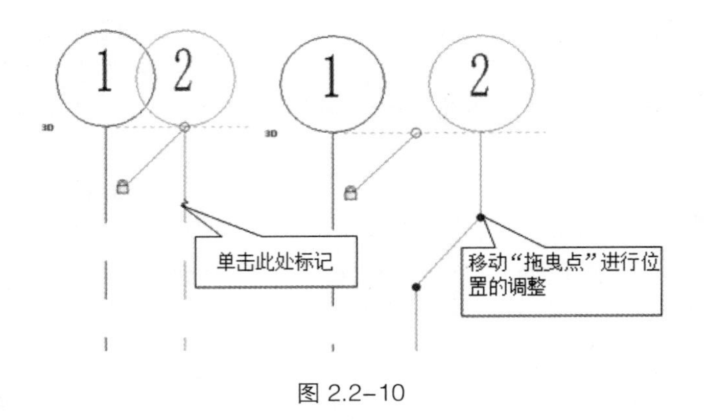

图 2.2-10

偏移后若要恢复直线状态，按住“拖曳点”到直线上释放鼠标即可。

【注意】 锁定轴网时要取消偏移，需要选择轴线并取消锁定后，才能移动“拖曳点”。

4. 影响范围

在一个视图中按上述方法进行完轴线标头位置、轴号显示和轴号偏移等设置后，其他平面视图不会同时改变，所以我们需要用“影响范围”这个命令来进行统一修改。

选中修改过的轴网，在“上下文选项卡”“基准”面板单击“影响范围”命令，如图 2.2-11 所示。

在弹出的对话框中勾选需要做出修改的视图，单击“确定”，完成修改，如图 2.2-12 所示。

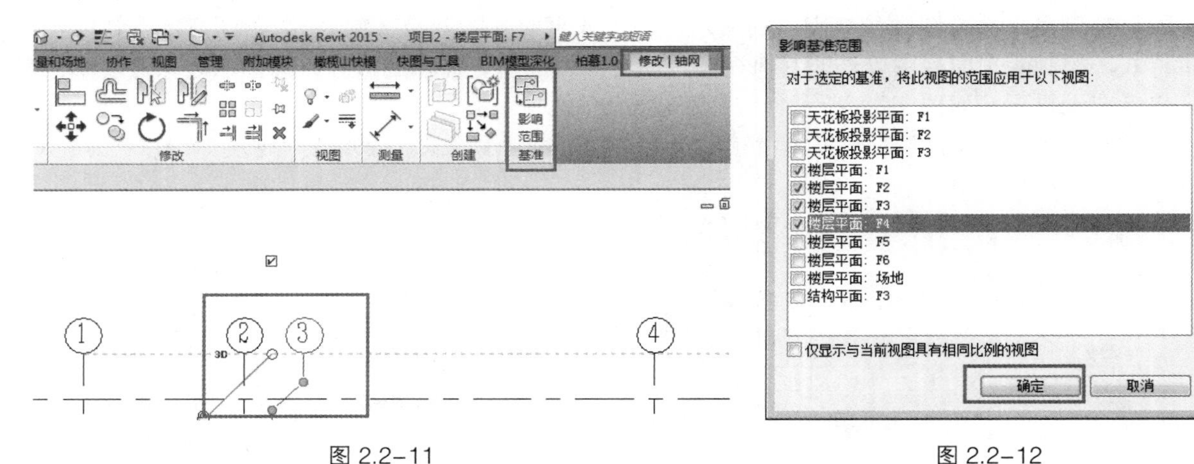

图 2.2-11　　　　图 2.2-12

2.2.2 课上练习

根据 CAD 图纸“小别墅”绘制小别墅的轴网。

打开“2.1.2 课上练习”完成后的模型，在项目浏览器中双击进入“F1”视图，根据 CAD 图纸进行轴网的绘制，首先绘制一条竖向的轴线，修改轴号为“1”，然后根据 CAD 图纸向右复制轴网，创建完成所有的竖向轴网，相同方法，完成横向轴网的绘制。完成后另存为“小别墅轴网练习”，如图 2.2-13 所示。

保存该文件，请在“初级课程\2.标高与轴网\2.2 轴网\2.2.2 课上练习\2-2-2.rvt”项目文件中查看最终结果。

2.2.3 课后作业

根据图 2.2-13 绘制 1 轴至 8 轴，A 轴至 G 轴的轴网，1 轴至 8 轴轴网之间的距离分别是 9000、4000、7000、8000、9000、7000、6000，A 轴至 G 轴轴网之间的距离分别是 5300、6200、5500、

3600、4900、6600，如图 2.2-14 所示。

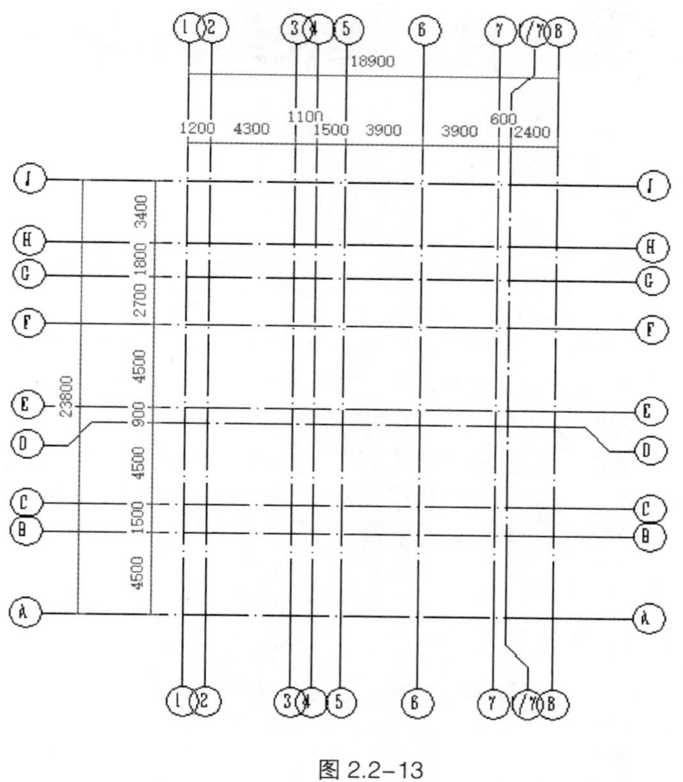

图 2.2-13

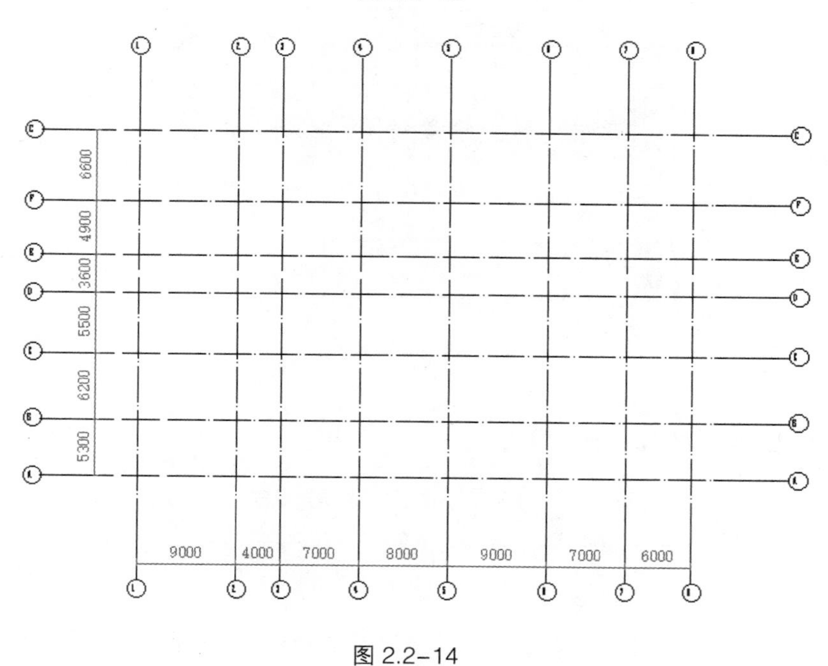

图 2.2-14

保存该文件，请在“初级课程\2.标高与轴网\2.2 轴网\2.2.3 课后作业\2-2-3.rvt”项目文件中查看最终结果。

第3章　柱、梁和结构构件

3.1　绘制柱

3.1.1　基本操作

1. 结构柱

单击“建筑”选项卡下“构建”面板中的“柱”，在下拉列表中选择“结构柱”。

根据具体要求从类型选择器中选择相应尺寸规格的柱子类型，例如“钢筋混凝土 400mm×400mm”，如果项目中没有该型号，则单击“属性”面板中的“编辑类型”按钮，弹出“类型属性”对话框，单击“复制”命令，创建新的尺寸规格，并修改厚度、宽度、高度等尺寸参数，再单击“确定”，如图3.1-1所示；如没有需要的柱子类型，则选择“插入”选项卡，从“从库中载入”面板的“载入族”工具中打开相应族库载入族文件。

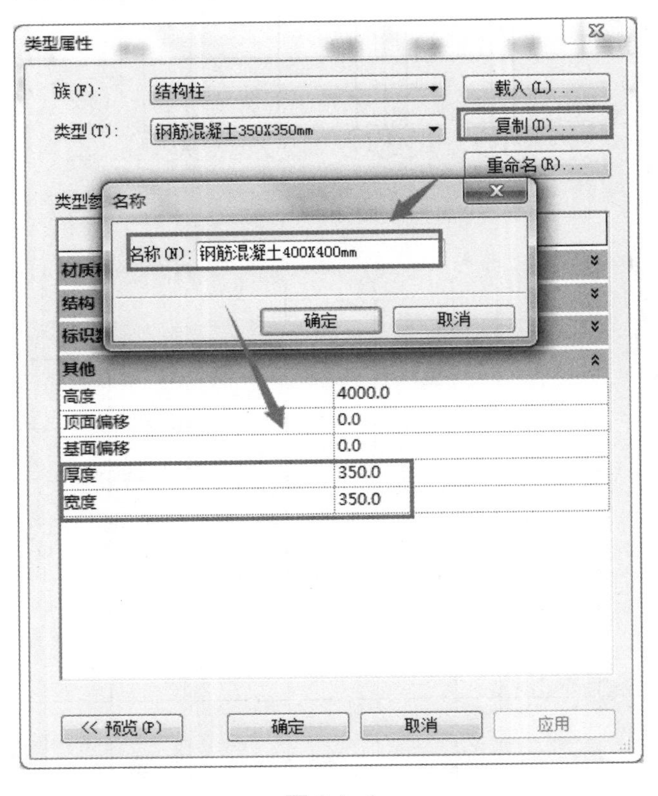

图 3.1–1

单击“结构柱”，使用轴网交点命令（单击“放置结构柱”“在轴网交点处”），从右下向左上交叉框选轴网的交点，单击“完成”按钮；或者单击“结构柱”，直接放置在轴网的交点上即可，如图3.1-2所示。

编辑结构柱。柱的属性可以调整柱子基准、顶标高、顶部、底部偏移，是否随轴网移动，此柱是否设房间边界及柱子的材质，如图3.1-3所示。

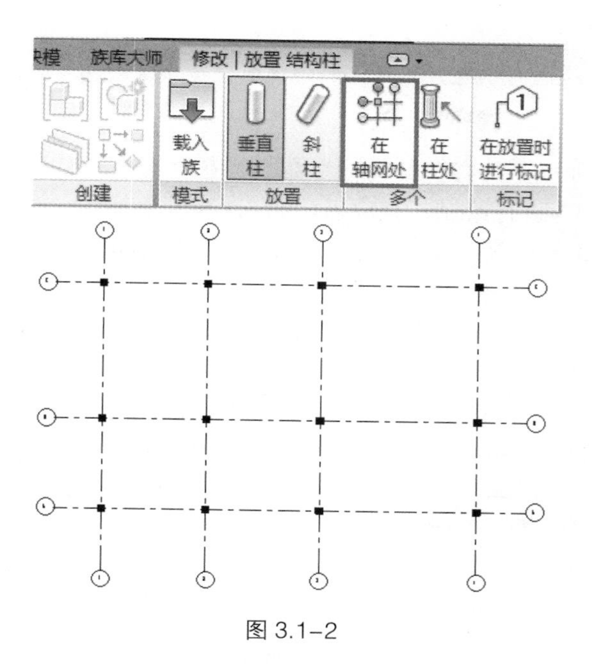

图 3.1-2

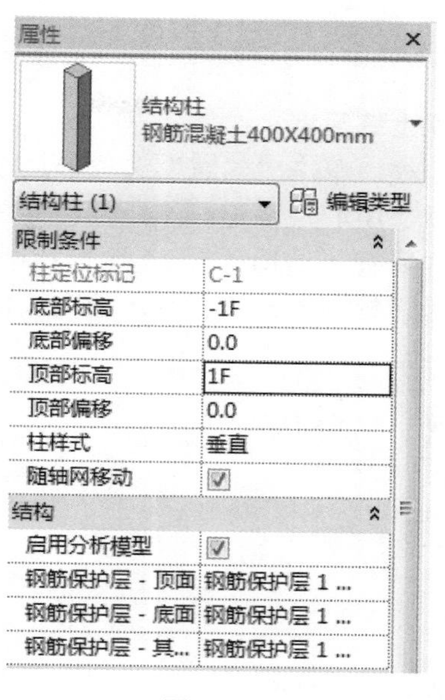

图 3.1-3

2. 构造柱

单击“结构”选项卡，在“结构”面板上选择“结构柱”命令，在“属性”面板中根据图纸要求选择构造柱类型为“构造柱–一型马牙槎宽度 370mm”，进行绘制，如图 3.1-4 所示。

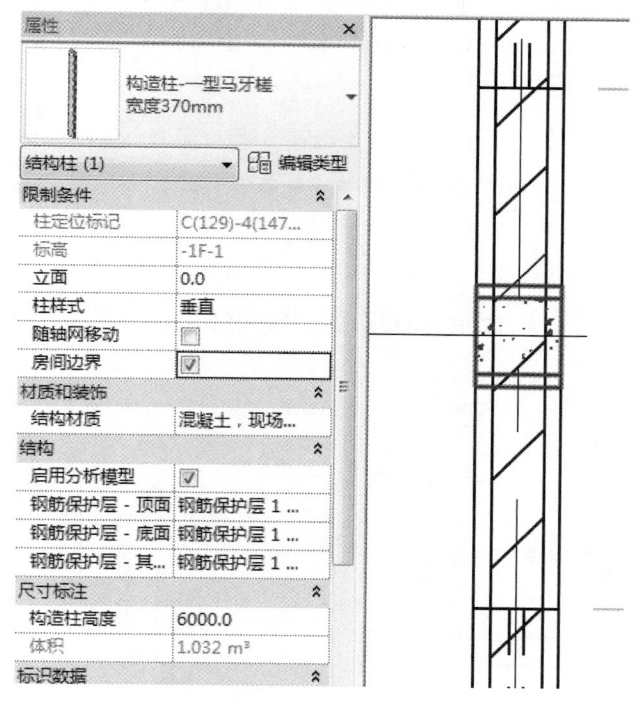

图 3.1-4

如没有需要的柱子类型，则选择“插入”选项卡，从“从库中载入”面板的“载入族”工具中打开相应族库进行载入族文件，单击“插入点”插入柱子。

同结构柱，柱的属性可以调整柱子基准、顶标高、顶部、底部偏移，是否随轴网移动，此柱是否设为房间边界，单击“编辑类型”按钮，在弹出的“类型属性”对话框中设置柱子的图形、材质和装饰、尺寸标注等。

【注意】 构造柱的属性与墙体相同，修改粗略比例填充样式只能影响没有与墙相交的构造柱。

3.1.2 课上练习

绘制柱。单击“建筑”选项卡，在“构件”面板上选择“结构柱”命令，在“属性”栏中选择柱的类型“BM_现浇混凝土矩形柱-C30 500×500”进行绘制，完成后如图 3.1-5 所示。

选择所有“结构柱”，在属性栏中修改柱子底部标高、底部偏移，顶部标高、顶部偏移、柱样式、是否随轴网移动等属性，如图 3.1-6 所示。

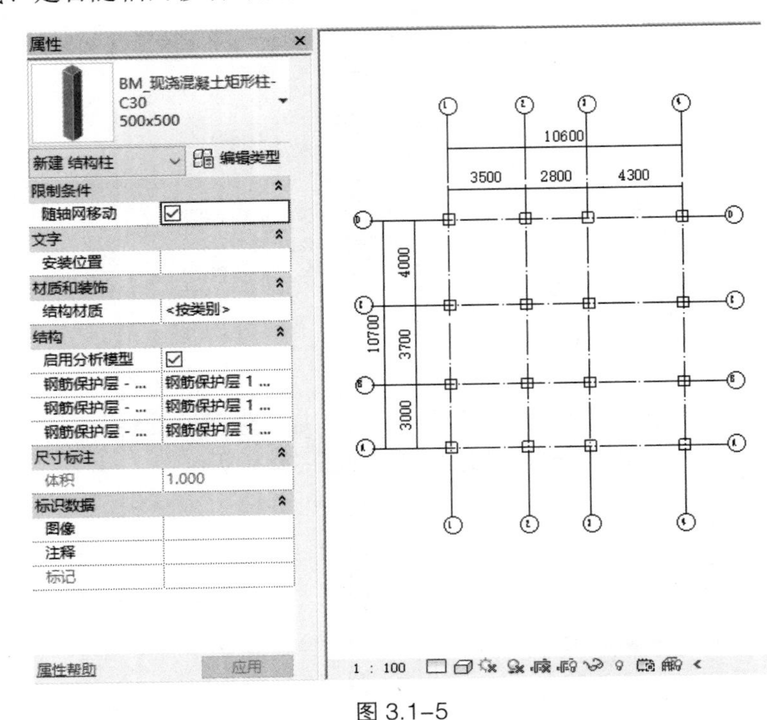

图 3.1-5

属性	
BM_现浇混凝土矩形柱-C30 500x500	
结构柱 (16)	编辑类型
限制条件	
柱定位标记	
底部标高	1F
底部偏移	900.0
顶部标高	2F
顶部偏移	300.0
柱样式	垂直
随轴网移动	☑
文字	
安装位置	
材质和装饰	
结构材质	<按类别>
结构	
启用分析模型	☑
钢筋保护层 - ...	钢筋保护层 1 ...
钢筋保护层 - ...	钢筋保护层 1 ...
钢筋保护层 - ...	钢筋保护层 1 ...
尺寸标注	
体积	1.050
标识数据	
属性帮助	应用

图 3.1-6

3.1.3 课后作业

在图中相应位置放置“混凝土-矩形-柱 GZ1”，实例属性设置如图 3.1-7 所示，放置位置如图 3.1-8 所示。

图 3.1-7

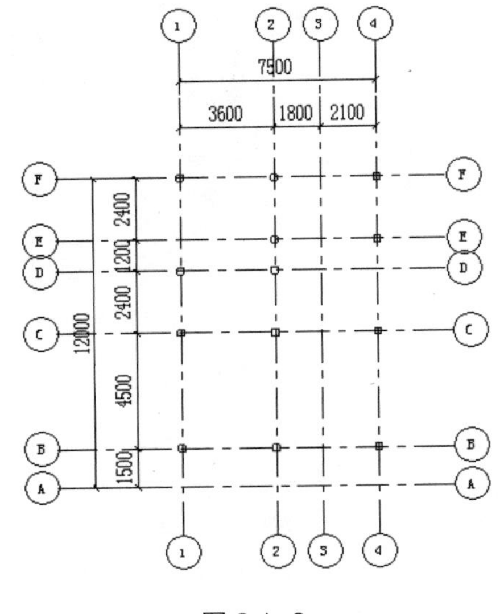

图 3.1-8

保存该文件，请在“初级课程\3.柱、梁和结构构件\3.1 绘制柱\3.1.3 课后作业\3-1-3.rvt”项目文件中查看最终结果。

3.2 绘制梁

3.2.1 基本操作

选择“结构”选项卡，单击“结构”面板中的“梁”按钮，从属性栏的下拉列表中选择需要的梁类型（如没有可以从库中载入），单击起点和终点来绘制梁，如图 3.2-1 所示。

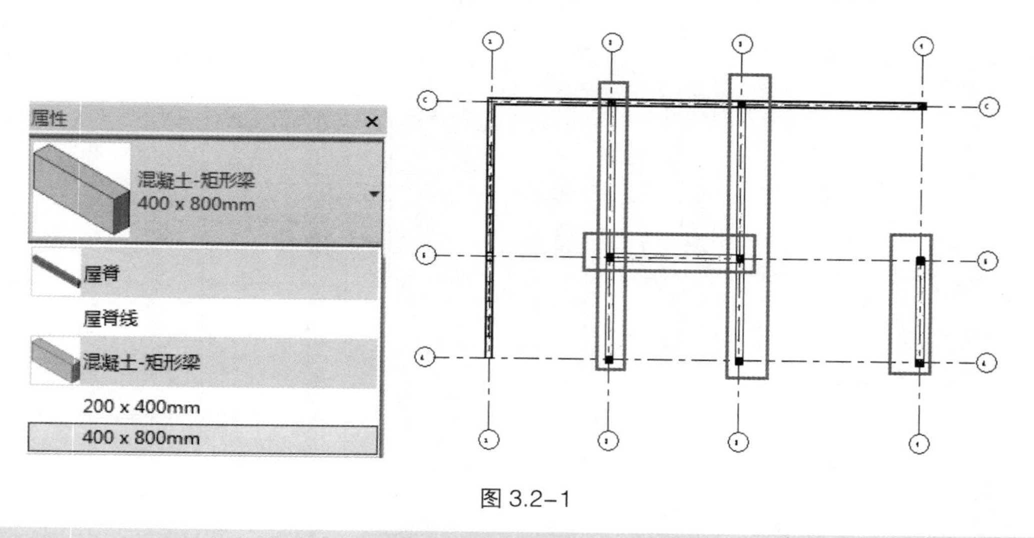

图 3.2-1

【注意】 当绘制梁时，鼠标会捕捉其他的结构构件。

在选项栏上选择梁的放置平面，从“结构用途”下拉列表中选择梁的结构用途或让其处于自动状态，结构用途参数可以包括在结构框架明细表中，这样用户便可以计算大梁、托梁、檩条和水平支撑的数量。

使用“三维捕捉”选项，通过捕捉任何视图中的其他结构图元，可以创建新梁，这表示用户可以在当前工作平面之外绘制梁和支撑。例如，在启用了三维捕捉之后，不论高程如何，屋顶梁都将捕捉到柱的顶部。

要绘制多段连接的梁，可勾选选项栏中的“链”复选框，如图 3.2-2 所示。

也可使用“轴网”命令，拾取轴网线或框选、交叉框选轴网线，单击“完成”按钮，系统自动在柱、结构墙和其他梁之间放置梁。

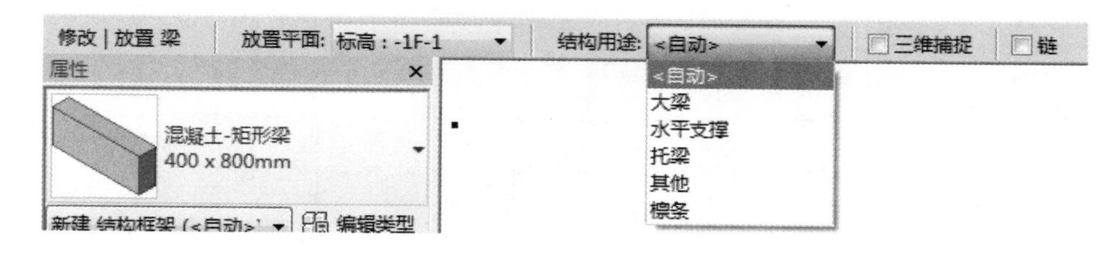

图 3.2-2

属性编辑。选择梁自动激活上下文选项卡“修改结构框架”，在“属性”面板上修改其实例、类型参数，可改变梁的类型与显示。

【注意】 如果梁的一端位于结构墙上，则“梁起始梁洞”和“梁结束梁洞”参数将显示在“图元属性”对话框中；如果梁是由承重墙支撑的，请启用该复选框。选择后，梁图形将延伸到承重墙的中心线。

3.2.2 课上练习

在如下的轴网中绘制梁，根据图 3.2-3 中每根梁的尺寸，在图 3.2-4 的轴网中完成绘制。

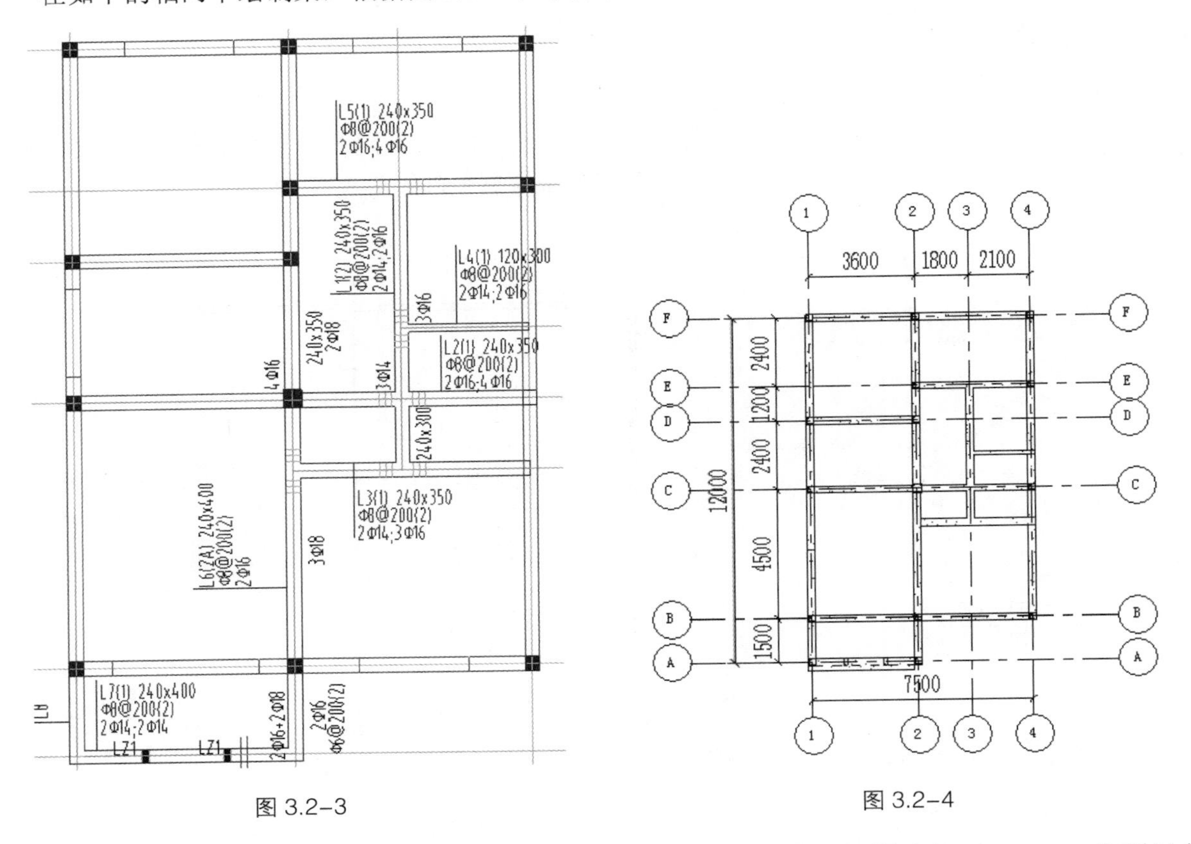

图 3.2–3

图 3.2–4

保存该文件，请在“初级课程\3.柱、梁和结构构件\3.2 绘制梁\3.2.2 课上练习\3-2-2.rvt”项目文件中查看最终结果。

3.2.3 课后作业

根据图 3.2-5 图纸，绘制梁。完成后如图 3.2-6 所示。

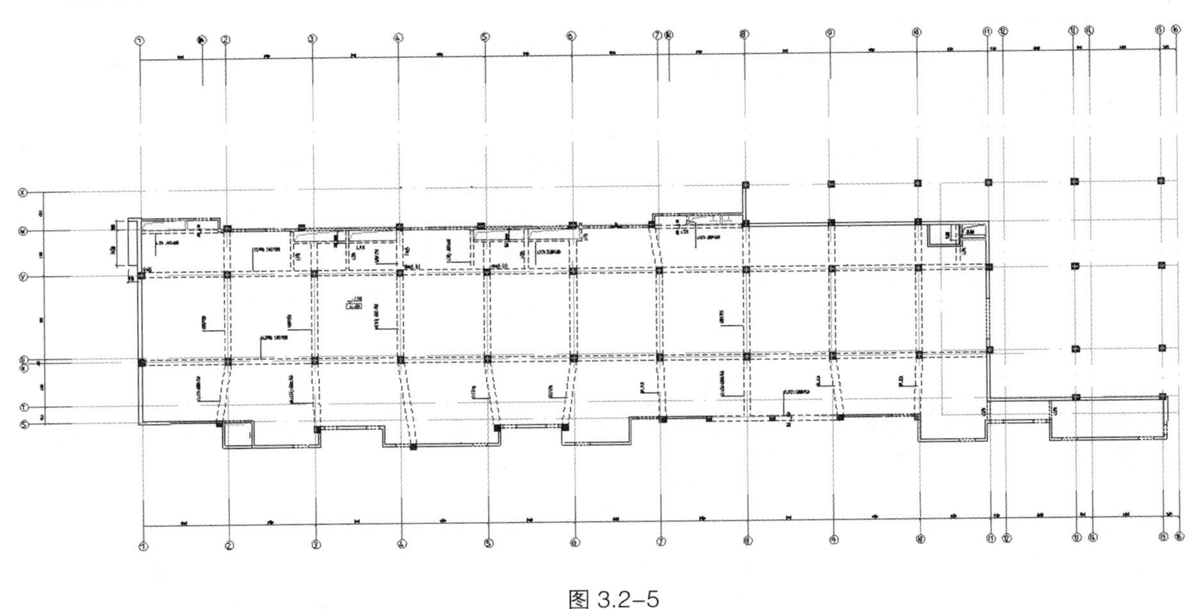

图 3.2–5

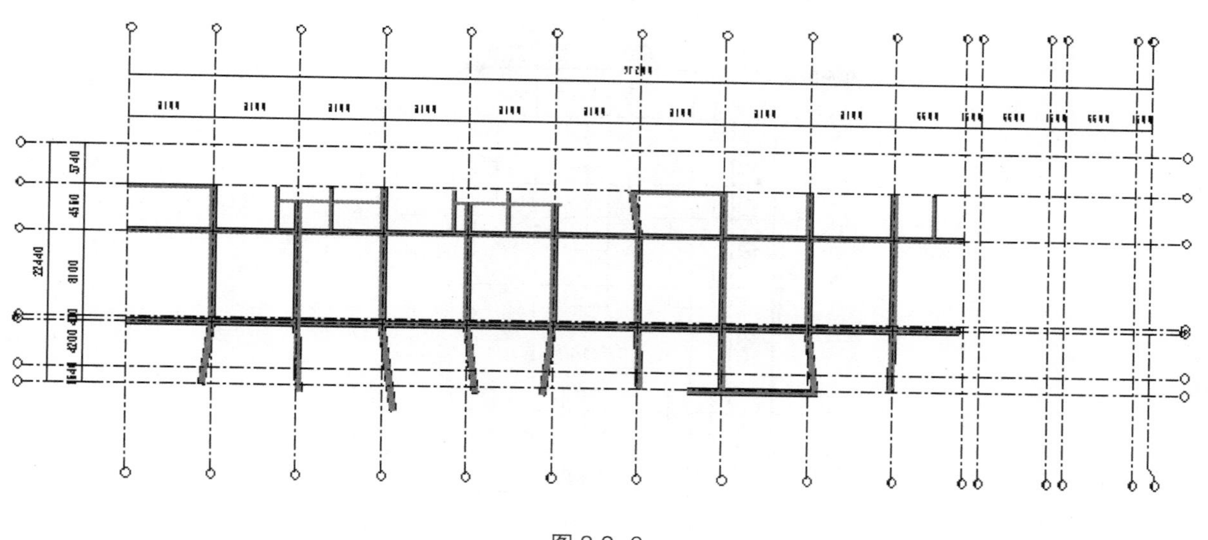

图 3.2-6

保存该文件，请在“初级课程\3.柱、梁和结构构件\3.2 绘制梁\3.2.3 课后作业\3-2-3.rvt”项目文件中查看最终结果。

3.3　绘制结构构件

3.3.1　基本操作

单击“结构”选项卡下“基础”面板中的“独立”命令，在“属性”面板中选择基础类型“独立基础”，设置实例属性的偏移量为“－1000”，在轴网交点处放置，如图 3.3-1 所示。

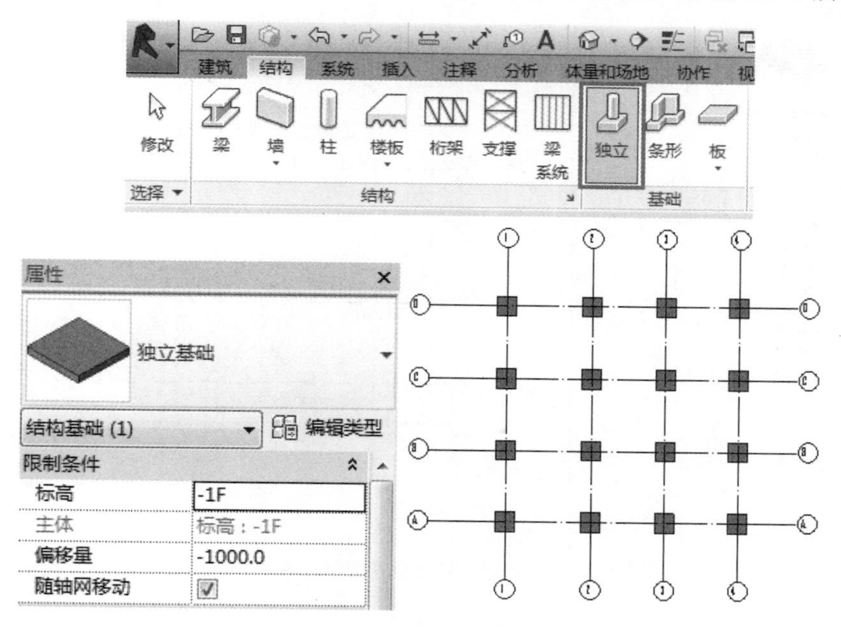

图 3.3-1

3.3.2　课上练习

按照图中的位置，放置独立基础。选择类型“独立基础 1500×1500×300”。设置实例属性：偏移量为－1000，完成放置后如图 3.3-2 所示。

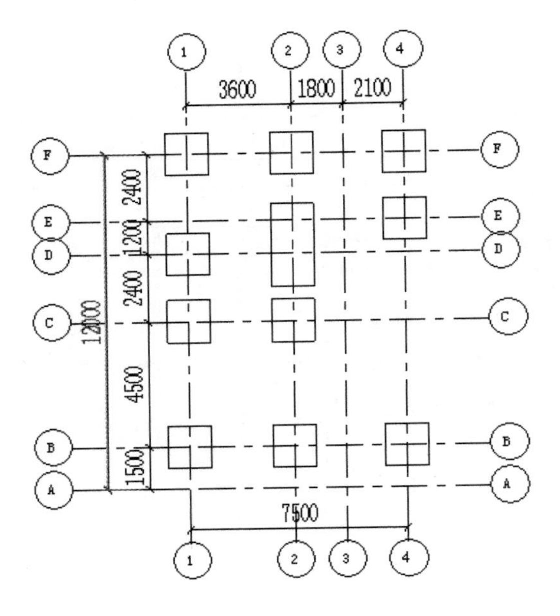

图 3.3-2

保存该文件，请在“初级课程\3.柱、梁和结构构件\3.3 绘制结构构件\3.3.2 课上练习\3-3-2.rvt”项目文件中查看最终结果。

3.3.3 课后作业

按照图中的位置，放置独立基础。选择类型“独立基础 1500×1500×300”。设置实例属性：偏移量为－1500，完成放置后如图 3.3-3 所示。

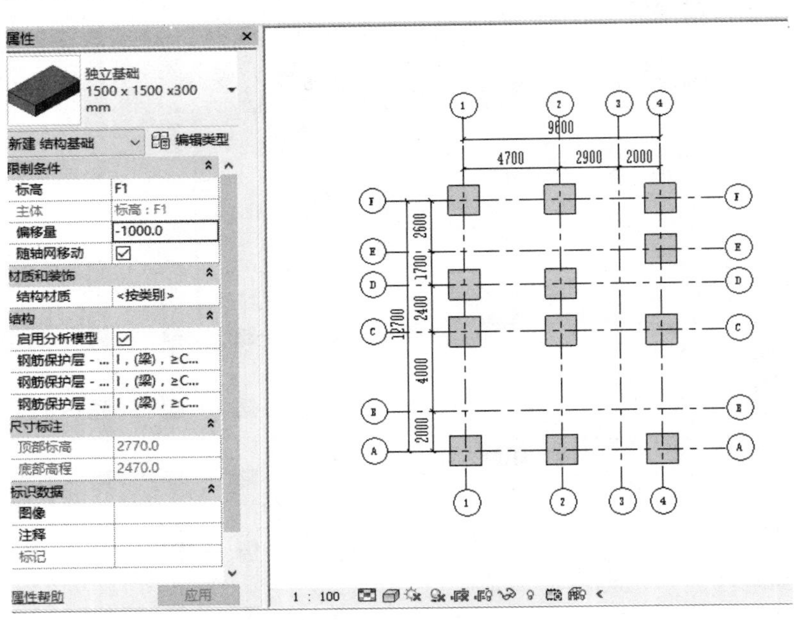

图 3.3-3

保存该文件，请在“初级课程\3.柱、梁和结构构件\3.3 绘制结构构件\3.3.3 课后作业\3-3-3.rvt”项目文件中查看最终结果。

第4章 墙体与门窗

4.1 墙体

4.1.1 基本操作

4.1.1.1 绘制墙体

1. 基本墙

选择“建筑”选项卡，单击“构建”面板下的“墙”按钮。在类型选择器中选择墙的类型，如图 4.1-1 所示。

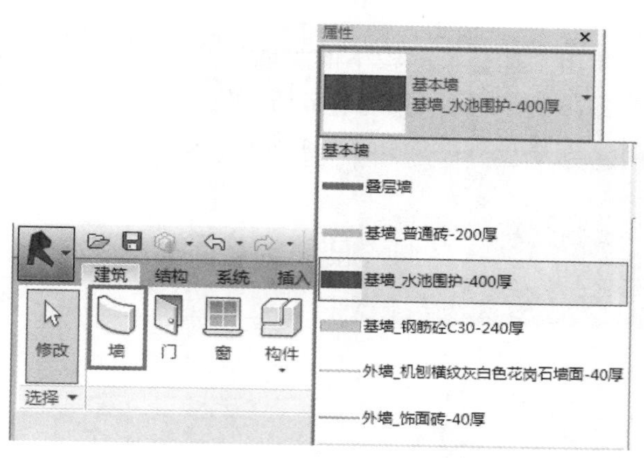

图 4.1-1

若项目需要其他类型墙体，可使用复制的方式创建新的墙体类型。

在类型选择器中选择“基墙_普通砖-200 厚”，单击“编辑类型”，弹出“类型属性”对话框，单击“复制”，将名称命名为“基墙_蒸压加气砼砌块-200 厚”，如图 4.1-2 所示。

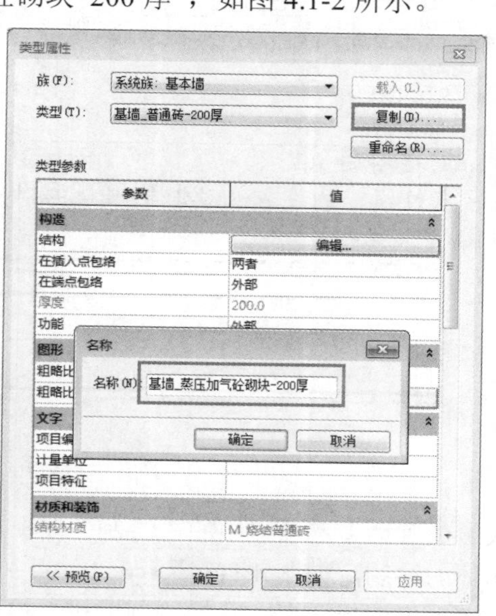

图 4.1-2

单击“编辑”按钮，弹出“编辑部件”对话框，根据所设墙类型修改墙体构造层的“材质”和“厚度”，单击“确定”按钮，完成墙体的创建，如图 4.1-3 所示。

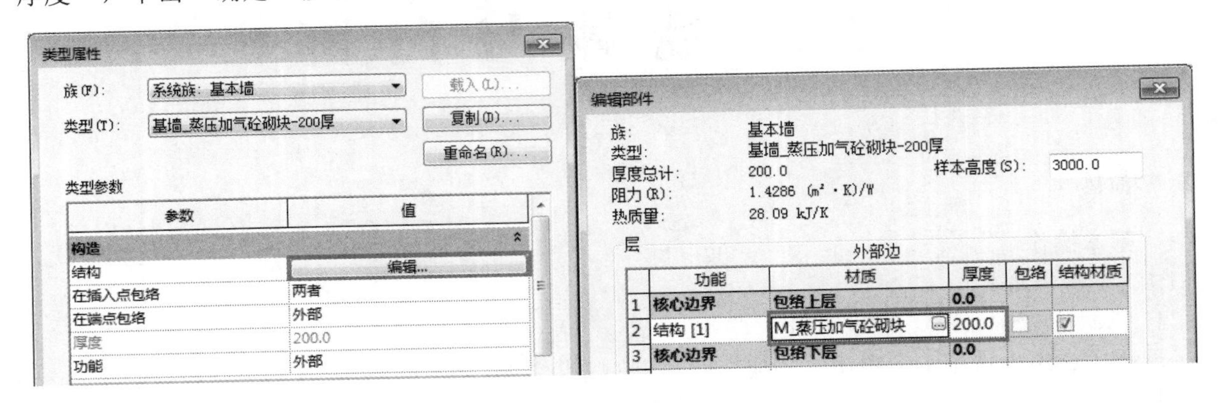

图 4.1-3

选择“建筑”选项卡，单击“构建”面板下的“墙”按钮，在类型选择器中选择墙的类型，根据需要设置墙的定位线、底部限制条件、底部偏移、顶部约束、顶部偏移等属性参数，在选项栏设置中可选高度、定位线、链、偏移量等，如图 4.1-4 所示。

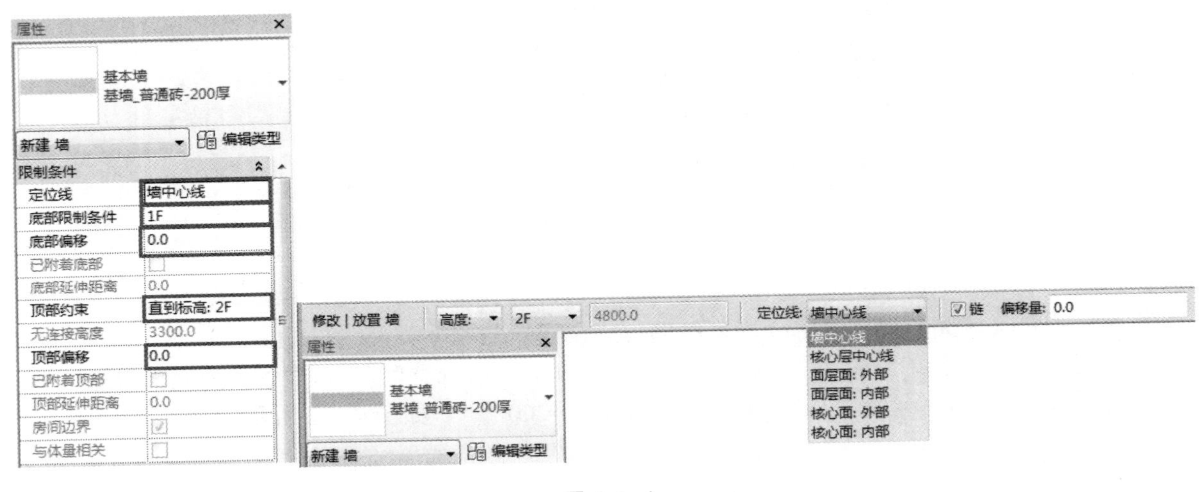

图 4.1-4

【注意】 通过对选项栏中“定位线”的设置，可在绘制墙时以墙体构造层中的某一层来定位绘制墙体。“定位线”的设置选项与构造层的对应关系如图 4.1-5 所示。

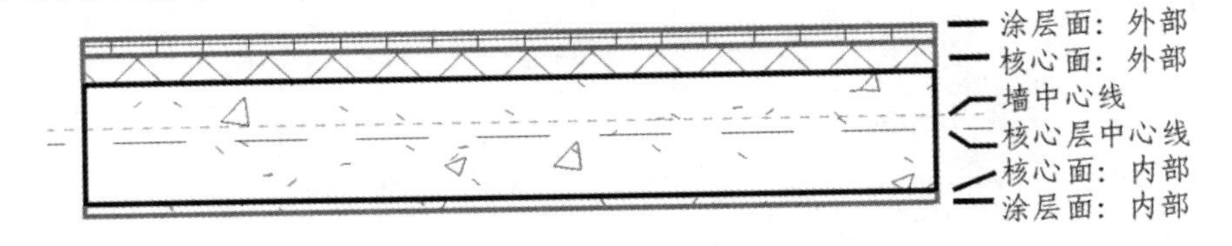

图 4.1-5

在“修改 | 放置墙”选项卡中的“绘制”面板上可选择直线、矩形、多边形、弧形墙体等绘制命令，进行墙体的绘制，如图 4.1-6 所示。

在绘图区域单击选择两点，直接绘制墙线，如图 4.1-7 所示。

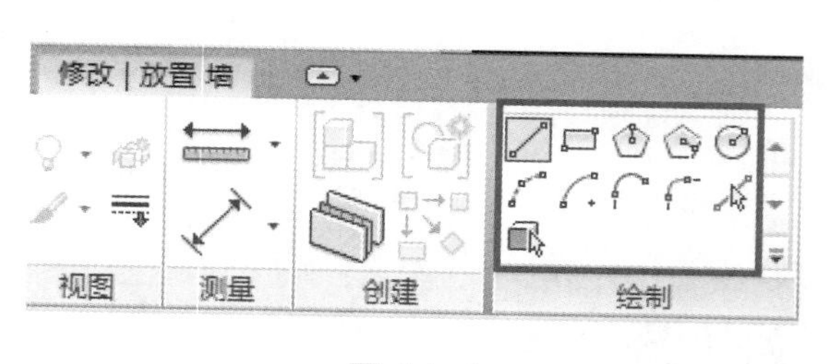

图 4.1-6

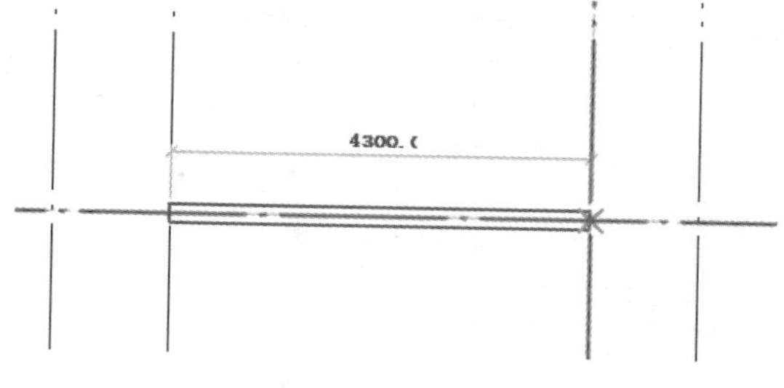

图 4.1-7

【注意】 在 Revit 中有内墙面和外墙面的区别，因此建议顺时针绘制墙体，此时墙体外墙面朝向外侧。

2. 复合墙

选择“建筑”选项卡，单击“构建”面板下的“墙”按钮。从类型选择器中选择墙的类型，选择 “属性”面板，单击“编辑类型”，弹出“类型属性”对话框，再单击“结构”参数后面的“编辑”按钮，弹出“编辑部件”对话框，单击“插入”可添加一个构造层，并为其指定功能、材质、厚度，使用“向上”“向下”按钮调整其上、下位置，如图 4.1-8 所示。

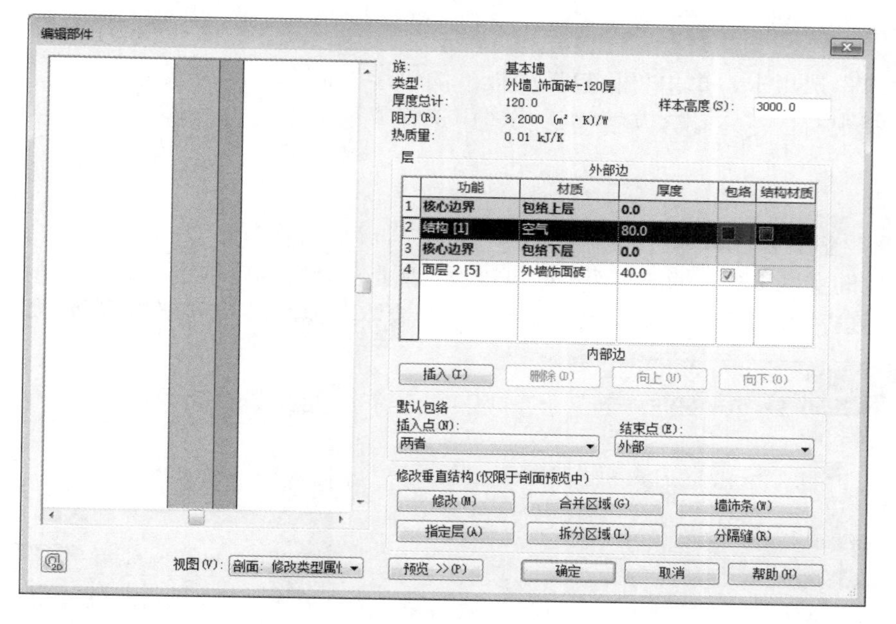

图 4.1-8

3. 叠层墙

选择“建筑”选项卡，单击“构建”面板下的“墙”按钮，从类型选择器中选择。例如，“叠层墙：外部-砌块勒脚砖墙”类型，单击“编辑类型”按钮，弹出“类型属性”对话框，再单击“结构”后的“编辑”按钮，弹出“编辑部件”对话框，如图 4.1-9 所示。

叠层墙是由若干个不同子墙（基本墙类型）相互堆叠在一起而组成的墙体，可根据实际需要在不同的高度定义不同的墙类型，如图 4.1-10 所示。

4. 幕墙

在 Revit 中玻璃幕墙是一种墙类型，可以像绘制基本墙一样绘制幕墙，且幕墙可以设置多样的网格分割形式、竖梃样式、嵌板样式及定位关系，可根据不同种类的幕墙进行设定及修改。

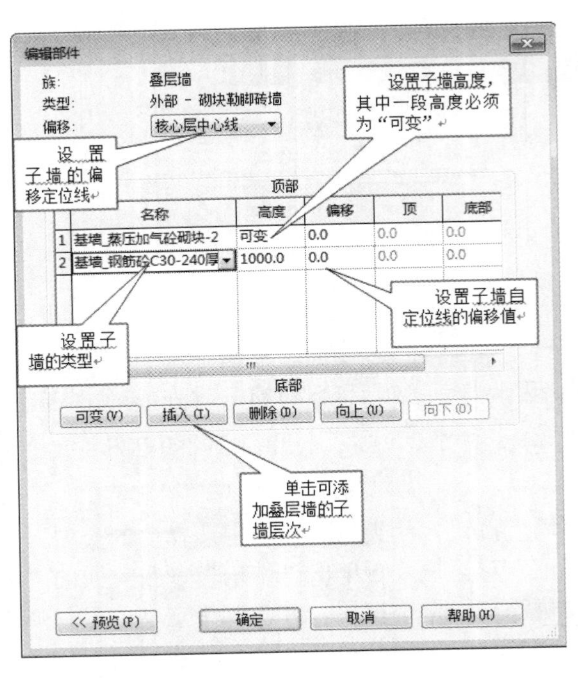

图 4.1–9

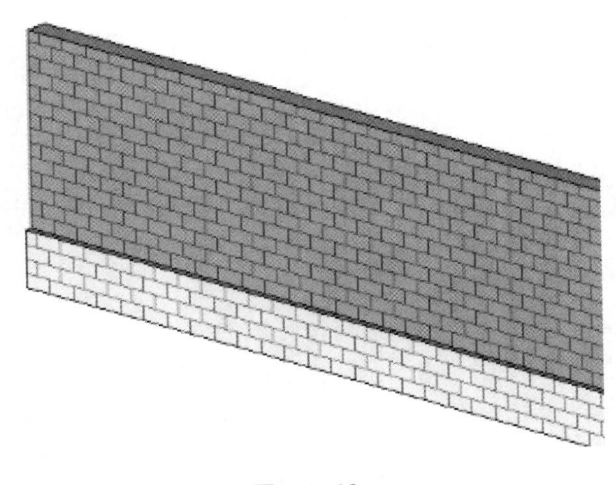

图 4.1–10

选择“建筑”选项卡，单击“构建”面板下的“墙”命令，从类型选择器中选择幕墙类型，绘制幕墙或选择现有的基本墙，从类型选择器中选择幕墙类型，直接将基本墙转换成幕墙，如图 4.1-11 所示。

4.1.1.2　编辑墙体

1. 基本墙、叠层墙的编辑

（1）设置墙的实例参数。墙的实例参数可以设置所选择墙体的定位线、高度、基面和顶面的位置及偏移、结构用途等特性。选择需要修改的单个或多个墙体，在属性栏中修改其参数，如图 4.1-12 所示。

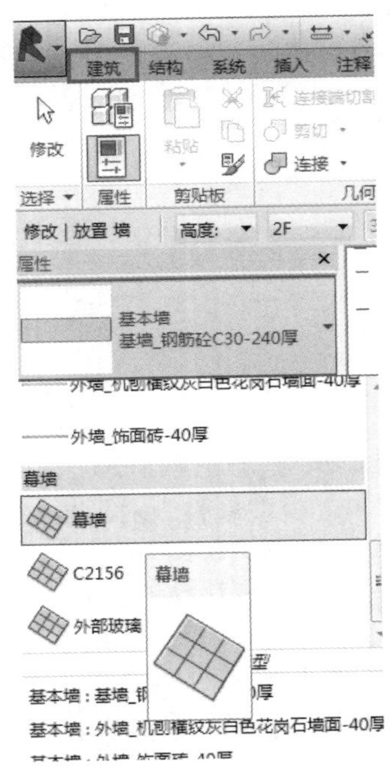

图 4.1–11

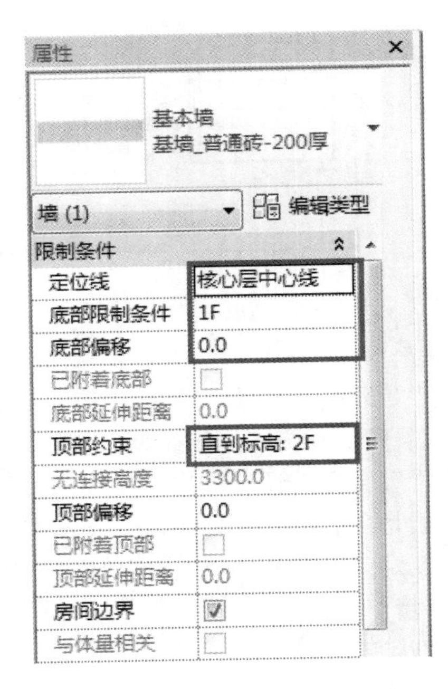

图 4.1–12

（2）设置墙的类型参数。墙的类型参数可以用来设置不同类型墙的粗略比例填充样式、墙的结构、材质等特性。选择需要修改的单个或多个墙体，单击“编辑类型”按钮，弹出“类型属性”对话框，再单击“结构”后的“编辑”按钮，弹出“编辑部件”对话框，修改其各构造层的材质、厚度及位置关系，如图 4.1-13 所示。

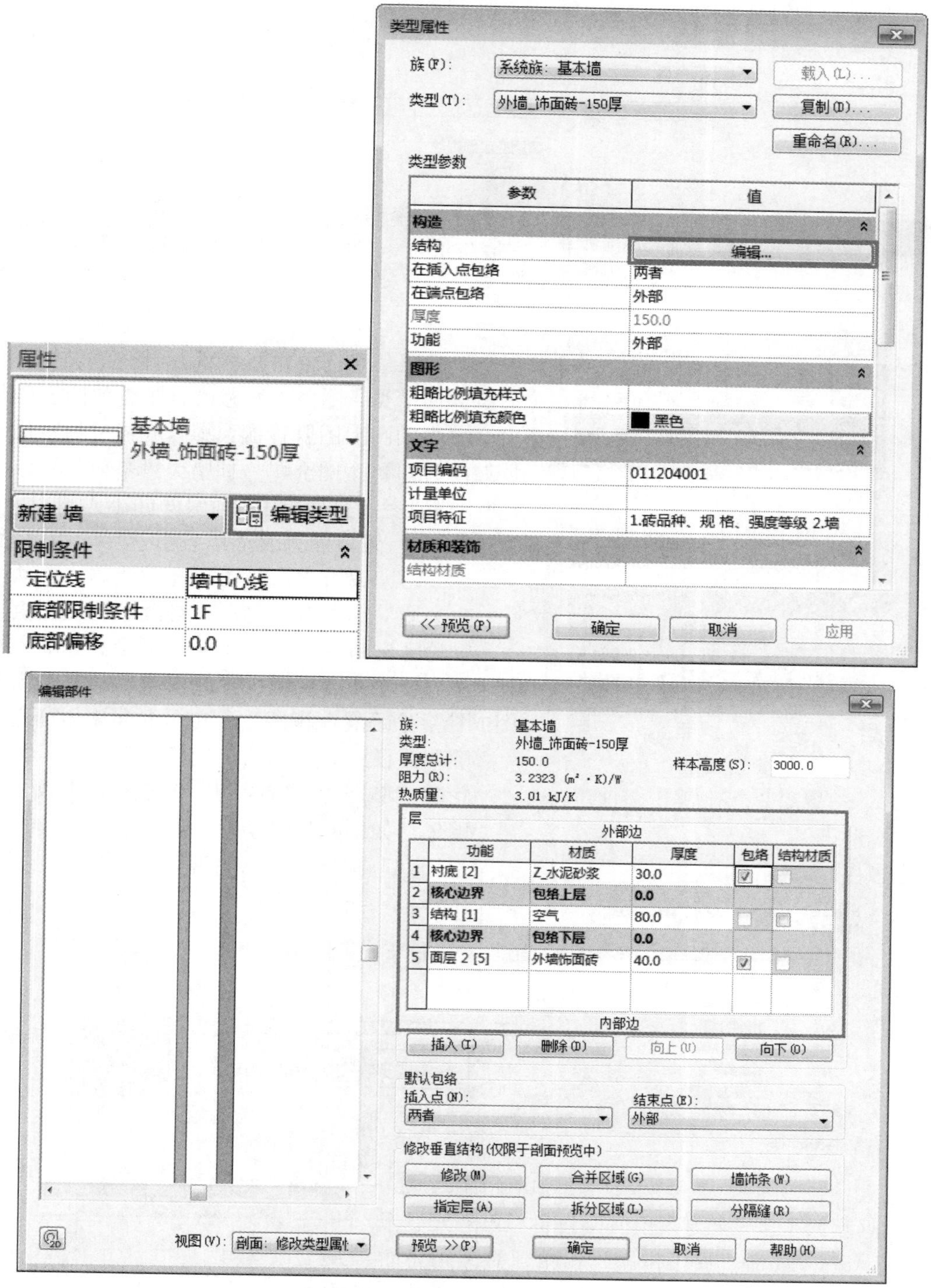

类型属性

族(F)：系统族：基本墙　载入(L)...

类型(T)：外墙_饰面砖-150厚　复制(D)...

重命名(R)...

类型参数

参数	值
构造	
结构	编辑...
在插入点包络	两者
在端点包络	外部
厚度	150.0
功能	外部
图形	
粗略比例填充样式	
粗略比例填充颜色	黑色
文字	
项目编码	011204001
计量单位	
项目特征	1.砖品种、规 格、强度等级 2.墙
材质和装饰	
结构材质	

<< 预览(P)　确定　取消　应用

属性

基本墙
外墙_饰面砖-150厚

新建 墙　编辑类型

限制条件	
定位线	墙中心线
底部限制条件	1F
底部偏移	0.0

编辑部件

族：基本墙
类型：外墙_饰面砖-150厚
厚度总计：150.0　样本高度(S)：3000.0
阻力(R)：3.2323 (m²·K)/W
热质量：3.01 kJ/K

层

外部边

	功能	材质	厚度	包络	结构材质
1	衬底 [2]	Z_水泥砂浆	30.0	☑	☐
2	**核心边界**	**包络上层**	**0.0**		
3	结构 [1]	空气	80.0	☐	☐
4	**核心边界**	**包络下层**	**0.0**		
5	面层 2 [5]	外墙饰面砖	40.0	☑	☐

内部边

插入(I)　删除(D)　向上(U)　向下(O)

默认包络
插入点(N)：两者　结束点(E)：外部

修改垂直结构（仅限于剖面预览中）
修改(M)　合并区域(G)　墙饰条(W)
指定层(A)　拆分区域(L)　分隔缝(R)

视图(V)：剖面：修改类型属性　预览 >>(P)　确定　取消　帮助(H)

图 4.1-13

通过调整临时尺寸参数、拖曳墙端点控制点及单击翻转符号可以修改墙体位置、长度、高度、内外墙面等，如图 4.1-14 所示。

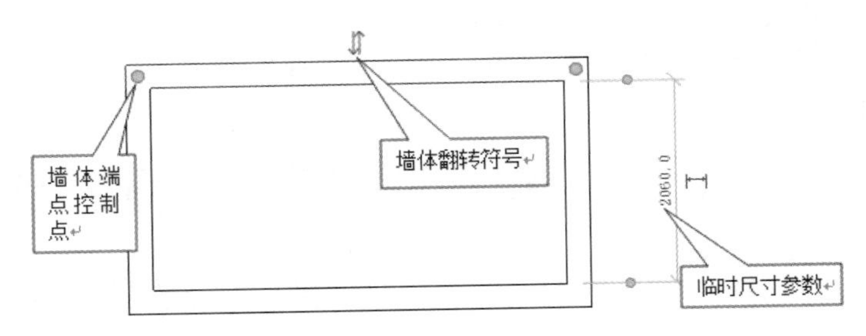

图 4.1–14

移动、复制、旋转、阵列、镜像、对齐、拆分、修剪、偏移等，所有常规的编辑命令同样适用于墙体的编辑，选择墙体，在“修改 | 放置墙”选项卡的“修改”面板中选择命令进行编辑，如图 4.1-15 所示。

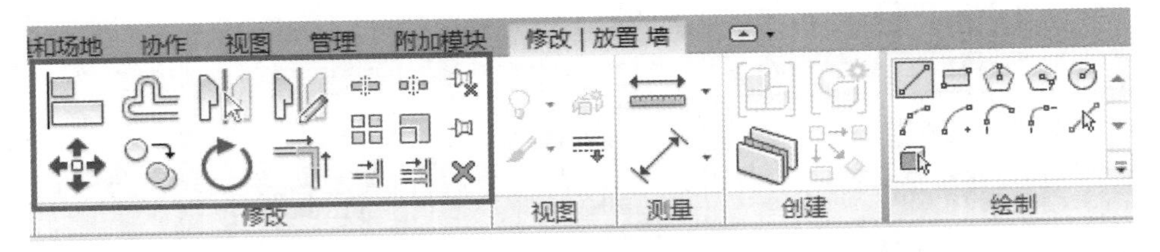

图 4.1–15

（3）编辑立面轮廓。选择墙体，自动激活“修改 | 墙”选项卡，单击“修改 | 墙”面板下的“编辑轮廓”命令，如图 4.1-16 所示。

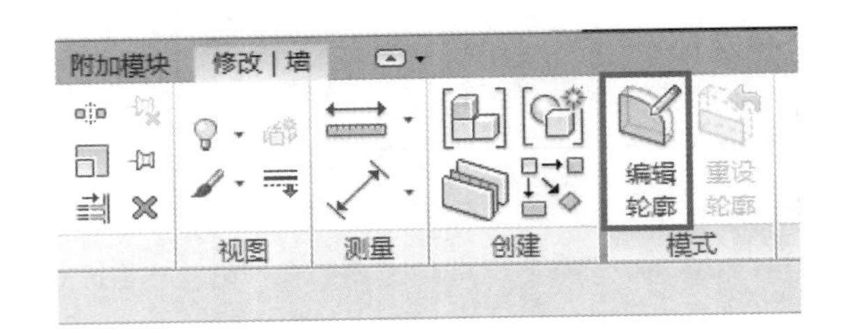

图 4.1–16

若在平面视图进行此操作，此时弹出“转到视图”对话框，选择任意立面进行操作，进入绘制轮廓草图模式。在立面上用“线”绘制工具绘制封闭轮廓，单击“完成绘制”按钮，可生成任意形状的墙体，如图 4.1-17 所示。

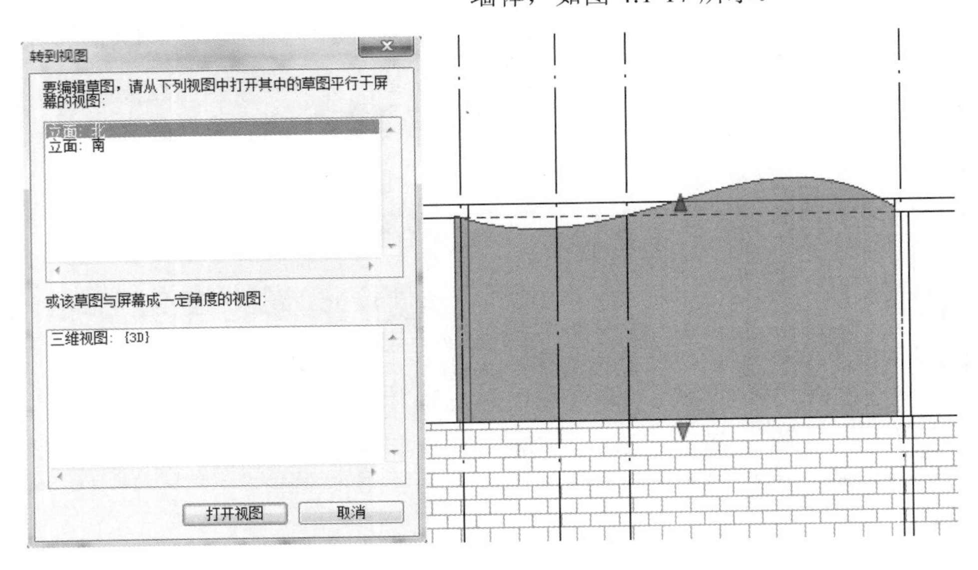

图 4.1–17

如需一次性还原已编辑过轮廓的墙体，选择墙体，单击“重设轮廓”按钮，即可实现，如图 4.1-18 所示。

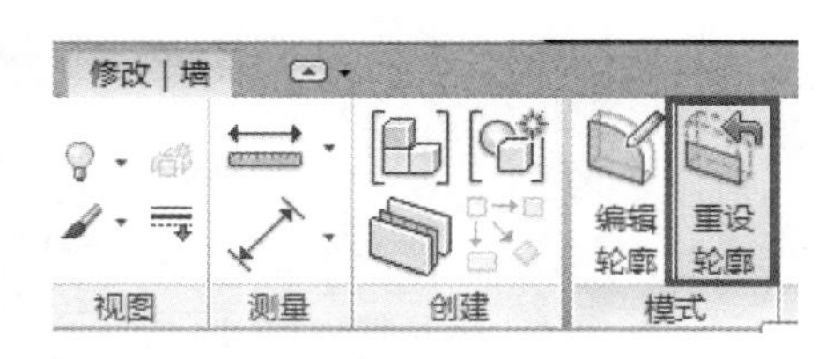

图 4.1–18

（4）附着/分离。选择墙体，自动激活“修改｜墙”选项卡，单击“修改｜墙”面板下的“附着”按钮，然后拾取屋顶、楼板、天花板或参照平面，可将墙连接到屋顶、楼板、天花板、参照平面上，墙体形状自动发生变化，如图 4.1-19 所示。

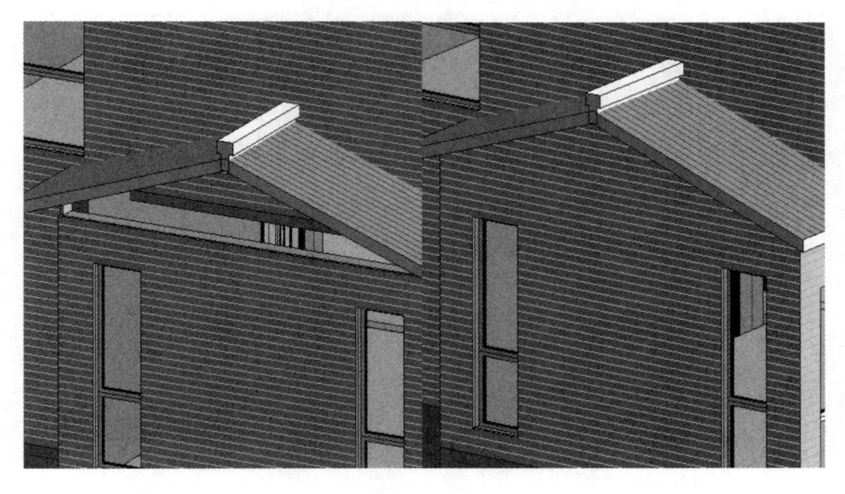

图 4.1–19

单击“分离”按钮，可将墙从屋顶、楼板、天花板、参照平面上分离开，墙体形状恢复原状，如图 4.1-20 所示。

图 4.1–20

2. 幕墙的编辑

对于幕墙，可用参数控制幕墙网格的布局模式、网格的间距值及对齐、旋转角度和偏移值来调整幕墙形式。

选择幕墙，自动激活“修改｜墙”选项卡，在“属性”栏可以编辑该幕墙的实例参数，单击“编辑类型”按钮，弹出幕墙的“类型属性”对话框，编辑幕墙的类型参数，如图 4.1-21 所示。

手动调整幕墙网格间距。选择幕墙网格（按“Tab”键切换选择），单击“解锁”命令

即可修改网格临时尺寸，如图 4.1-22 所示。

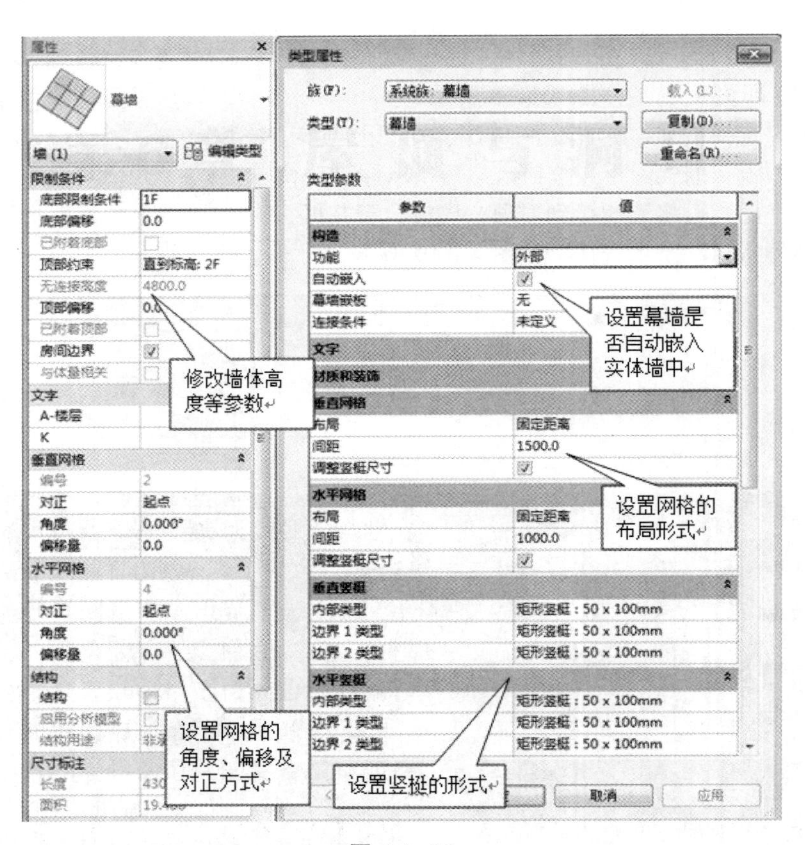

图 4.1–21

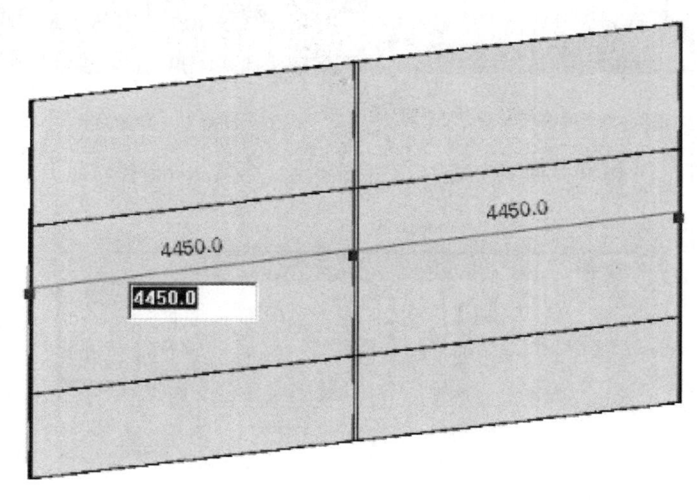

图 4.1–22

选择幕墙，自动激活“修改 | 墙”选项卡，单击“修改 | 墙”面板下的“编辑轮廓”按钮，即可像基本墙一样任意编辑其立面轮廓。

添加幕墙网格与竖梃。选择“建筑”选项卡，单击“构建”面板下的“幕墙网格”按钮，可以整体分割或局部细分幕墙嵌板。

（1）全部分段：单击添加整条网格线。

（2）一段：单击添加一段网格线细分嵌板。

（3）除拾取外的全部：单击，先添加一条红色的整条网格线，再单击某段，删除，其余的嵌板添加网格线，如图 4.1-23 所示。

在“构建”面板的“竖梃”中选择竖梃类型，从右边选择合适的创建命令拾取网格线添加竖梃，如图 4.1-24 所示。

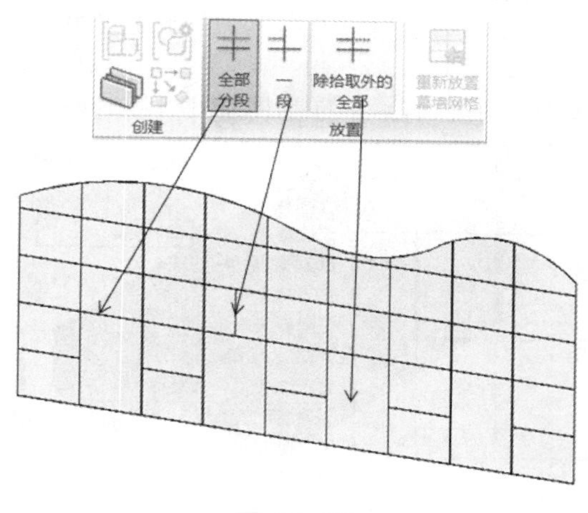

图 4.1–23

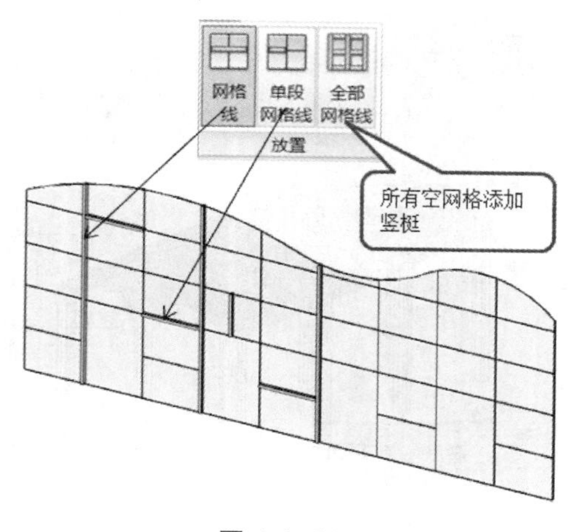

图 4.1–24

4.1.1.3　墙饰条与分隔缝

1. 墙饰条

在已经建好的墙体上添加墙饰条，可以在三维视图或立面视图中为墙添加墙饰条。

选项“建筑”选项卡，在“构建”面板的“墙”下拉列表中选择“墙饰条”选项，激活“修改｜放置墙饰条”选项卡，在“放置”面板中选择墙饰条的方向：“水平”或“垂直”。

将鼠标指针放在墙上以高亮显示墙饰条位置，单击以放置墙饰条，可以连续单击多个墙体，为其添加墙饰条。

要在不同的位置开始墙饰条，可选择“修改｜放置墙饰条”选项卡，单击“放置”(重新放置墙饰条)。将鼠标指针移到墙上所需的位置，单击以放置墙饰条。按“Esc”键结束绘制命令，如图 4.1-25 所示。

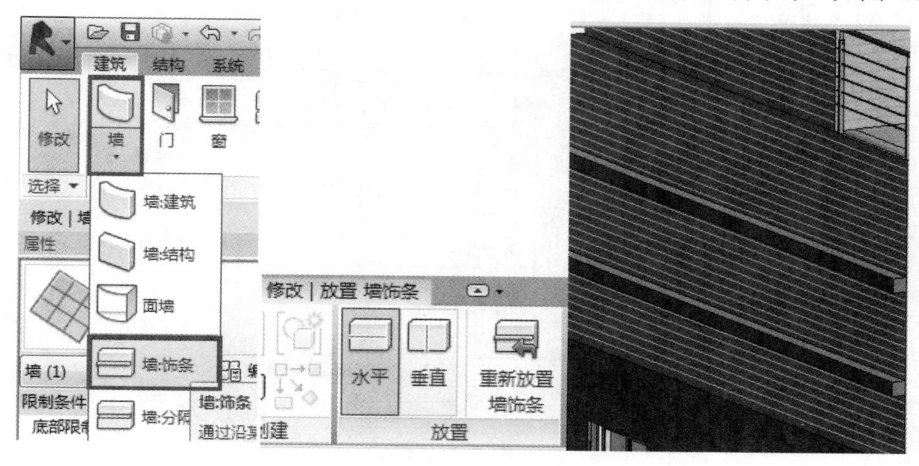

图 4.1–25

2. 分隔缝

打开三维视图或不平行立面视图。选择“建筑”选项卡，在“构建”面板的“墙”下拉列表中选择“分隔缝”选项，如图 4.1-26 所示。

在类型选择器中选择所需的墙分隔缝的类型。选择“修改｜放置分隔缝”下的“放置”，并选择墙分隔缝的方向：“水平”或“垂直”，将鼠标放在墙上以高亮显示墙分隔缝位置，单击以放置分隔缝，要完成对墙分隔缝的放置，可按“Esc”键结束绘制命令。

4.1.2　课上练习

创建如图 4.1-27 所示的墙体。

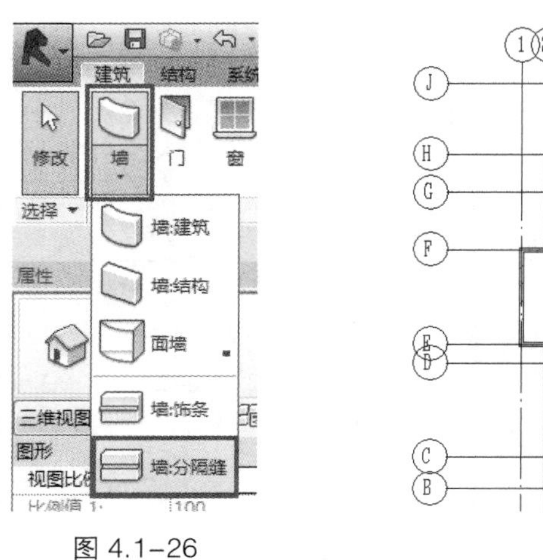

图 4.1-26

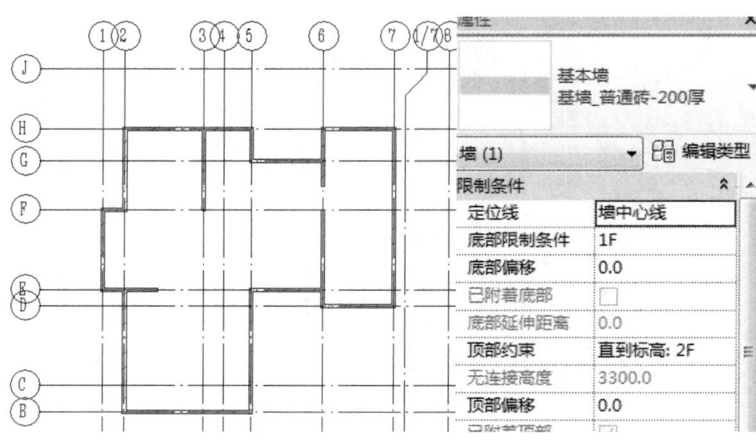

图 4.1-27

首先打开“小别墅”文件，选择“建筑”上下文选项卡，在“构建”面板中选择“墙”命令。在属性面板下“类型选择器”中选择“基墙_普通砖-200 厚”，“定位线”选：墙中心线；“底部限制条件”为：1F；“底部偏移”为：0；顶部约束为：“直到标高：2F”；顶部偏移为：0。然后在绘图区域顺时针按要求绘制墙体。

保存该文件。请在“初级课程\4.墙体与门窗\4.1 墙体\4.1.2 课上练习\4-1-2.rvt”项目文件中查看最终结果。

4.1.3　课后作业

绘制“小别墅”中如图 4.1-28 所示的内墙和外墙。

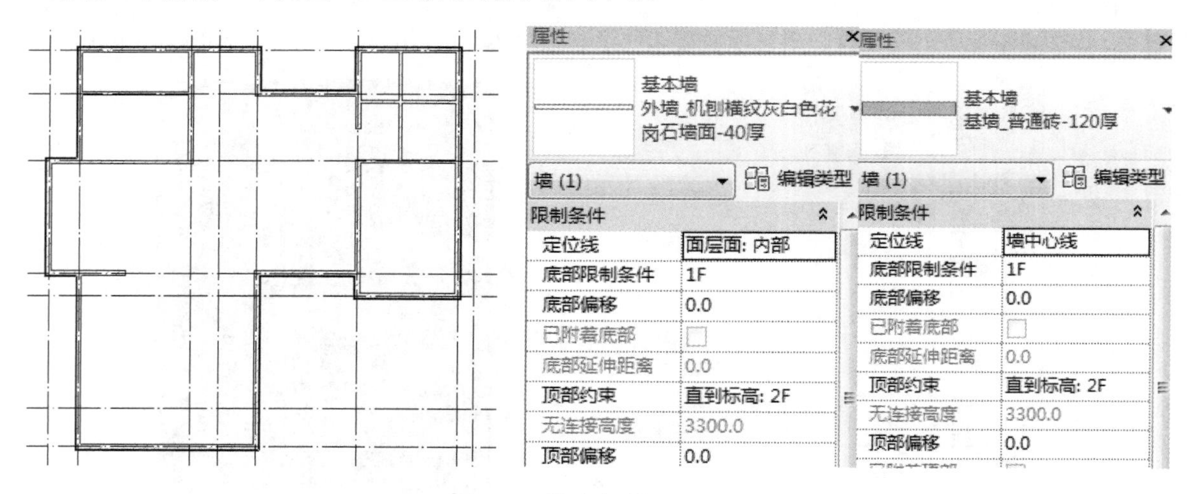

图 4.1-28

保存该文件。请在“初级课程\4.墙体与门窗\4.1 墙体\4.1.3 课后作业\4-1-3.rvt”项目文件中查看最终结果。

4.2　门窗

4.2.1　基本操作

1. 插入门窗

选择“建筑”选项卡，选择“构建”面板，单击“门”或“窗”按钮，在类型选择器中选择所需的门、窗类型，如果需要其他类型的门、窗类型，可选择从“插入”选项卡“载入族”中找到所需族载入到项目中，如图 4.2-1 所示。

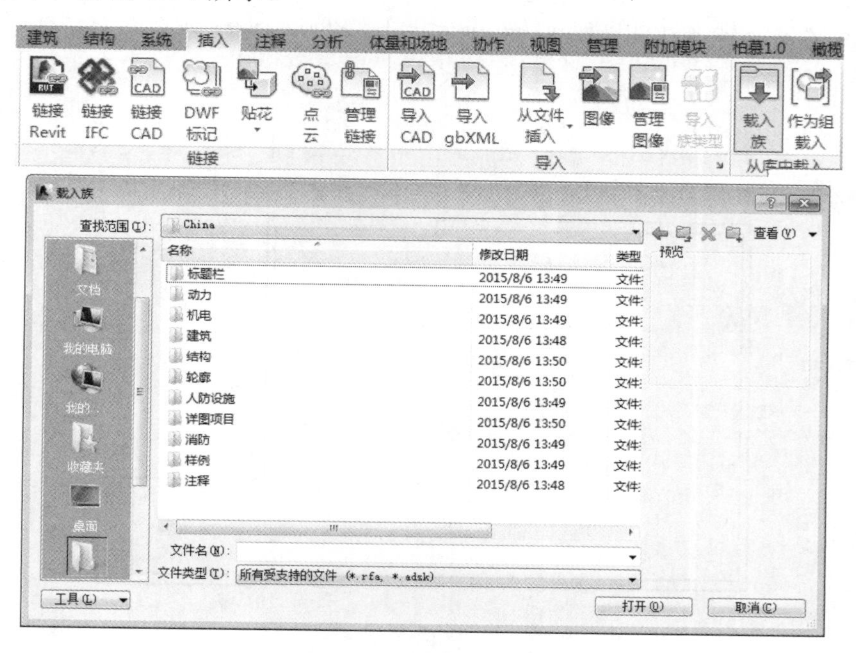

图 4.2-1

【提示】 族文件的存放位置在如图 4.2-2 所示的文件夹中。

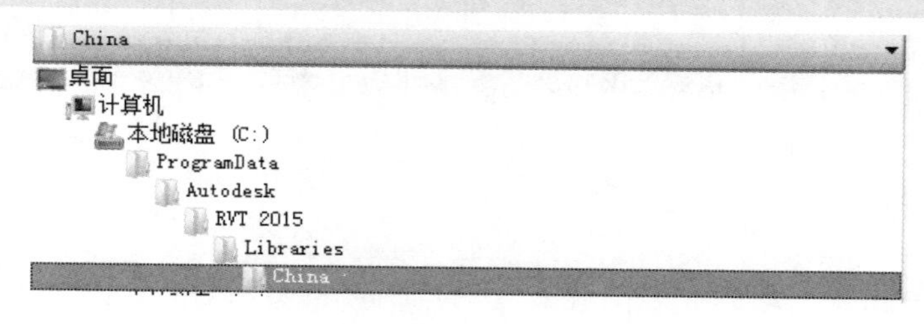

图 4.2-2

先选定楼层平面，在选项栏中选择“在放置时进行标记”自动标记门窗，选择“引线”可设置引线长度。在所需放置门窗的墙上移动鼠标，当门位于正确的位置时单击确定，如图 4.2-3 所示。

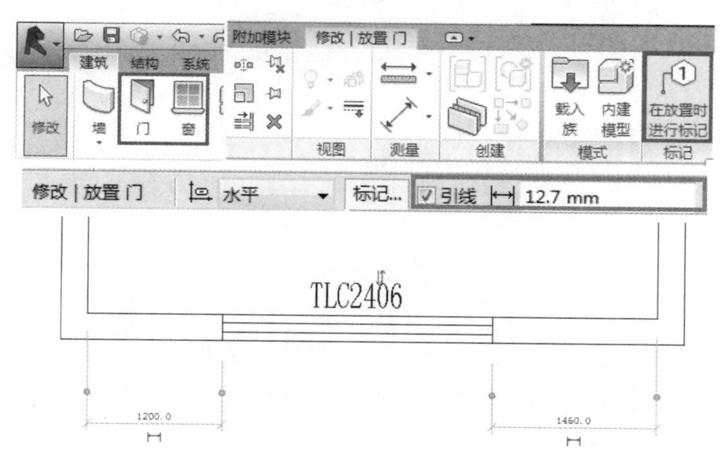

图 4.2-3

【提示】

插入门窗时输入“SM”，自动捕捉到中点插入。

插入门窗时在墙内外移动鼠标改变内外开启方向，按“空格键”改变左右开启方向，如图 4.2-4 所示。

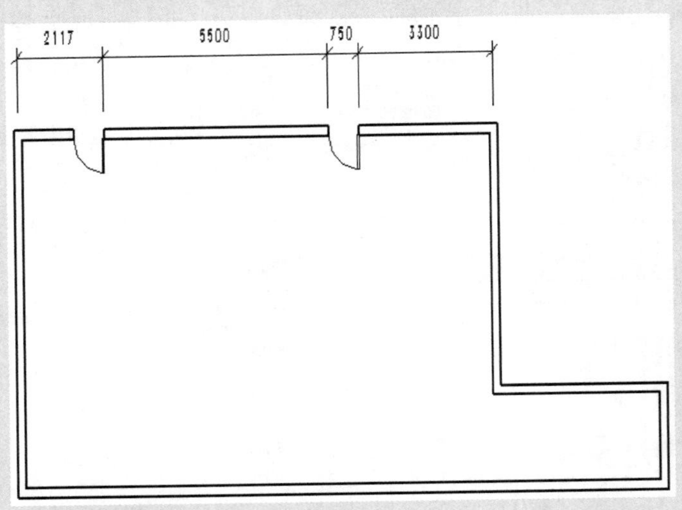

图 4.2–4

拾取主体：选择“门”，打开“修改 | 门”的上下文选项卡，选择“主体”面板的“拾取新主体”命令，可更换放置门的主体，即把门移动放置到其他墙上，如图 4.2-5 所示。

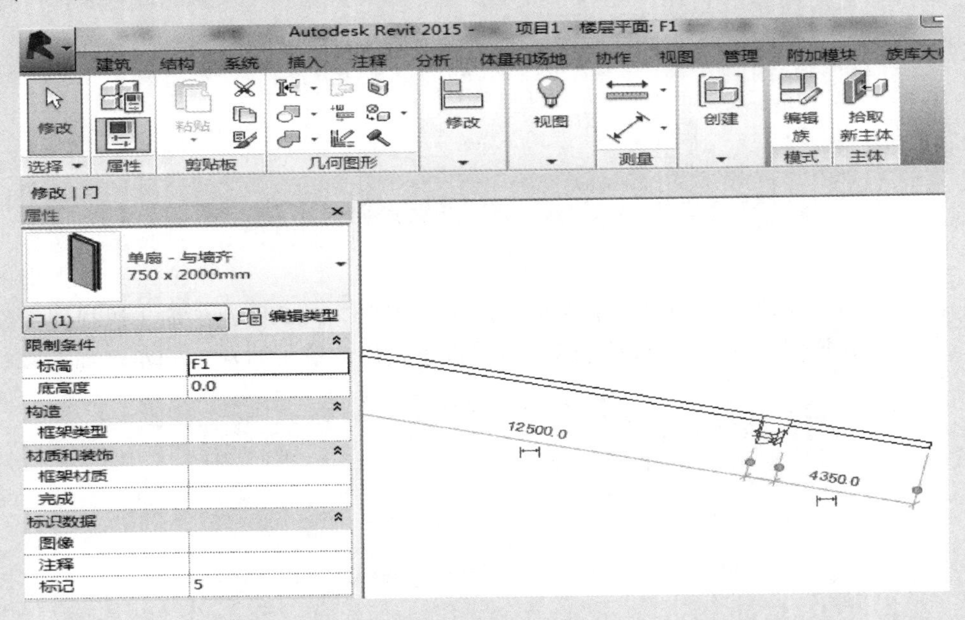

图 4.2–5

在平面插入窗，其窗台高为“默认窗台高”参数值。在立面上，可以在任意位置插入窗（在插入窗族时，立面出现绿色虚线时，此时窗台高为“默认窗台高”参数值）。

2．编辑门窗

（1）修改门窗实例参数。选择需要修改的门或窗，自动激活“修改 | 门”或“修改 | 窗”选项

卡，在属性栏中可以修改门窗的标高、底高度等实例参数，如图4.2-6所示。

（2）修改门窗类型参数。选择需要修改的门或窗，自动激活“修改｜门”或“修改｜窗”选项卡，单击“编辑类型”按钮，弹出“类型属性”对话框，可以修改门窗的高度、宽度，框架、玻璃材质等类型参数。

若需要其他尺寸的门窗类型，可在“类型属性”对话框中单击“复制”按钮创建新的门窗类型，并修改门窗的高度、宽度、框架、玻璃材质、竖梃可见性等参数，单击“确定”完成修改门窗。

属性

BM_铝合金双扇推拉窗
TLC2406

窗 (1) 编辑类型

限制条件	
标高	1F
底高度	800.0
标识数据	
图像	
注释	
标记	19

图 4.2-6

【提示】 修改窗的实例参数中的底高度，实际上也就修改了窗台高度。在窗的类型参数通常有默认窗台高这个类型参数并不受影响。

修改了类型参数中默认窗台高的参数值，只会影响随后再插入的窗户的窗台高度，对之前插入的窗户的窗台高度并不产生影响。

选择门窗出现开启方向控制和临时尺寸，单击改变开启方向和位置尺寸。

用鼠标拖曳门窗改变门窗位置，墙体洞口自动修复，开启新的洞口，如图4.2-7所示。

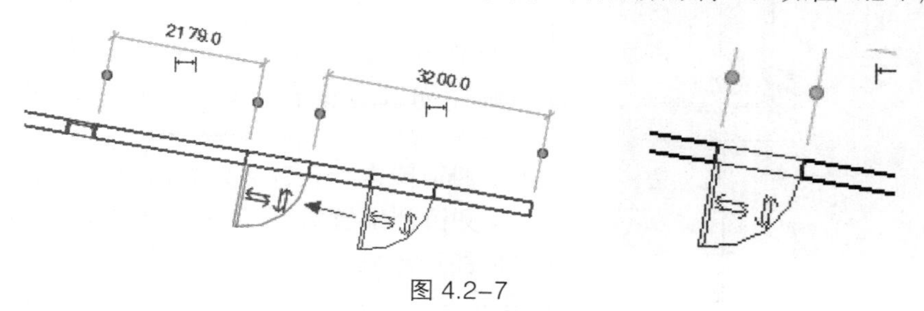

图 4.2-7

4.2.2 课上练习

根据图4.2-8所示插入门窗。

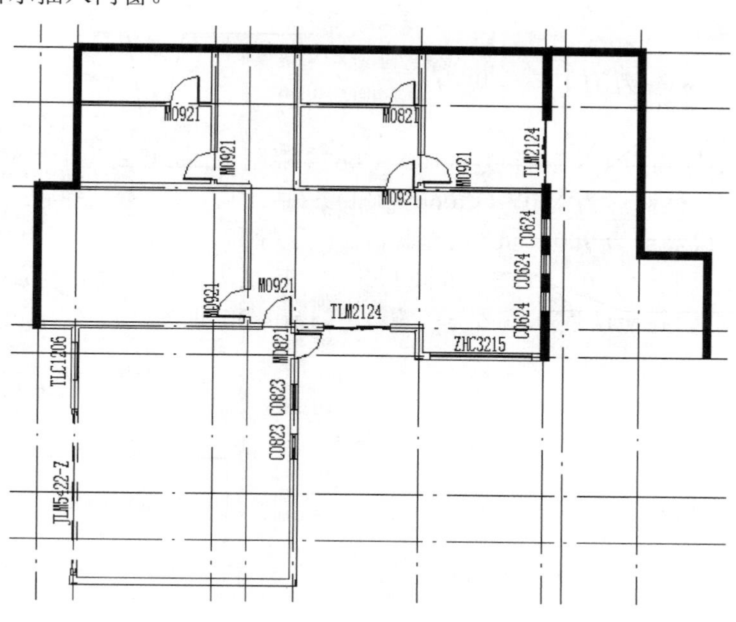

图 4.2-8

打开“小别墅”在上节墙体的基础上绘制门窗。

选择“建筑”上下文选项卡在“构建”面板中选择“门”命令。在属性面板下“类型选择器”中选择相应的“门”，在“限制条件”面板下的“标高”中选择 1F，底高度为 0。

选择“建筑”上下文选项卡在“构建”面板中选择“窗”命令。C0823 限制条件：标高为－1F，底高度为 400。C0624 限制条件：标高为－1F，底高度为 250。ZHC3215 限制条件：标高为－1F，底高度为 900。TLC1206 限制条件：标高为－1F，底高度为 1900。

保存该文件，请在“初级课程\4.墙体与门窗\4.2 门窗\4.2.2 课上练习\4-2-2.rvt”项目文件中查看最终结果。

4.2.3 课后作业

根据图 4.2-9 绘制“小别墅”1 F 的门窗。

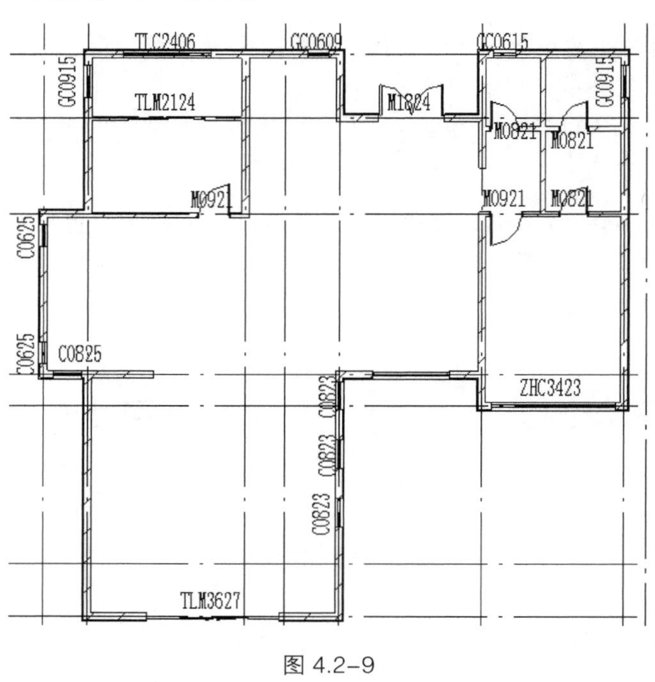

图 4.2-9

门的限制条件为：标高为 1F，底高度为 0。

窗的限制条件如下。

C0823 限制条件：标高为 1F，底高度为 100。C0625 限制条件：标高为 1F，底高度为 300。C0825 限制条件：标高为 1F，底高度为 150。GC0609 限制条件：标高为 1F，底高度为 1000。GC0615 限制条件：标高为 1F，底高度为 900。GC0915 限制条件：标高为 1F，底高度为 900。ZHC3423 限制条件：标高为 1F，底高度为 100。TLC2406 限制条件：标高为－1F，底高度为 1200。

保存该文件，请在“初级课程\4.墙体与门窗\4.2 门窗\4.2.3 课后作业\4-2-3.rvt”项目文件中查看最终结果。

第5章　楼板与天花板

5.1　楼板

5.1.1　基本操作

5.1.1.1　创建楼板

1. 绘制楼板

单击“建筑”选项卡上“构建”面板下的“楼板”命令，如图 5.1-1 所示。

进入绘制轮廓草图模式，此时自动跳转到“创建楼层边界”选项卡，单击“直线”命令，如图 5.1-2 所示。

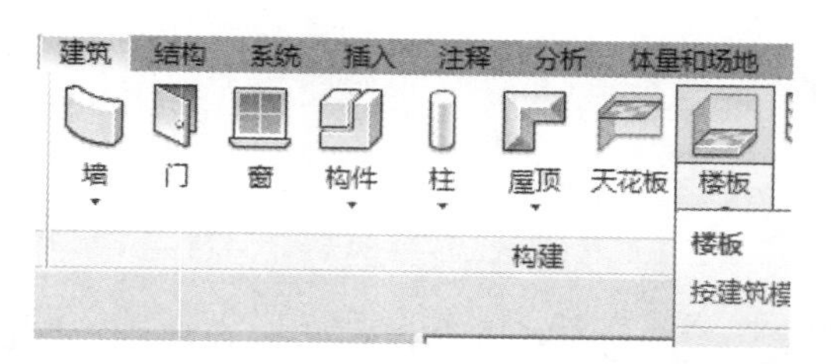

图 5.1–1

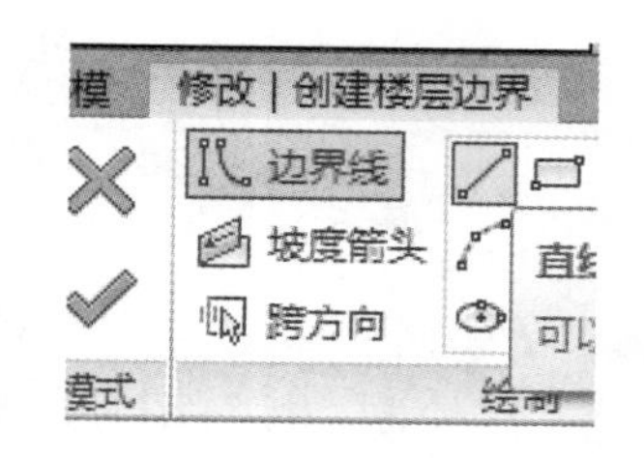

图 5.1–2

在绘图区域绘制楼板边界，如图 5.1-3 所示。

2. 拾取墙生成楼板

单击“建筑”选项卡上的“构建”面板下的“楼板”命令，进入绘制轮廓草图模式，此时自动跳转到“创建楼层边界”选项卡，单击“拾取墙”命令，如图 5.1-4 所示。

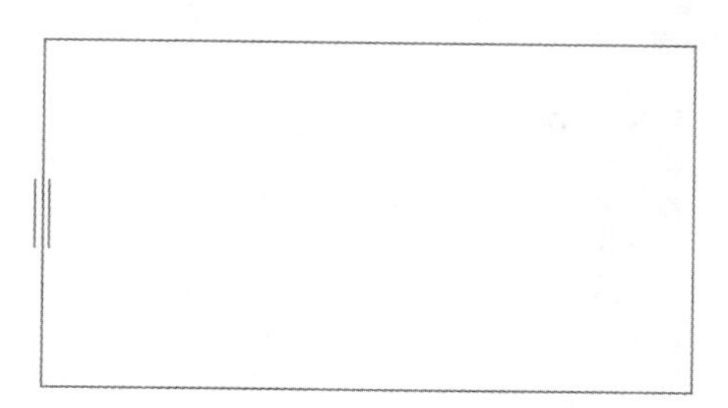

图 5.1–3

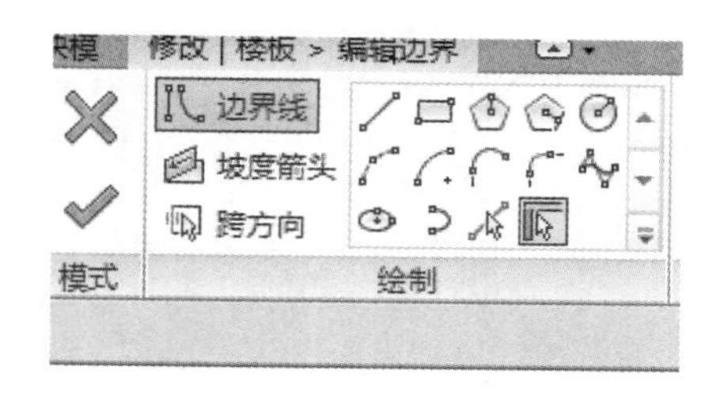

图 5.1–4

在选项栏中单击 偏移: 0.0 ☑延伸到墙中(至核心层)，指定楼板边缘的偏移量，同时勾选“延伸到墙中（至核心层）”，拾取墙时将拾取到有涂层和构造层的复合墙的核心边界位置。

使用“Tab”键切换选择，可一次选中所有外墙单击生成楼板边界，如出现交叉线条，使用“修剪”命令编辑成封闭楼板轮廓，或者单击“线”命令，用线绘制工具绘制封闭楼板轮廓，如图 5.1-5 所示。

使用“Tab”键切换选择楼板边缘，进入“修改 | 楼板”界面，选择“编辑边界”命令，可修改楼板边界，单击“编辑边界”，进入绘制轮廓草图模式，如图 5.1-6 所示。

单击绘制面板下的“边界线”，选择“直线”命令，进行楼板边界的修改，如图 5.1-7 所示。

使用“修改”面板下的“修剪/延伸为角”命令，如图 5.1-8 所示，单击完成。

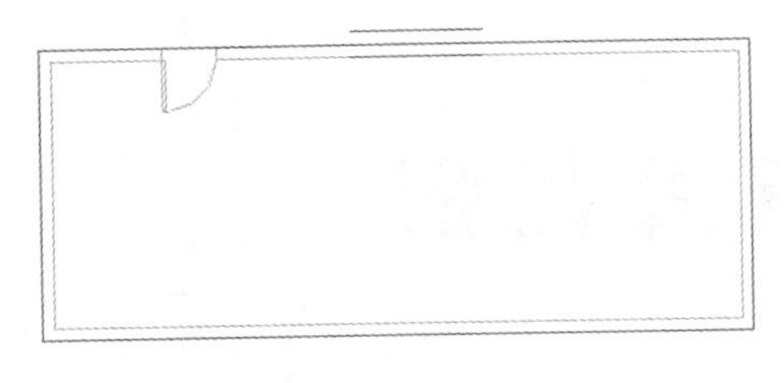

图 5.1-5

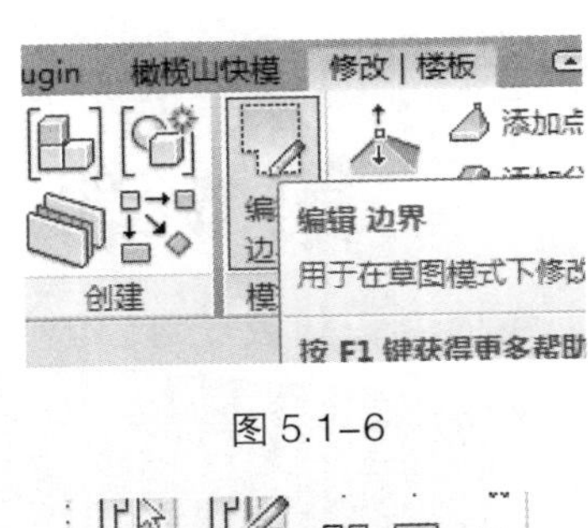

图 5.1-6

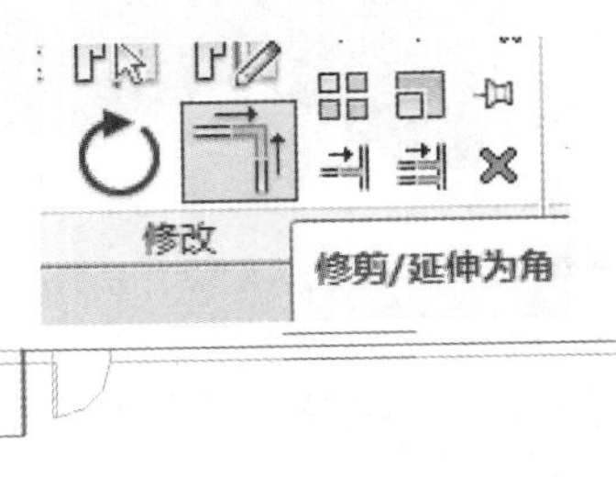

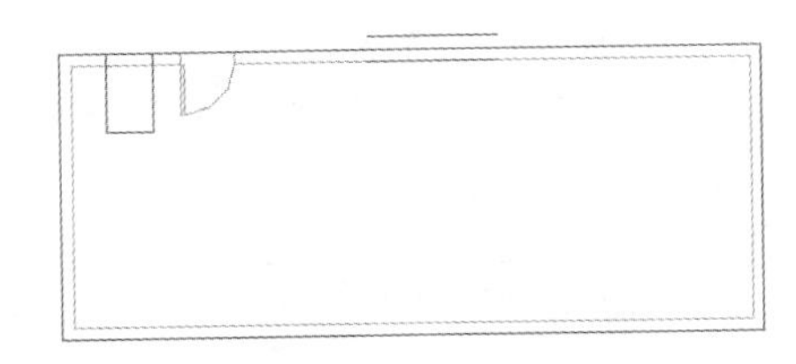

图 5.1-7

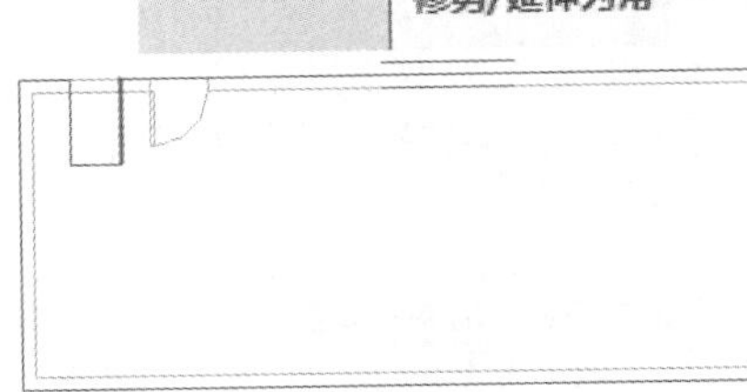

图 5.1-8

3. 斜楼板的绘制

坡度箭头：在绘制楼板草图时，用“坡度箭头” 坡度箭头 命令绘制坡度箭头，在属性控制面板下设置“尾高度偏移”或“坡度”值。确定，完成绘制如图 5.1-9 所示。

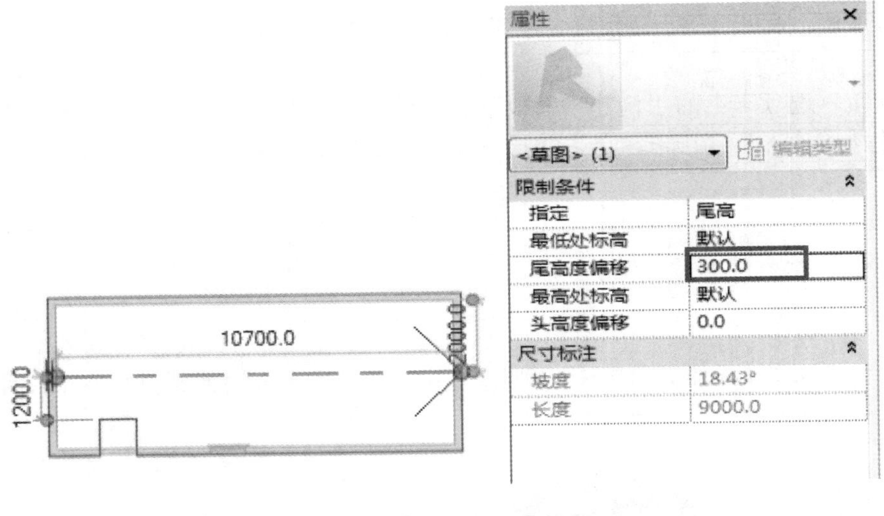

图 5.1-9

5.1.1.2 编辑楼板

1. 图元属性修改

选择单击需要修改的楼板，将自动激活“修改楼板”选项卡，在“属性”对话框中单击“编辑类型”命令，选择左下角“预览”图标，修改类型属性，如图 5.1-10 所示。

2. 楼板洞口

选择楼板，单击“编辑”面板下的“编辑边界”命令，进入绘制楼板轮廓草图模式，或在创建楼板时，在楼板轮廓以内直接绘制洞口闭合轮廓，完成绘制，如图 5.1-11 所示。

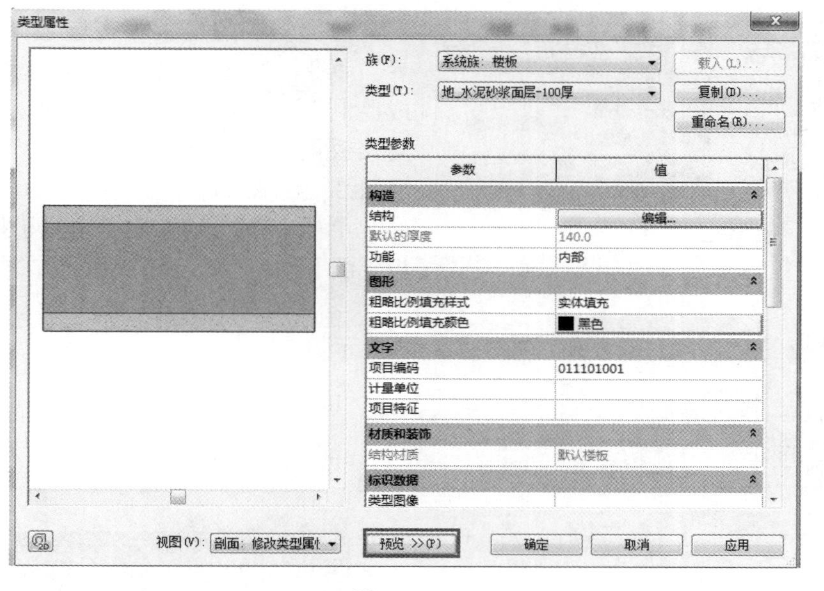

图 5.1-10

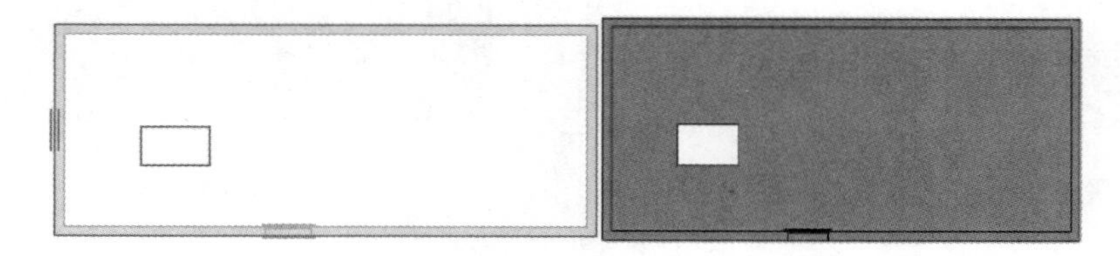

图 5.1-11

3. 复制楼板

选择单击楼板，将自动激活“修改楼板”选项卡，“剪贴板”面板下单击“复制到剪贴板”命令，如图 5.1-12 所示。

图 5.1-12

单击“修改”选项卡“剪贴板”面板下“粘贴”命令上的下拉三角，单击“与选定的标高对齐”命令，选择要复制的楼层，楼板自动复制到所选楼层，如图 5.1-13 所示。

图 5.1-13

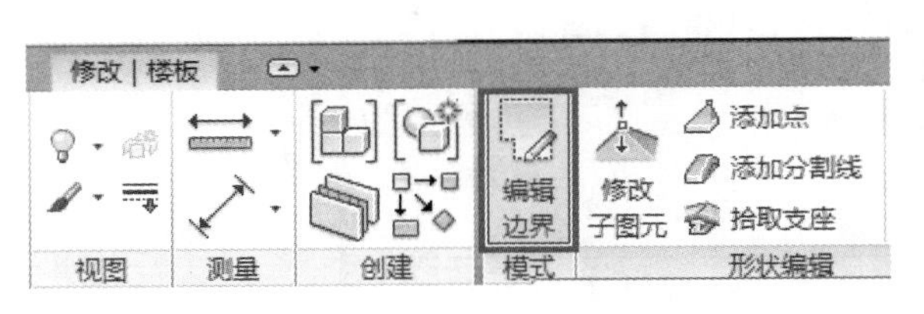

图 5.1–14

选择复制的楼板可在选项栏上单击“编辑边界”命令，如图 5.1-14 所示，修改其轮廓，再“完成绘制”，即可出现一个对话框，提示从墙中剪切与楼板重叠的部分。

5.1.1.3　楼板边缘

单击“建筑”选项卡下“构建”面板中的“楼板”的下拉三角，选择“楼板：楼板边”命令，如图 5.1-15 所示。

单击选择楼板的边缘，完成添加，如图 5.1-16 所示。

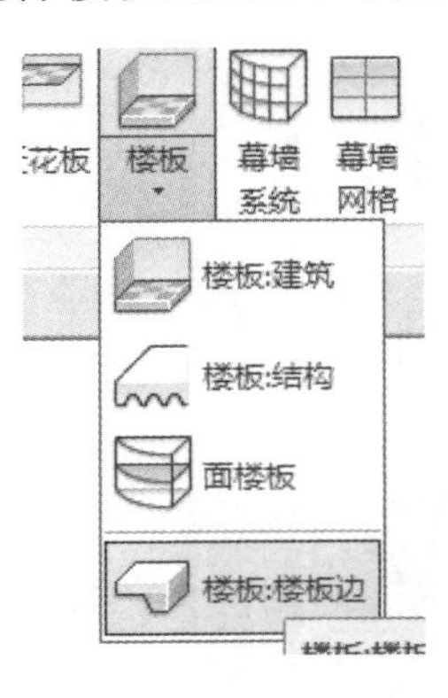

图 5.1–15

图 5.1–16

单击楼板边缘可出现属性，可修改“垂直轮廓偏移”与“水平轮廓偏移”等数值，单击“编辑类型”按钮，可以在弹出的“类型属性”对话框中，修改楼板边缘的“轮廓”，如图 5.1-17 所示。

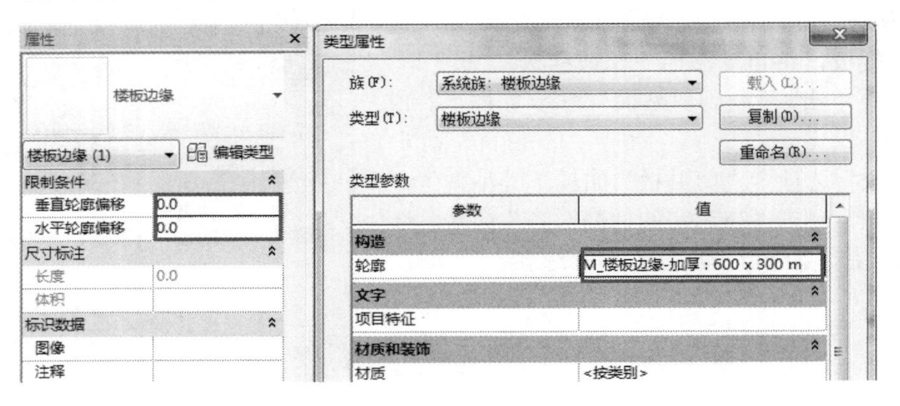

图 5.1–17

5.1.2　课上练习

根据图 5.1-18 给出的尺寸，创建楼板。

打开配套文件中的“小别墅”文件，单击“建筑”上下文选项卡，在“构建”面板下，单击选择“楼板”命令。在“修改 | 创建楼层边界”上下文选项卡，“绘制”面板下选择“边界线”，单击“直线”命令。然后在绘图区域绘制楼板。

保存该文件，请在“初级课程\5.楼板与天花板\5.1 楼板\5.1.2 课上练习\5-1-2.rvt”项目文件中查看最终结果。

5.1.3　课后作业

绘制小别墅 1 层的楼板，如图 5.1-19 所示。

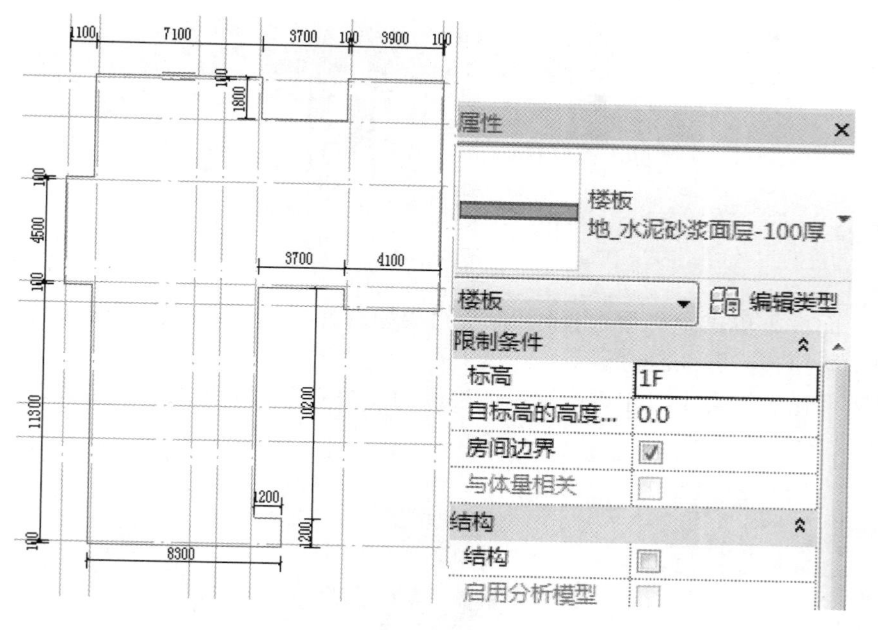

图 5.1–18

绘制楼板边缘，如图 5.1-20 所示。

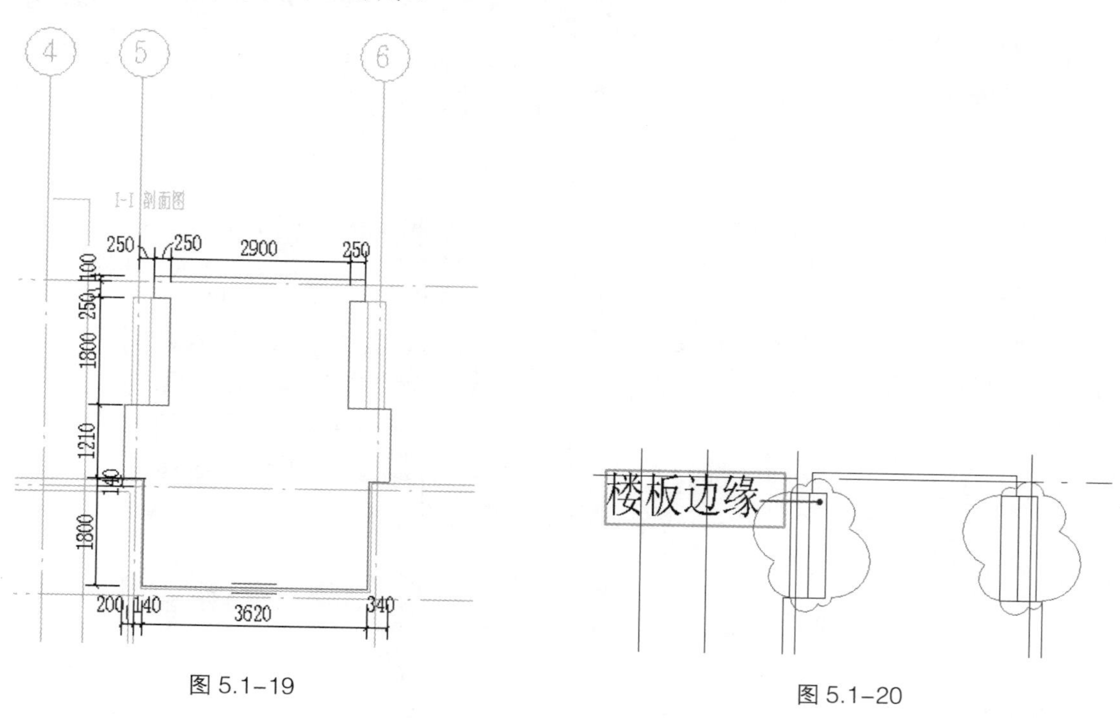

图 5.1–19

图 5.1–20

保存该文件，请在“初级课程\5.楼板与天花板\5.1 楼板\5.1.3 课后作业\5-1-3.rvt”项目文件中查看最终结果。

5.2 天花板

5.2.1 基本操作

5.2.1.1 绘制天花板

单击“建筑”选项卡下“构建”面板中的“天花板”命令，如图 5.2-1 所示。

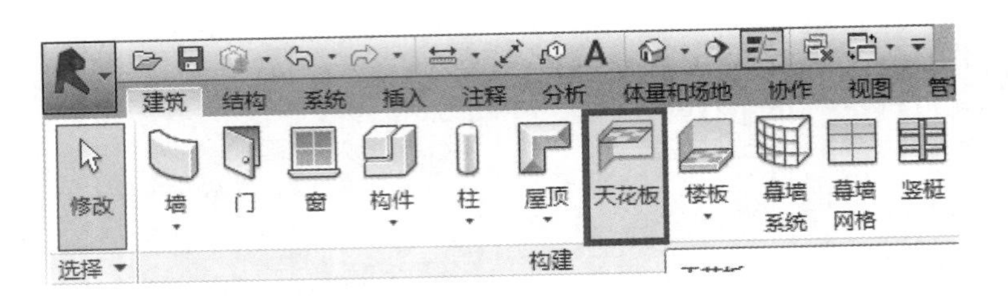

图 5.2–1

在“属性”面板下单击“类型选择器”，在“类型选择器”下选择需要的天花板类型，进入天花板轮廓草图绘制模式，图 5.2-2 所示。

单击“绘制天花板”命令，在“修改”选项卡的“绘制”面板下选择“边界线”，单击“直线”命令，如图 5.2-3 所示。

图 5.2–2

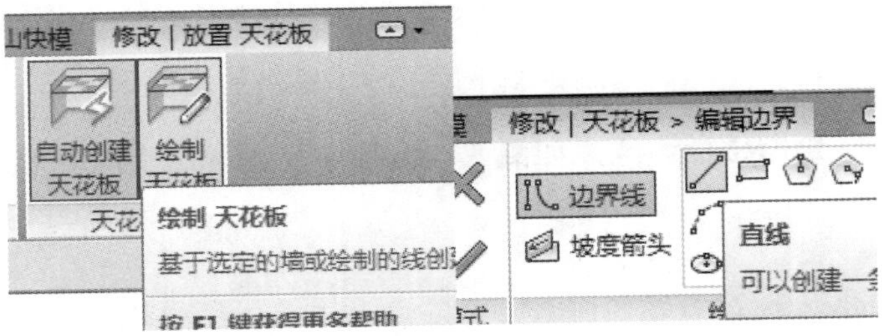

图 5.2–3

在绘图区域下绘制如图 5.2-4 所示的楼板。

5.2.1.2 编辑天花板

1. 修改天花板安装高度

在“属性”中，修改“自标高的高度偏移”一栏的数值，可以修改天花板的安装位置，如图 5.2-5 所示。

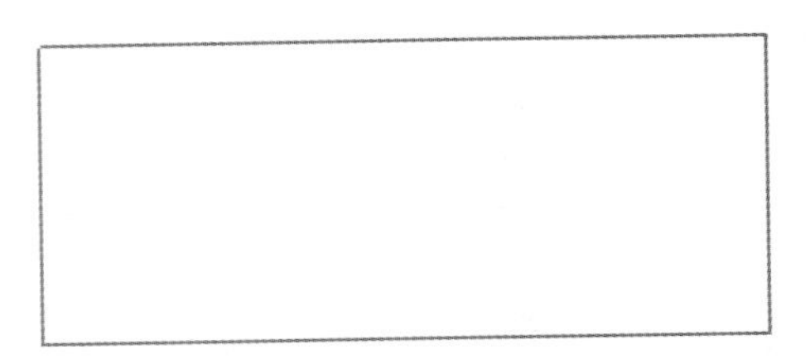

图 5.2–4

图 5.2–5

2. 修改天花板结构样式

单击“实例属性”对话框中的“编辑类型”命令，如图 5.2-6 所示。

在弹出的“类型属性”对话框中单击“结构”栏的“编辑”命令，如图 5.2-7 所示。

然后在弹出的“编辑部件”对话框中单击“面层 2［5］”的“材质”，材质名称后会出现带省略号的按钮，如图 5.2-8 所示。

单击此按钮，弹出“材质”对话框，单击“表面填充图案”下的“填充图案”， 如图 5.2-9 所示。

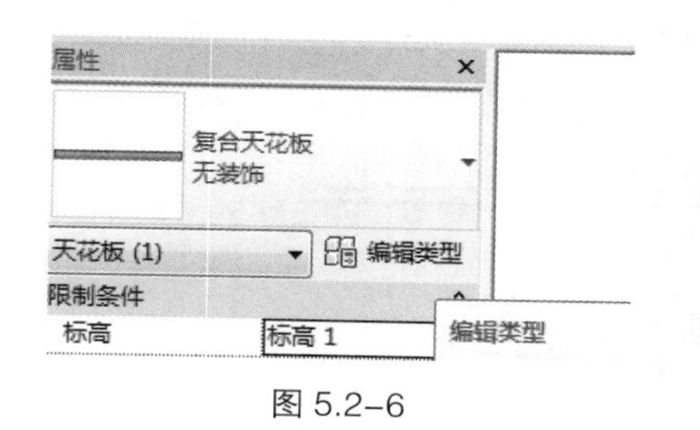

图 5.2-6

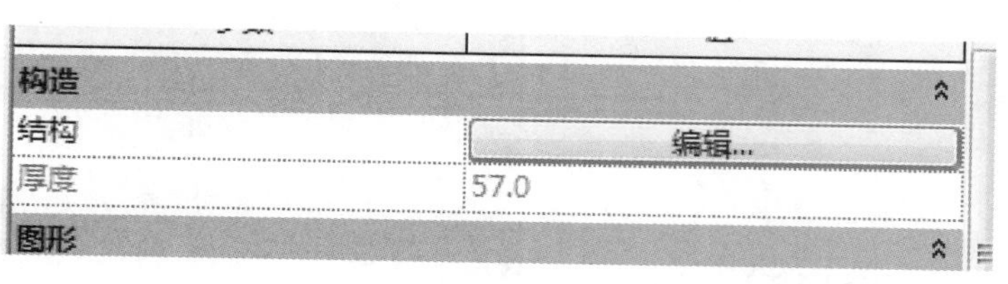

图 5.2-7

图 5.2-8

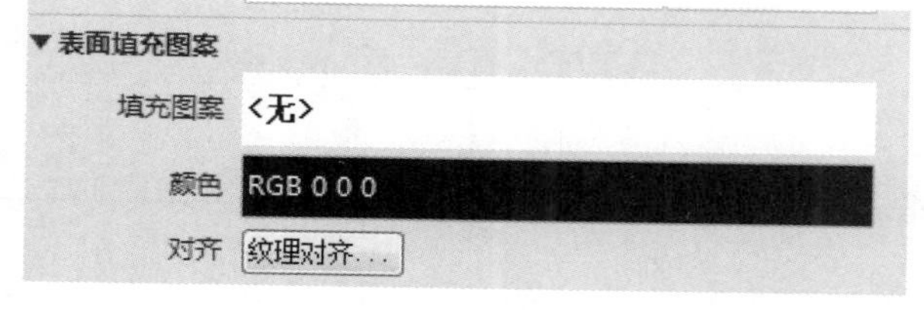

图 5.2-9

在弹出的“填充样式”对话框中有“绘图”与“模型”两种填充图像类型，当选择“绘图”类型时，填充图案不支持移动、对齐，还会随着视图比例的大小变化而变化。选择“模型”类型时，填充图案可以移动或对齐，不会随比例大小的变化而变化，而是始终保持不变，我们选择“模型”类型，进行填充样式的设置，如图 5.2-10 所示。

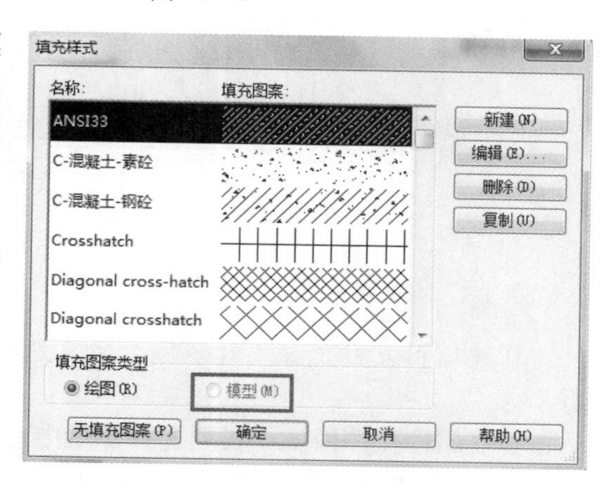

图 5.2-10

3. 为天花板添加洞口或坡度

（1）绘制坡度尖头。

选择天花板，将自动弹出“修改”上下文选项卡，在“模式”面板中选择，单击“编辑边界”命令，如图 5.2-11 所示。

在“修改丨天花板>编辑边界”上下文选项卡的“绘制”面板中单击“坡度箭头”工具，如图 5.2-12 所示。

绘制坡度箭头，修改属性，设置“尾高度偏移”或“坡度”值，然后单击确定完成绘制，如图 5.2-13 所示。

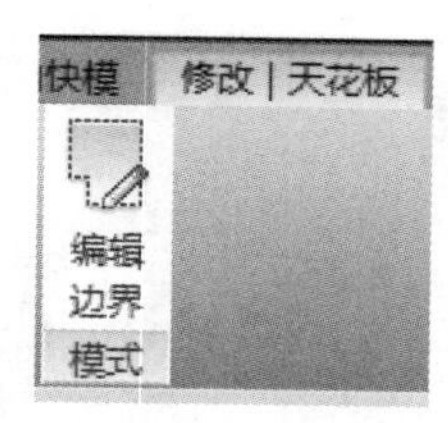

图 5.2-11

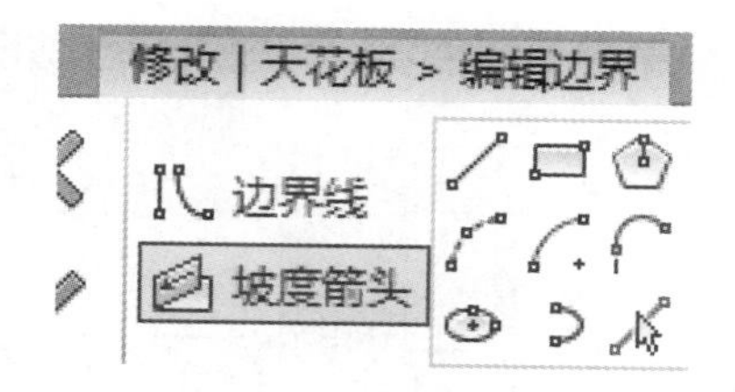

图 5.2-12

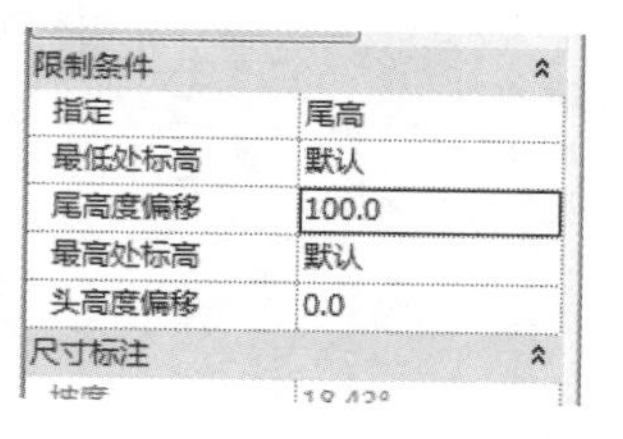

图 5.2-13

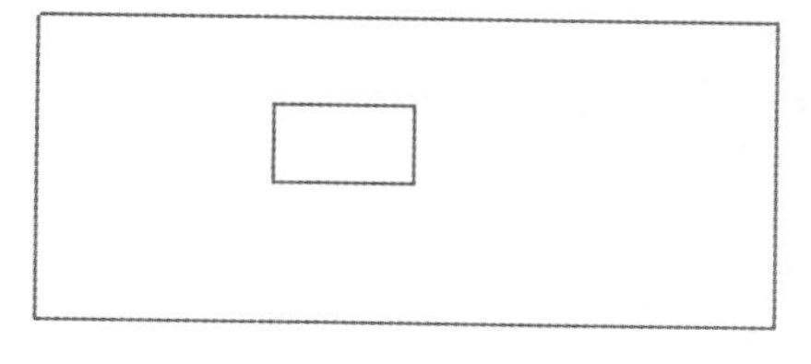

图 5.2-14

（2）绘制洞口。

选择天花板，将自动弹出“修改”上下文选项卡，在“模式”面板中选择，单击“编辑边界”命令，在天花板轮廓上绘制一闭合区域，单击“完成天花板”按钮，完成绘制，即可在天花板上打开洞口，如图 5.2-14 所示。

在建筑中天花板的洞口一般都经过造型处理，可以通过内建族来创建绘制天花板的翻边，如图 5.2-15 所示。

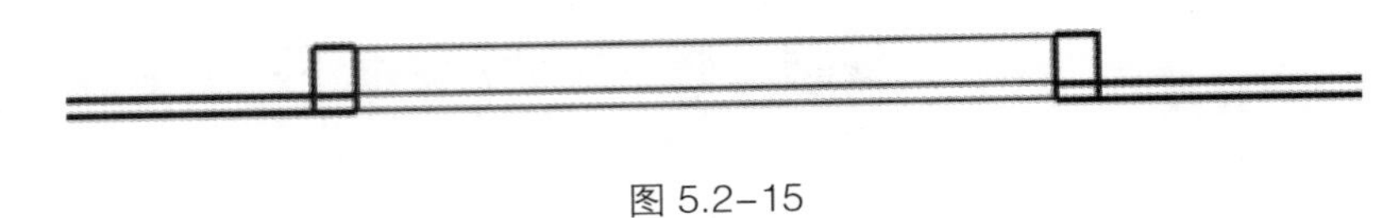

图 5.2-15

5.2.2　课上练习

根据图 5.2-16 所示内容，绘制楼板。

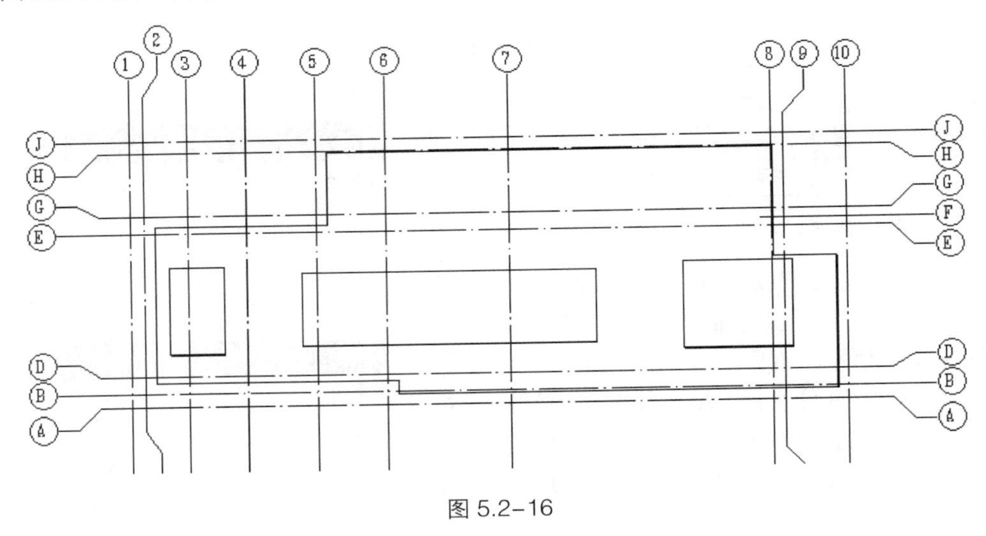

图 5.2-16

新建项目文件，在“建筑”上下文选项卡“构建”面板下单击“天花板”命令，如图 5.2-17 所示。

在“属性”面板下“类型选择器”中选择“天花板-纸面石膏板”，单击“编辑类型”进入“类型属性”，在“构造”面板选择“结构”将天花板“厚度”改为 10，单击“确定”按钮，回到绘图区域绘制天花板，如图 5.2-18 所示。

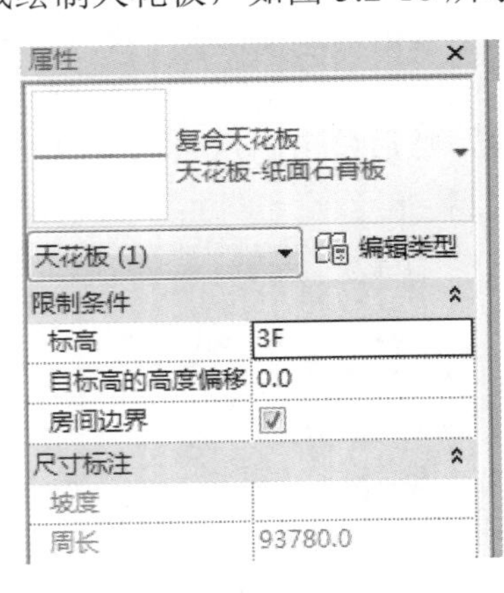

图 5.2-17

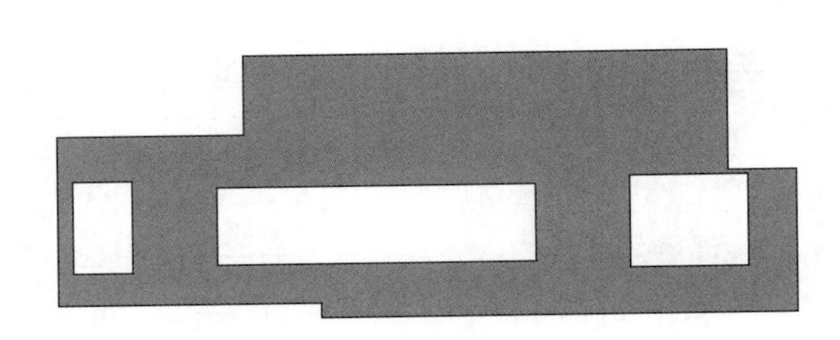

图 5.2-18

保存该文件，请在“初级课程\5.楼板与天花板\5.2 天花板\5.2.2 课上练习\5-2-2.rvt”项目文件中查看最终结果。

5.2.3　课后作业

根据图 5.2-19 所示，绘制“精装修”天花板。

保存该文件，请在“初级课程\5.楼板与天花板\5.2 天花板\5.2.3 课后作业\5-2-3.rvt”项目文件中查看最终结果。

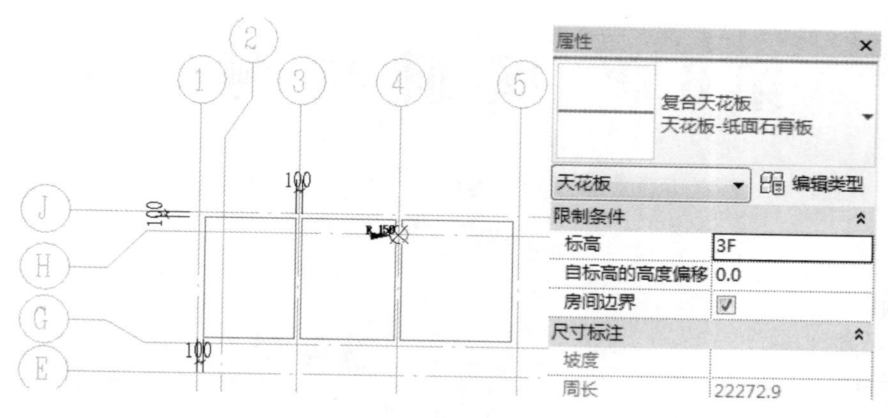

图 5.2-19

第6章　屋顶与洞口

6.1　屋顶

6.1.1　基本操作

6.1.1.1　绘制屋顶

1. 迹线屋顶

在“建筑”选项卡下构建面板上的“屋顶”面板下拉列表中选择“迹线屋顶”选项，进入绘制屋顶轮廓草图模式，如图 6.1-1 所示。

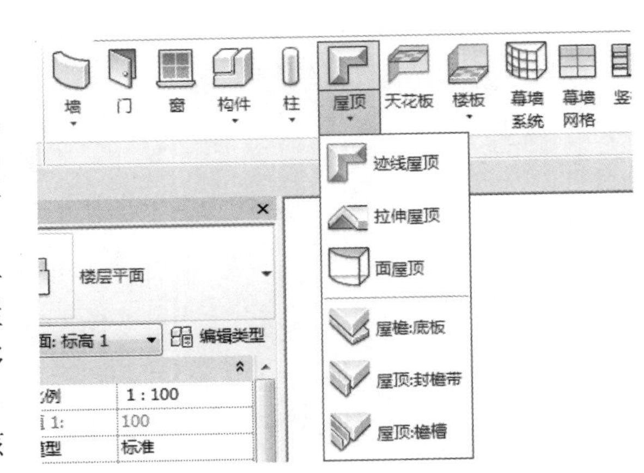

图 6.1-1

此时自动跳转到“创建楼层边界”选项卡，单击“绘制”面板下的“拾取墙”命令，在选项栏中勾选“定义坡度”复选框，指定楼板边缘的偏移量，同时勾选“延伸到墙中（至核心层）”复选框，拾取墙时将拾取到有涂层和构造层的复合墙体的核心边界位置，如图 6.1-2 所示。

使用“Tab”键切换选择，可一次选中所有外墙，单击生成楼板边界，如出现交叉线条，使用“修剪”命令编辑成封闭楼板轮廓，或者选择“线”命令，用线绘制工具绘制封闭楼板轮廓，如图 6.1-3 所示。

图 6.1-2

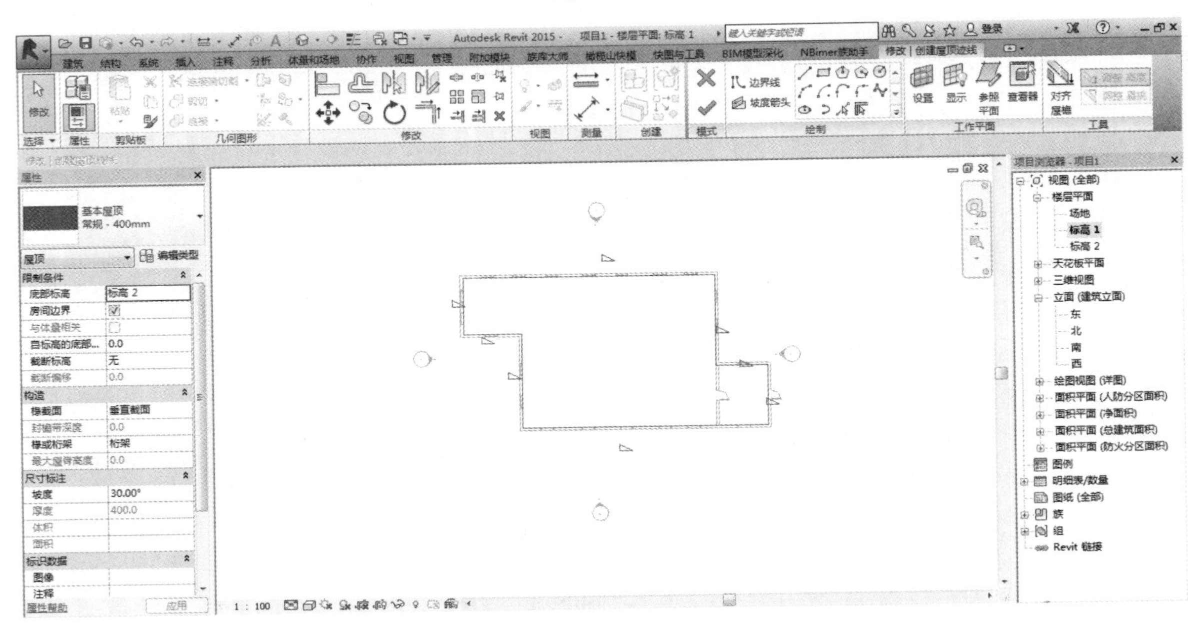

图 6.1-3

【注意】 如取消勾选“定义坡度”复选框则生成平屋顶。

单击完成编辑，如图 6.1-4 所示。

2. 创建拉伸屋顶

对于平面上不能创建的屋顶，可在立面上用拉伸屋顶创建模型，如图 6.1-5 所示。

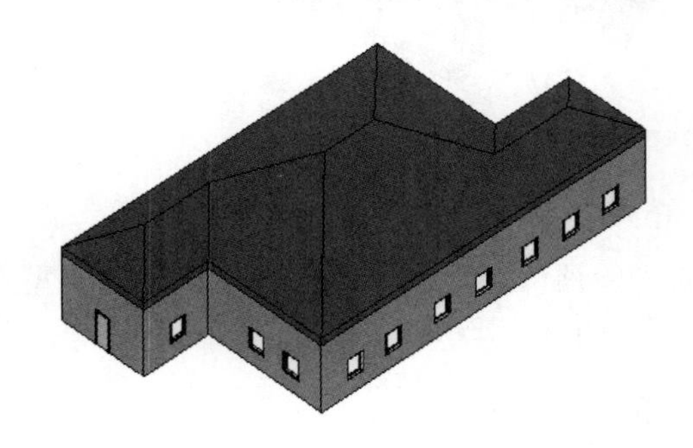

图 6.1-4

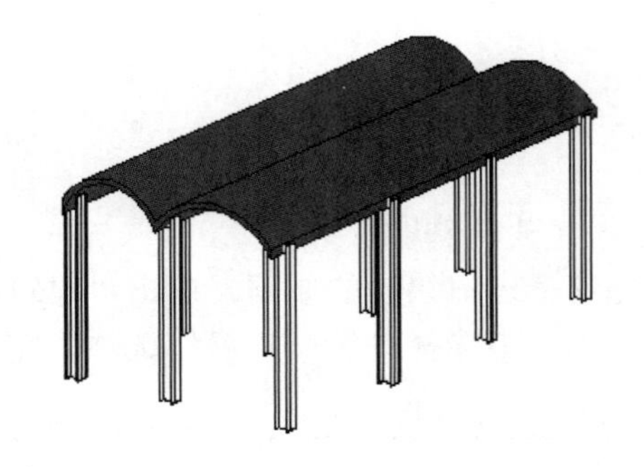

图 6.1-5

创建拉伸屋顶。在“建筑”面板中单击“屋顶”下拉命令，在弹出的下拉列表中选择“拉伸屋顶”选项，进入绘制轮廓草图模式。

在“工作平面”对话框中设置工作平面（选择参照平面或轴网绘制屋顶截面线），选择工作视图（立面、框架立面、剖面或三维视图作为操作视图），如图 6.1-6 所示。

在“屋顶参照标高和偏移”对话框中选择屋顶的基准标高，如图 6.1-7 所示。

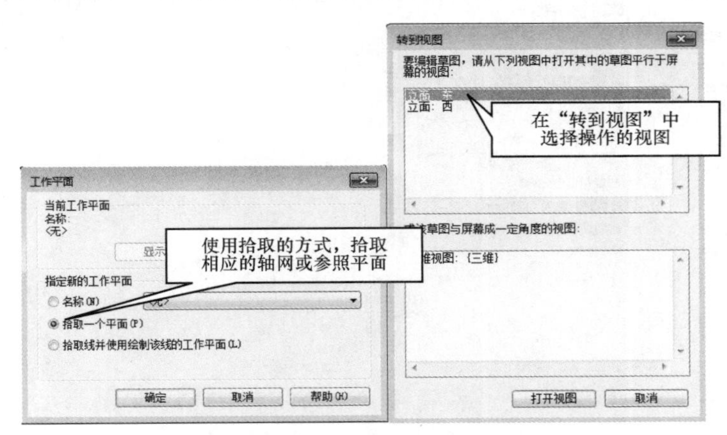

图 6.1-6

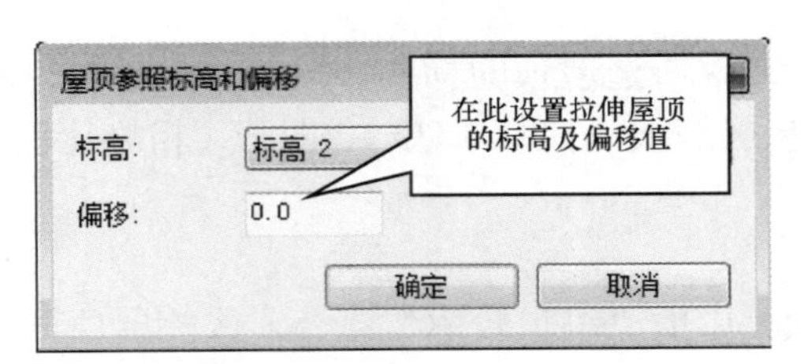

图 6.1-7

绘制屋顶的截面线（单线绘制，无须闭合），单击 设置拉伸屋顶起点、终点、半径，完成绘制，如图 6.1-8 所示。

单击完成绘制，如图 6.1-9 所示。

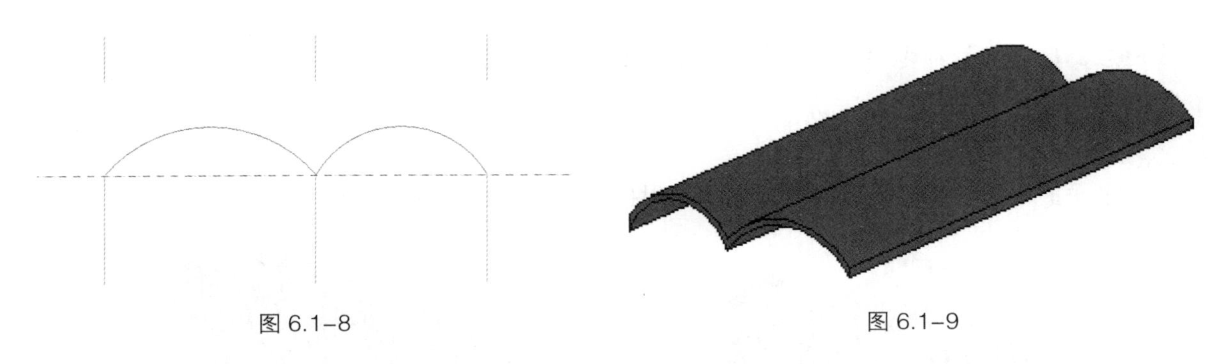

图 6.1-8　　　　图 6.1-9

3. 创建玻璃斜窗

首先选择之前绘制的屋顶，单击“建筑”面板下的“屋顶”选项，在左侧属性栏的“类型选择器”下拉列表中选择“玻璃斜窗”选项，完成绘制，如图 6.1-10 所示。

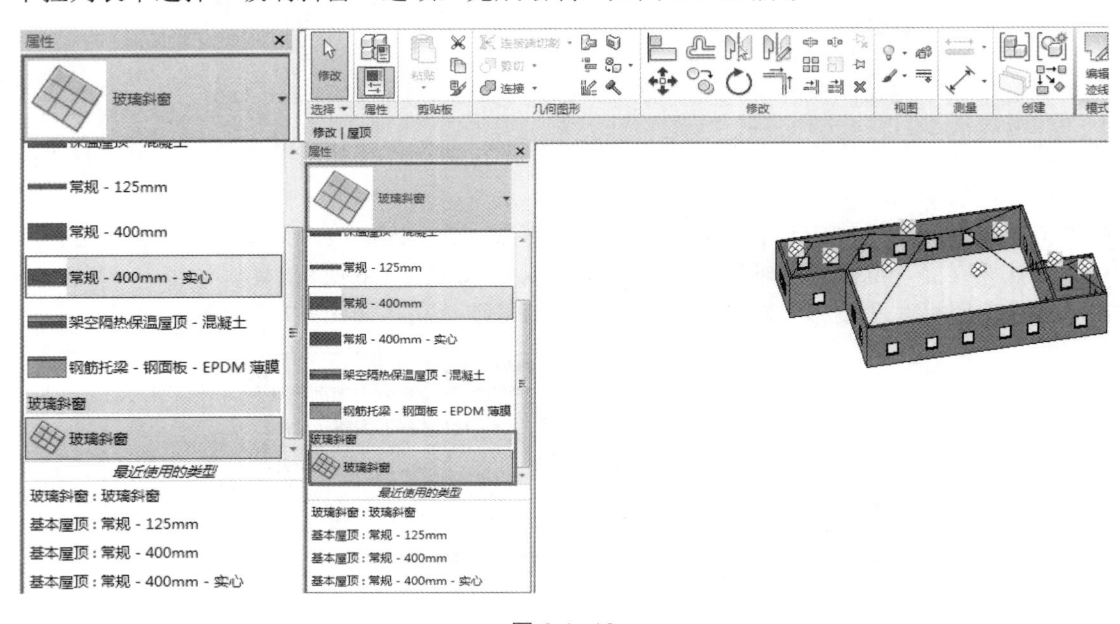

图 6.1-10

6.1.1.2　编辑屋顶

1. 编辑迹线屋顶

选中迹线屋顶，在“修改 | 屋顶”面板下，选择“编辑迹线”命令，修改屋顶轮廓草图，完成屋顶设置。

属性修改：在“属性”中修改所选屋顶的标高、偏移、截断层、椽截面、坡度角等。编辑“类型属性”可以设置屋顶的构造（结构、材质、厚度）、图形（粗略比例、填充样式）等，如图 6.1-11 所示。

2. 编辑拉伸屋顶

选择拉伸屋顶，单击选项栏中的“编辑轮廓”命令，修改屋顶草图，完成屋顶。

属性修改：在“属性”中修改所选屋顶的标高、拉伸起点、终点、椽截面等实例参数。编辑“类型属性”可以设置屋顶的构造（结构、材质、厚度）、图形（粗略比例、填充样式）等，如图 6.1-12 所示。

3. 编辑玻璃斜窗

单击“建筑”选项卡中“构建”面板下的“幕墙网格”命令分割玻璃，用“竖梃”命令添加竖梃，如图 6.1-13 所示。

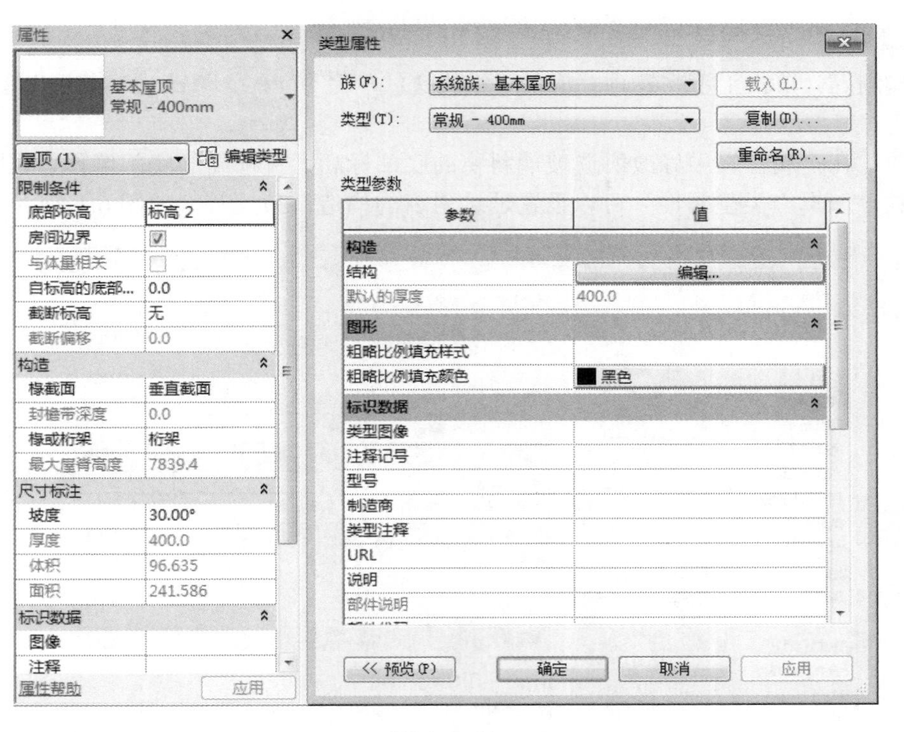

图 6.1–11

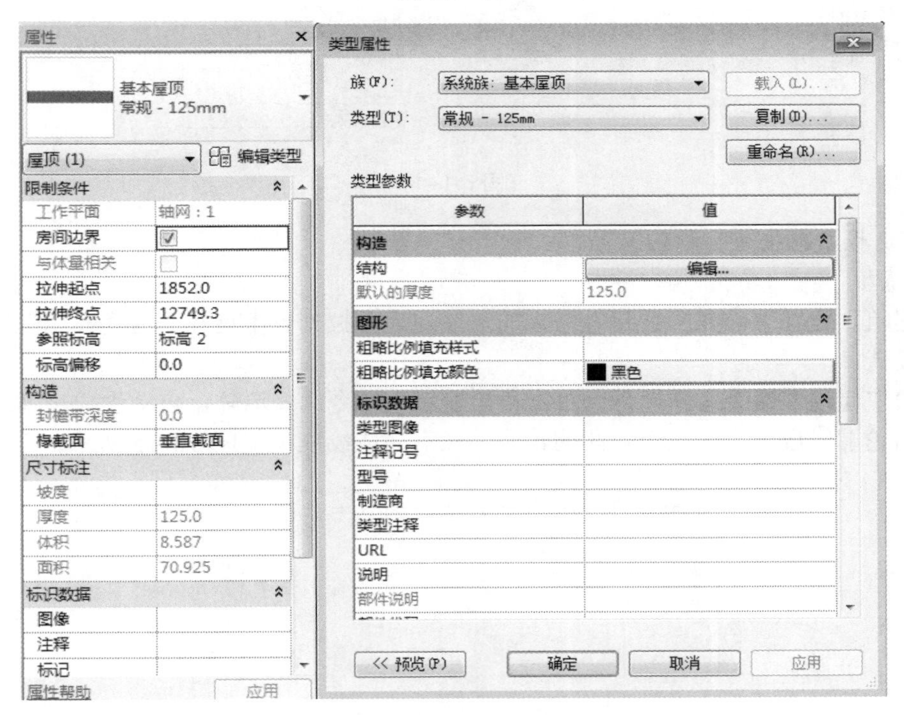

图 6.1–12

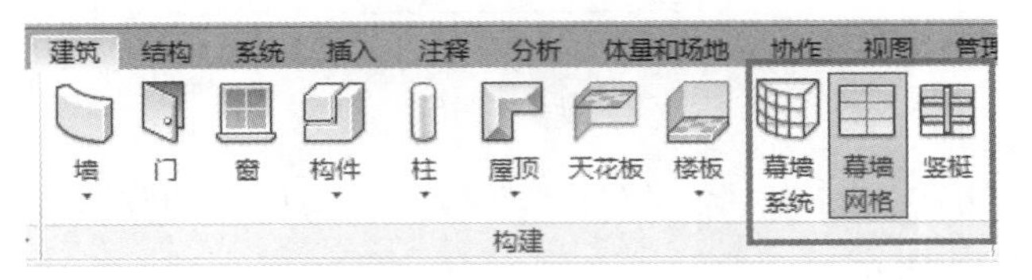

图 6.1–13

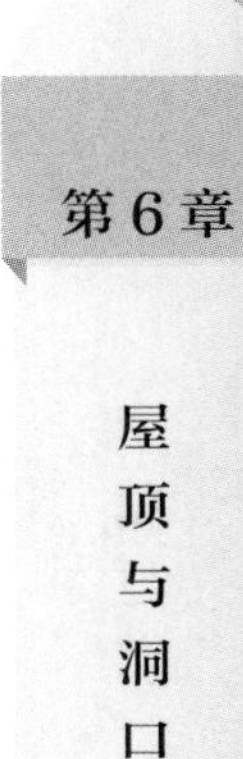
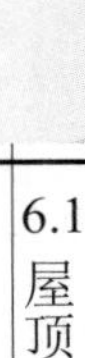

选择玻璃斜窗，单击上下文选项栏中的“编辑迹线”命令

，修改玻璃斜窗草图，完成屋顶。

属性修改：在“属性”中修改所选玻璃斜窗的底部标高、目标高的底部偏移、截断标高、椽截面等实例参数。编辑“类型属性”可以设置玻璃斜窗的构造、布局等，如图 6.1-14 所示。

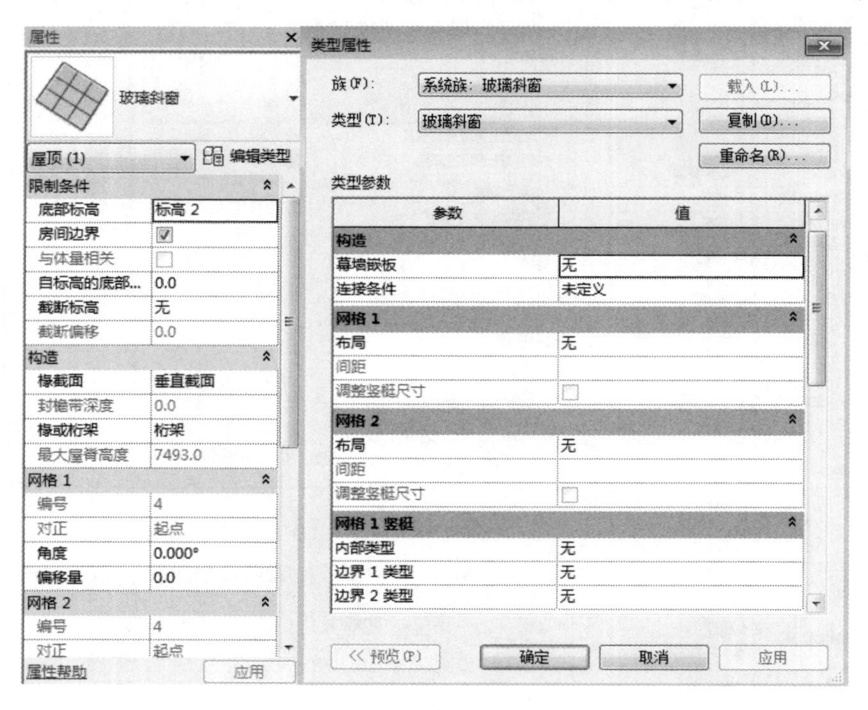

图 6.1–14

6.1.1.3 屋檐底板、封檐带、檐沟

1. 屋檐底板

选择“建筑”选项卡，在“构建”面板的“屋顶”下拉列表中选择“屋檐底边”选项，进入绘制轮廓草图模式。

单击“拾取屋顶”命令选择屋顶，单击“拾取墙”命令选择墙体，自动生成轮廓线。使用“修剪”命令修剪轮廓线成一个或几个封闭的轮廓，然后完成绘制，如图 6.1-15 所示。

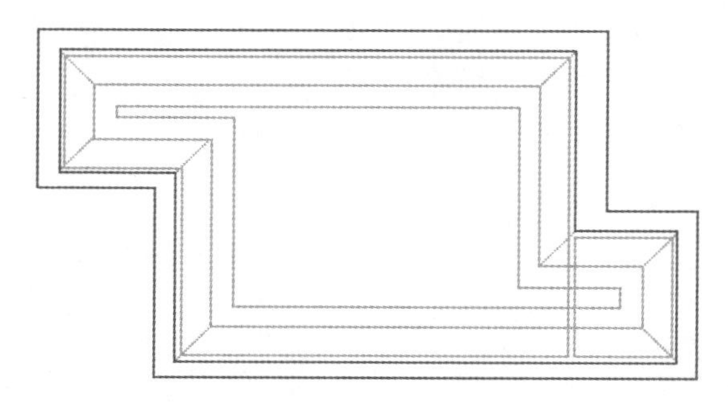

图 6.1–15

在立面视图中选择屋檐底板，修改“属性”参数为“与标高的高度偏移”，设置屋檐底板与屋顶的相对位置，如图 6.1-16 所示。

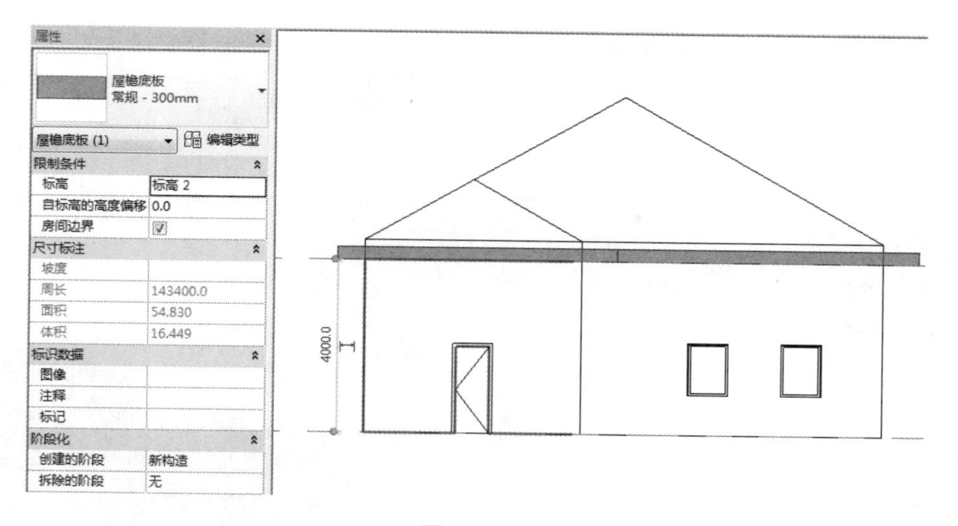

图 6.1–16

2．封檐带

选择“建筑”选项卡，在“构建”面板的“屋顶”下拉列表中选择“封檐带”选项（屋顶:封檐带），进入拾取轮廓线草图模式。

单击拾取屋顶的边缘线，自动以默认的轮廓样式生成“封檐带”，单击“当前完成”命令，完成绘制，如图 6.1-17 所示。

在立面视图中选择屋檐底板，修改“实例属性”参数为“设置轮廓的垂直水平轮廓偏移”，设置屋檐底板与屋顶的相对位置、轮廓的角度值、轮廓样式及封檐带的材质显示，如图 6.1-18 所示。

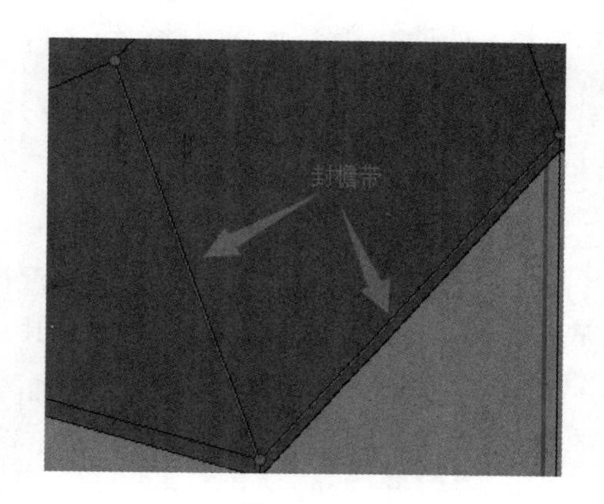

图 6.1–17

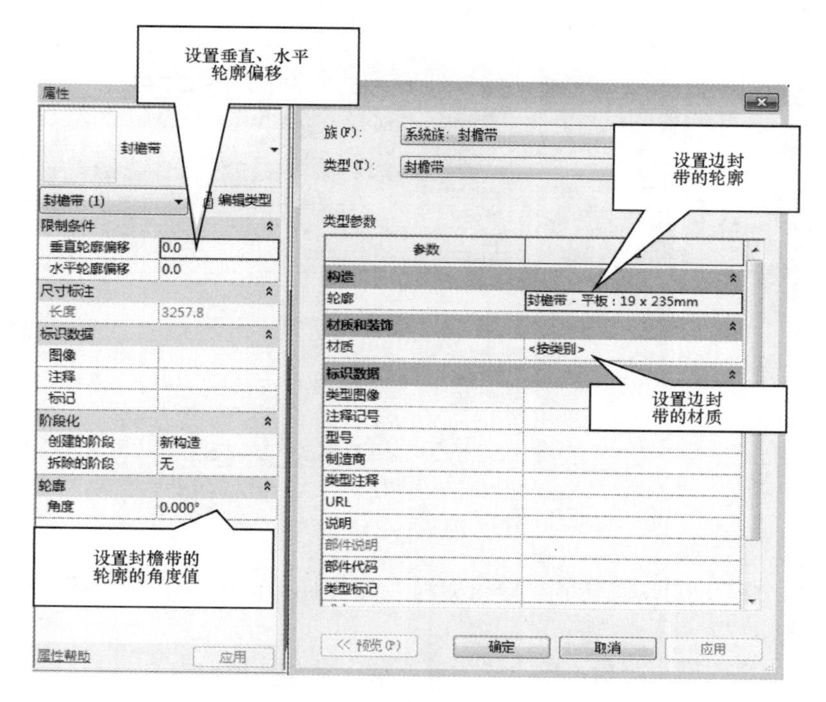

图 6.1–18

选择已创建的封檐带，自动跳转到“修改封檐带”选项卡，在“屋顶封檐带”面板中可以选择“添加丨删除线段”或“修改斜接”选项，修改斜接的方式有“垂直”“水平”“垂足”3 种，如图 6.1-19 所示。

3. 檐沟

选择“建筑”选项卡，在“构建”面板下的“屋顶”下拉列表中选择“檐槽”选项，进入拾取轮廓线草图模式。

单击拾取屋顶的边缘线，自动以默认的轮廓样式生成“檐沟”，单击“当前完成”命令，完成绘制，如图 6.1-20 所示。

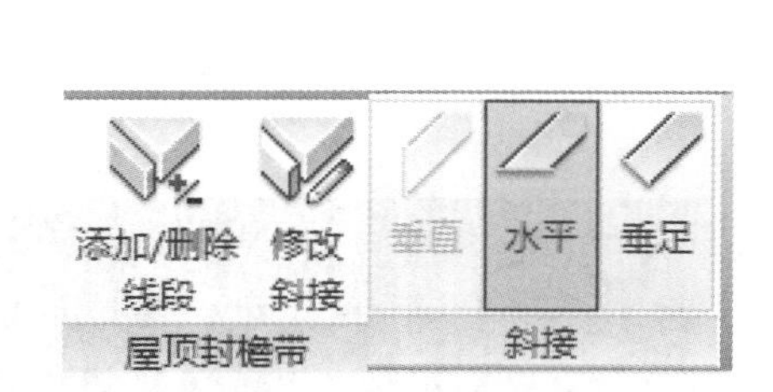

图 6.1–19

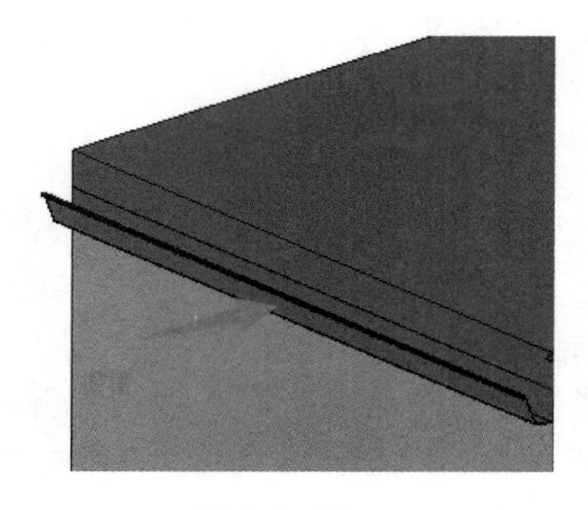

图 6.1–20

在立面视图，选择檐沟，修改“属性”参数为“设置轮廓的垂直、水平轮廓偏移”，设置屋檐底板与屋顶的相对位置、轮廓的角度值、轮廓样式及封檐带的材质显示，如图 6.1-21 所示。

图 6.1–21

选择已创建的封檐带，自动跳转到“修改檐沟”选项卡，单击“屋顶檐沟”面板上的“添加丨删除线段”命令，修改檐沟路径，单击“当前完成”命令完成绘制。

【注意】 封檐带与檐沟的轮廓可以用“公制轮廓—主体”族样板，创建适合自己项目的二维轮廓族。

6.1.2 课上练习

根据下图 6.1-22 给出的尺寸，创建屋顶，屋顶坡度为 30°。

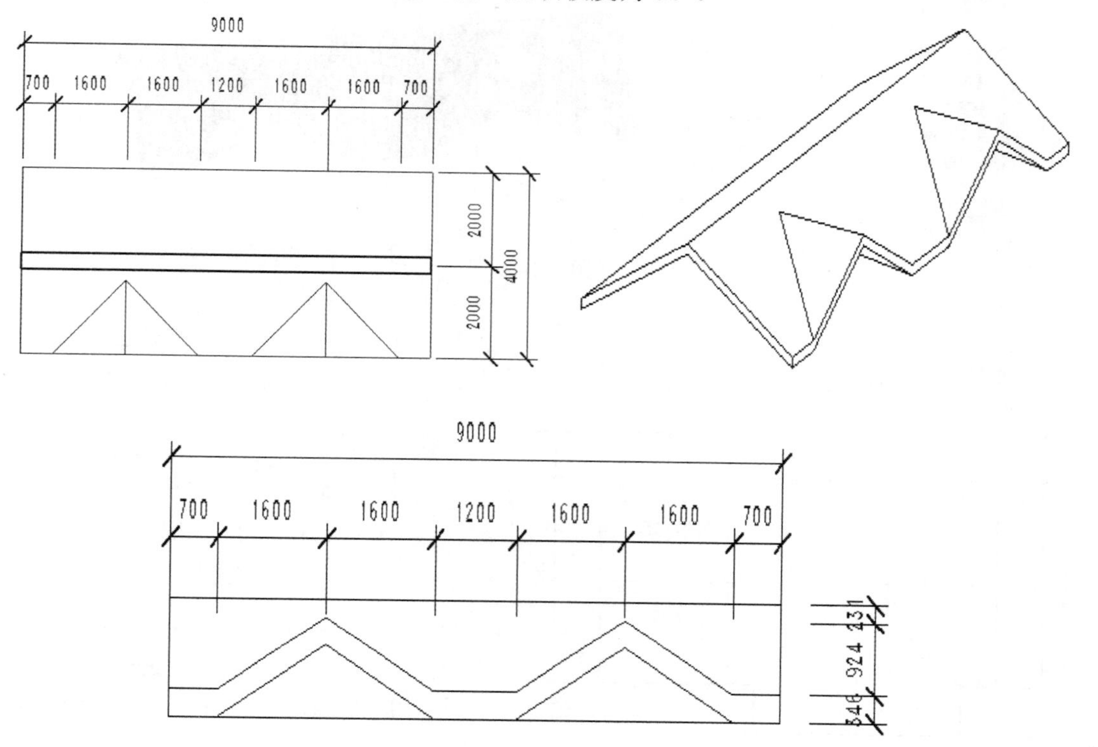

图 6.1–22

首先我们打开建筑样板，单击“建筑”选项卡，在“构建”面板下的“屋顶”下拉列表中选择“迹线屋顶”。在绘制面板中选择矩形，画一个 9000×4000 的矩形（默认坡度为 30°，在这里不进行修改），选择左右两边的线把定义坡度取消。单击模式面板中的完成编辑模式命令。

单击“建筑”选项卡，在“工作平面”面板选择参照平面，之后参照如图上的尺寸标注绘制参照平面。参照平面绘制完成，双击屋顶进入屋顶编辑状态。删除下面的线，之后按照参照平面一段一段进行绘制，从左和右数第二段、第三段是没有的，所以选中四条线把定义坡度取消。单击绘图面板中的坡度箭头命令进行绘制，完成后如图 6.1-23 所示。

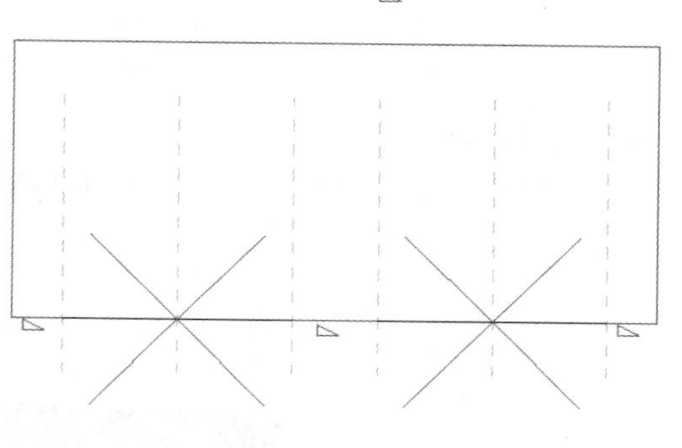

图 6.1–23

选择四条坡度线，进行修改，单击完成命令，如图 6.1-24 所示。

保存该文件，请在“初级课程\6.屋顶与洞口\6.1 屋顶\6.1.2 课上练习\6-1-2.rvt”项目文件中查看最终结果。

6.1.3 课后作业

根据图 6.1-25 给出的尺寸，创建屋顶，屋顶坡度为 20°。

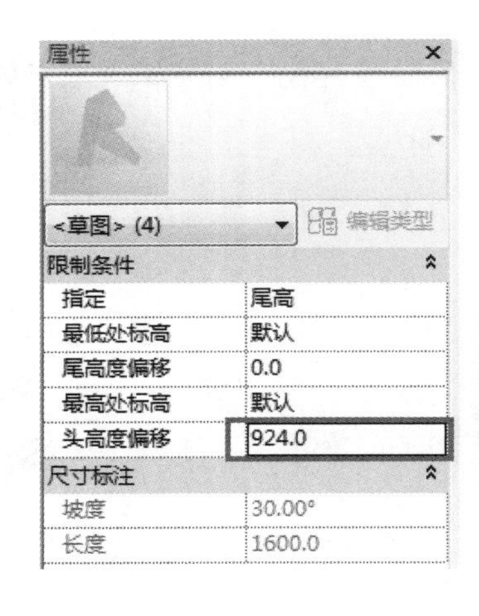

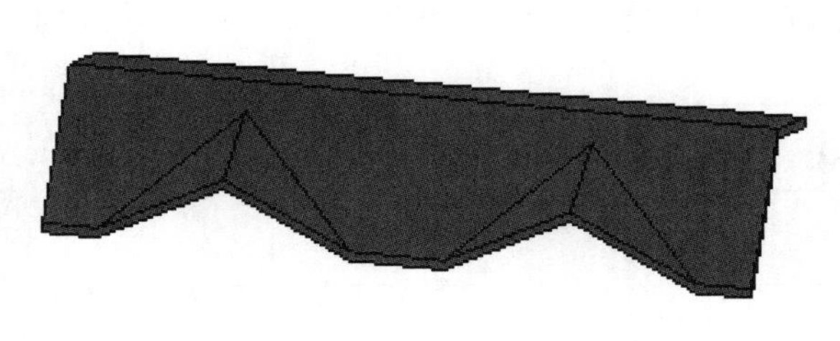

图 6.1–24

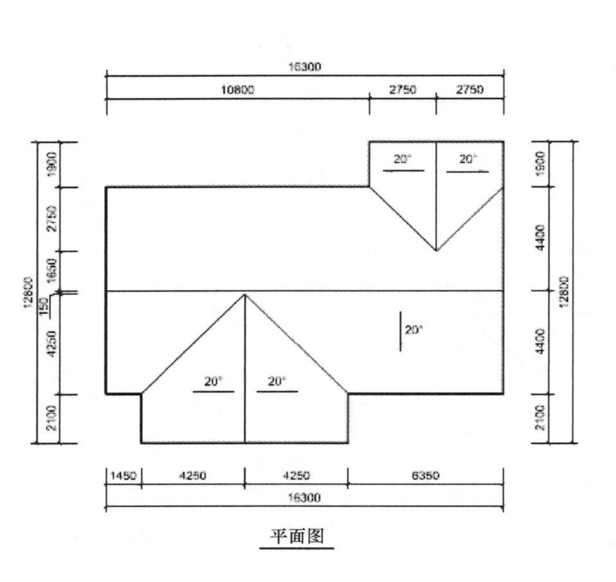

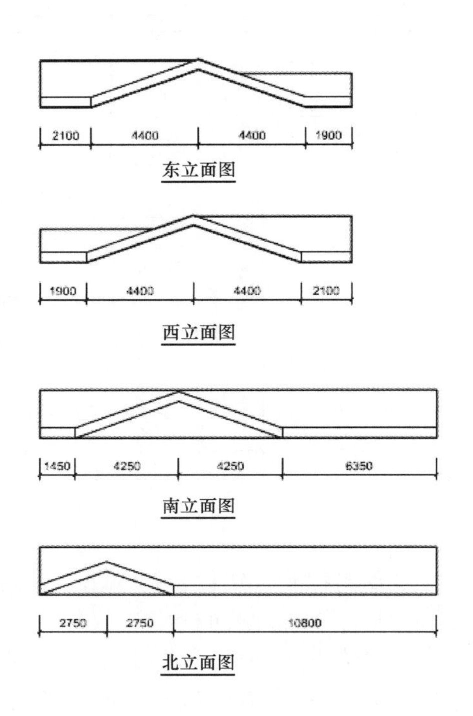

图 6.1–25

创建完成，如图 6.1-26 所示。

保存该文件，请在“初级课程\6.屋顶与洞口\6.1 屋顶\6.1.3 课后作业\6-1-3.rvt”项目文件中查看最终结果。

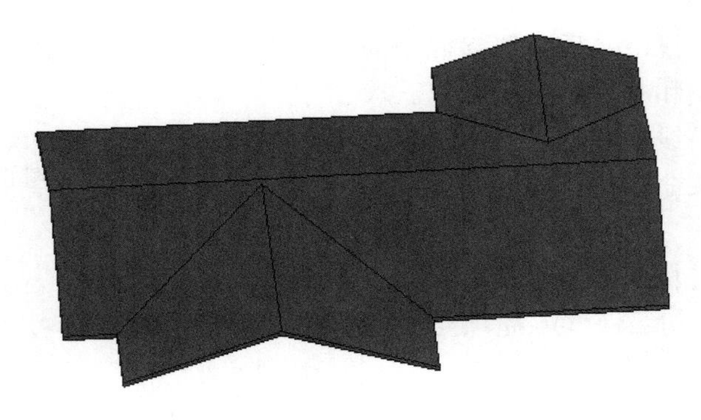

图 6.1–26

6.2 洞口

6.2.1 基本操作

1. 绘制面洞口

在“建筑”选项卡的“洞口”面板中有可供选择的洞口命令，如图 6.2-1 所示。

单击“按面洞口” 命令，单击拾取屋顶、楼板或天花板的某一面，进入“草图绘制”模式，绘制洞口形状，于该面进行垂直剪切，单击“完成洞口”命令，完成洞口的创建，如图 6.2-2 所示。

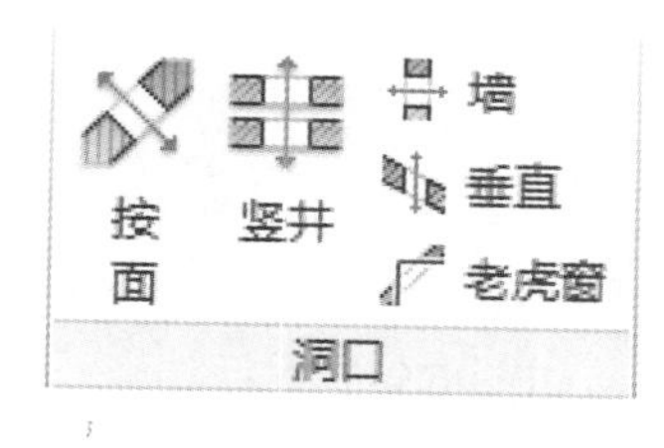

图 6.2-1

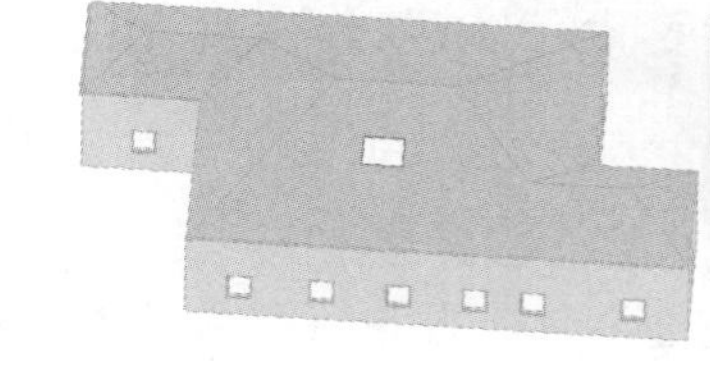

图 6.2-2

2. 绘制竖井洞口

单击“竖井洞口” 命令，单击拾取屋顶、楼板或天花板的某一面，进入“草图绘制”模式，在属性选项中设置顶底的偏移值和裁切高度（图 6.2-3），接下来绘制洞口形状，在建筑的整个高度上（或通过选定标高）剪切洞口，单击“完成洞口”命令，完成洞口的创建，如图 6.2-4 所示。

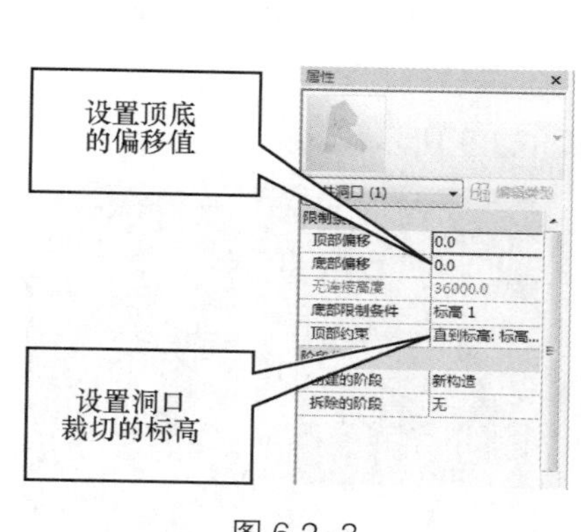

图 6.2-3

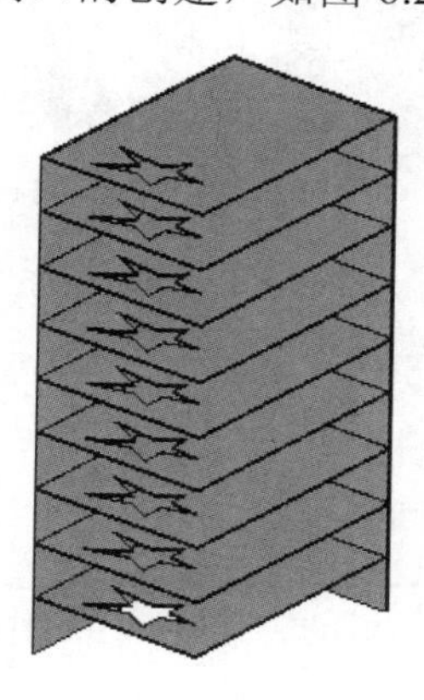

图 6.2-4

3. 绘制墙洞口

单击“墙洞口” 命令，单击选择墙体，绘制洞口形状，完成洞口，如图 6.2-5 所示。

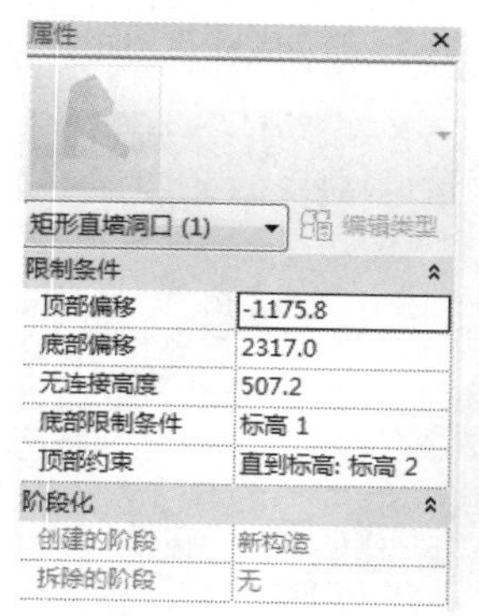

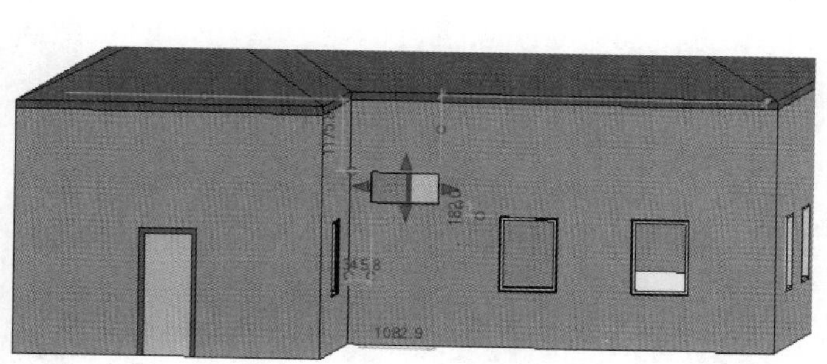

图 6.2-5

4. 绘制垂直洞口

单击“垂直洞口”命令，单击拾取屋顶、楼板或天花板的某一面，进入“草图绘制”模式，绘制洞口形状，于某个标高进行垂直剪切，单击“完成洞口”命令，完成洞口的创建，如图 6.2-6 所示。

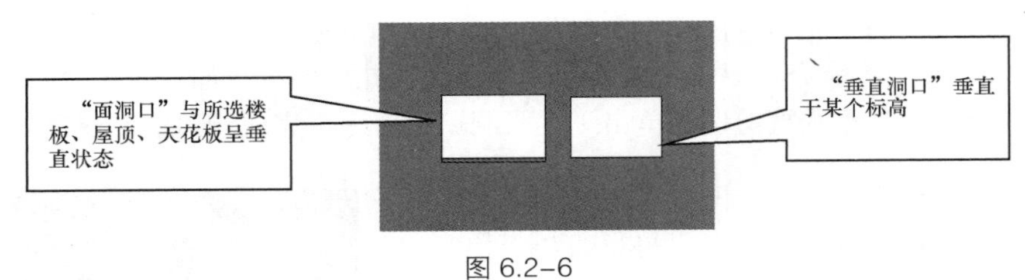

图 6.2-6

5. 绘制老虎窗洞口

在双坡屋顶上创建老虎窗所需的三面墙体，并设置其墙体的偏移值，如图 6.2-7 所示。

创建双坡屋顶，如图 6.2-8 所示。

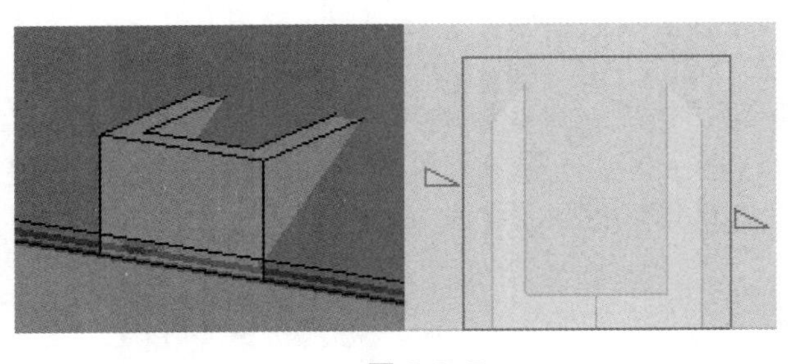

图 6.2-7

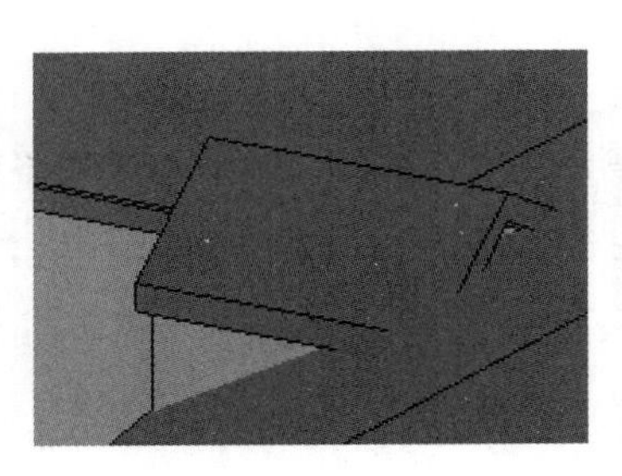

图 6.2-8

将老虎窗屋顶与主屋顶进行“连接屋顶”处理，如图 6.2-9 所示。

图 6.2-9

单击“老虎窗洞口”命令，拾取主屋顶，进入“拾取边界”模式，选择老虎窗屋顶或其底面、墙的侧面、楼板的底面等有效边界，修剪边界线条（图 6.2-10），完成边界剪切洞口，如图 6.2-11 所示。

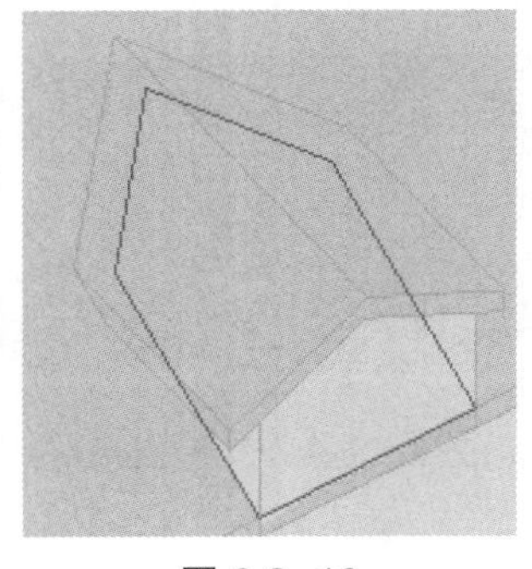

图 6.2-10

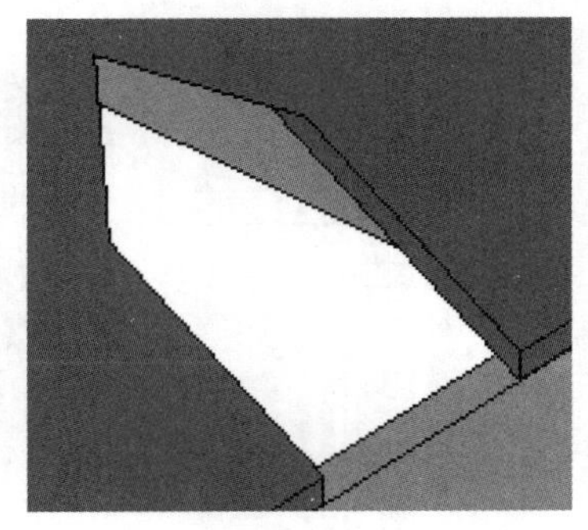

图 6.2-11

6.2.2 课上练习

Revit 如何在曲面墙上开洞？

对于规则的墙体直接选择编辑轮廓即可。但是对于曲面墙我们发现“编辑轮廓”命令不可使用。在这里我们可以在“建筑”选项卡下“洞口”面板上“墙”命令进行开洞，如图 6.2-12 所示。

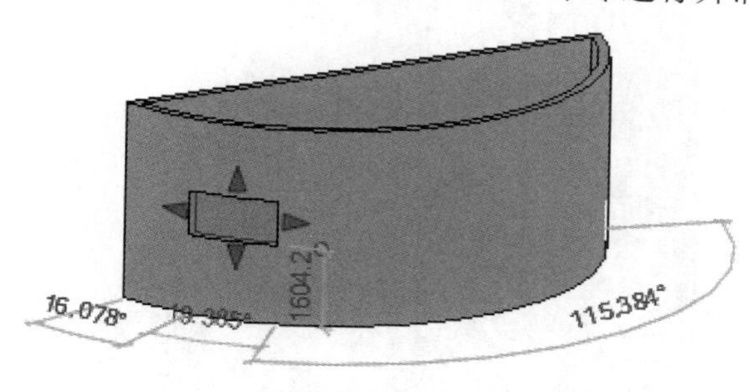

图 6.2-12

但是这里开出来的洞口只能是矩形的，如何开出不规则的洞口呢？

在这里我们单击“建筑”选项卡下“构建”面板上“构件”的下拉菜单里的“内建模型”命令。在族类别和族参数里面选择常规模型，绘制一个空间拉伸和墙体相交，如图 6.2-13 所示。

绘制完空心拉伸后使用 剪切 · 命令是空心拉伸与墙体剪切。剪切完成后效果如图 6.2-14 所示。

保存该文件，请在“初级课程\6.屋顶与洞口\6.2 洞口\6.2.2 课上练习\6-2-2.rvt”项目文件中查看最终结果。

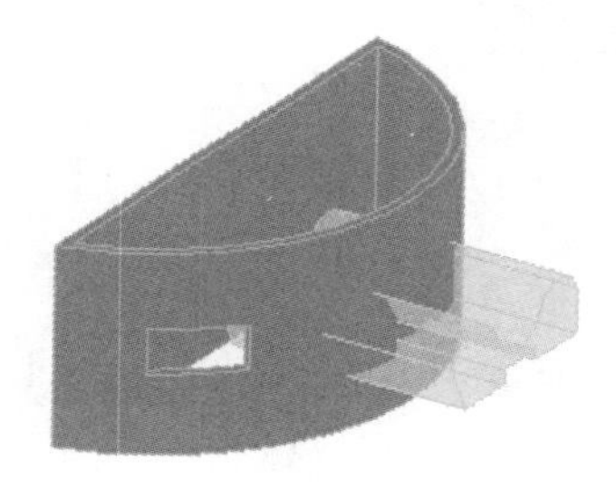

图 6.2-13

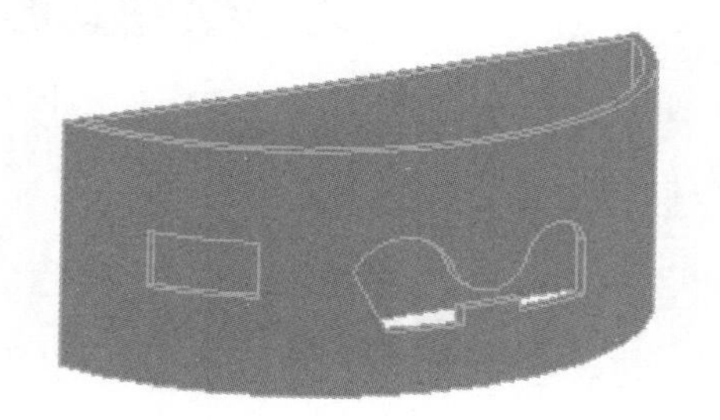

图 6.2-14

6.2.3 课后作业

打开“户型 A”项目文件，打开平面视图，在厨房、卫生间位置创建“竖井”洞口，如图 6.2-15 所示。

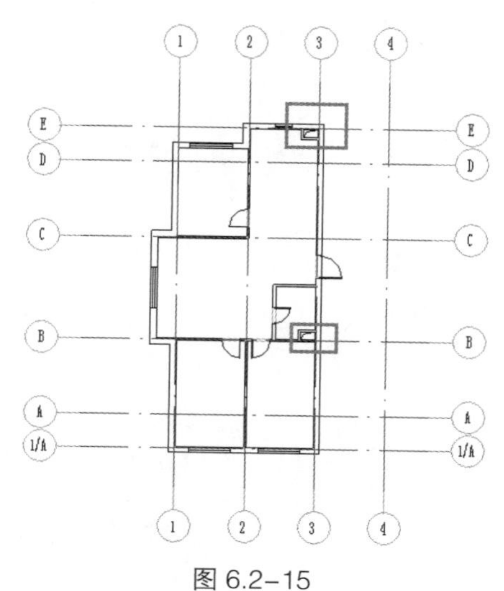

图 6.2-15

在南侧卧室屋顶上方创建如图 6.2-16 所示的老虎窗，尺寸自定，并在屋顶上创建老虎窗的洞口。

保存该文件，请在“初级课程\6.屋顶与洞口\6.2 洞口\6.2.3 课后作业\6-2-3.rvt”项目文件中查看最终结果。

图 6.2-16

第 7 章　楼梯、扶手与坡道

7.1　楼梯

7.1.1　基本操作

1. 直梯

（1）用楼梯（按草图）命令创建楼梯。

单击“建筑”选项卡上“楼梯坡道”面板中的“楼梯”命令，进入绘制楼梯草图模式，自动激活“创建楼梯草图”选项卡，单击“绘制”面板下的“梯段”命令，捕捉每跑的起点、终点位置绘制梯段。调整休息平台边界位置，完成绘制，楼梯扶手自动生成，如图 7.1-1 所示。

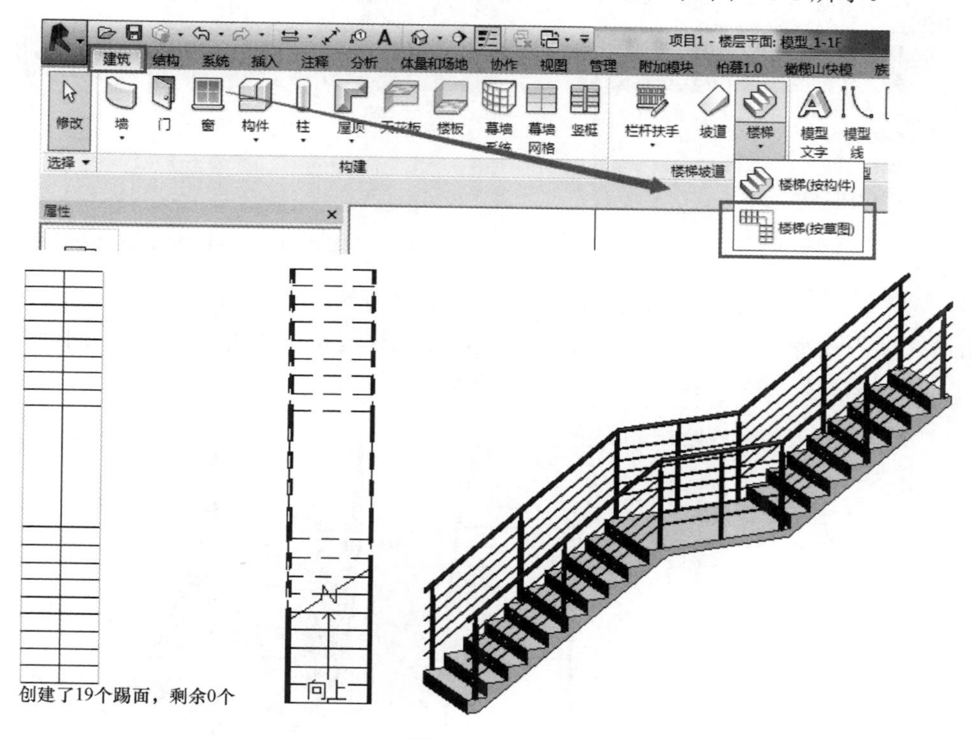

图 7.1-1

【注意】　梯段草图下方的提示：创建了多少个踢面，剩余多少个。

在“属性”面板中，可以选择不同的楼梯类型，如图 7.1-2 所示。单击“编辑类型”弹出“类型属性”对话框，设置类型属性参数：踏板、踢面、梯边梁等的位置、高度、厚度尺寸、材质、文字、楼梯宽度、标高、偏移等参数，系统自动计算实际的踏步高和踏步数，单击“确定”命令，如图 7.1-3 所示。

【注意】　绘制梯段时是以梯段中心为定位线来开始绘制的。

（2）用边界和踢面命令创建楼梯。

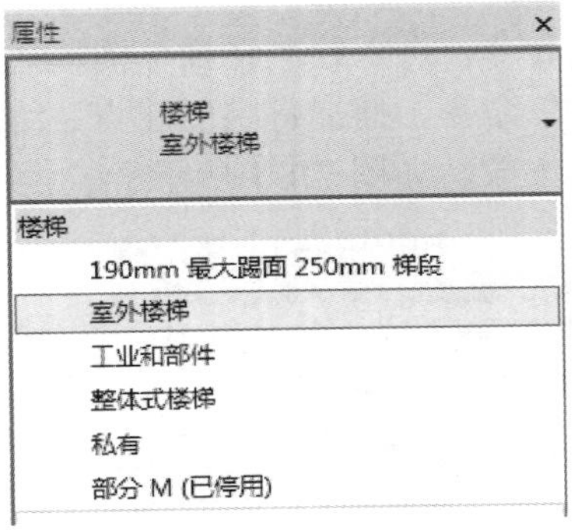

属性
楼梯
室外楼梯
楼梯
190mm 最大踢面 250mm 梯段
室外楼梯
工业和部件
整体式楼梯
私有
部分 M (已停用)

图 7.1–2

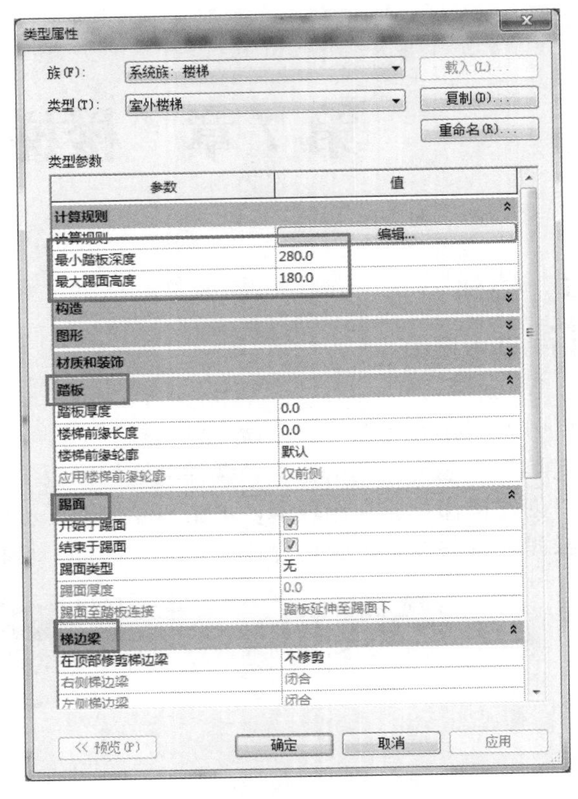

图 7.1–3

单击“边界”命令，分别绘制楼梯踏步和休息平台边界。

单击“踢面”命令，绘制楼梯踏步线。同前，注意梯段草图下方的提示，“剩余 0 个”即表示楼梯跑到了预定层高位置，如图 7.1-4 所示。

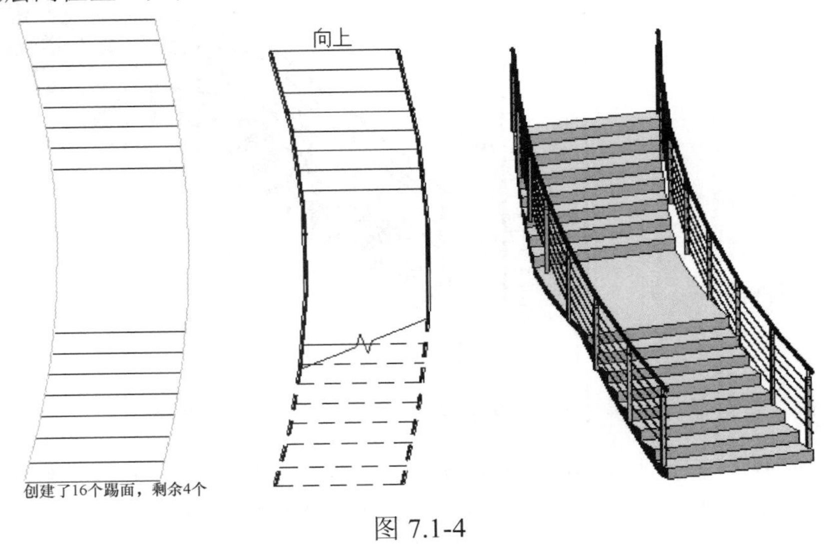

图 7.1-4

【注意】 踏步和平台处的边界线需分段绘制，否则软件将把平台也当成是长踏步来处理。

2. 双跑楼梯

单击“建筑”选项卡下“楼梯坡道”面板中的“楼梯”命令，进入“绘制楼梯草图”模式，单击“建筑”选项卡下的“参照平面”命令，绘制四条参照平面，如图 7.1-5 所示。

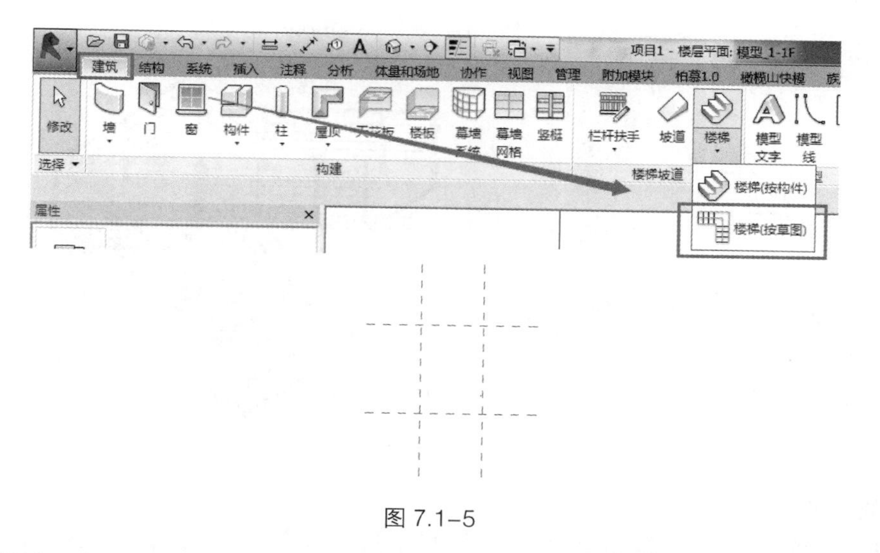

图 7.1–5

设置楼梯属性，在类型选择器中选择楼梯类型，在“属性”面板下，设置楼梯实例属性：标高、偏移、楼梯宽度、踏板、踢面数。

单击“编辑类型”，设置类型属性参数：踏板、踢面、梯边梁等的位置、高度、厚度尺寸、材质、文字等，然后单击“确定”命令，如图 7.1-6 所示。

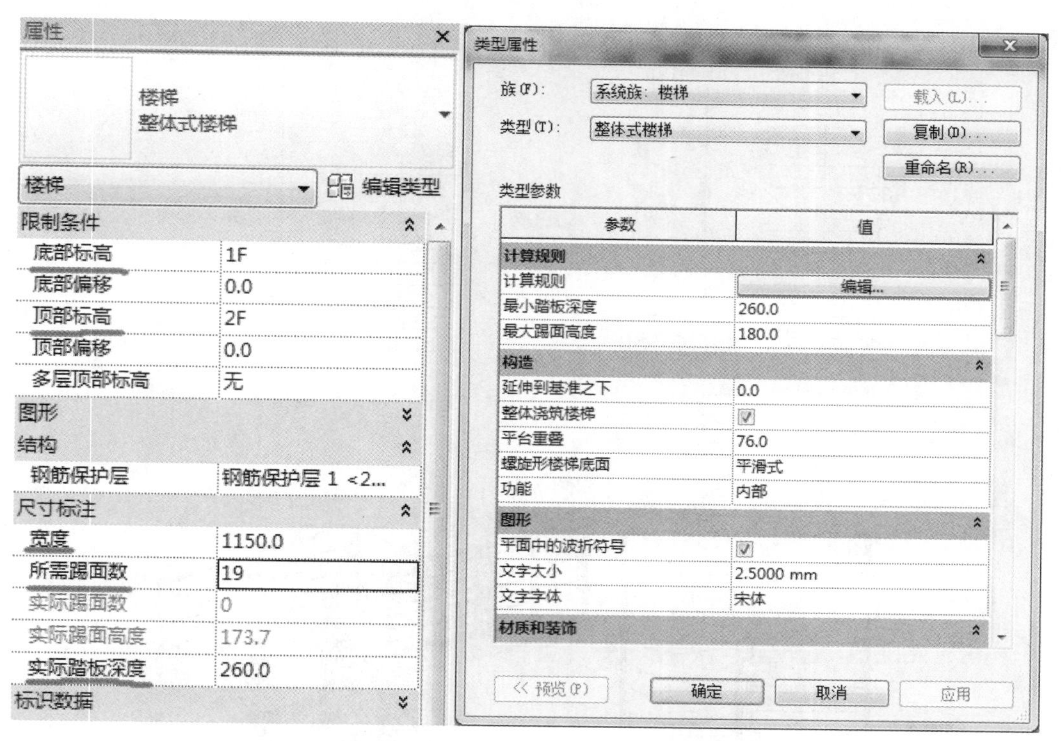

图 7.1–6

单击“梯段”选项卡下的“直线”命令，移动光标至参照平面右下角的交点位置，两条参照平面高亮显示，同时系统提示“交点”时，单击捕捉该交点作为第一起跑线位置，向上垂直移动光标至右上角参照平面交点位置，接着移动光标至左上角参照平面交点位置，单击捕捉作为第二起跑线位置，向下垂直移动光标至矩形预览图形之外单击捕捉一点，系统会自动创建休息平台和第二跑段草图，单击“✔”完成绘制，如图 7.1-7 所示。

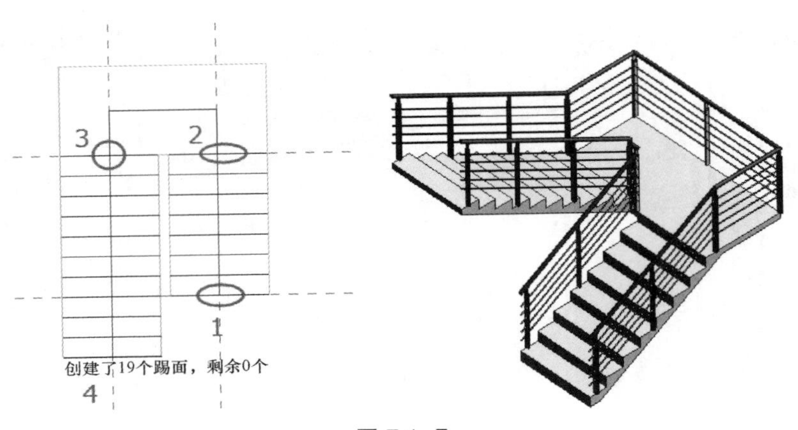

图 7.1–7

3. 编辑踢面和边界线

单击选择绘制的楼梯，在选项栏中单击“编辑草图”命令，重新回到绘制楼梯边界和踢面草图模式。删除右侧第一跑的踢面线，然后单击“绘制”面板下的“踢面”，“起点—终点—半径弧”命令，单击捕捉下面水平参照平面左右两边的踢面线端点，再捕捉弧线中间一个端点绘制一段圆弧，以“260”为间距复制 8 条该圆弧踢面，如图 7.1-8 所示。

单击“完成”命令，即可创建圆弧踢面楼梯，如图 7.1-9 所示。

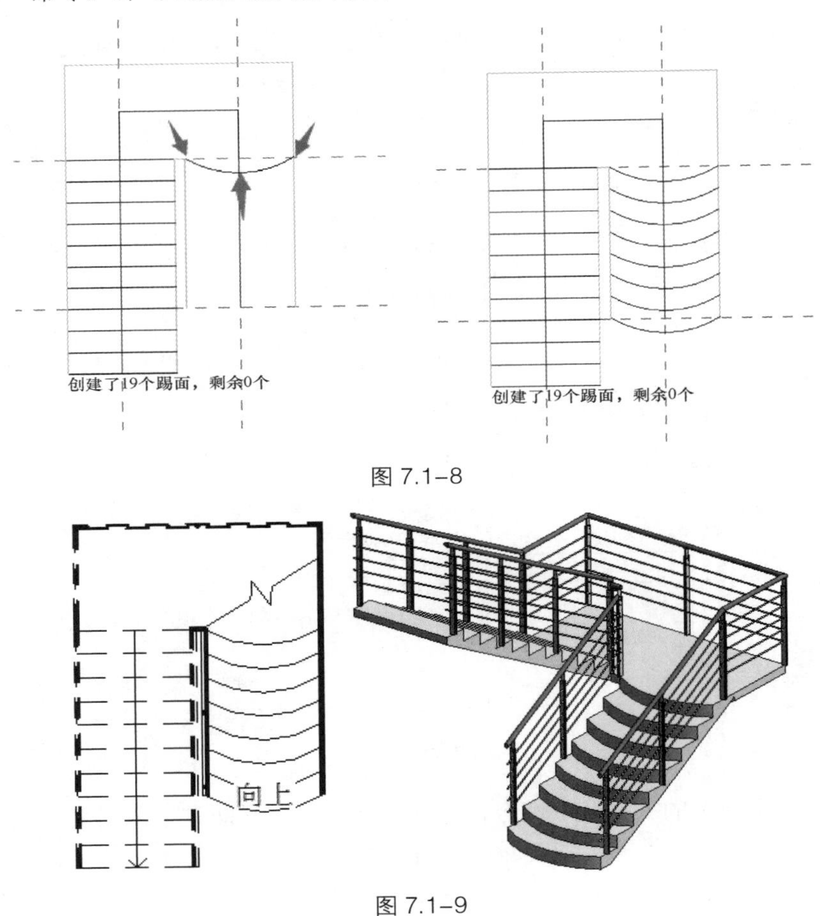

图 7.1–8

图 7.1–9

4. 多层楼梯

当楼层层高相同时，只需绘制一层楼梯，然后修改“楼梯属性”的实例参数“多层顶部标高”

的值到相应的标高即可制作多层楼梯，如图 7.1-10 所示。

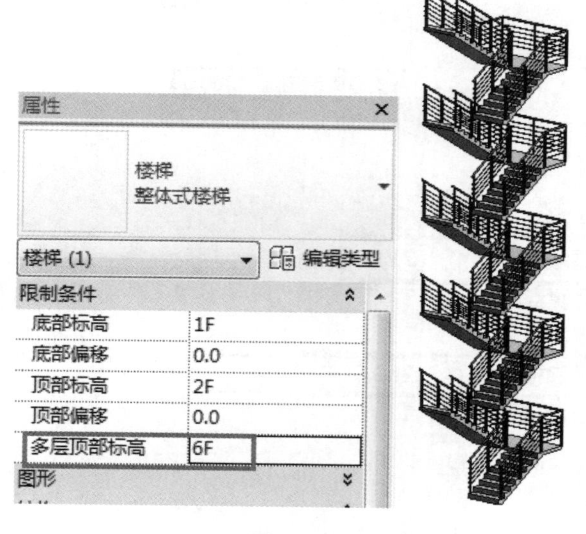

图 7.1-10

【注意】 多层顶部标高可以设置到顶层标高的下面一层标高，因为顶层的平台栏杆需要特殊处理。设置了“多层顶部标高”参数的各层楼梯仍是一个整体，当修改楼梯和扶手参数后所有楼层楼梯均会自动更新。

楼梯扶手自动生成，但可以单独选择编辑其属性、类型属性，创建不同的扶手样式。

7.1.2 课上练习

按照给出的弧形楼梯平面图和立面图，创建楼梯模型，如图 7.1-11 所示。其中楼梯宽度为1200mm，所需踢面数为 21，实际踏板深度为 260mm，扶手高度为 1100mm，楼梯高度参考给定标高，其他建模所需尺寸可参考平面图、立面图自定。

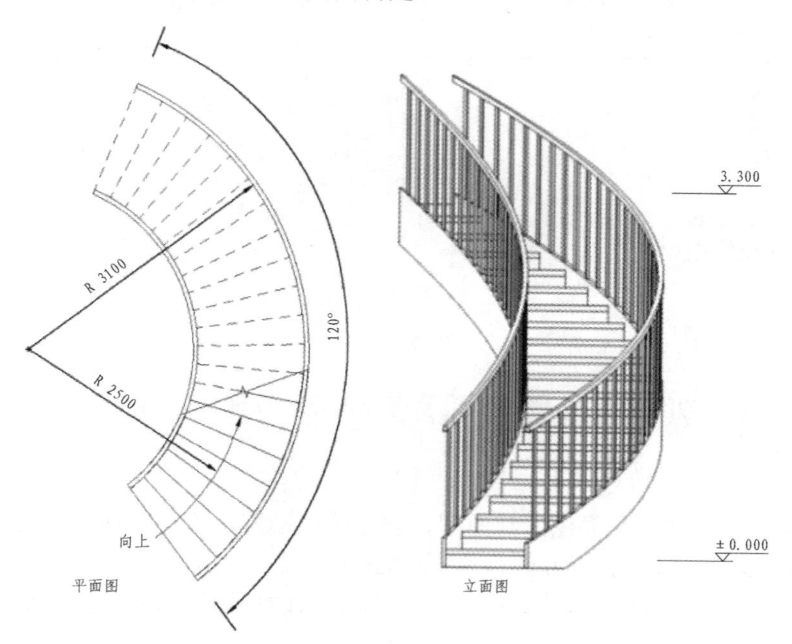

图 7.1-11

单击“建筑”选项卡下的“楼梯”命令，并选择“楼梯（按构件）”，在“构件”下选择“圆心—端点螺旋”，按照题目中给出的数值，设置楼梯的实例属性（图 7.1-12），然后绘制楼梯，修改其半径以符合题目要求，完成楼梯的绘制。

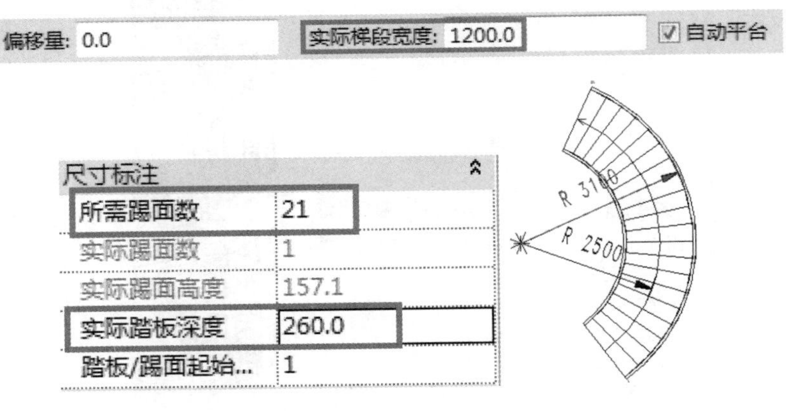

图 7.1-12

接下来修改扶手高度，如图 7.1-13 所示。

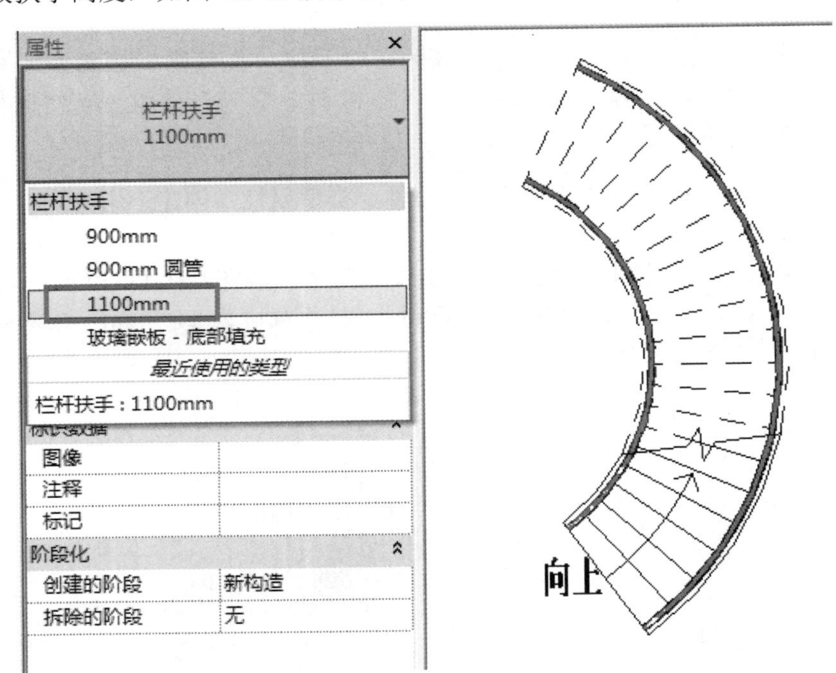

图 7.1-13

保存该文件，请在“初级课程\7.楼梯、扶手与坡道\7.1 楼梯\7.1.2 课上练习\7-1-2.rvt”项目文件中查看最终结果。

7.1.3 课后作业

按照图 7.1-14 所示的楼梯平面图、剖面图，创建楼梯模型，并参照题目中的平面图在所示位置建立楼梯剖面模型，栏杆高度为 1100mm，栏杆样式不限。

保存该文件，请在“初级课程\7.楼梯、扶手与坡道\7.1 楼梯\7.1.3 课后作业\7-1-3.rvt”项目文件中查看最终结果。

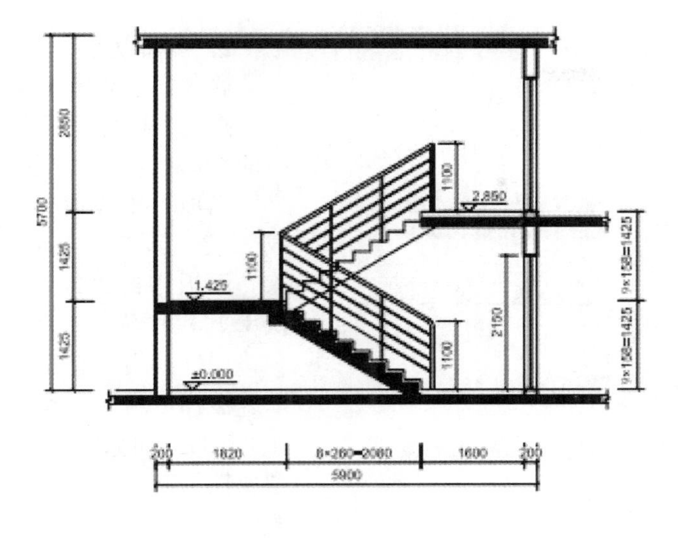

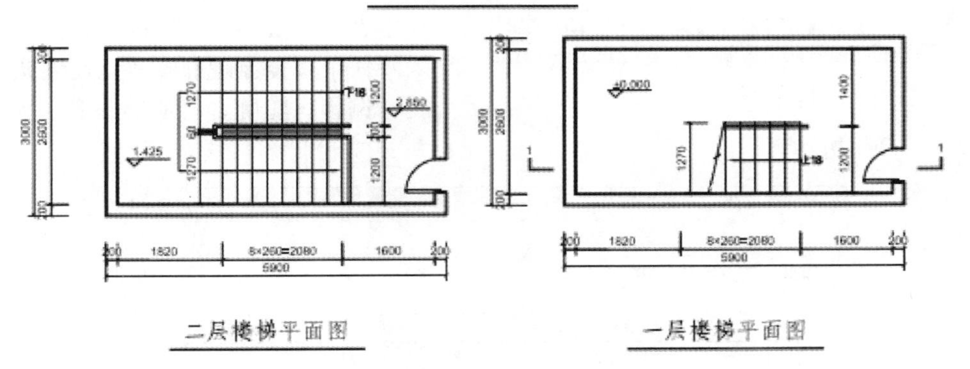

图 7.1–14

7.2 扶手

7.2.1 基本操作

1. 绘制扶手

选中楼梯，单击“修改 | 栏杆扶手”选项卡，“工具”面板下“拾取新主体”命令，拾取扶手，如图 7.2-1 所示。

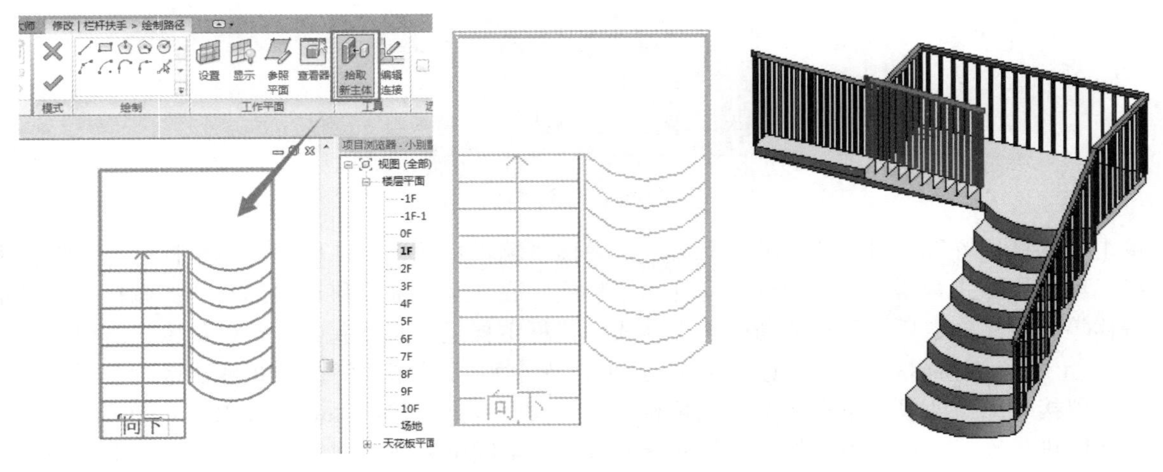

图 7.2–1

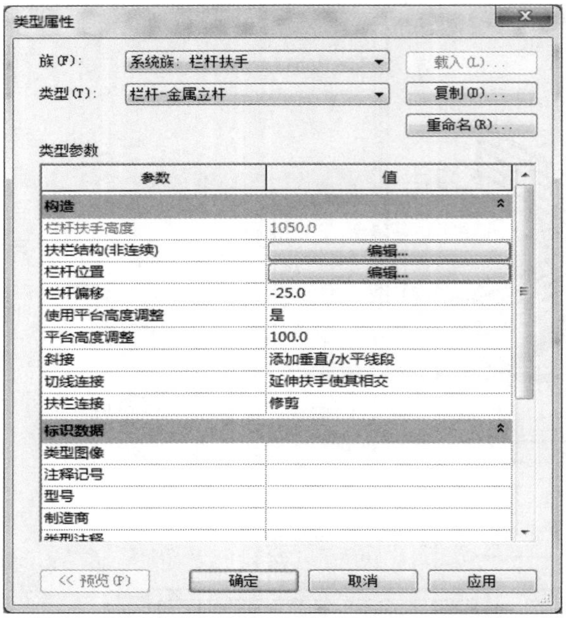

类型属性

族(F)：系统族：栏杆扶手　　载入(L)...
类型(T)：栏杆-金属立杆　　复制(D)...
重命名(R)...

类型参数

参数	值
构造	
栏杆扶手高度	1050.0
扶栏结构(非连续)	编辑...
栏杆位置	编辑...
栏杆偏移	-25.0
使用平台高度调整	是
平台高度调整	100.0
斜接	添加垂直/水平线段
切线连接	延伸扶手使其相交
扶栏连接	修剪
标识数据	
类型图像	
注释记号	
型号	
制造商	

<< 预览(P)　确定　取消　应用

图 7.2-2

2. 编辑扶手

修改扶手轮廓线位置。选中扶手，然后单击“修改丨栏杆扶手”选项卡下“模式”面板中的“编辑路径”命令，编辑扶手轮廓线位置。

当项目中没有需要的栏杆扶手族时，需载入族：单击“插入”选项卡下“从库中载入”面板中的“载入族”命令，载入需要的扶手、栏杆族。

属性编辑：自定义扶手。“建筑”选项卡下“楼梯坡道”面板中的“栏杆扶手”命令，在“属性”面板中单击“编辑类型”，弹出“类型属性”对话框，编辑类型属性，如图 7.2-2 所示。

单击“扶栏结构”栏对应的“编辑”命令，弹出“编辑扶手”对话框，编辑扶手结构：插入新扶手或复制现有扶手，设置扶手名称、高度、偏移、轮廓、材质等参数，调整扶手上、下位置，如图 7.2-3 所示。

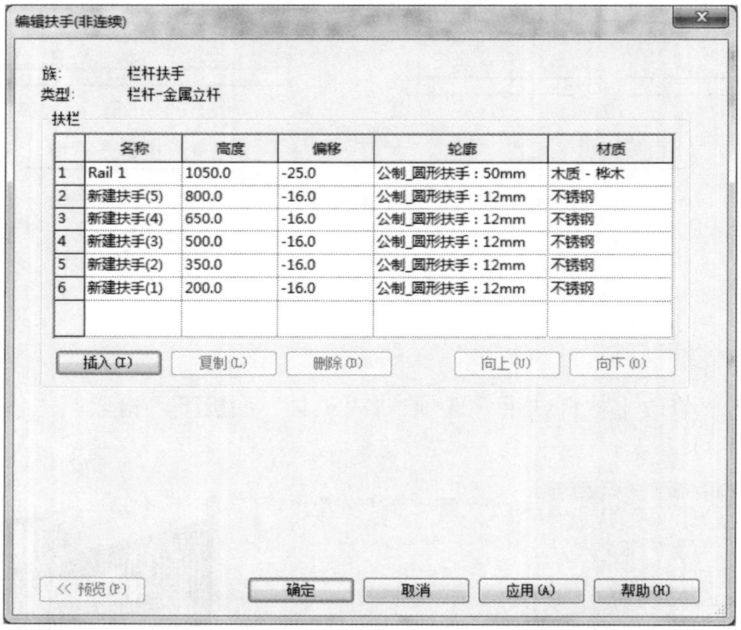

编辑扶手(非连续)

族：栏杆扶手
类型：栏杆-金属立杆
扶栏

	名称	高度	偏移	轮廓	材质
1	Rail 1	1050.0	-25.0	公制_圆形扶手：50mm	木质 - 桦木
2	新建扶手(5)	800.0	-16.0	公制_圆形扶手：12mm	不锈钢
3	新建扶手(4)	650.0	-16.0	公制_圆形扶手：12mm	不锈钢
4	新建扶手(3)	500.0	-16.0	公制_圆形扶手：12mm	不锈钢
5	新建扶手(2)	350.0	-16.0	公制_圆形扶手：12mm	不锈钢
6	新建扶手(1)	200.0	-16.0	公制_圆形扶手：12mm	不锈钢

插入(I)　复制(L)　删除(D)　向上(U)　向下(O)

<< 预览(P)　确定　取消　应用(A)　帮助(H)

图 7.2-3

单击“栏杆位置”栏对应的“编辑”命令，弹出“编辑栏杆”对话框，编辑栏杆位置：设置主栏杆样式和支柱样式——设置主栏杆和支柱的栏杆族、底部及底部偏移、顶部及顶部偏移、相对距离、偏移等参数。确定后，创建的新的扶手样式、栏杆主样式并且设置各参数，如图 7.2-4 所示。

Revit 允许用户控制扶手的不同连接形式，扶手类型属性参数包括“斜接”“切线连接”“扶手连接”。

（1）斜接。如果两段扶手在平面内成角相交，但没有垂直连接，Autodesk Revit 既可添加垂直或水平线段进行连接，也可不添加连接件保留间隙。保留间隙创建的连续扶手从平台向上延伸的楼梯梯段的起点就不显示，如图 7.2-5 所示。

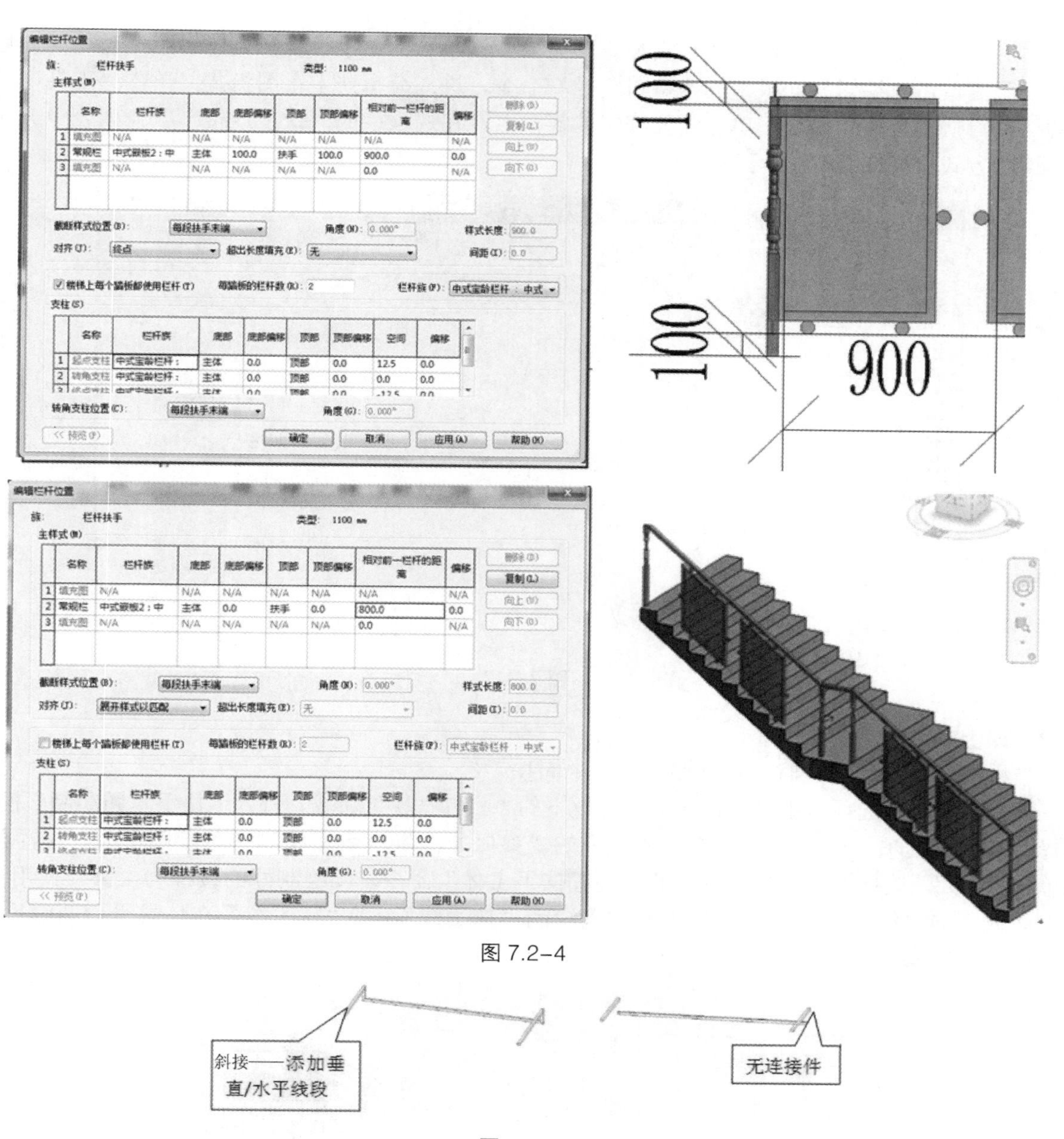

图 7.2-4

图 7.2-5

（2）切线连接。当两段相切扶手在平面内共线或相切，但没有垂直连接时，既可添加垂直或水平线段进行连接，也可不添加连接件保留间隙。此时修改平台处扶手高度，或扶手延伸至楼梯末端之外的情况下都可以创建光滑连接，如图 7.2-6 所示。

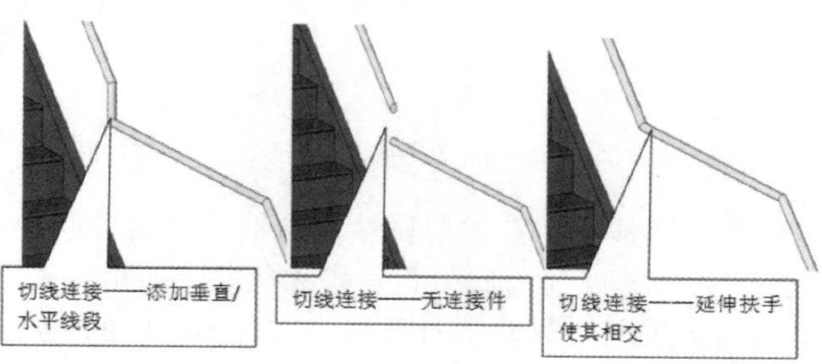

图 7.2-6

（3）扶手连接。修剪、结合两种类型。如果要控制单独的扶手接点，则可以忽略整体的属性。选择扶手，单击“编辑”面板中的“编辑路径”命令，进入编辑扶手草图模式，单击“工具”面板下的“编辑扶手连接”命令，单击需要编辑的连接点，在选项栏的“扶手连接”下拉列表中选择需要的连接方式，如图 7.2-7 所示。

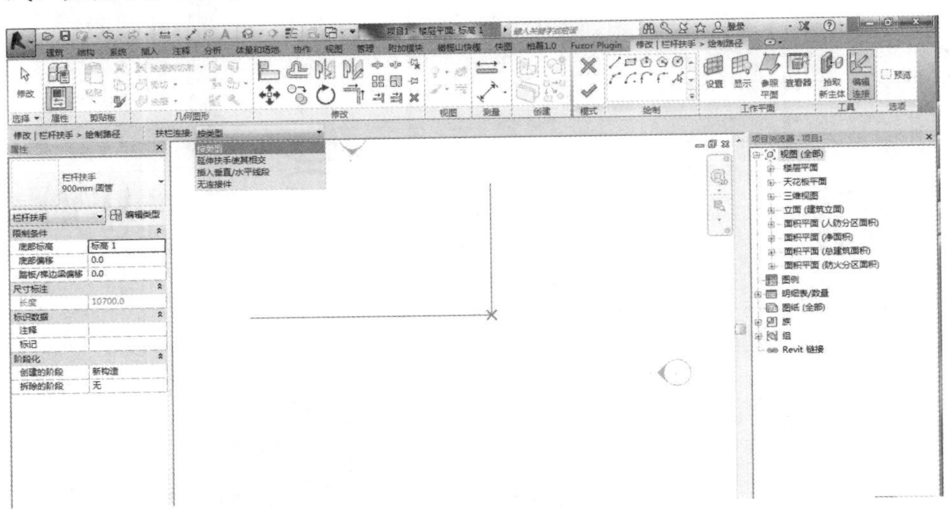

图 7.2–7

7.2.2 课上练习

当楼梯梯段宽度较大时，通常要设置“中间扶手”。

选择“建筑”选项卡中“楼梯坡道”面板下的“栏杆扶手”命令，进入“扶手草图绘制”模式。选择“修改”选项卡中“工作平面”面板下的“参照平面”命令，绘制三条参照平面，标注尺寸并单击“EQ”。选择“工具”面板下的“设置扶手主体”命令，以绘制好的楼梯为主体，使用“绘制”面板下的“线”工具，在楼梯中心位置绘制“扶手线”。将“扶手线”在休息平台两端拆分，完成扶手，如图 7.2-8 所示。

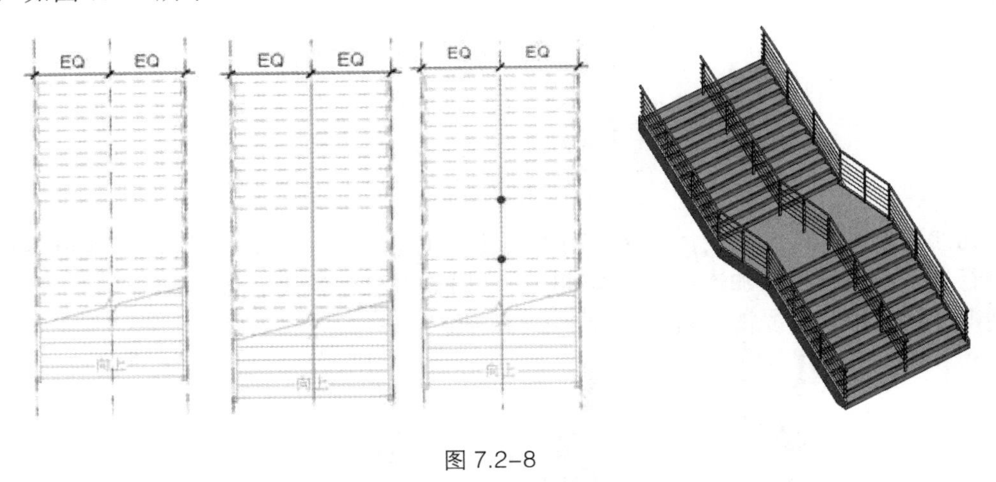

图 7.2–8

“靠墙扶手”的设置。单击“栏杆扶手”类型属性对话框中“编辑栏杆位置”后的“编辑”按钮，在打开的“编辑栏杆位置”对话框中进行设置。一般靠墙扶手的主样式“相对前一栏杆的位置”为“600”，支柱样式需要设置起始支柱、转角支柱及终点支柱为相应的栏杆，并注意“对齐”方式使用“展开样式以匹配”，以及取消“楼梯上每个踏步都使用栏杆”的勾选，如图 7.2-9 所示。若没有靠墙栏杆族，可载入本节文件夹中的“靠墙栏杆连接件”在项目中使用。

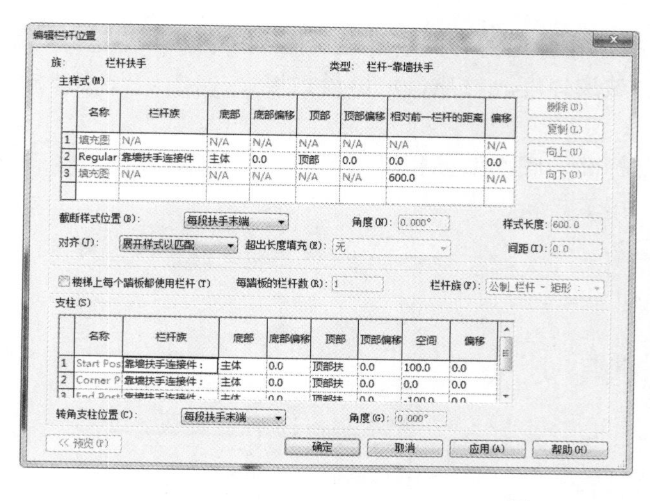

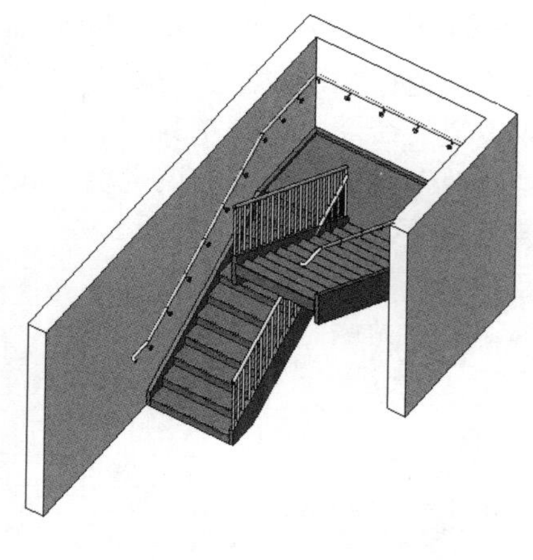

图 7.2–9

保存该文件，请在“初级课程\7.楼梯、扶手与坡道\7.2 扶手\7.2.2 课上练习\7-2-2.rvt”项目文件中查看最终结果。

7.2.3 课后作业

给如图 7.2-10 所示的楼梯添加 1100mm 的栏杆扶手和自定义扶手。

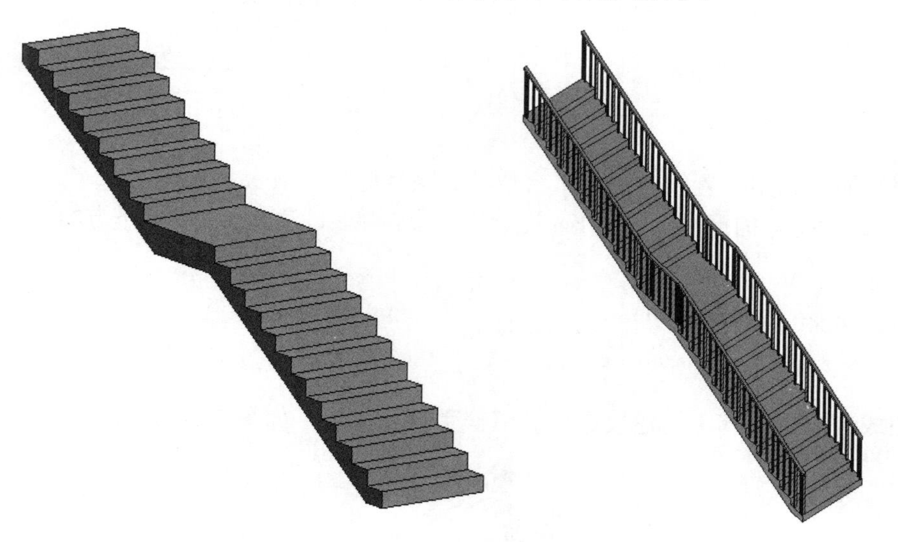

图 7.2–10

保存该文件，请在“初级课程\7.楼梯、扶手与坡道\7.2 扶手\7.2.3 课后作业\7-2-3.rvt”项目文件中查看最终结果。

7.3 坡道

7.3.1 基本操作

1. 绘制直坡道

单击“建筑”选项卡下“楼梯坡道”面板中的“坡道”命令 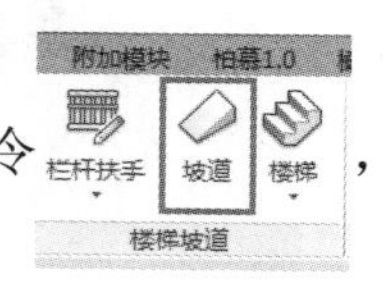

，进入“创建坡道草图”模式。

单击“属性”面板中的“编辑类型”命令，在弹出的“类型属性”对话框中单击“复制”命令，创建自己的坡道样式，设置类型属性参数：坡道厚度、材质、坡道最大坡度（1 | x）、结构等，单击“完成坡道”命令，如图 7.3-1 所示。

在“属性”面板中设置坡道宽度、底部标高、底部偏移和顶部标高、顶部偏移等参数，系统自动计算坡道长度，如图 7.3-2 所示。

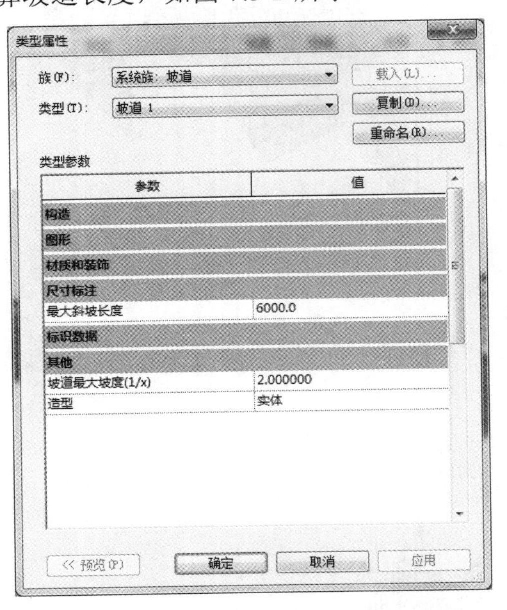

图 7.3-1

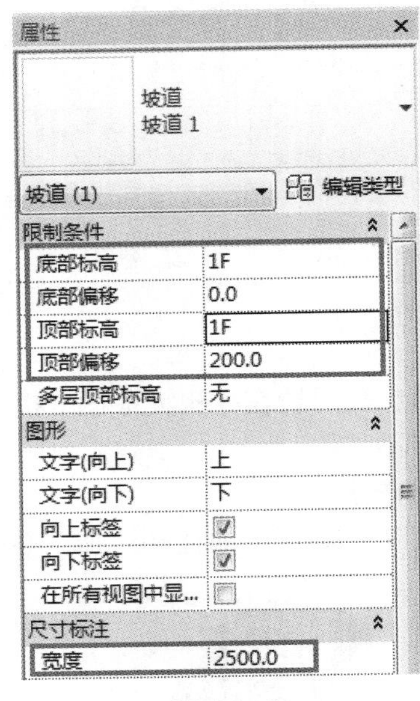

图 7.3-2

绘制参照平面：起跑位置线、休息平台位置、坡道宽度位置。

单击“梯段”命令，捕捉每跑的起点、终点位置绘制梯段，注意梯段草图下方的提示：“××××创建的倾斜坡道，××××剩余。”

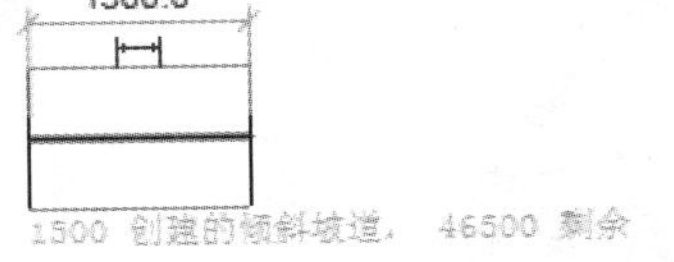

单击“完成坡道”命令，创建坡道，坡道扶手自动生成，如图 7.3-3 所示。

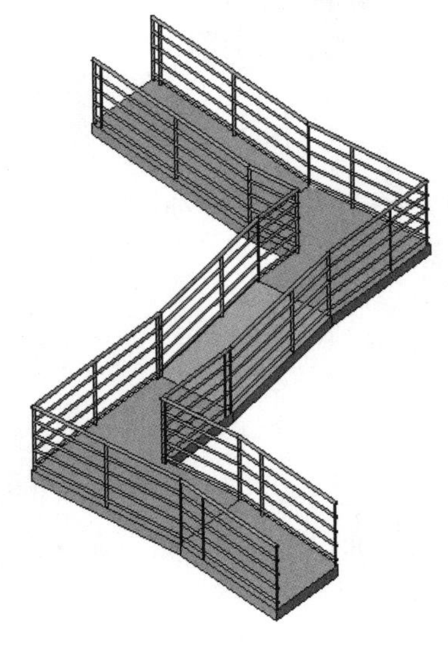

图 7.3-3

【注意】

“顶部标高”和“顶部偏移”属性的默认设置可能会使坡道太长。建议将“顶部标高”和“底部标高”都设置为当前标高，并将“顶部偏移”设置为较低的值。

可以用“踢面”和“边界”命令绘制特殊坡道，请参考用边界和踢面命令创建楼梯。

坡道实线、结构板选项差异：选择坡道，单击“属性”面板下的“编辑类型”命令，弹出“类型属性”对话框。若设置“其他”参数下的“造型”为“实体”，则如图 7.3-4（a）所示，若设置“其他”参数下的“造型”为“结构板”，则如图 7.3-4（b）所示。

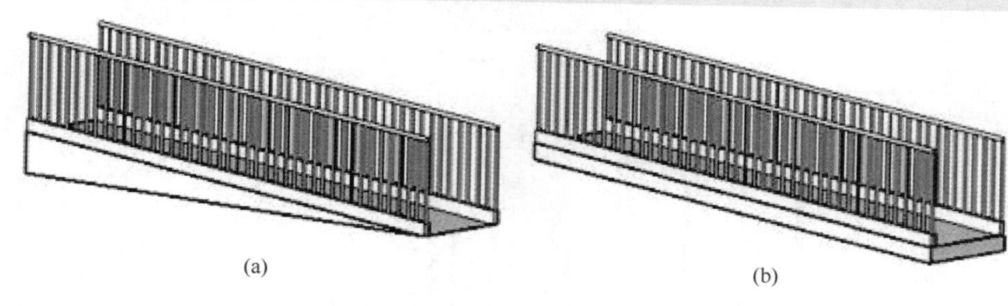

(a)　　　　(b)

图 7.3-4

2．绘制弧形坡道

单击“建筑”选项卡下“楼梯坡道”面板中的“坡道”命令，进入绘制楼梯草图模式。

在“属性”面板中，设置坡道的类型、实例参数。

绘制中心点、半径、起点位置参照平面，以便精确定位。

单击“梯段”命令，选择选项栏的“中心-端点弧”选项，开始创建弧形坡道。

捕捉弧形坡道梯段的中心点、起点、终点位置绘制弧形梯段，如有休息平台，应分段绘制梯段。

可以删除弧形坡道的原始边界和踢面，并用“边界”和“踢面”命令绘制新的边界和踢面，创建特殊的弧形坡道。单击“完成坡道”命令创建弧形坡道，如图 7.3-5 所示。

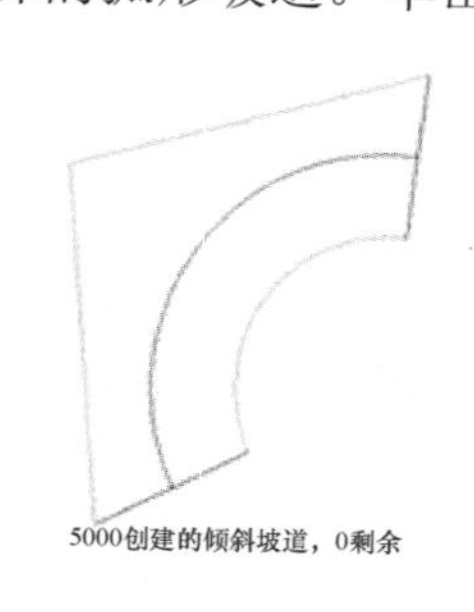

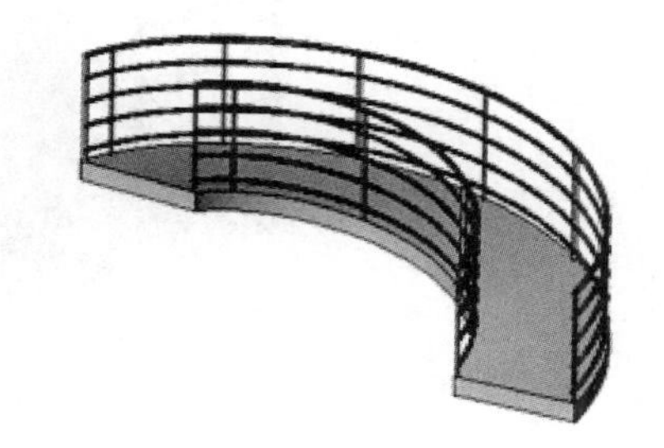

图 7.3-5

7.3.2　课上练习

绘制宽度为 3000，长度为 2400，顶部偏移为 200 的坡道。

在“建筑”选项卡下选择“坡道”，按照题中的数据设置坡道的实例属性和类型属性，绘制坡道，如图 7.3-6 所示。

保存该文件，请在“初级课程\7.楼梯、扶手与坡道\7.3 坡道\7.3.2 课上练习\7-3-2.rvt”项目文件中查看最终结果。

7.3.3　课后作业

绘制如图 7.3-7 所示宽度为 1300 的坡道，其类型属性中坡道最大坡度（1 | x）为 12，造型为“实体”；实例属性为基准标高为“室外标高”，顶部标高为“F1”，设置宽度为 1300，绘制坡道。

保存该文件，请在“初级课程\7.楼梯、扶手与坡道\7.3 坡道\7.3.3 课后作业\7-3-3.rvt”项目文件中查看最终结果。

底部标高	标高 1
底部偏移	0.0
顶部标高	标高 1
顶部偏移	200.0
多层顶部标高	无
图形	
文字(向上)	向上
文字(向下)	向下
向上标签	☑
向下标签	☑
在所有视图中显...	☐
尺寸标注	
宽度	3000.0

尺寸标注	
最大斜坡长度	6000.0
标识数据	
其他	
坡道最大坡度(1/x)	2.000000
造型	结构板

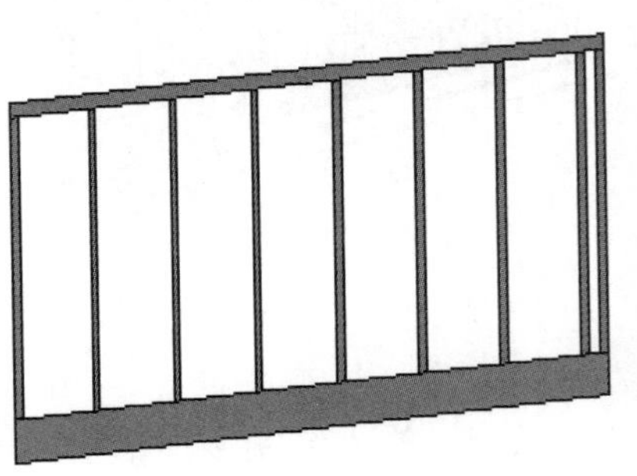

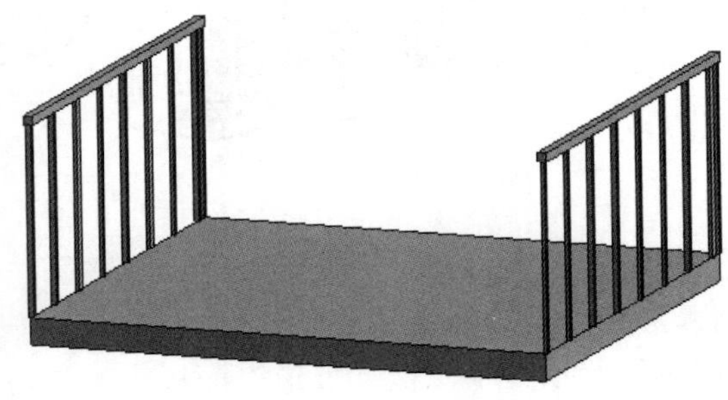

图 7.3–6

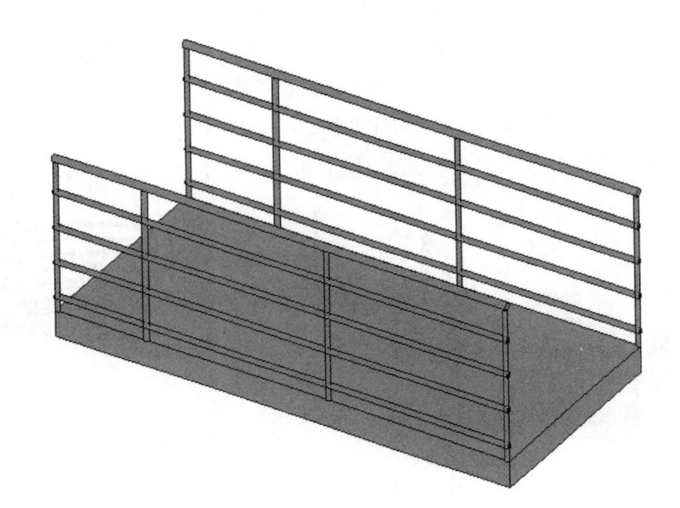

图 7.3–7

第8章　房间与面积

8.1　房间

8.1.1　基本操作

1. 创建房间

在“建筑”选项卡下“房间和面积”面板中单击“房间”命令（快捷键：RM），可以创建房间，如图 8.1-1 所示。

图 8.1–1

进入任意楼层平面中，在封闭的房间内单击鼠标左键添加房间，如图 8.1-2 所示。

【注】　将房间放置在边界图元形成的范围之内，房间会充满该范围；且房间不可重复添加。

选择房间标记，单击“房间”，名称变为输入状态，即可对添加的房间的名称进行修改（例如卧室），如图 8.1-3 所示。

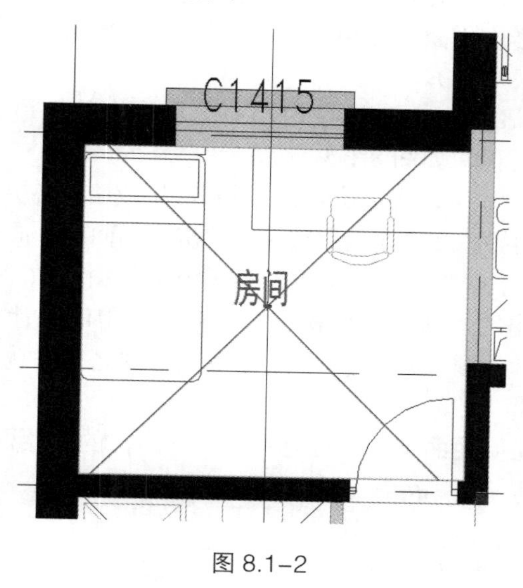

图 8.1–2

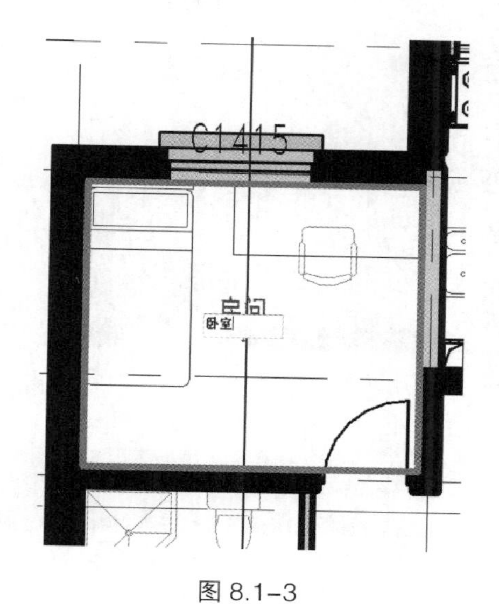

图 8.1–3

2. 房间可见性

在计算房间的面积、周长和体积时，Revit 会使用房间边界。

若要在平面视图和剖面视图中查看房间边界，可以选择房间或者修改视图的“可见性 | 图形”（快捷键：VV）设置，在视图面板中单击“可见性 | 图形”命令，在“可见性 | 图形替换”对话框中的“模型类别”选项卡上选择“房间”，然后单击⊞以便展开。若视图中需要显示内部填充，则勾选“内部填充”，需要显示房间的参照线，则勾选“参照”，然后单击“确定”即可，如图 8.1-4 所示。

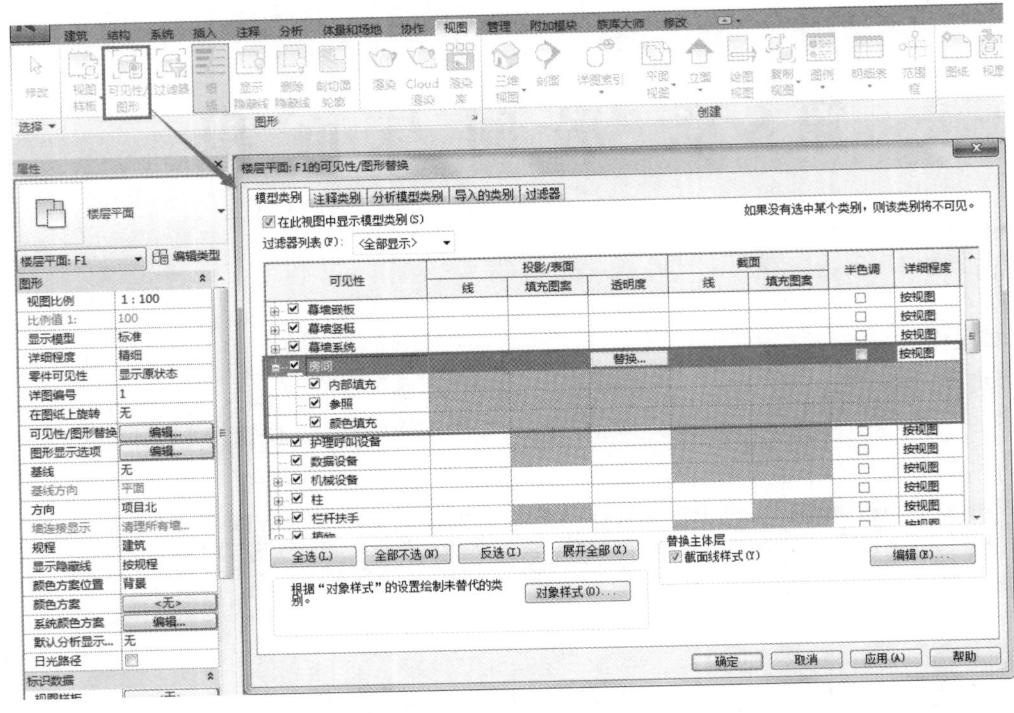

图 8.1-4

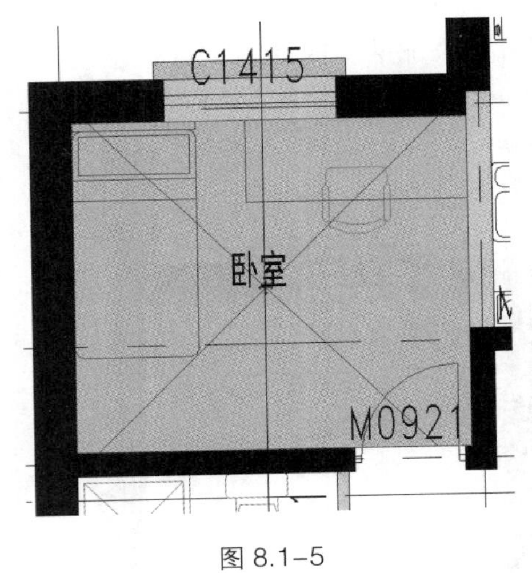

图 8.1-5

3．房间边界

若要指示某个单元应用于定义房间面积和体积计算的房间边界，则必须指定该图元为房间边界图元。

进入楼层平面，使用平面视图可以直接查看房间的外部边界（周长）。

默认情况下，Revit 使用墙面面层作为外部边界来计算房间面积，如图 8.1-5 所示。

Revit 中也可以指定墙中心、墙核心层或墙核心层中心作为外部边界。在“建筑”选项卡“房间和面积”面板下拉菜单中，单击“房间和体积计算”命令，如图 8.1-6 所示。

在弹出的“面积和体积计算”对话框中的“计算”选项卡上，如图 8.1-7 所示，选择下列选项之一作为“房间面积计算”。

（1）在墙面面层：房间边界位于房间内的面层面上。

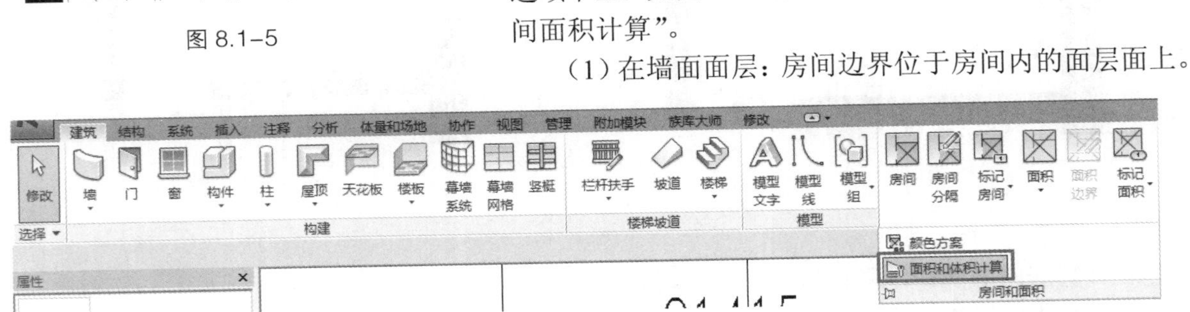

图 8.1-6

（2）在墙中心：房间边界位于墙的中心线上。

（3）在墙核心层：房间边界位于最靠近房间的核心内层或外层上。

（4）在墙核心层中心：房间边界位于墙核心层的中心线上。

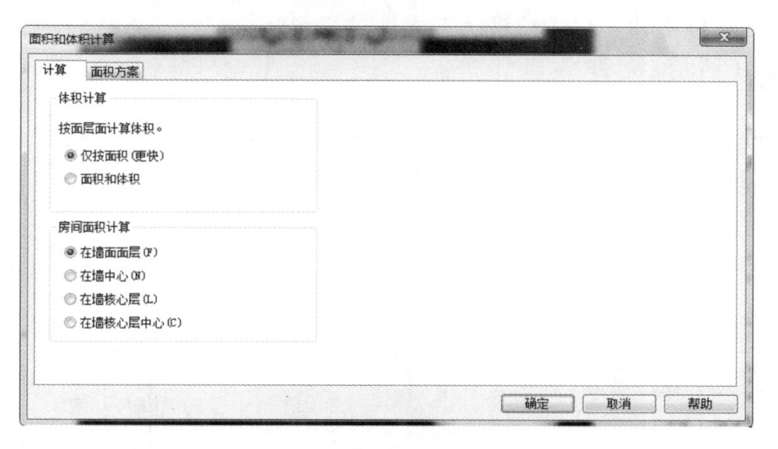

图 8.1–7

软件默认情况下，以下图元是房间边界：①墙（幕墙、标准墙、内建墙、基于面的墙）；②屋顶（标准屋顶、内建屋顶、基于面的屋顶）；③楼板（标准楼板、内建楼板、基于面的楼板）；④天花板（标准天花板、内建天花板、基于面的天花板）；⑤柱（建筑柱、材质为混凝土的结构柱）；⑥幕墙系统；⑦房间分割线；⑧建筑地坪。

【注】 通过修改图元属性，很多图元都可以被指定为房间边界。

4. 房间分割线

若系统无法识别所需房间的房间边界时，可用房间分割线对房间进行面积的划分，以帮助定义房间。

进入楼层平面，在“建筑”选项卡“房间和面积”下，单击“房间分隔”命令绘制分割线，如图 8.1-8 和图 8.1-9 所示。

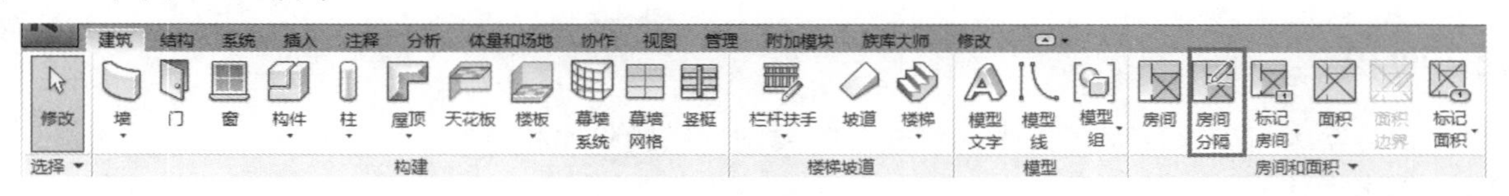

图 8.1–8

5. 房间标记

房间和房间标记不同，房间标记是可在平面视图和剖面视图中添加和显示的注释图元。房间标记可以显示相关参数的值，例如房间编号、房间名称、计算的面积和体积等参数，如图 8.1-10 所示。

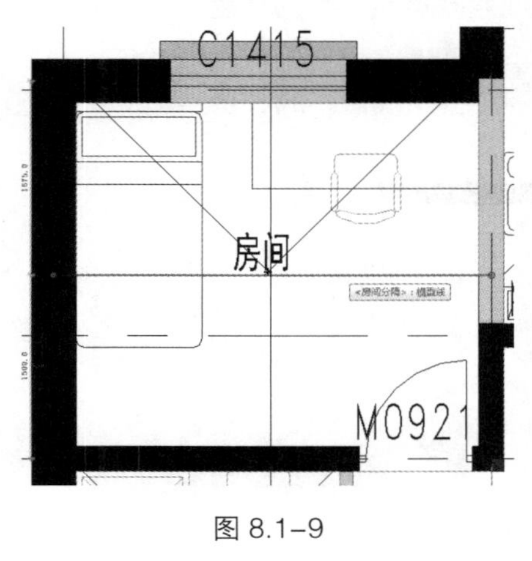

图 8.1–9

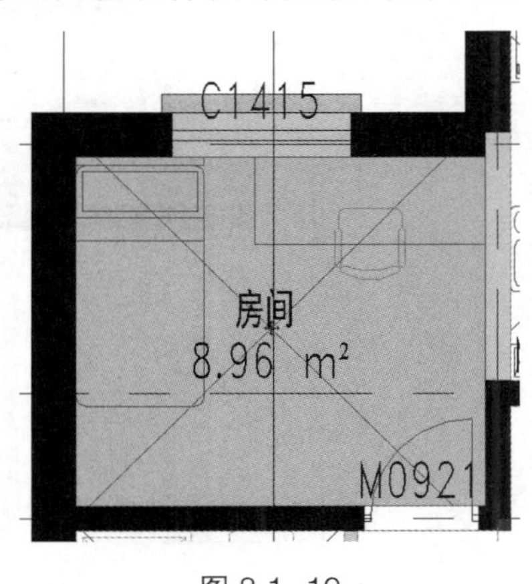

图 8.1–10

8.1.2 课上练习

打开“户型 A”项目文件，将“户型 A”文件进行房间标记，完成后将项目文件保存为“户型 A 完成”，如图 8.1-11 所示。

8.1.3 课后作业

打开“户型 B”项目文件，将“户型 B”文件进行房间标记，完成后将项目文件保存为“户型 B 完成”，如图 8.1-12 所示。

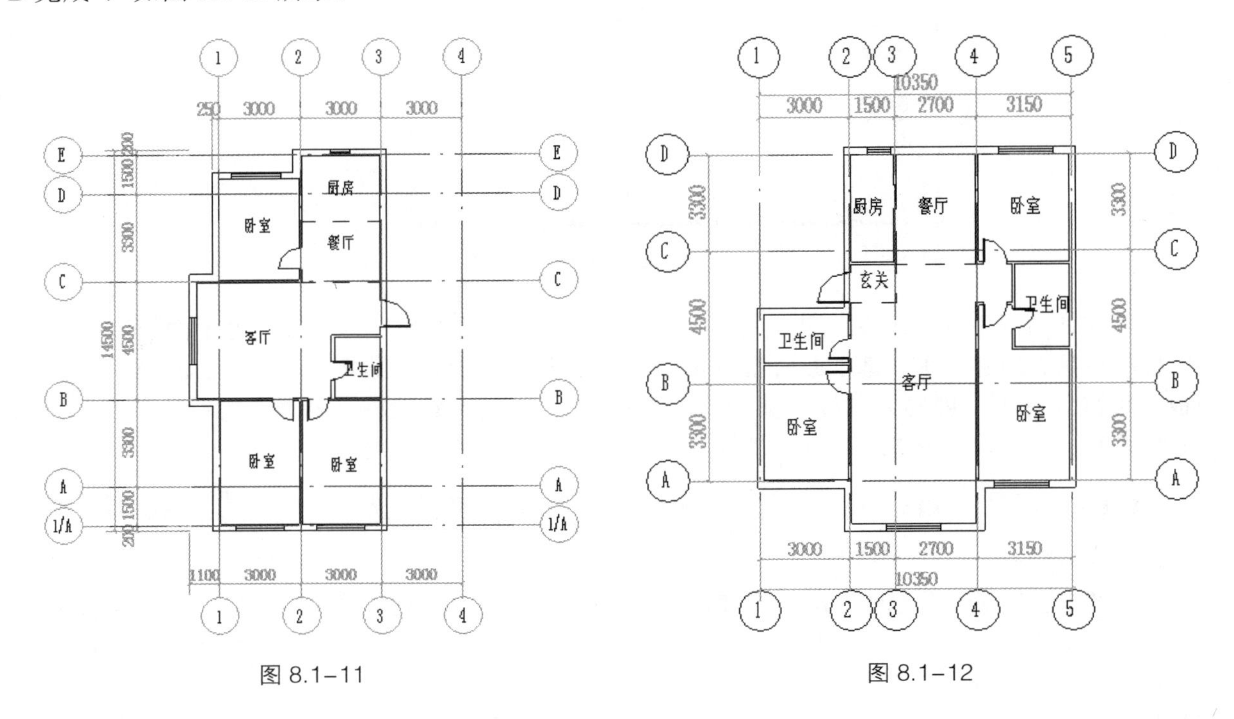

图 8.1–11　　图 8.1–12

8.2 面积

面积方案为可定义的空间关系，可根据需要创建或删除面积方案。

8.2.1 基本操作

1. 创建面积方案

在“房间和面积”选项卡的下拉菜单中选择“面积和体积计算”命令，在弹出的对话框中选择“面积方案”选项卡，单击“新建”命令，如图 8.2-1 所示。

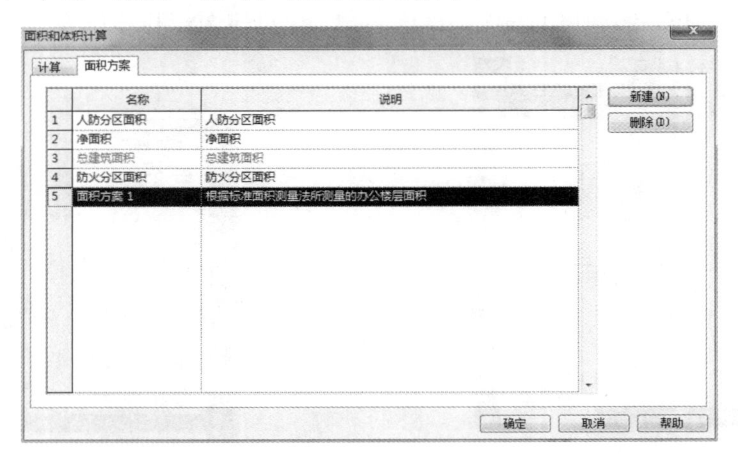

图 8.2–1

2. 删除面积方案

删除面积方案与创建面积方案类似，其区别是选中要删除的面积方案，单击后面的“删除”命令，完成面积方案的删除，如图 8.2-2 所示。

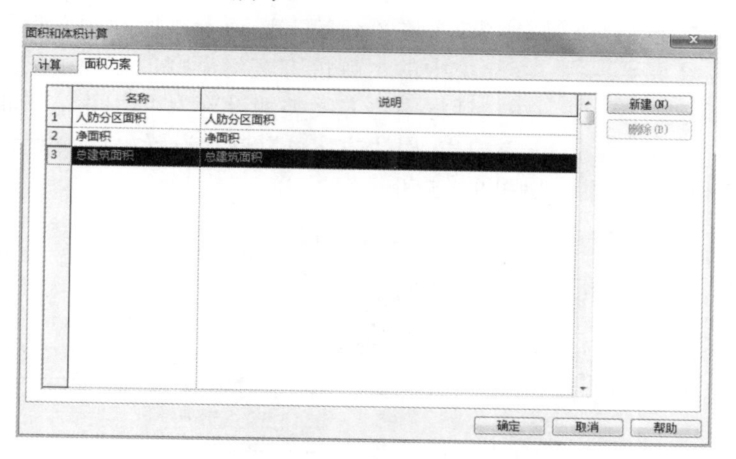

图 8.2-2

【注意】 如果删除面积方案，则与其关联的所有面积平面也会被删除。

3. 创建面积平面

在“房间和面积”面板中单击“面积”下拉命令，在弹出的下拉菜单中选择“面积平面”命令进行创建。在“类型”下拉列表中可选择要创建面积平面的类型和面积平面视图，然后单击“确定”命令，如图 8.2-3 所示。

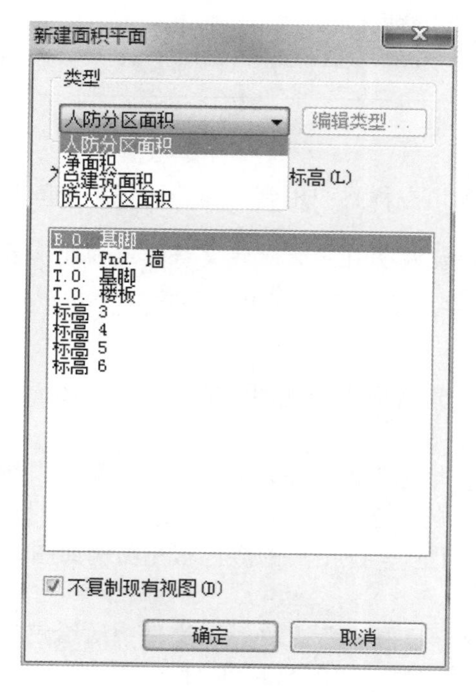

图 8.2-3

【注】 单击“确定”之后会出现如图 8.2-4 所示对话框，单击“是”则会开始创建整体面积平面；单击“否”则需要手动绘制面积边界线。

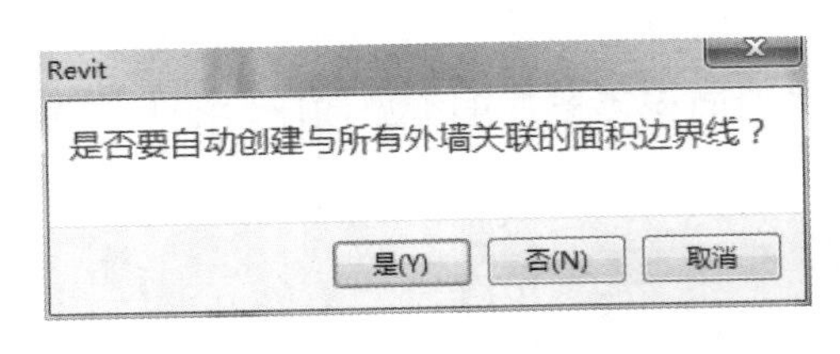

图 8.2-4

4. 创建颜色方案

可以根据特定值或值范围，将颜色方案应用于楼层平面视图和剖面视图。可以向每个视图应用不同的颜色方案。

在“建筑”选项卡“房间和面积”面板下单击下拉菜单中的“颜色方案”命令，在弹出的“编辑颜色方案”对话框中将方案类别设置为“房间”，此时会自动生成“方案1”，对“方案 1”进行设置，将颜色设置为“名称”，单击“确定”，生成的房间的颜色方案将如图 8.2-5 所示。

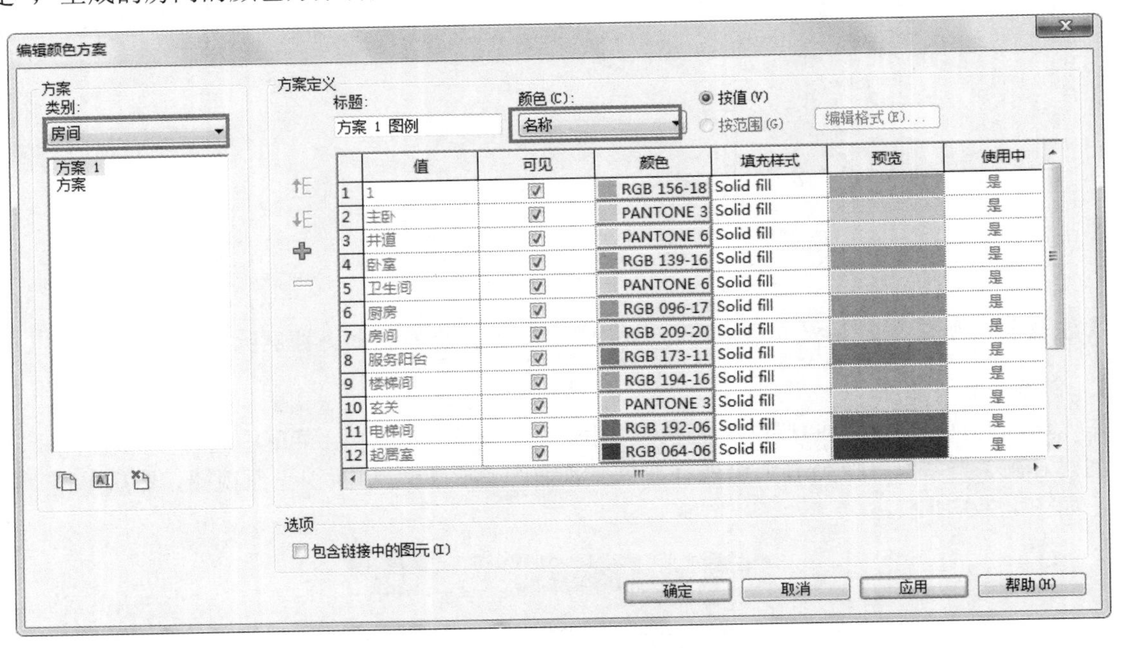

图 8.2-5

使用颜色方案可以将颜色和填充样式应用到房间、面积、空间和分区、管道和风管。

【注】 要使用颜色方案，必须先在项目中定义房间或面积。若要为 Revit MEP 图元使用颜色方案，还必须在项目中定义空间、分区、管道或风管。

5. 应用颜色方案

将颜色方案仅应用于视图背景或应用于视图中的所有模型图元。在视图中放置图例，以表明房间或面积的颜色填充含义。

在“注释”选项卡的“颜色填充”面板下，单击“颜色填充，图例”命令，将图例放置到需要颜色填充的平面视图中，在弹出的“选择空间类型和颜色方案”对话框中选择空间类型为“房间”，颜色方案为“方案 1”，单击“确定”，应用后的颜色填充图例如图 8.2-6 所示。

8.2.2 课上练习

打开本章配套“房间与面积-户型 A”文件，对文件中所给定的房间及其面积进行标注，并保存文件名为“房间与面积-课上练习”，如图 8.2-7 所示。

打开给定的“房间与面积-户型 A”文件。

单击“建筑”选项卡“房间与面积”面板下的“房间分割”命令，对户型 A 进行房间分割，在Ⓒ轴上绘制长度从②轴绘制到⑤轴的分割线，在②轴上绘制长度从Ⓒ轴到Ⓔ轴的分割线，在Ⓓ轴上绘制长度从②轴到③轴的分割线。

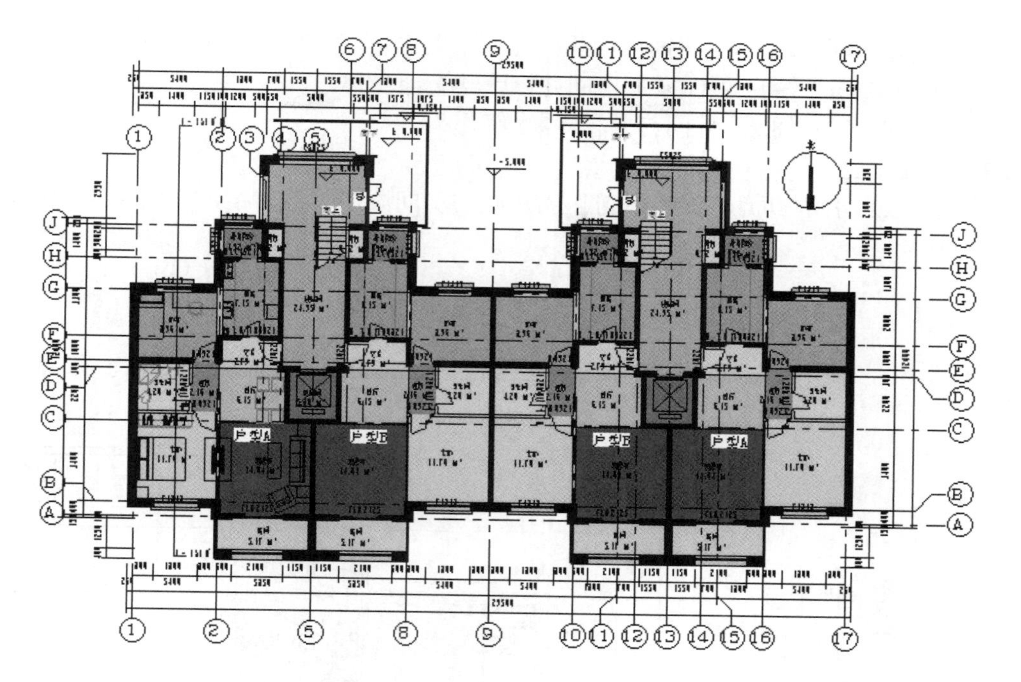

图 8.2-6

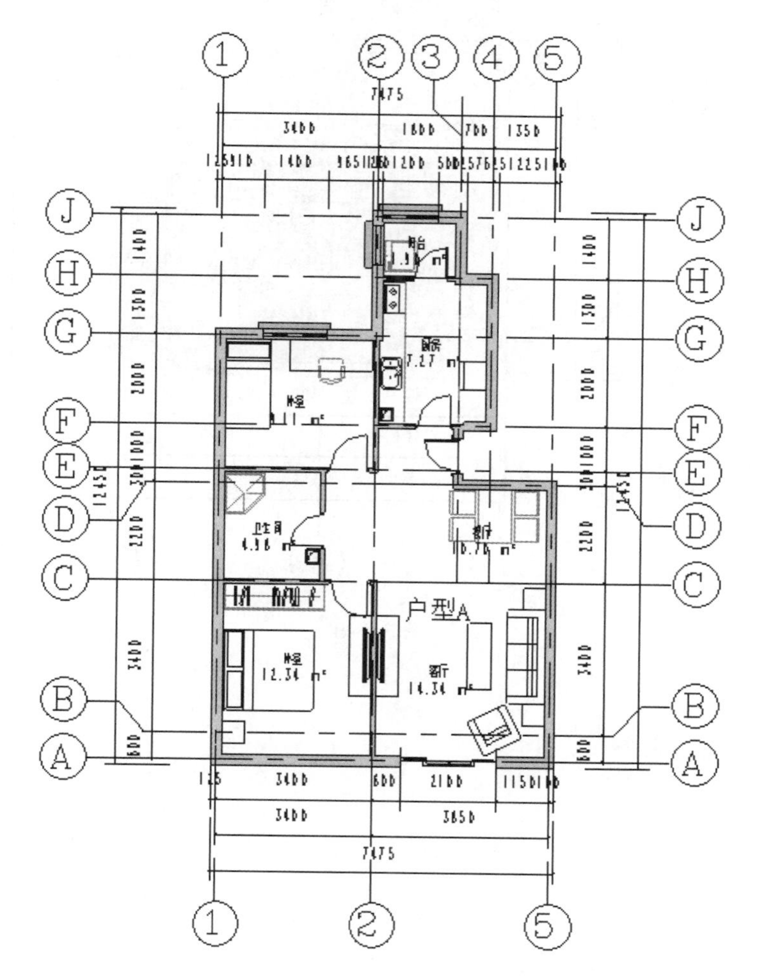

图 8.2-7

单击“建筑”选项卡“房间和面积”面板下的“房间”命令，在属性选项栏中选择“FA_房间_标记 房间+面积”给户型A添加房间并修改其房间名称。

保存文件名为“8.2.2 房间与面积-课上练习”。

8.2.3 课后作业

给“8.2.2 房间与面积-课上练习”创建好的房间添加颜色方案，如图 8.2-8 所示。

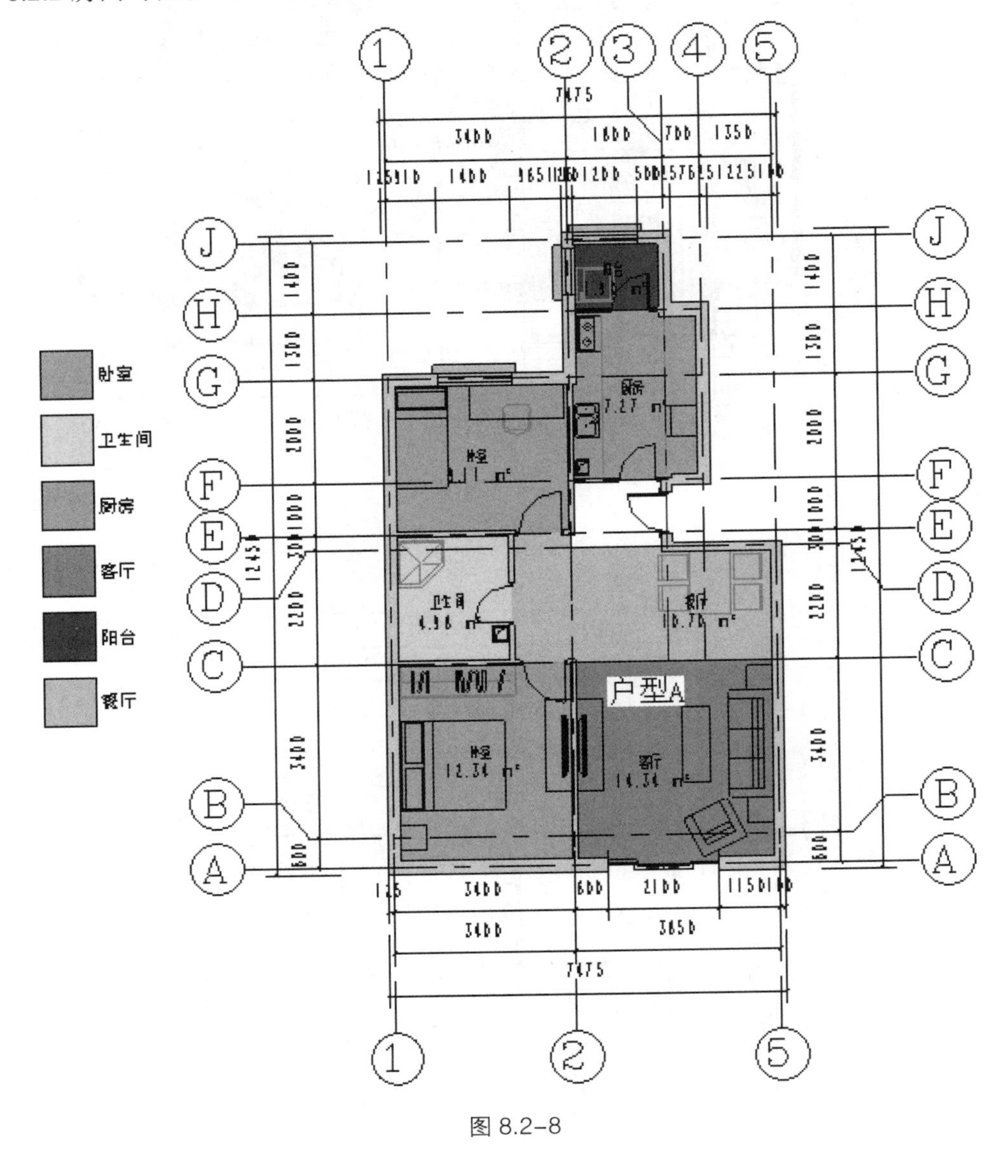

图 8.2-8

第9章 场　　地

9.1 创建场地

9.1.1 基本操作

1．创建地形表面

在项目浏览器中，打开“场地”平面视图，单击“体量和场地”选项卡中的“地形表面”按钮，如图 9.1-1 所示。

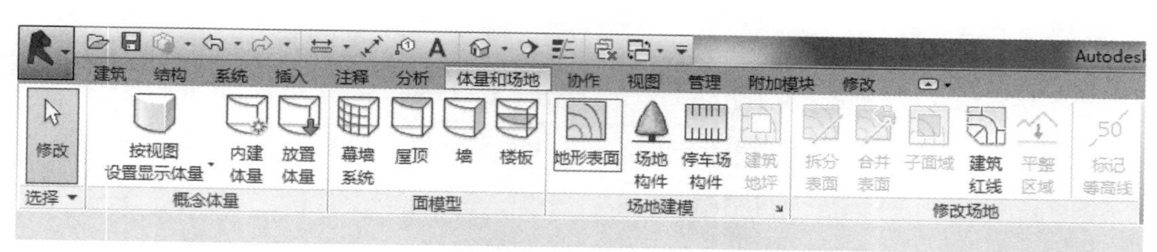

图 9.1-1

单击“修改 | 编辑表面”选项卡中的“放置点”按钮，如图 9.1-2 所示。在选项栏中设置高程值，单击放置点，连续放置生成等高线，如图 9.1-3 所示。若放置点或高程值需要修改，首先选择画好的地形，然后单击“修改 | 地形”面板下的“编辑表面”，选中放置点修改高程值或移动位置，如图 9.1-4 所示。

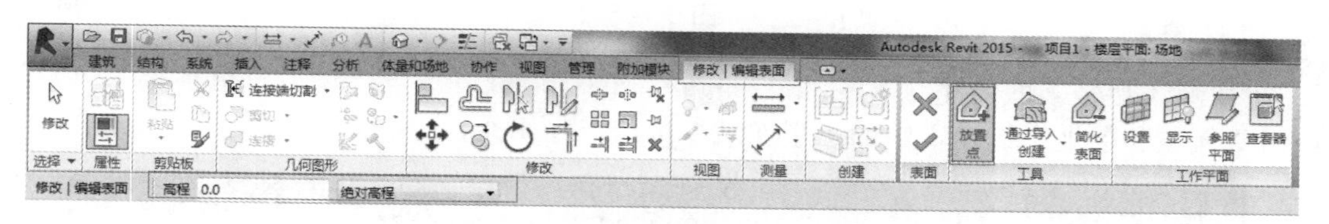

图 9.1-2

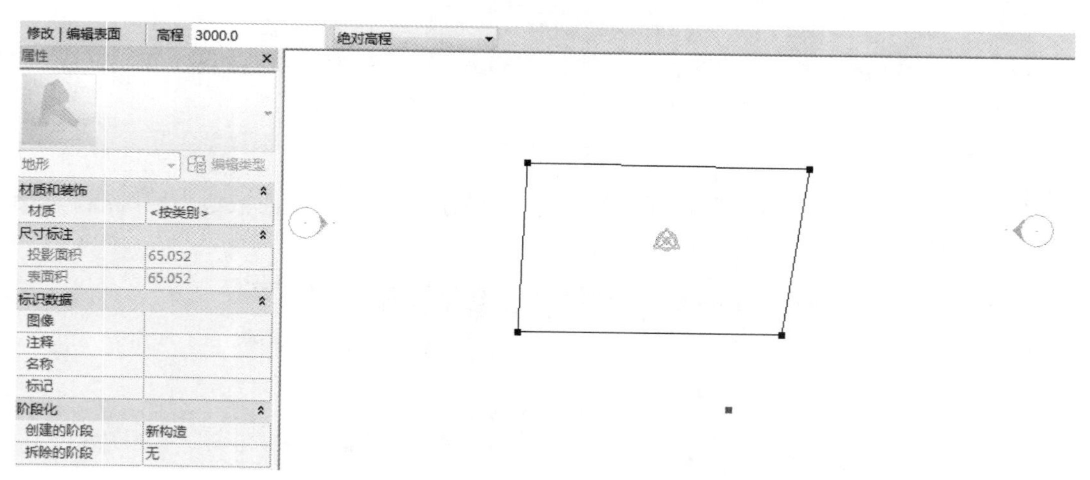

图 9.1-3

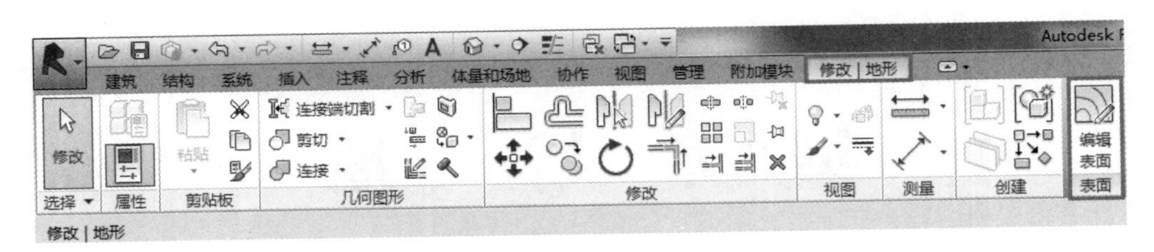

图 9.1–4

在“属性”对话框中设置材质，如图 9.1-5 所示。单击“完成表面”按钮✔，完成创建。

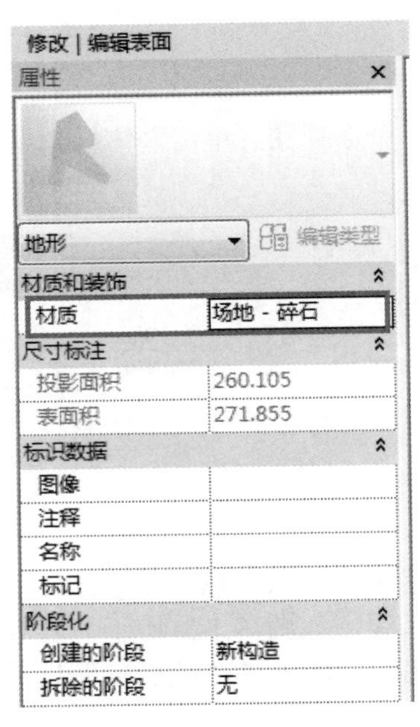

图 9.1–5

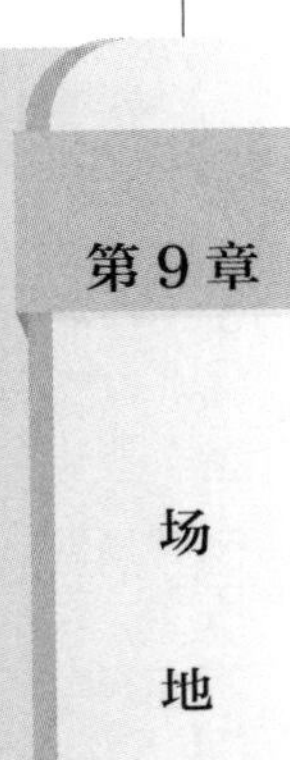

2. 子面域（道路）的创建

单击“体量和场地”选项卡中的“子面域”按钮，如图 9.1-6 所示。

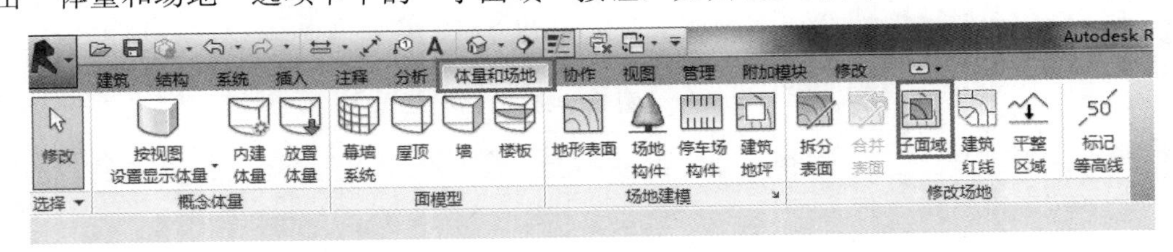

图 9.1–6

单击“修改 | 创建子面域边界”面板中的“线”绘制按钮，绘制子面域边界轮廓线，如图 9.1-7 所示（提示：子面域边界轮廓必须是闭合的）。

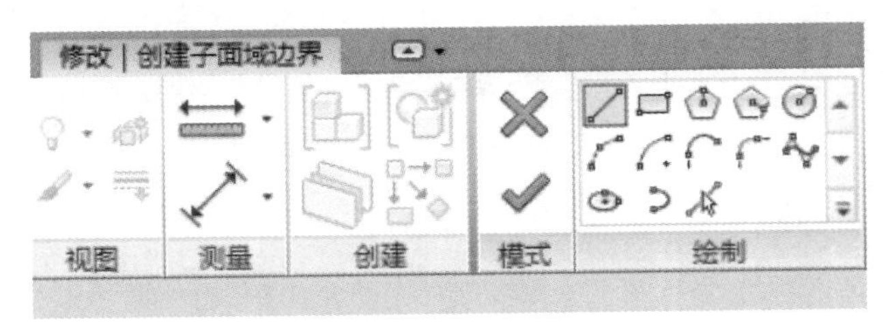

图 9.1–7

在“属性”对话框中设置子面域材质，完成绘制，如图 9.1-8 和图 9.1-9 所示。

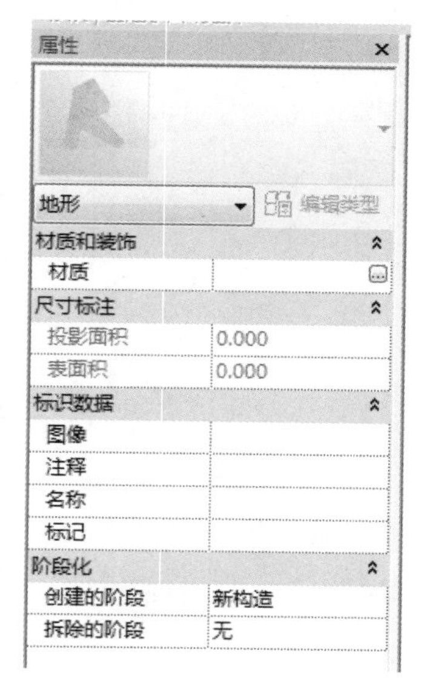

图 9.1–8

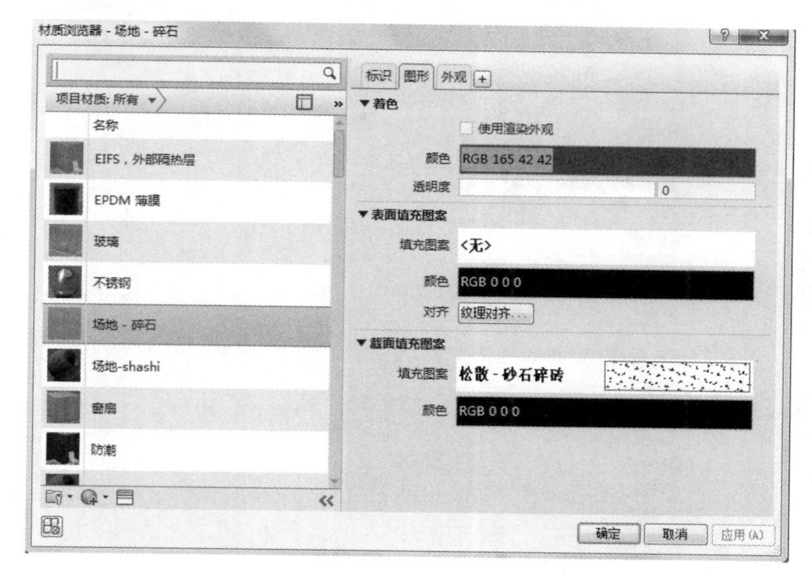

图 9.1–9

3. 建筑地坪的创建

单击“体量和场地”选项卡中的“建筑地坪”按钮，如图 9.1-10 所示。

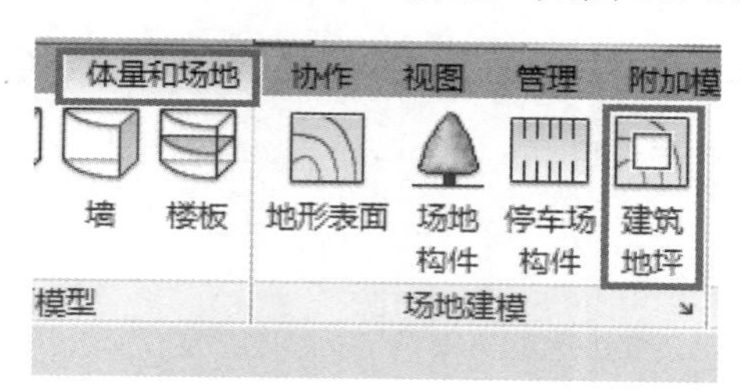

图 9.1–10

单击“修改 | 创建建筑地坪边界”面板中的“拾取墙”或“线”绘制按钮，绘制封闭的地坪轮廓线，如图 9.1-11 所示。

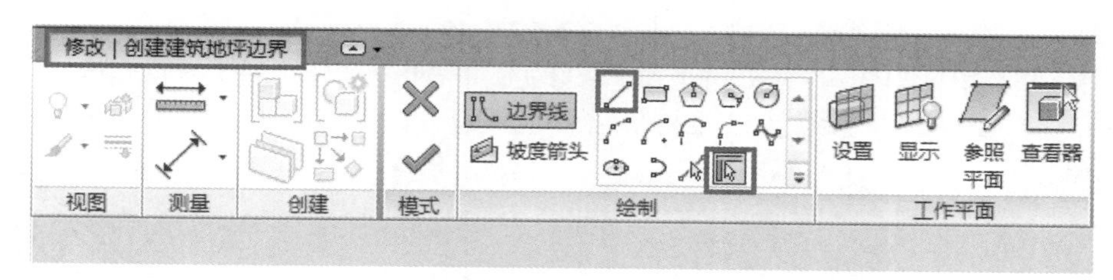

图 9.1–11

在“属性”对话框中设置相关参数，完成绘制，如图 9.1-12 所示。

9.1.2 课上练习

打开“场地”平面图，单击“建筑”选项卡中的“参照平面”或“快捷键 RP”，在绘制区域进行绘制，如图 9.1-13 所示。

单击“体量和场地”选项卡下“地形表面”按钮，进入地形表面编辑状态。选择“放置点”按钮，在界面左上角的选项栏中的“高程”编辑框内输入“－600”，放置高程点，如图 9.1-14 所示。

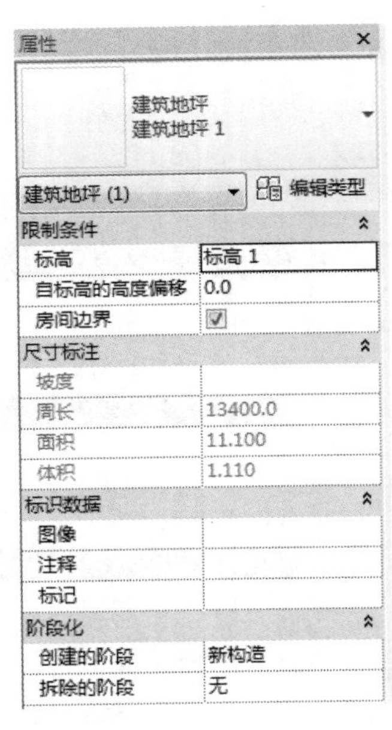

图 9.1–12

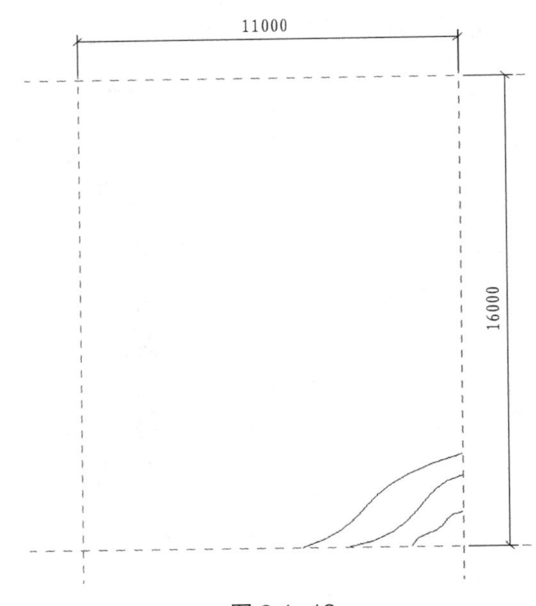

图 9.1–13

放置完“－600”的高程点后，修改选项栏中的参数“高程：200”，在中间参数平面上放置若干高程为“200”的高程点。同理，修改选项栏中的参数“高程：800”，在下方参照平面上放置若干高程为“800”的高程点，如图 9.1-15 所示。

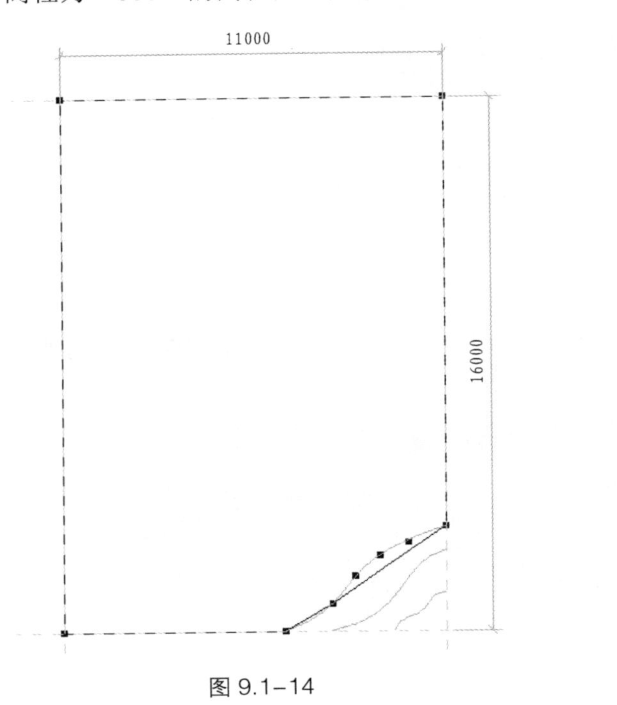

图 9.1–14

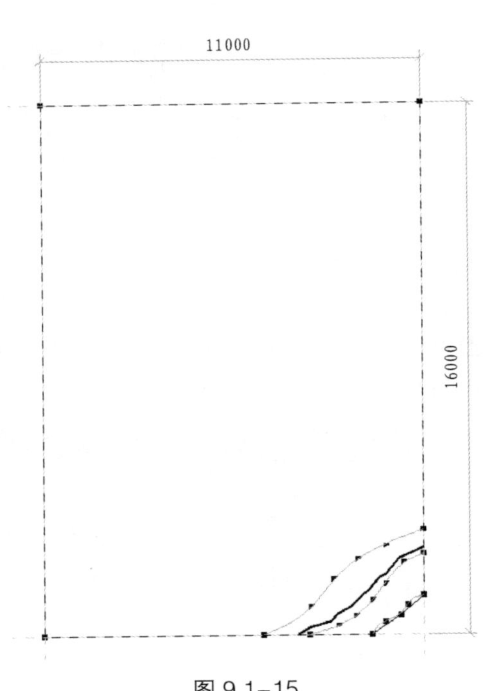

图 9.1–15

高程点放置完成后，在左侧地形表面“属性”对话框中为其添加材质，进入“材质”对话框中选择“场地-草地”材质，最后单击“完成编辑”✔。

保存该文件，请在“初级课程\9.场地\9.1 创建场地\9.1.2 课上练习\9-1-2.rvt”项目文件中查看最终结果。

9.1.3　课后作业

用“子面域”按钮，画出如图 9.1-16 所示的道路。

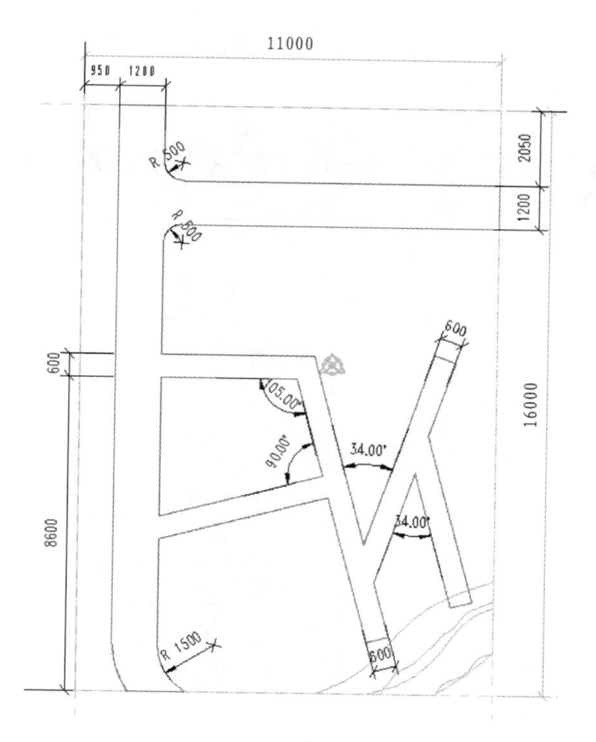

图 9.1-16

保存该文件，请在“初级课程\9.场地\9.1 创建场地\9.1.3 课后作业\9-1-3.rvt”项目文件中查看最终结果。

9.2 场地构件与建筑红线

9.2.1 基本操作

9.2.1.1 场地构件

在项目浏览器中，打开“场地”平面视图，单击“体量和场地”选项卡下 “场地构件”选项，弹出“属性”选项卡，在下拉列表框中选择所需的构件，如树木、RPC 人物等，单击放置构件，如图 9.2-1 和图 9.2-2 所示。

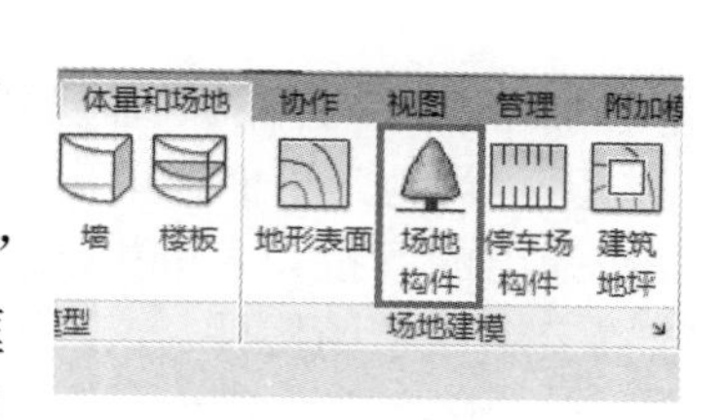

图 9.2-1

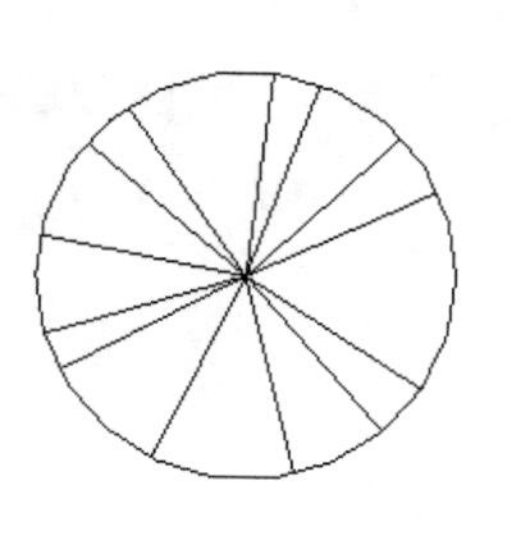

图 9.2-2

如列表中没有需要的构件，可从库中载入，单击“插入”选项卡中的“载入族”按钮，选择需要载入的族，如图 9.2-3 和图 9.2-4 所示。

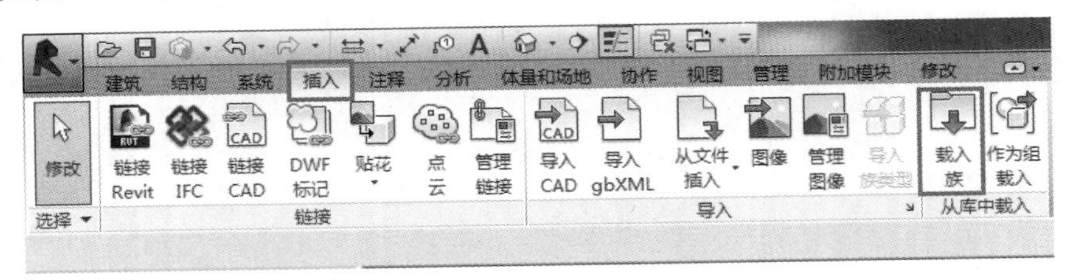

图 9.2-3

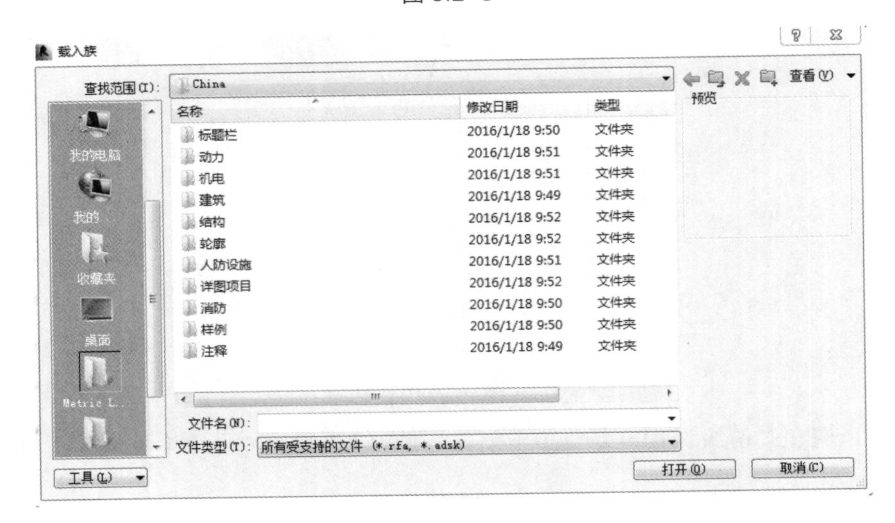

图 9.2-4

添加停车场构件的具体操作同添加场地构件。

打开“场地”平面，单击“体量和场地”选项卡下“场地建模”面板中的“停车场构件”按钮。

在弹出的下拉列表框中选择所需不同类型的停车场构件，单击放置构件。可以用复制、阵列命令放置多个停车场构件。

9.2.1.2 建筑红线

1. 绘制建筑红线

单击“体量和场地”选项卡下“修改场地”面板中的“建筑红线”命令，在弹出的下拉列表框中选择“通过绘制方式创建”选项进入绘制模式，如图 9.2-5 和图 9.2-6 所示。

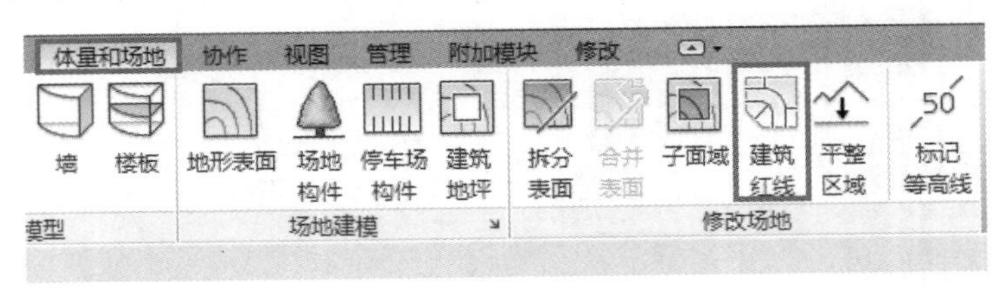

图 9.2-5

单击“线”绘制按钮，绘制封闭的建筑红线轮廓线，如图 9.2-7 所示。

2. 用测量数据创建建筑红线

单击“体量和场地”选项卡下“修改场地”面板中的“建筑红线”下拉按钮，在弹出的下拉列表框中选择“通过输入距离和方向角来创建”选项，图片同图 9.2-8 和图 9.2-9 所示。

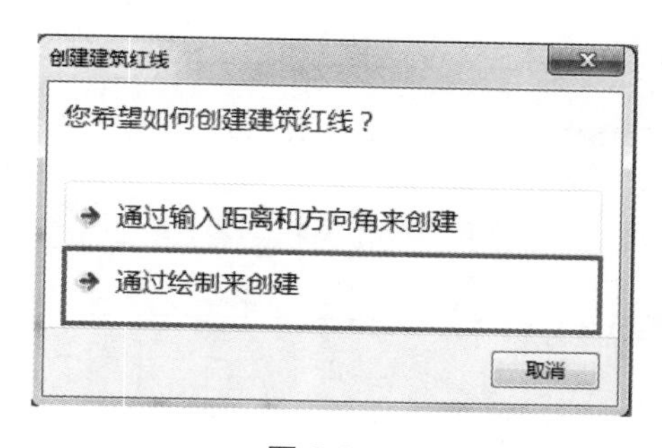

图 9.2-6

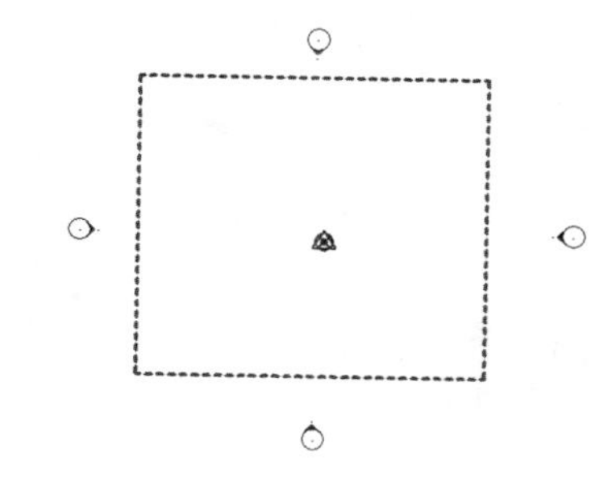

图 9.2-7

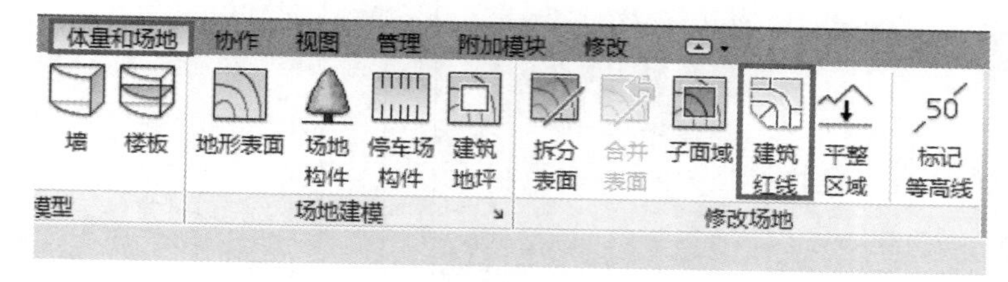

图 9.2-8

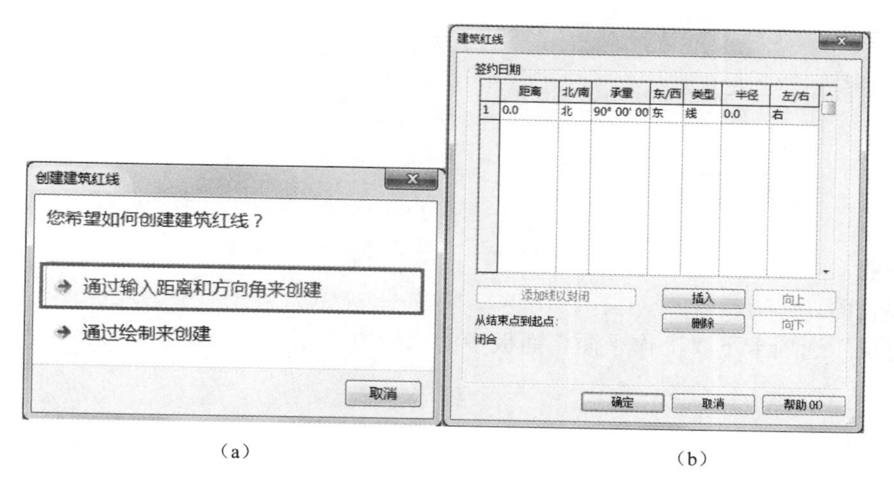

（a）　（b）

图 9.2-9

单击“插入”按钮，添加测量数据，并设置直线、弧线边界的距离、方向、半径等参数。

调整顺序，如果边界没有闭合，单击“添加线以封闭”按钮。单击“确定”后，选择红线移动到所需位置。

9.2.2　课上练习

创建建筑红线。打开场地平面图，单击“体量和场地”选项卡下的“建筑红线”，选择“通过绘制来创建”，如图 9.2-10 所示。

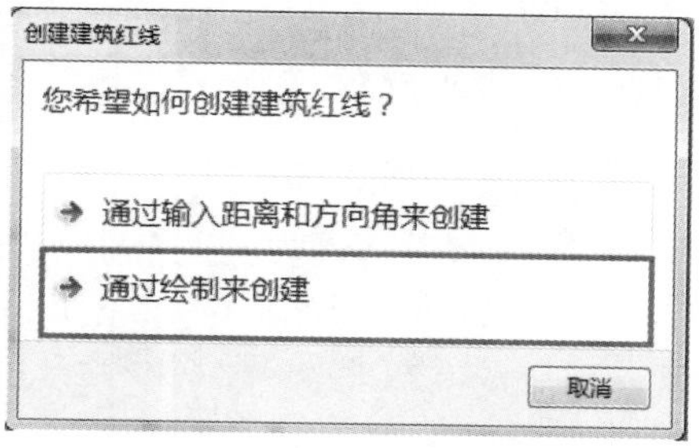

创建建筑红线
您希望如何创建建筑红线？
通过输入距离和方向角来创建
通过绘制来创建
取消

图 9.2-10

绘制建筑红线轮廓，边界距离上方参照平面距离“4000”，左方参照平面距离“2600”，下方参照平面距离“500”，绘制转弯半径“2300”。绘制完成后单击“模式”面板下的“完成编辑”命令，完成建筑红线的创建，如图 9.2-11 所示。绘制结果如图 9.2-12 所示。

保存该文件，请在“初级课程\9.场地\9.2 场地构件与建筑红线\9.2.2 课上练习\9-2-2.rvt”项目文件中查看最终结果。

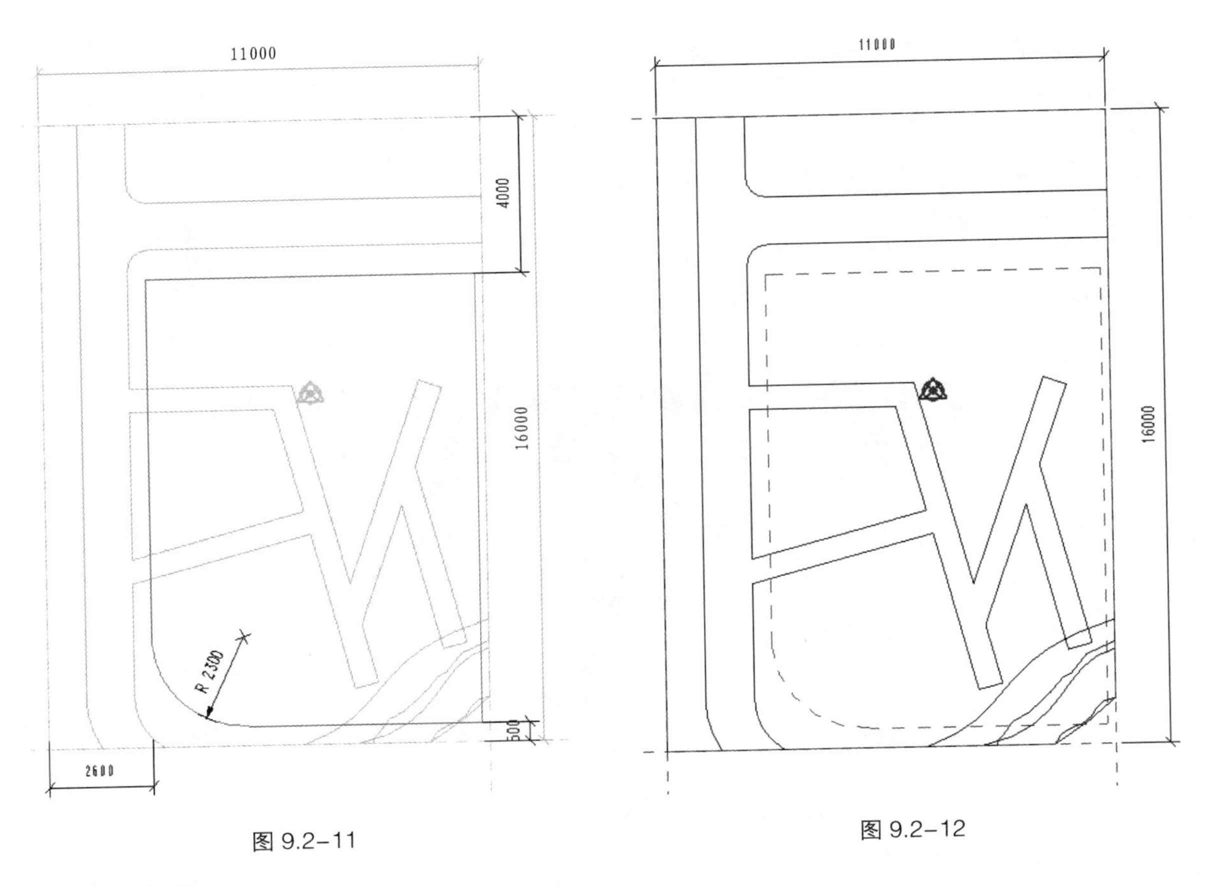

图 9.2-11　　　　图 9.2-12

9.2.3　课后作业

绘制地坪表面。

单击“建筑”选项卡下“工作平面”面板中的“参照平面”命令，绘制如图 9.2-13 所示的 6 条参照平面。

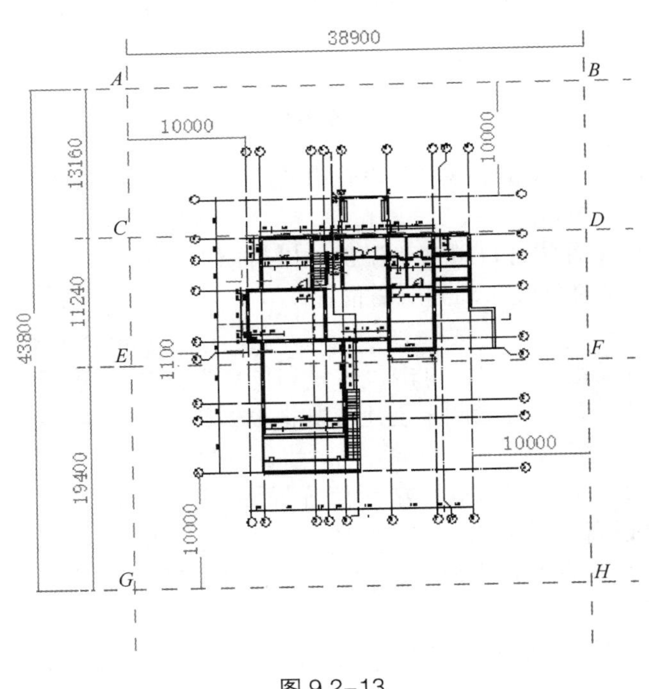

图 9.2-13

单击“体量和场地”选项卡中的“场地建模”面板，选择“地形表面”命令，进入“草图”模式。单击“放置点”命令，选项栏显示“高程选择”，设置“－450”依次单击 *A*、*B*、*C*、*D* 四点，即放置了 4 个高程为“－450”的点，再次设置高程点为“－3500”，依次单击 *E*、*F*、*G*、*H* 放置 4 个高程为“－3500”的点，完成后单击“属性”设置“材质”为“场地_草地-无表面填充”，单击“应用”完成设置。

创建地坪。打开场地平面图，单击“体量和场地”选项卡下的“场地建模”面板，选择“建筑地坪”命令，进入建筑地坪的草图绘制模式。单击“绘制”面板中的“直线”命令，移动光标绘制区域，开始顺时针绘制建筑地坪轮廓，完成后设置材质为“场地-碎石”，单击“确定”完成。

地形子面域（道路）。单击“体量和场地”“子面域”命令，进入草图绘制模式，完成后单击“属性”栏，设置“材质”为“场地-柏油路”，单击“确定”，完成后如图 9.2-14 所示。

保存该文件，请在“初级课程\9.场地\9.2 场地构件与建筑红线\9.2.3 课后作业\9-2-3.rvt”项目文件中查看最终结果。

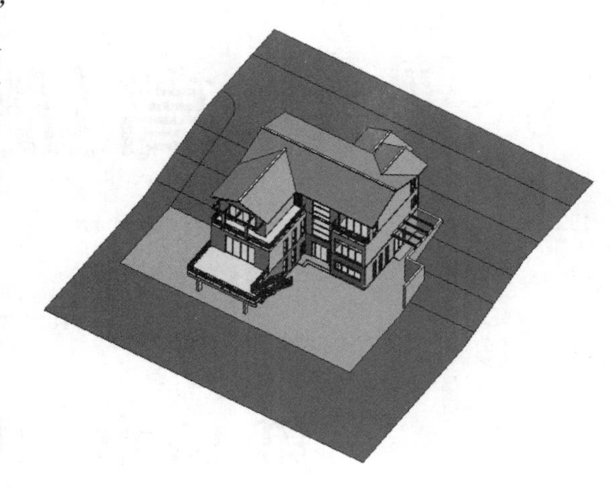

图 9.2-14

中高级课程阶段

第10章 组 与 链 接

10.1 组

可以将项目或族中的图元成组，在需要创建代表重复布局的实体或通用于许多建筑项目的实体（例如宾馆房间、公寓或重复楼板）时，对图元进行分组非常有用。

放置在组中的每个实例之间都存在相关性。例如，创建一个具有床、墙和窗的组，然后将该组的多个实例放置在项目中。如果修改一个组中的墙，则该组所有实例中的墙都会随之改变。

（1）模型组：可以包括模型图元，如图 10.1-1 所示。

（2）详图组：可以包含视图专有图元（例如文本和填充区域），如图 10.1-2 所示。

（3）附着的详图组：可以包含与特定模型组关联的视图专有图元（例如门标记），如图 10.1-3 所示。

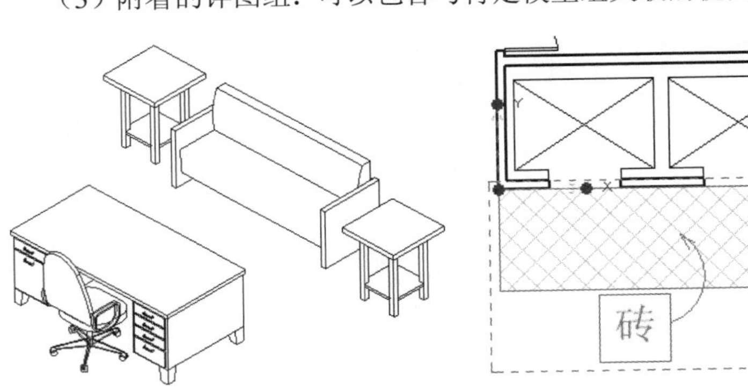

图 10.1–1

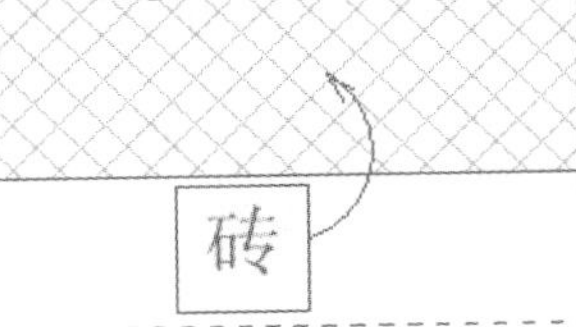

图 10.1–2

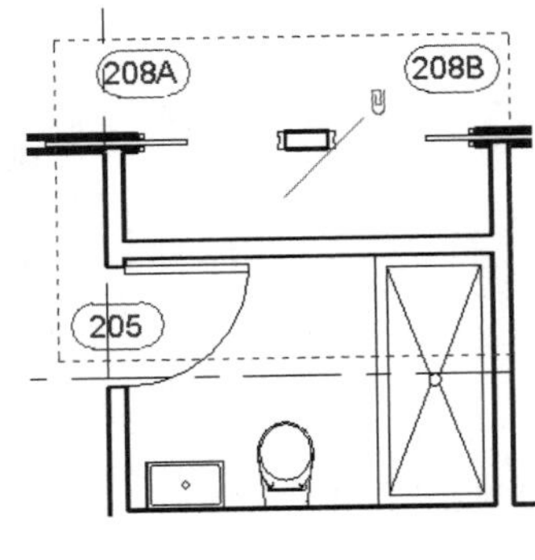

图 10.1–3

10.1.1 基本操作

1. 组的创建

可以通过在项目视图中选择图元来创建组。

选择需要成组的图元，单击“修改丨选择多个”选项卡“创建”面板下“创建组”命令，在弹出的“创建模型组”对话框中输入组的名称，单击“确定”，如图 10.1-4 和图 10.1-5 所示。

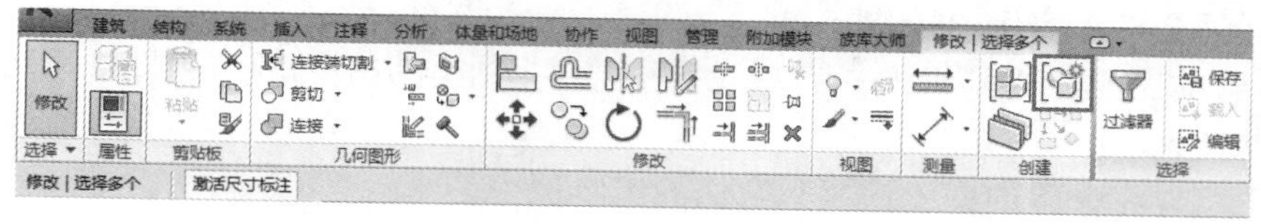

图 10.1-4

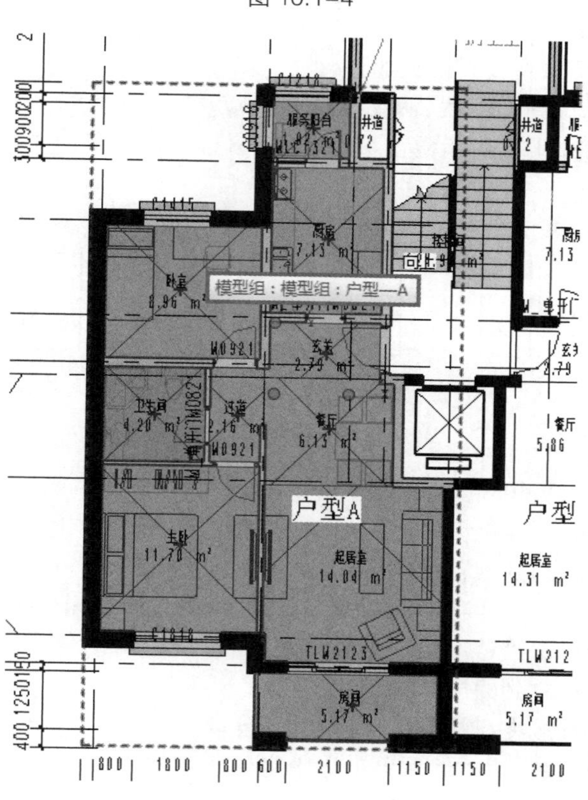

图 10.1-5

组不能同时包含模型图元和视图专有图元。如果选择了这两种类型的图元，然后尝试将它们成组，则 Revit 会创建一个模型组，并将详图图元放置于该模型组的附着的详图组中。如果同时选择了详图图元和模型组，其结果相同：Revit 将为该模型组创建一个含有详图图元的附着的详图组。

2. 组的编辑

模型成组后也可对模型组进行编辑。

添加或删除组中的图元会影响到该组的所有实例。在绘图区域中选择要修改的组。如果要修改的组是嵌套的，请按“Tab”键，直到高亮显示该组，然后单击选中它。在“修改丨模型组”选项卡“成组”面板下单击“编辑组”命令，单击“添加”或“删除”对模型组进行编辑，如图 10.1-6 所示。

图 10.1-6

“删除”可以从组实例中排除图元，以使其在视图中不可见，还可以将图元从组实例移动到项目视图中。

可以使用下列方法之一来排除图元。

1）从组实例中排除图元。该图元仍保留在组中，但它在该组实例的项目视图中不可见。如果排除的图元是任何图元的主体，Revit

会尝试变更这些图元的主体。

2）将图元从组实例移动到项目视图中。在项目视图中图元是可见的，并且可以在项目视图中进行编辑。图元还会从组实例中排除。

3）将已排除的图元恢复到组中。当图元被排除并且在组实例的项目视图中不可见时，则明细表中不包含这些图元。

4）“添加”可以将排除的图元恢复到它们的组实例中。

下面将对 4 种方法做详细的步骤讲解。

（1）从组实例中排除图元。

在绘图区域中，将光标放在要排除的组图元上。

按“Tab”键高亮显示该图元，然后单击将其选中。

在绘图区域中，单击[图标]图标排除图元，或者单击鼠标右键并单击“排除”（图 10.1-7）。

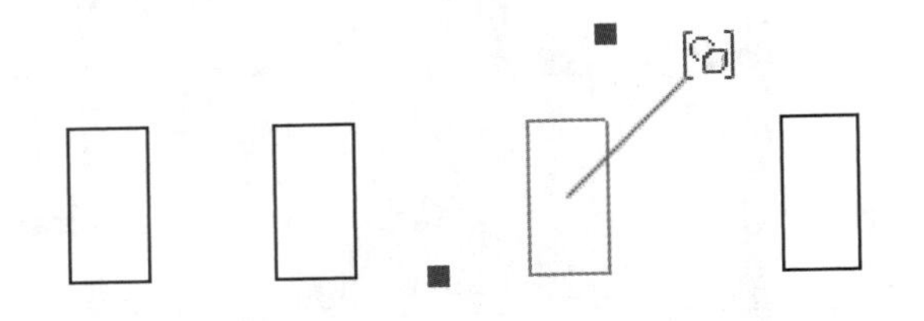

图 10.1–7

【注】 也可以使用下列快捷键：Delete 键或 Ctrl-X。

将图元从组实例中排除，并根据需要为以其为主体的图元变更主体。

（2）将图元从组实例移动到项目视图中。

在绘图区域中，将光标放在要移动的图元上，按“Tab”键高亮显示该图元，然后单击选中它。

单击鼠标右键，然后单击“移动到项目”。

（3）将已排除的图元恢复到组中。

在绘图区域中，将光标放在已排除的组图元上。

按“Tab”键高亮显示该图元，然后单击选中它。

在绘图区域中，单击[图标]图标恢复已排除的图元，或者单击鼠标右键并单击“恢复已排除构件”。

（4）恢复组中所有已排除的图元。

在绘图区域中选择该组。

单击“修改 | 模型组”选项卡或“修改 | 附着的详图组”选项卡“组”面板下“恢复所有已排除构件”。

3．组的保存

如果在项目中操作，可以将组保存为项目文件（RVT）；如果在组编辑器中操作，则可以将其保存为族文件（RFA）。

单击“应用程序菜单”下“另存为”中的“库”“组”命令，在弹出的“保存组”对话框中对保存的文件进行设置，如图 10.1-8 所示。

默认情况下，“文件名”文字框中会显示“与组名相同”。如果接受此名称，Revit 将使用与组名相同的名称保存文件。因此，如果组名为 Group5，则会保存为 Group5.rvt（或者 Group5.rfa）。如有必要，也可以修改此名称。

如果项目包含多个组，请从“要保存的组”下拉列表中选择适当的组。

指定是否“包含附着的详图组作为视图”。

单击“保存”，如图 10.1-9 所示。

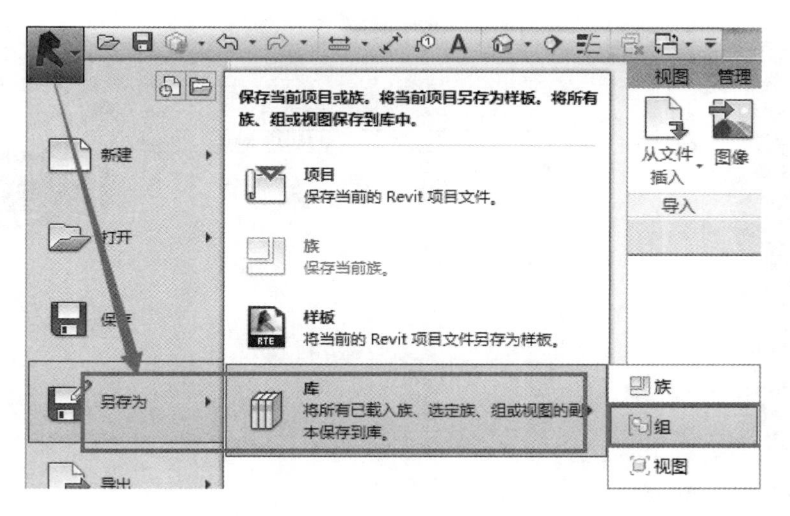

图 10.1–8

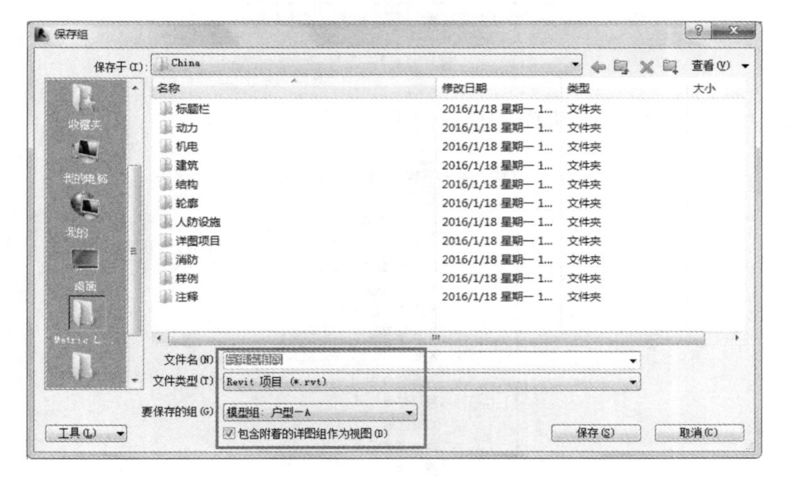

图 10.1–9

4. 组的载入

可以将 Revit 模型（*.rvt）作为组载入项目中，并且可以将 Revit 族文件（*.rfa）作为组载入族编辑器。

在“插入”选项卡的“从库中载入”面板下单击“作为组载入”命令，在“将文件作为组载入”对话框中，定位到要载入的 Revit 项目、族或组，如图 10.1-10 所示。

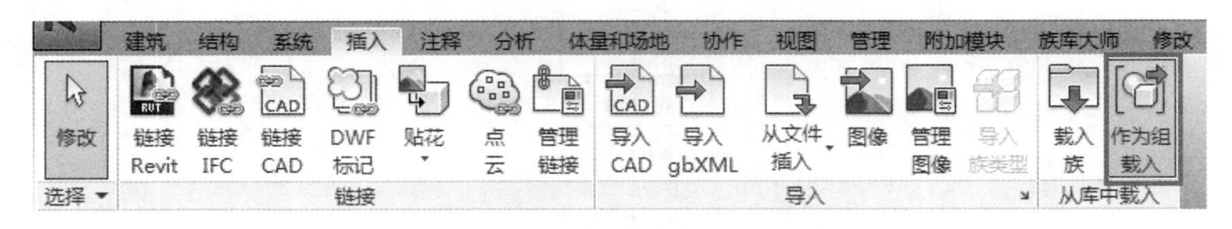

图 10.1–10

如果正在载入 RVT 文件，请选择是否包含附着的详图、楼层或轴网。如果选择附着的详图，则文件中的详图图元将以附着的详图组进行载入。

单击“打开”命令，如图 10.1-11 所示。将文件作为组载入，并且该组会在项目浏览器的“组”分支下显示。现在可以在项目或族中放置组。

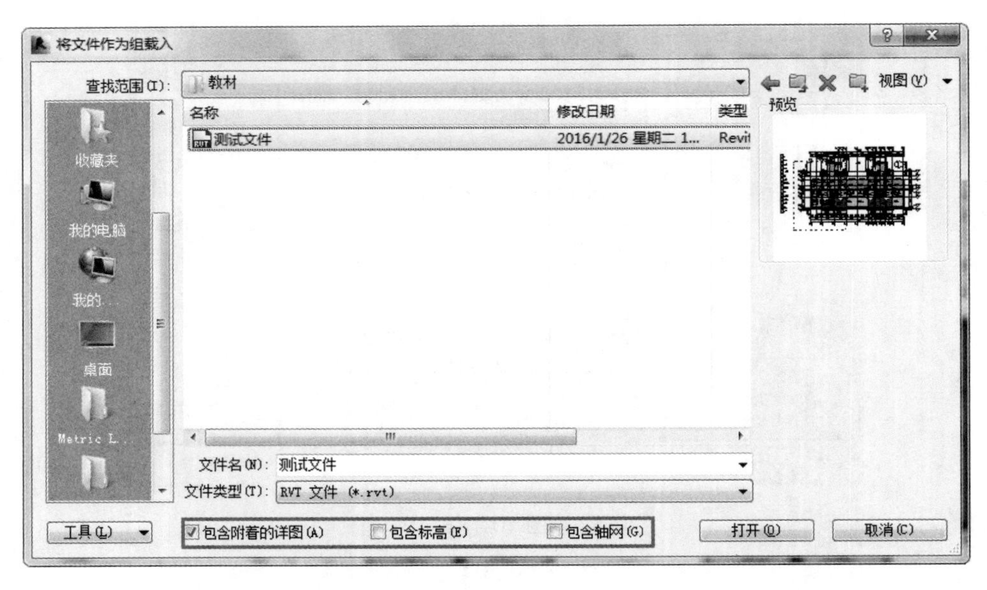

图 10.1-11

在项目浏览器中，展开“组”，如图 10.1-12 所示。

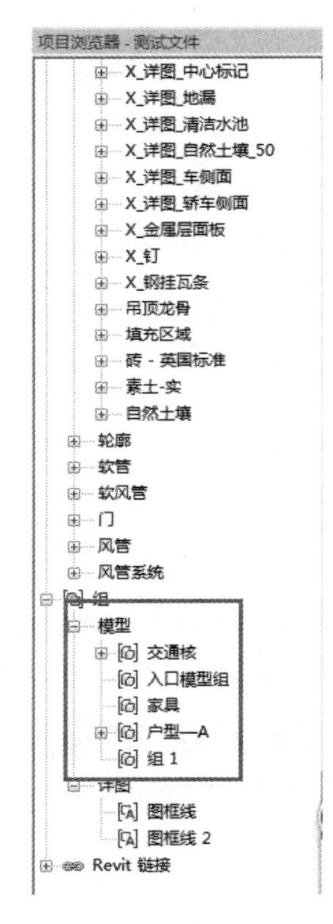

图 10.1-12

10.1.2　课上练习

打开“户型 A 完成”项目文件，在平面视图中将整个户型成组，并将户型关于 4 轴镜像，完成后将项目文件保存为“10.1.2-户型 A 完成”，如图 10.1-13 所示。

10.1.3　课后作业

打开“户型 B 完成”项目文件，在平面视图中将整个户型成组，并将户型镜像，把分户墙从组

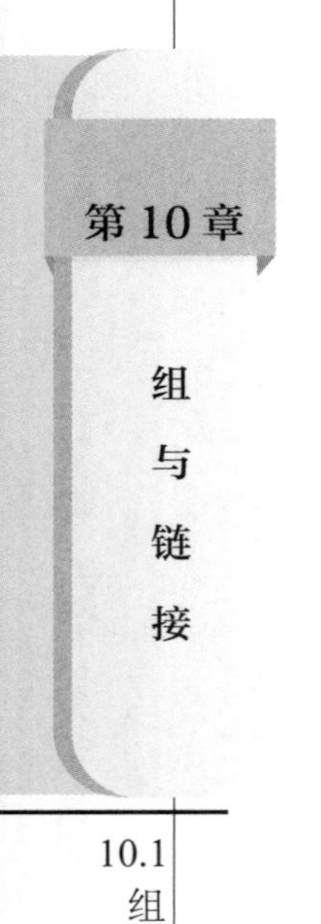

中删除，完成后将项目文件保存为“10.1.3-户型 B 完成”，如图 10.1-14 所示。

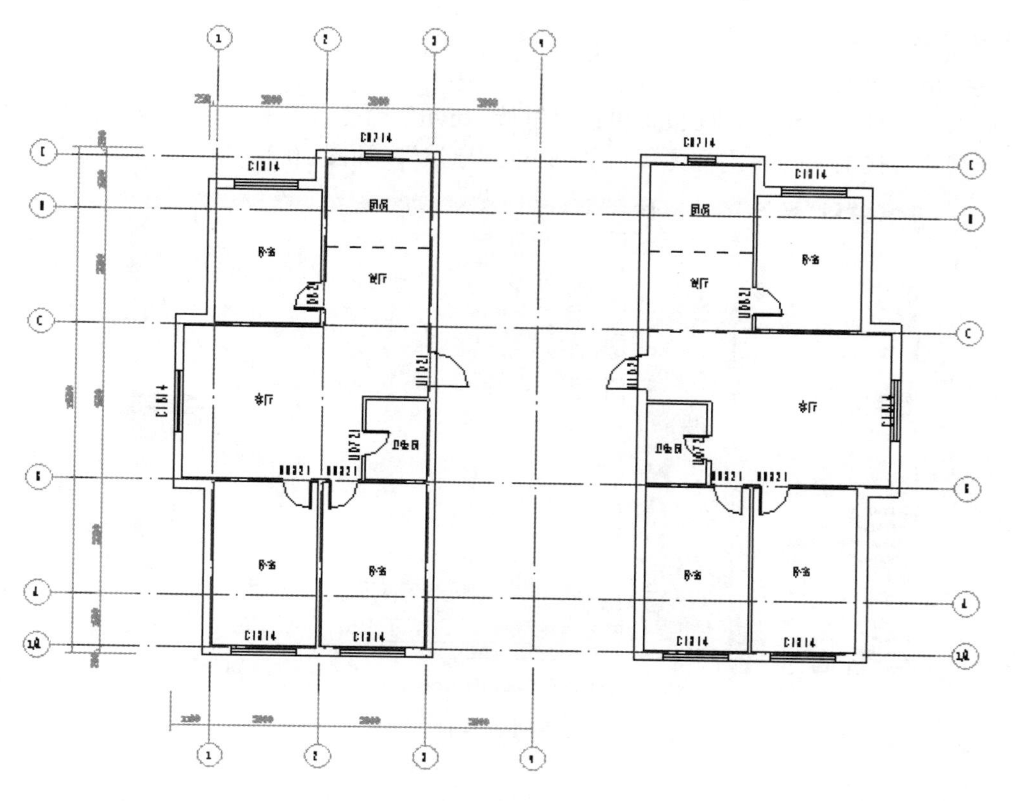

图 10.1-13

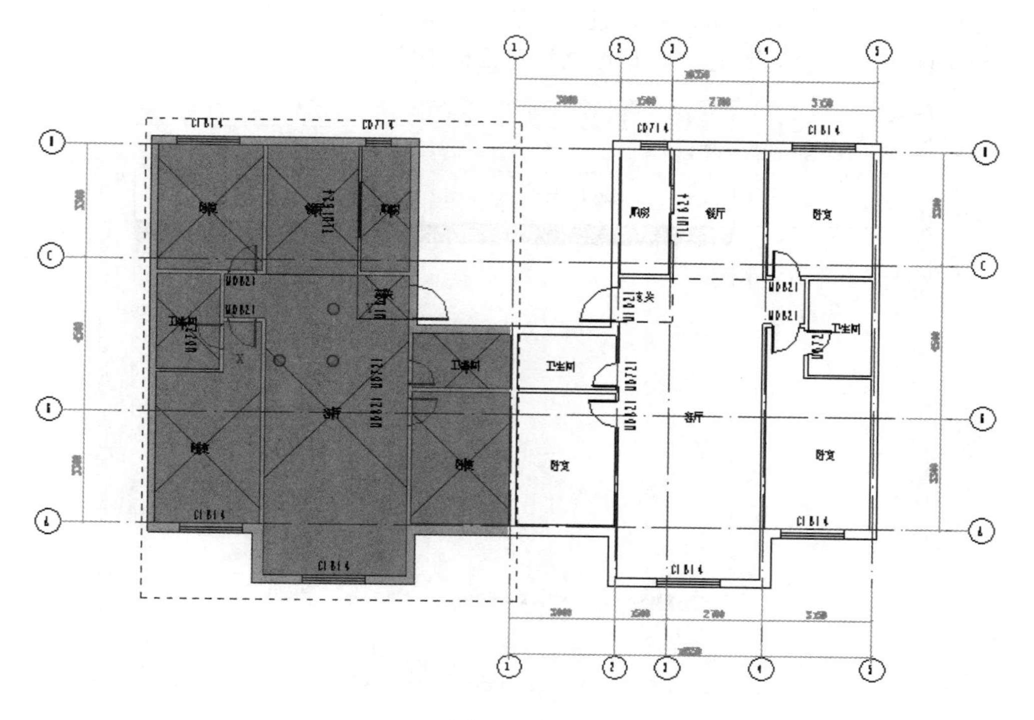

图 10.1-14

10.2 链接

10.2.1 基本操作

1. 链接 Revit 文件

在“插入”选项卡“链接”面板下单击“链接 Revit”命令，在弹出的“导入 | 链接 RVT”对话框中选择需要链接的文件，定位为“自动-原点到原点”，如图 10.2-1 所示。

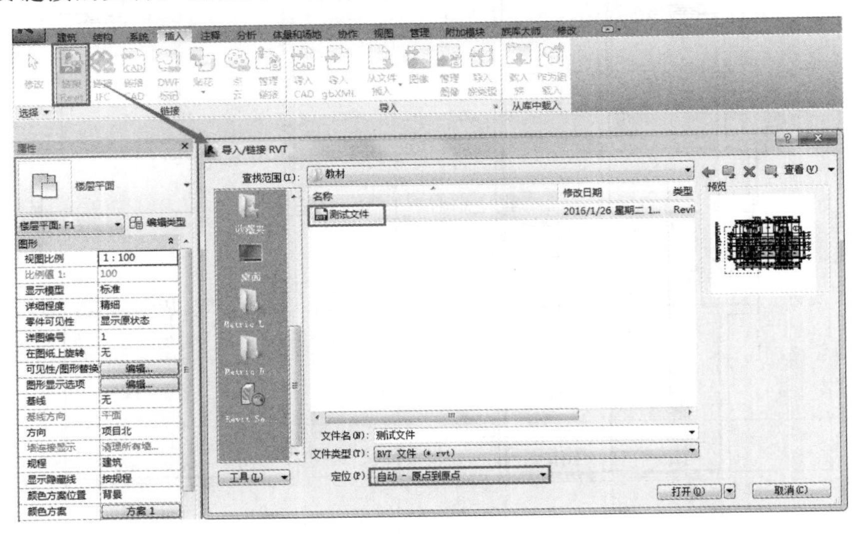

图 10.2-1

2. 管理链接模型

如果项目中链接的源文件发生了变化，则在打开项目时 Revit 将自动更新该链接；若要在不关闭当前项目的情况下更新链接，可以先卸载链接然后再重新载入，如图 10.2-2 所示。

若要管理项目中的链接，请在“管理链接”对话框中将其选中，并使用适当的工具。

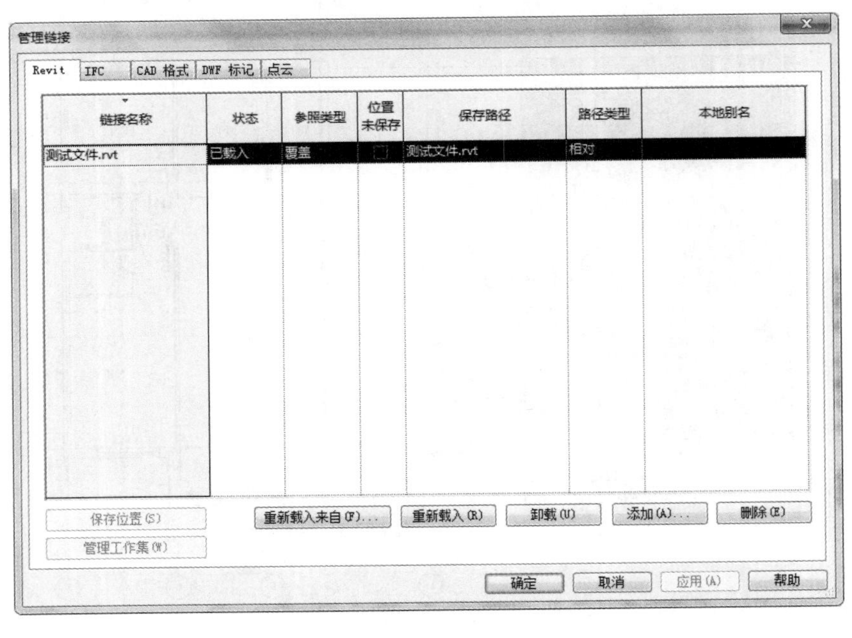

图 10.2-2

在该对话框中，按“Ctrl”键并单击链接编号，可以选择多个要修改的链接。可以使用以下工具。

1）保存路径。保存链接实例的位置。

2）重新载入来自。更改链接的路径（如果链接文件已被移动）。

3）重新载入。载入最新版本的链接文件。也可以关闭项目并重新打开它，链接文件将被重新载入。

4）卸载。删除项目中链接文件的显示，但继续保留链接。

5）添加。链接 Revit 模型、IFC 文件或 CAD 文件至项目，并在当前视图中放置实例。

6）“参照类型”下拉列表。指定在将主体模型链接到另一个模型时是显示（“附着”）还是隐藏（“覆盖”）此嵌套的链接模型。

7）“路径类型”下拉列表。用于指定模型的文件路径是“相对”路径还是“绝对”路径。默认值为“相对”。

3. 绑定链接模型

使用“绑定链接”工具选择链接模型中的图元和基准以转换为组，如图 10.2-3 所示。

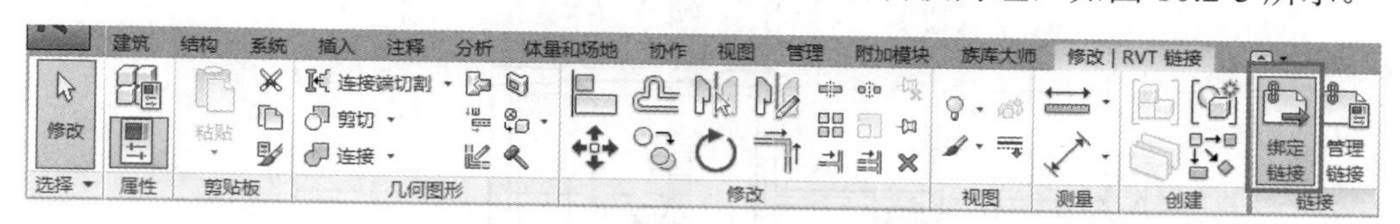

图 10.2-3

在绘图区域中选择链接模型，单击“修改 | RVT 链接”选项卡中“链接”面板下的“绑定链接”命令，在弹出的“绑定链接选项”对话框中，选择要在组内包含的图元和基准，单击“确定”，如图 10.2-4 所示。

1）附着的详图。包含视图专有的详图图元作为附着的详图组。

2）标高。包含在组中具有唯一名称的标高。

3）轴网。包含在组中具有唯一名称的轴网。

如果项目中有一个组与链接的模型同名，将会显示一条消息来说明这一情况，如图 10.2-5 所示。

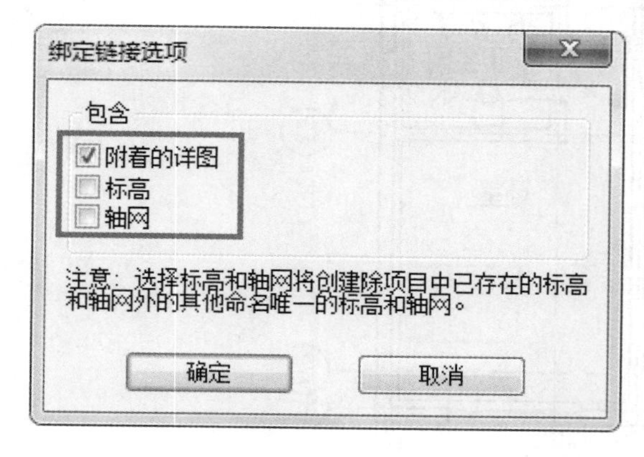

图 10.2-4

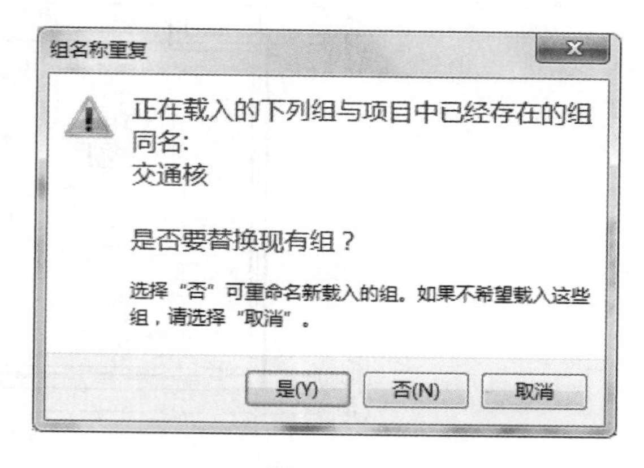

图 10.2-5

可以执行下列操作之一。

1）单击“是”以替换组。

2）单击“否”使用新名称保存组。将显示另一条消息，说明链接模型的所有实例都将从项目中删除，但链接模型文件仍会载入到项目中。可以单击消息对话框中的“删除链接”将链接文件从项目中删除，也可以在以后从“管理链接”对话框删除该文件。

3）单击“取消”以取消转换。

10.2.2 课上练习

打开本章配套的“组与链接-组”文件，将艺术花瓶与办公桌椅成组，并将办公椅排除出组。

打开“组与链接-组”文件。选择项目文件中的艺术花瓶与办公桌椅组，单击“修改 | 选择多个”选项卡“创建”面板下的“创建组”命令，在弹出的“创建模型组”对话框中输入模型组的名称为“办公”，单击“确定”完成创建。

双击模型组，进入组编辑模式，单击“从组中删除”将“办公椅”从组中删除，单击“✔”完成编辑。

保存文件为“组与链接-课上练习”。

10.2.3 课后作业

打开“组与链接-房间”项目文件，将“组与链接-家具”文件链接进当前的项目中并绑定连接，完成后将项目文件保存为“组与链接-课后作业”，如图 10.2-6 所示。

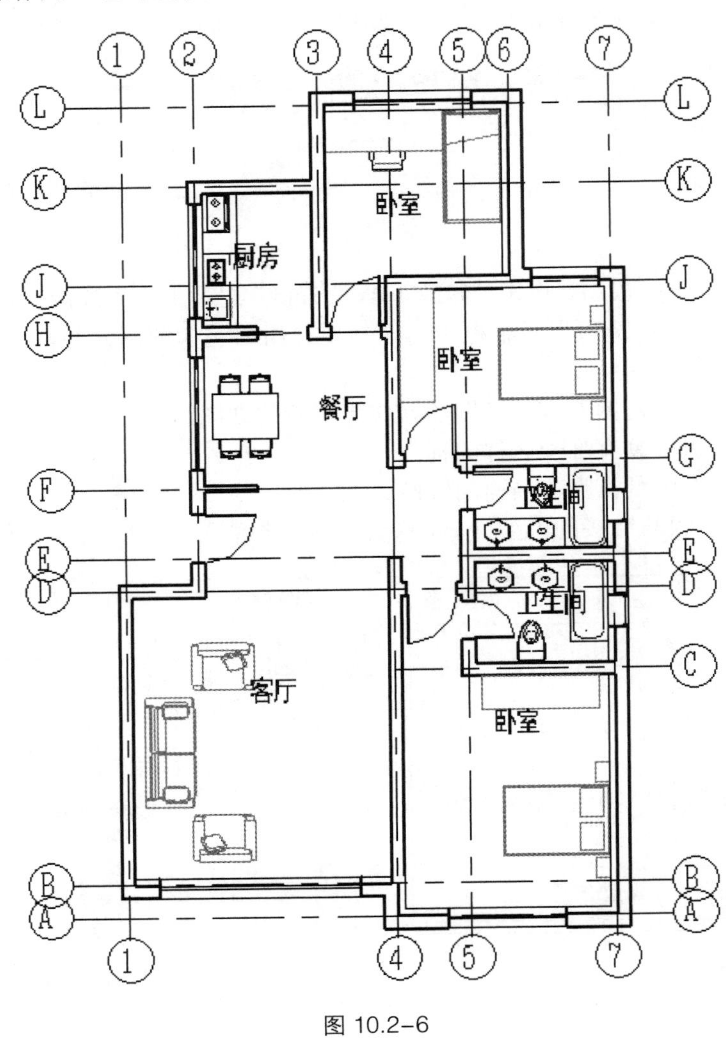

图 10.2-6

保存该文件，请在“中高级课程\10.组与连接\10.2 链接\10.2.3 课后作业\10.2-3.rvt”项目文件中查看最终结果。

第 11 章　建筑平立剖出图

11.1　平面图出图

11.1.1　基本操作

1. 处理视图

打开项目“小别墅出图模型”，首先在项目浏览器中选择“1F”，单击鼠标右键弹出如图 11.1-1 所示的对话框，单击“复制视图”“带细节复制”，然后重命名视图为“出图_首层平面图”，如图 11.1-2 所示。

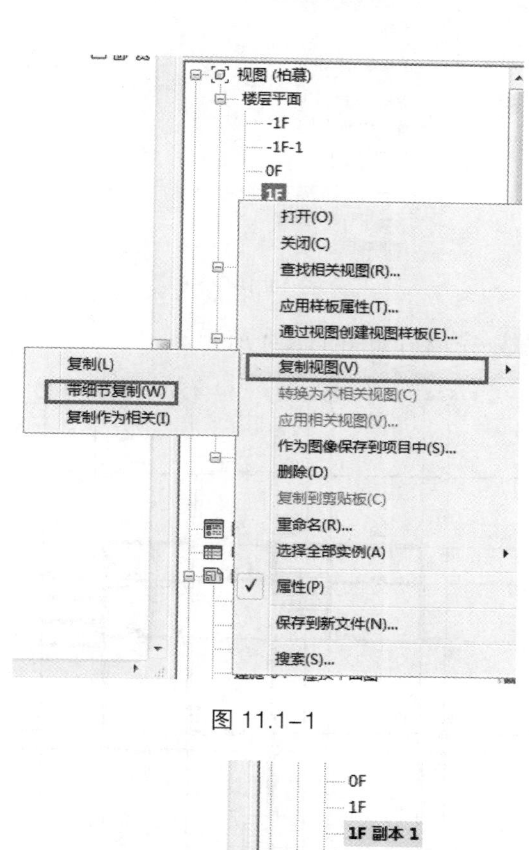

图 11.1-1

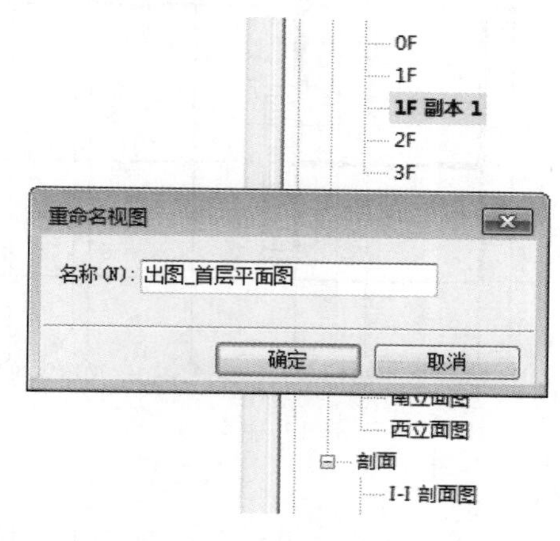

图 11.1-2

双击进入到“出图_首层平面图”中，选择任意一条参照平面，单击鼠标右键弹出如图 11.1-3 所示对话框，单击“在视图中隐藏”“类别”，将视图中所有参照平面全部隐藏。

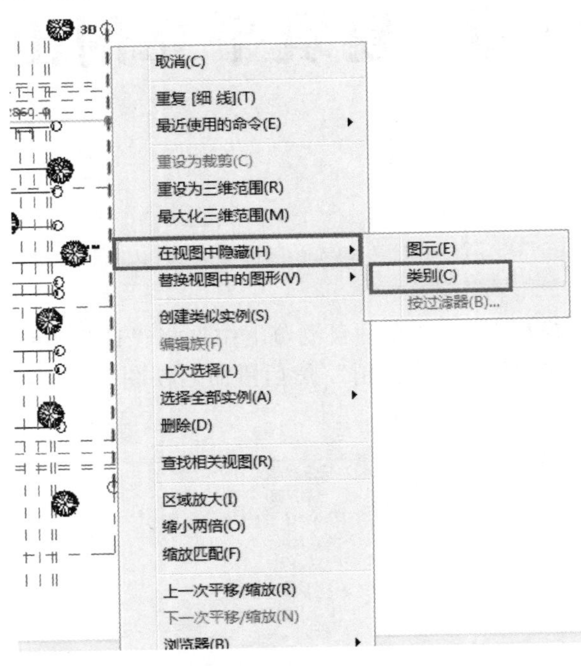

图 11.1-3

同理，将图中的植物隐藏，完成后如图 11.1-4 所示。

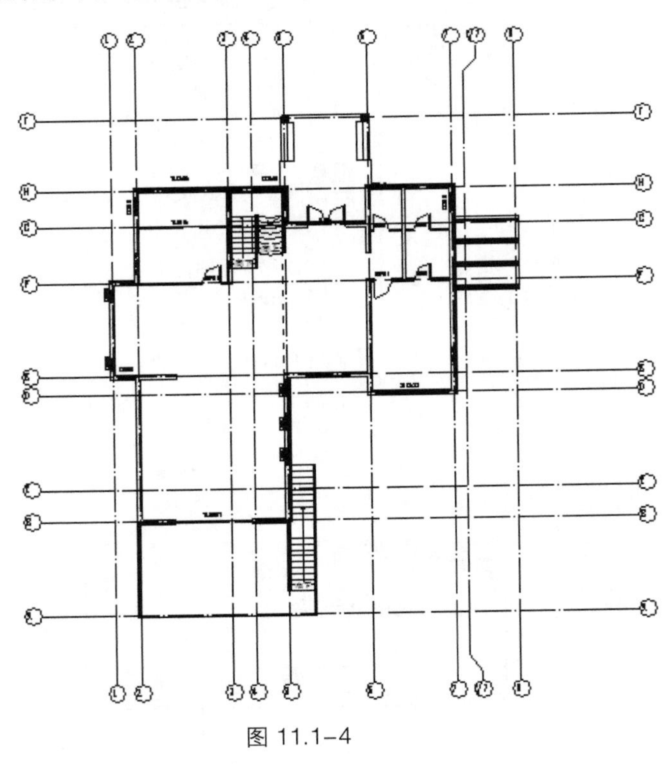

图 11.1-4

2. 尺寸标注

为了快速为轴网添加尺寸标注，首先单击“建筑”选项卡下“构建”面板中的“墙”命令，在绘制面板选择“矩形”命令，从左上至右下绘制矩形墙体，保证跨越所有的轴网，如图 11.1-5 所示。

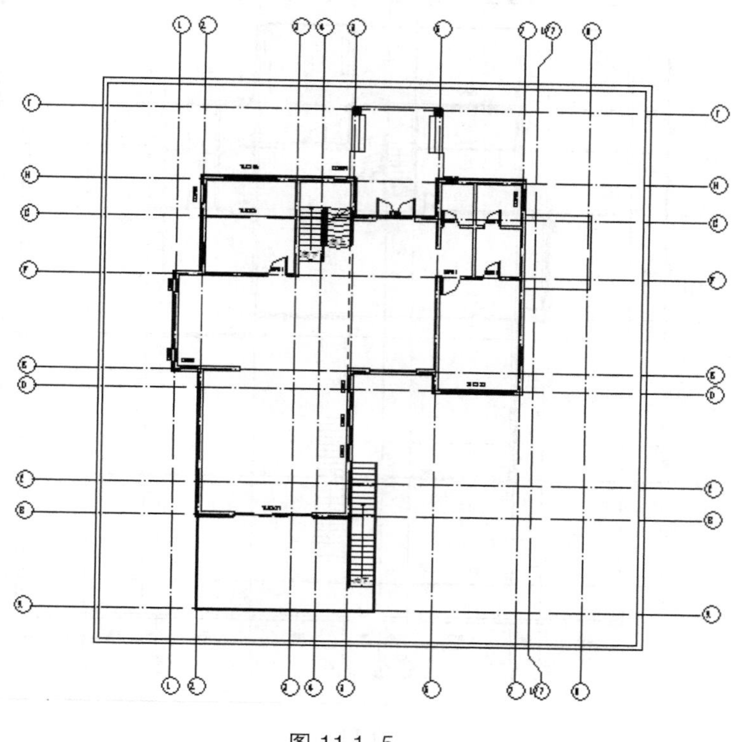

图 11.1-5

单击“注释”选项卡下“尺寸标注”面板中的“对齐”命令，设置选项栏“拾取”为“整个墙”，单击“选项”按钮，在弹出的“自动尺寸标注选项”对话框中，选中“洞口”“宽度”“相交轴网”选项，单击“确定”，如图 11.1-6 所示。

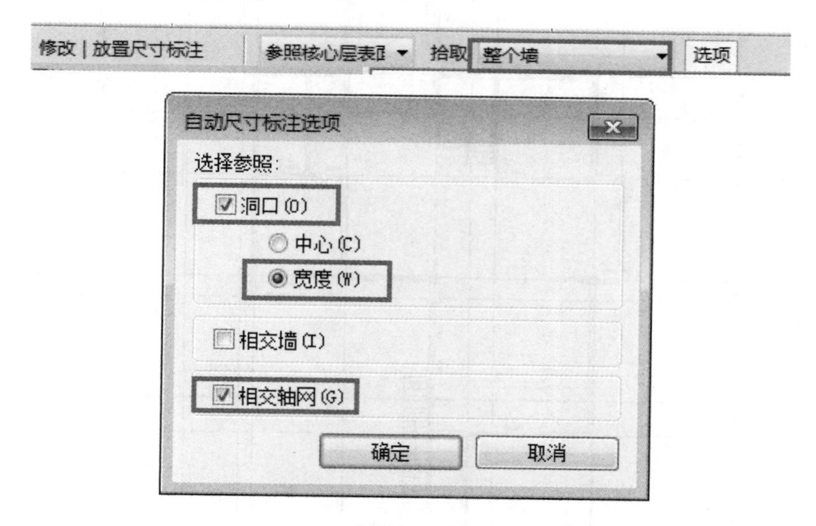

图 11.1-6

在绘图区域移动光标到刚绘制的矩形墙体一侧单击，创建整面墙所有相交轴网的尺寸标注，在适当位置单击放置尺寸标注，同样的方法借助矩形墙体标注另外三面墙的轴网，如图 11.1-7 所示。

移动光标到矩形墙的任意位置，按“Tab”键切换到矩形的整个轮廓，单击选中矩形轮廓，将选中的四道墙体删除，完成后如图 11.1-8 所示。

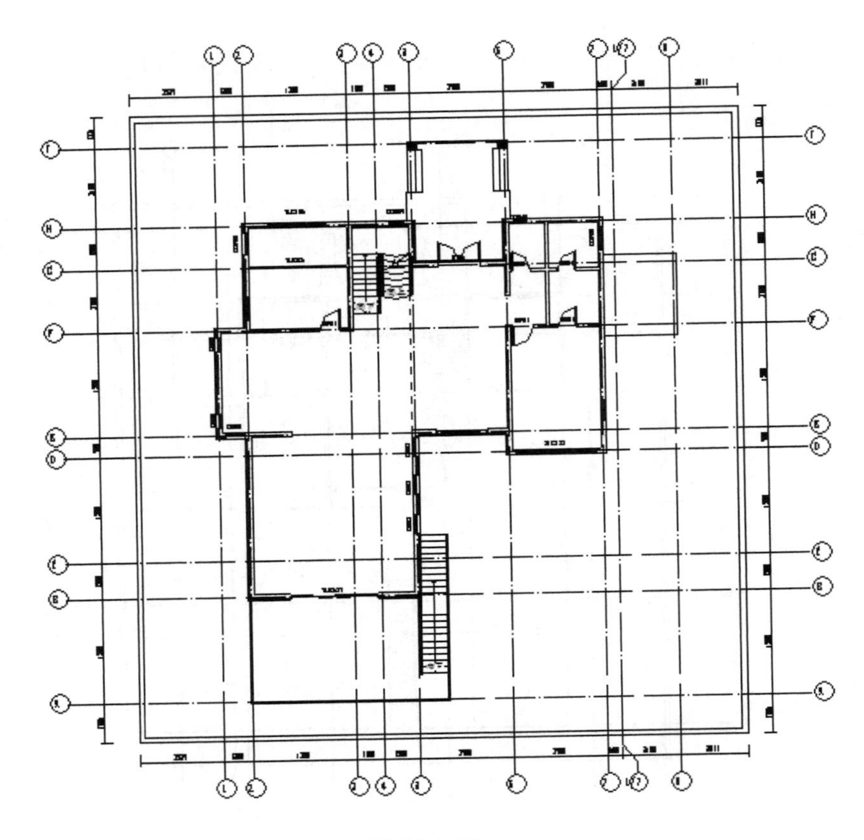

图 11.1–7

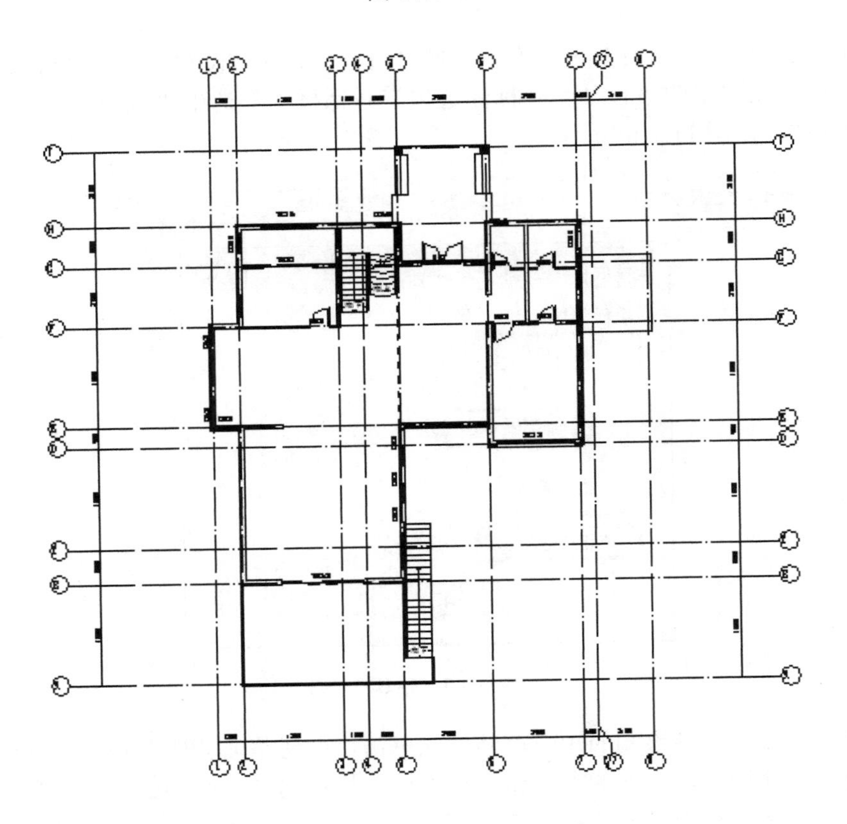

图 11.1–8

> 【注意】 在 Revit 中尺寸标注依附于其标注的图元存在，当参照图元删除后，其依附的尺寸标注也被删除，而上部操作中添加的尺寸是借助墙体来捕捉到关联轴线，只有端部尺寸标注依附于墙体存在，所以当墙体删除以后，尺寸标注只有端部尺寸被删除。

单击“注释”选项卡下“尺寸标注”面板中的“对齐”命令，设置选项栏“拾取”为“单个参照点”，在视图中绘制尺寸线。第一道尺寸线：总长度、总宽度。第二道尺寸线：各轴网之间的间距。第三道尺寸线：门窗洞口尺寸以及建筑内部部分定位尺寸线，完成后如图 11.1-9 所示。

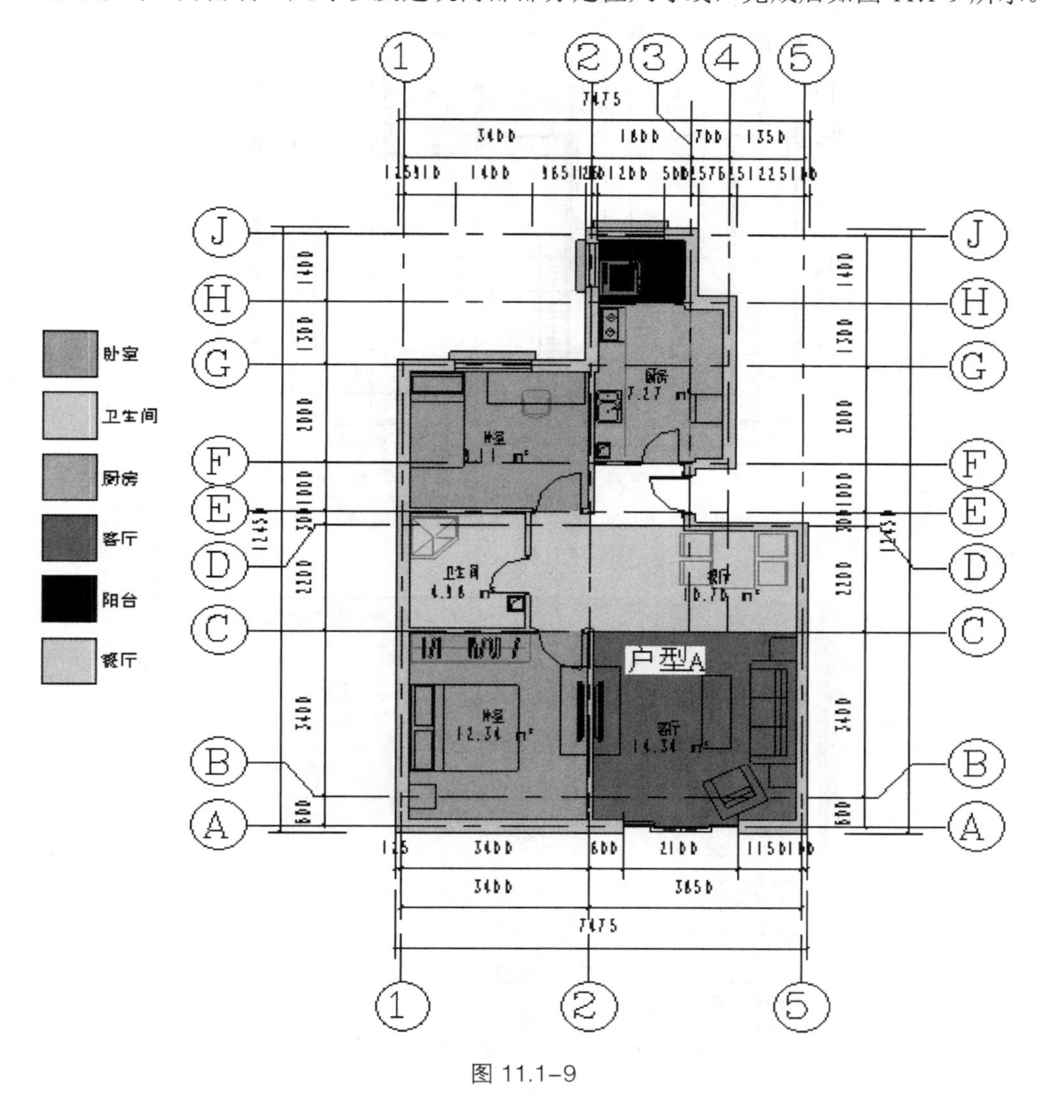

图 11.1-9

3. 房间标记

单击“建筑”选项卡下“房间和面积”面板中的“房间”命令，进行房间的放置，对于开敞性房间需要进行“房间分隔”，在“建筑”选项卡的“房间和面积”面板中，选择“房间分隔”命令，对开敞空间进行分隔。分别修改“房间名称”为“中厨”“西厨”“餐厅”“客厅”“门厅”“卫生间”“衣帽间”“主卧”等，如图 11.1-10 所示。

4. 高程点标注

单击“注释”选项卡下“尺寸标注”面板中的“高程点”命令，在属性栏中单击“编辑类型”，在弹出的对话框中完成设置，单击“确定”，如图 11.1-11 所示。

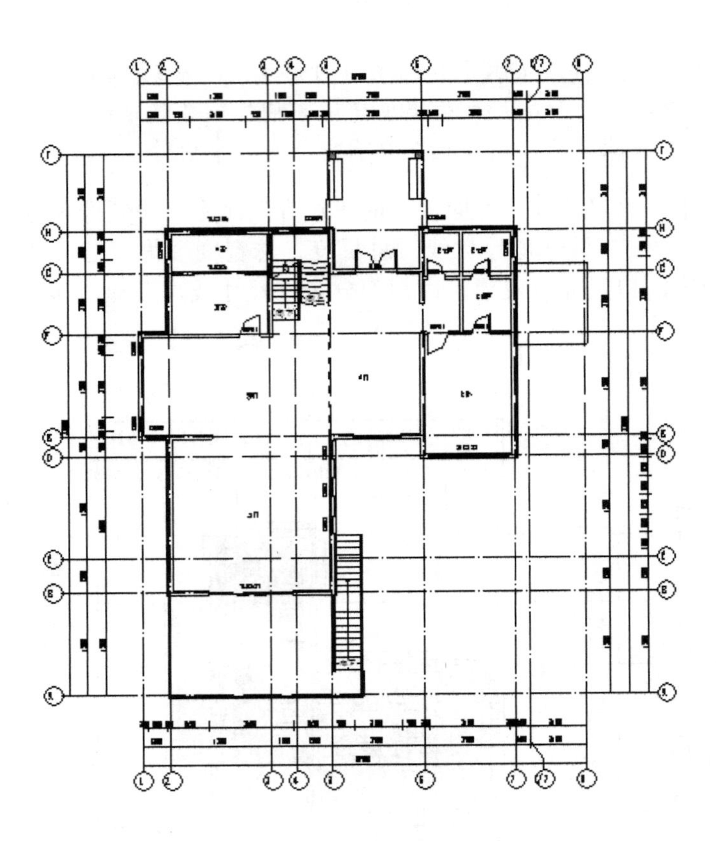

图 11.1-10

类型属性

族(F): 系统族：高程点　　载入(L)...

类型(T): 三维轴测标注　　复制(D)...

重命名(R)...

类型参数

参数	值
单位格式	1234.568 [m]
备用单位	无
备用单位格式	1235 [mm]
备用单位前缀	
备用单位后缀	
文字与符号的偏移量	-6.0000 mm
文字方向	水平
文字位置	引线之上
高程指示器	
高程原点	项目基点
作为前缀/后缀的高程指示器	项目基点
顶部指示器	测量点
底部指示器	相对
作为前缀/后缀的顶部指示器	前缀
作为前缀/后缀的底部指示器	前缀

<< 预览(P)　　确定　　取消　　应用

图 11.1-11

在放置时将“引线”取消勾选，然后在相应位置单击一下确定标注位置，再次单击确定高程点反向，如图 11.1-12 所示。

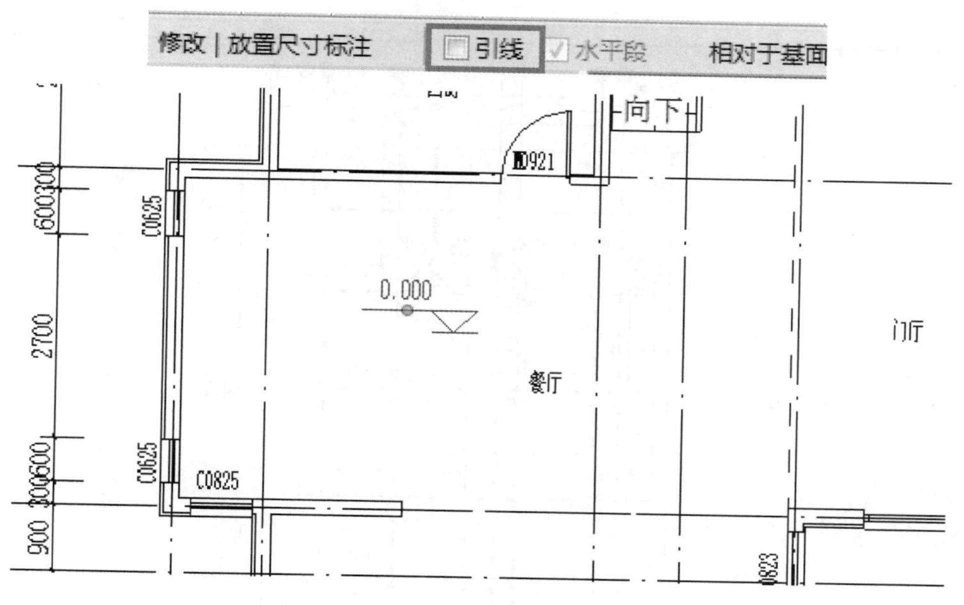

图 11.1−12

选中高程点，可以在属性栏中为高程点添加前缀或后缀，如图 11.1-13 所示。

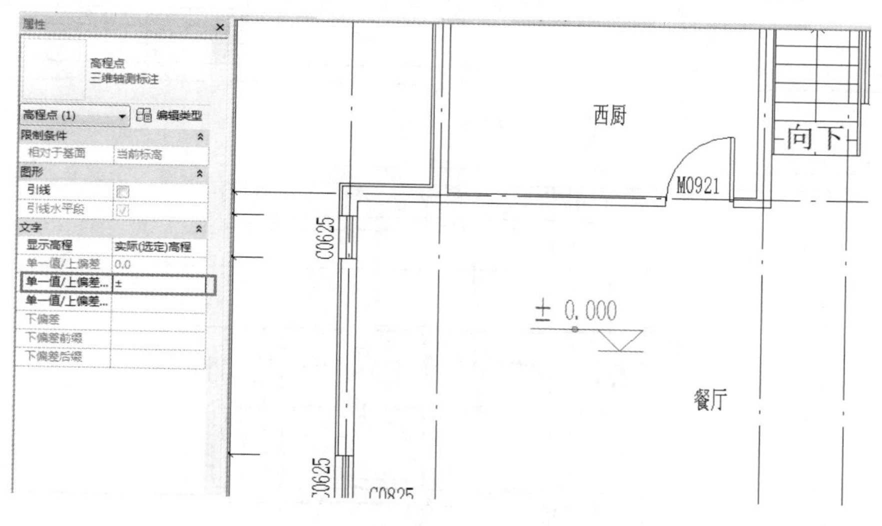

图 11.1−13

11.1.2　课上练习

接 11.1.1 节的练习，将“F2”视图做出图处理。

打开 11.1.1 节保存的项目“小别墅出图练习”文件，复制“F2”视图，将新复制的视图重命名为“二层平面图”。首先进行视图的处理，将“参照平面”“植物”进行隐藏，然后对平面视图进行尺寸标注，对门窗洞口、轴线、总长度进行标注，以及高程点标注，然后创建房间，对房间进行标记，完成后另存为项目“小别墅二层平面图出图”，如图 11.1-14 所示。

保存该文件，请在“中高级课程\11.建筑平立剖出图\11.1 平面图出图\11.1.2 课上练习\11-1-2.rvt”项目文件中查看最终结果。

11.1.3　课后作业

接 11.1.1 节练习，对“－1F”进行出图处理，完成后如图 11.1-15 所示。

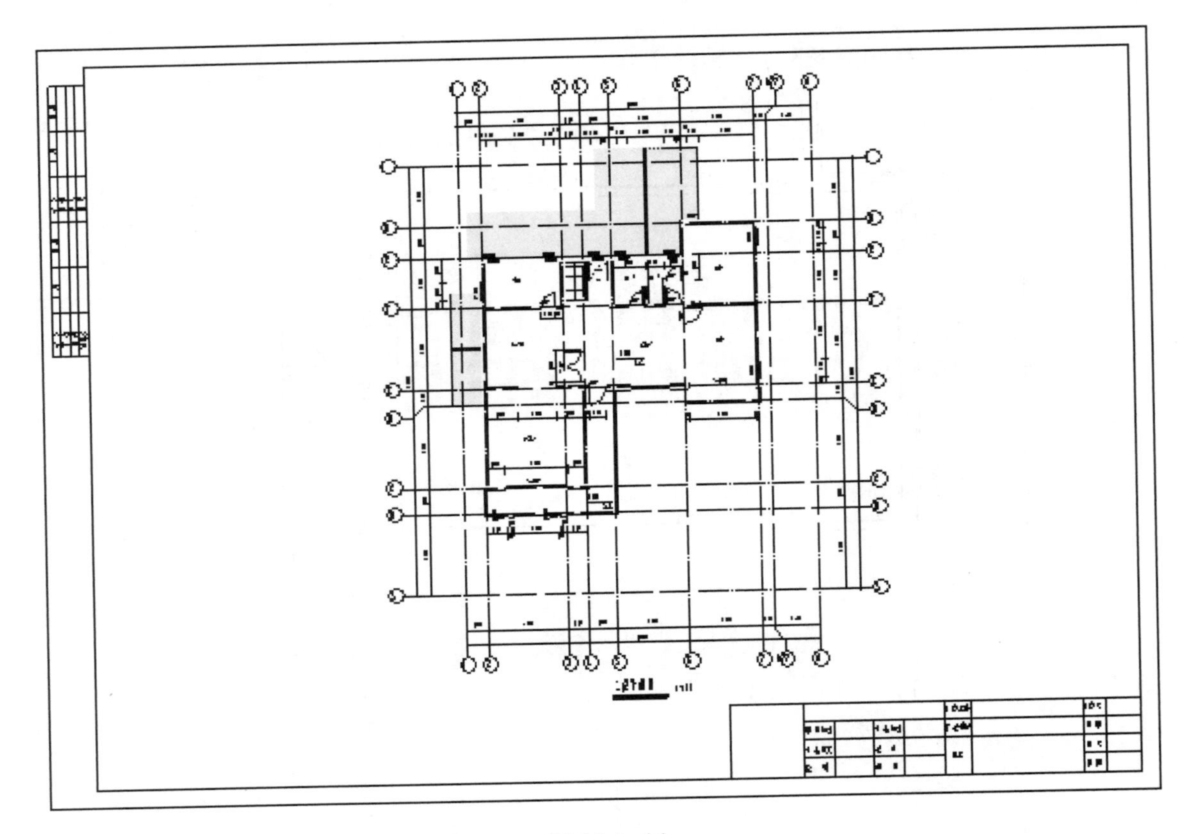

图 11.1–14

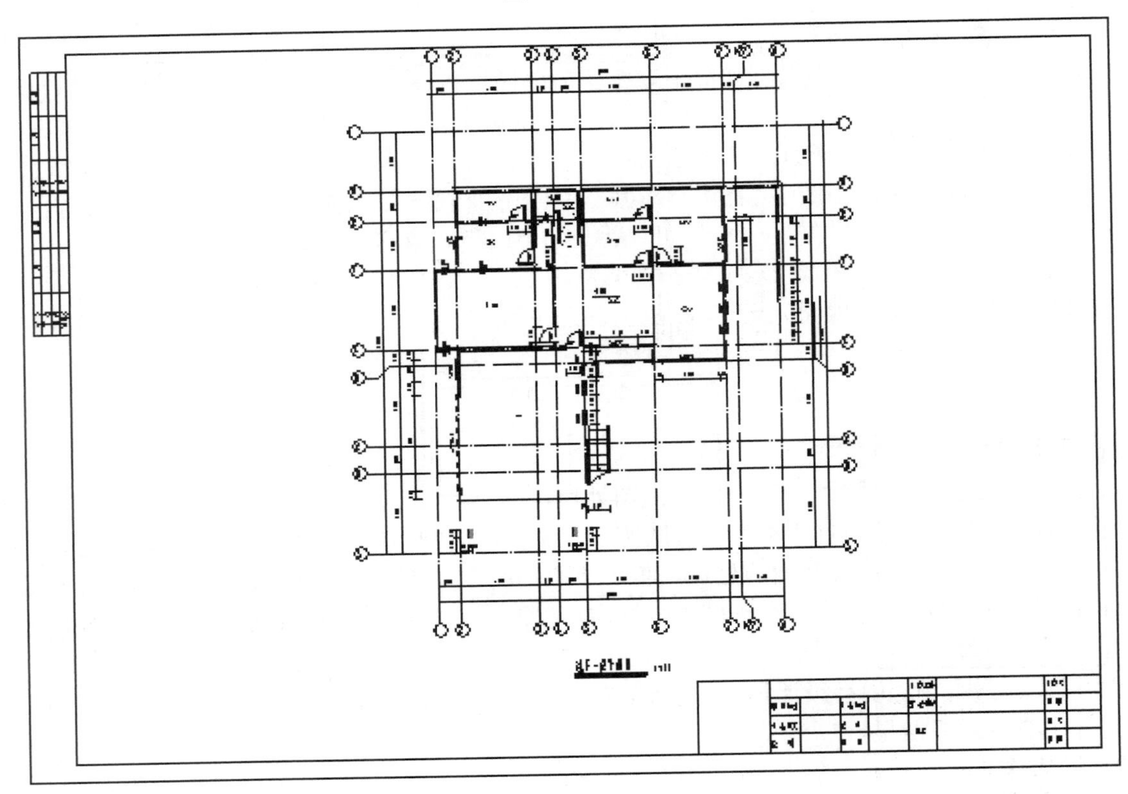

图 11.1–15

保存该文件，请在“中高级课程\11.建筑平立剖出图\11.1 平面图出图\11.1.3 课后作业\11-1-3.rvt”项目文件中查看最终结果。

11.2　立面图、剖面图出图

11.2.1　基本操作

11.2.1.1　立面图出图

1. 处理视图

双击进入到“东立面图”中，选择任意一条参照平面，右键弹出如图 11.2-1 所示对话框，单击“在视图中隐藏”“类别”，将视图中所有参照平面全部隐藏。

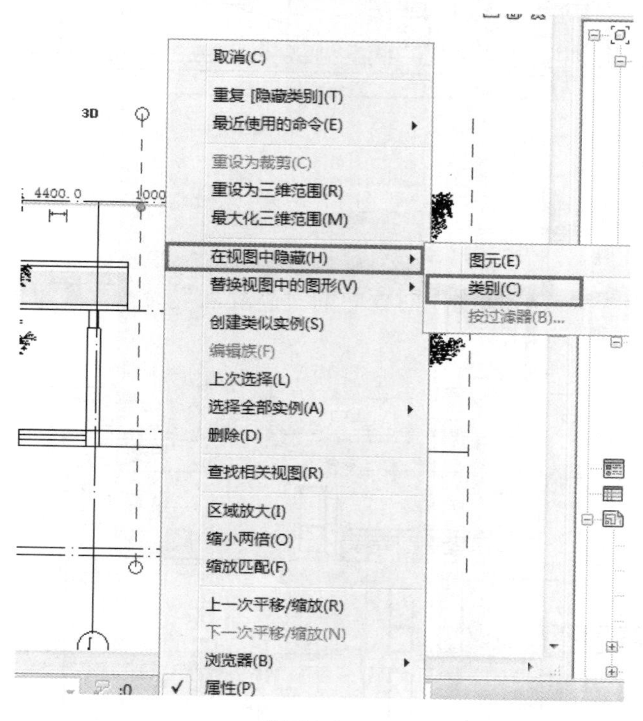

图 11.2-1

同理，将植物和汽车隐藏，效果如图 11.2-2 所示。

图 11.2-2

2. 尺寸标注

单击“注释”选项卡下“尺寸标注”面板中的“对齐”命令，对视图中的轴网及标高进行尺寸标注，完成后如图 11.2-3 所示。

图 11.2-3

3. 高程点标注

单击“注释”选项卡下“尺寸标注”面板中的“高程点”命令，在里面视图所示位置放置高程点，如图 11.2-4 所示。

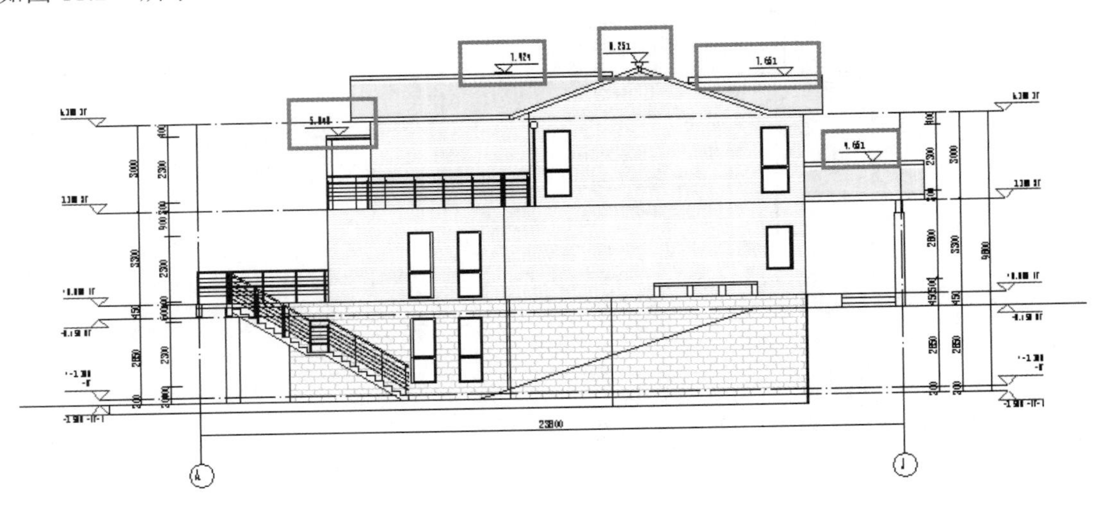

图 11.2-4

4. 立面底线

单击“注释”选项卡下“构件”面板中的“详图构件”命令，如图 11.2-5 所示。

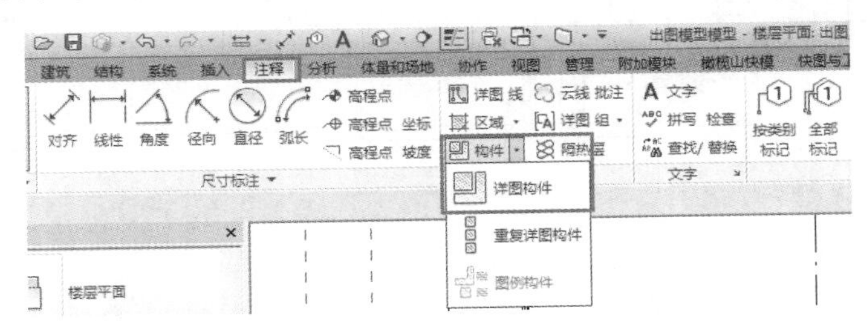

图 11.2-5

在属性栏中选择“BM_立面底线”，在视图中放置并单击“翻转”符号，拖曳拉伸点将“地形”以下范围覆盖，在中间倾斜段放置一段“立面底线”，单击“修改”面板中的“旋转”命令，单击选项栏“地点”，在绘图区域单击“立面底线”端点作为“旋转中心”，单击水平线右侧一点逆时针旋转至与地形对齐，如图 11.2-6 所示。

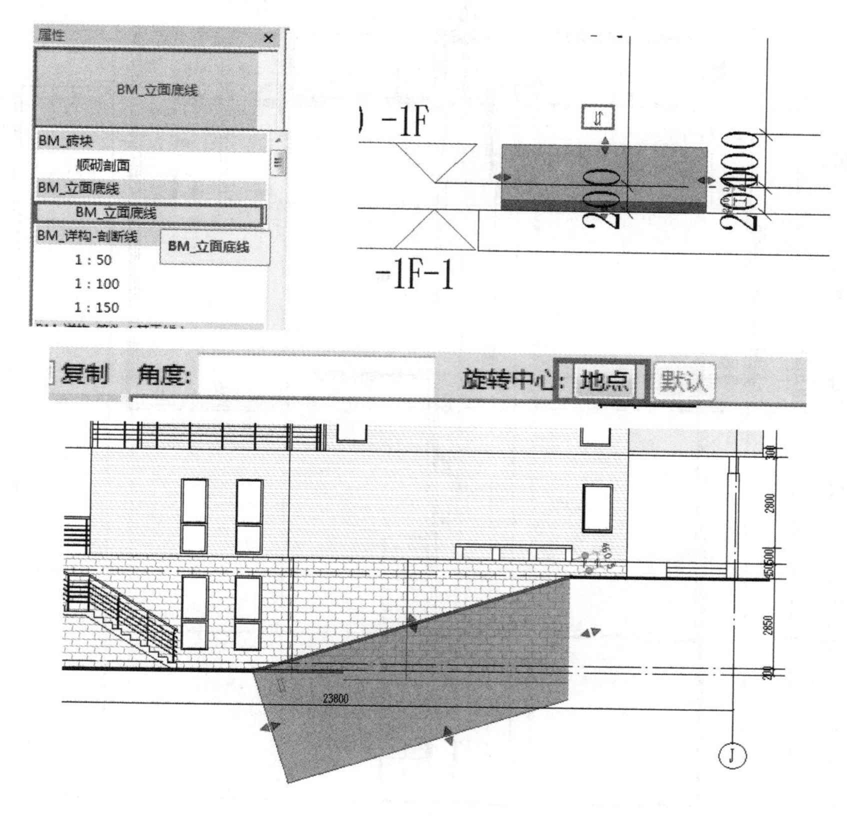

图 11.2-6

完成后如图 11.2-7 所示。

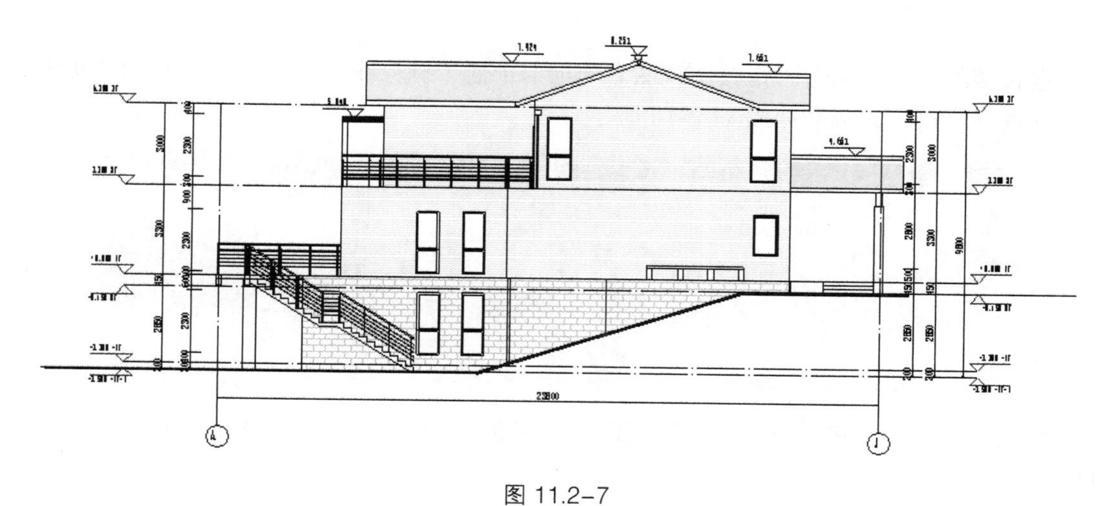

图 11.2-7

11.2.1.2 剖面图出图

1. 创建剖面视图

在项目浏览器中双击“楼层平面”下的“出图_首层平面图”，进入视图，单击“视图”选项卡下“创建”面板中的“剖面”命令，在如图 11.2-8 所示位置绘制一条剖面线。

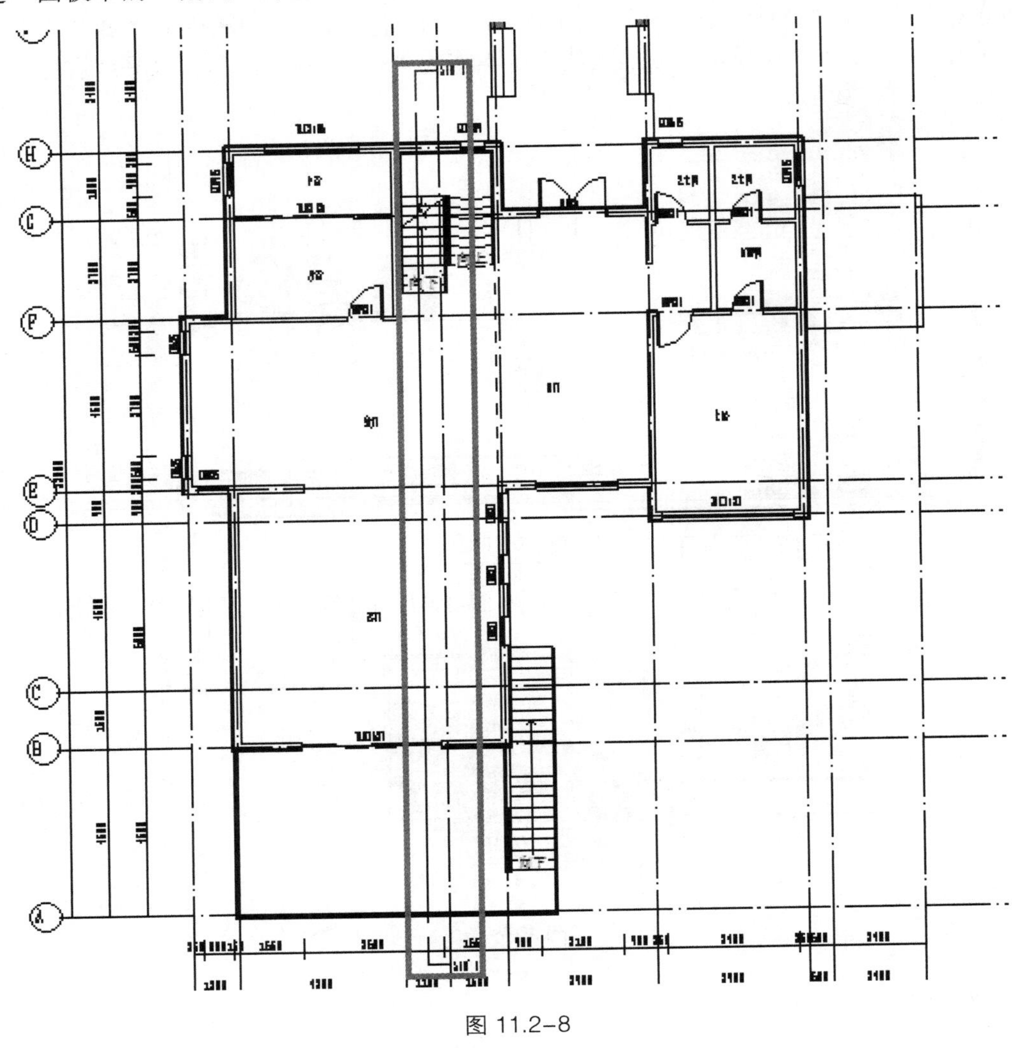

图 11.2–8

单击选择该剖面线，单击“修改 | 视图”选项卡中的“拆分线段”命令，如图 11.2-9 所示，在剖面线中部拆分线段，完成后如图 11.2-10 所示。

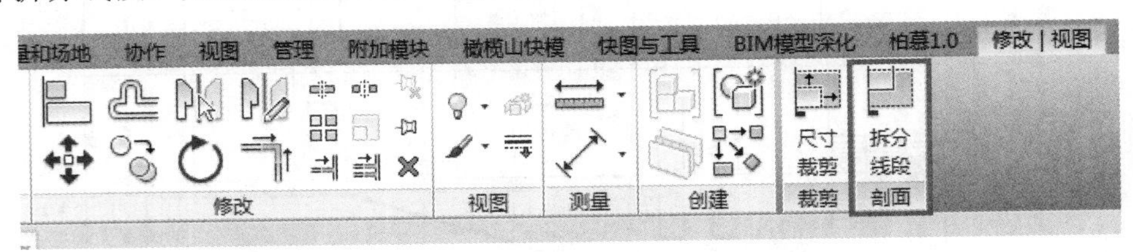

图 11.2–9

单击标头附近的“翻转”及“旋转”工具，改变剖面视图方向，并对剖面线稍作调整，完成后如图 11.2-11 所示。

2. 尺寸标注

在项目浏览器中选择“剖面”下的“剖面 1”进入视图，然后将视图中的参照平面、植物及汽车隐藏，在项目浏览器中右键单击“剖面 1”选择“重命名”，将视图命名为“Ⅰ－Ⅰ”，如图 11.2-12 所示。

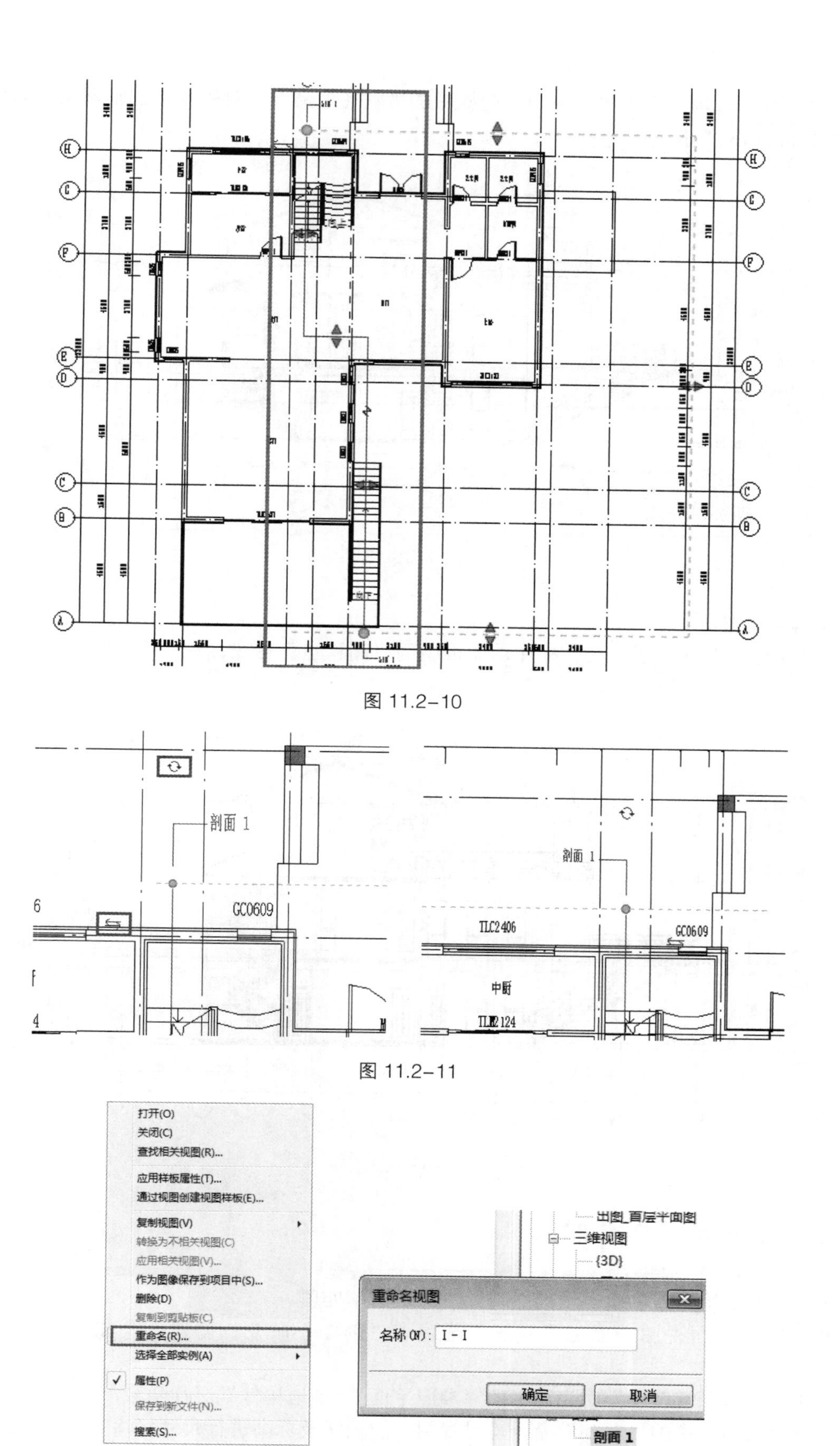

图 11.2-10

图 11.2-11

图 11.2-12

单击“注释”选项卡下“尺寸标注”面板中的“对齐”命令，对视图中的轴网及标高进行尺寸标注，如图 11.2-13 所示。

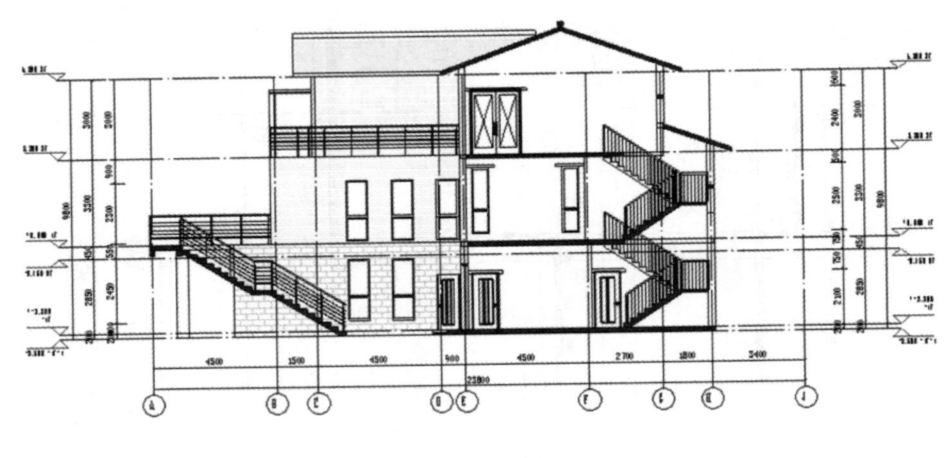

图 11.2–13

3. 高程点标注

单击“注释”选项卡下“尺寸标注”面板中的“高程点”命令，在“Ⅰ-Ⅰ”剖面视图中放置高程点，完成后如图 11.2-14 所示。

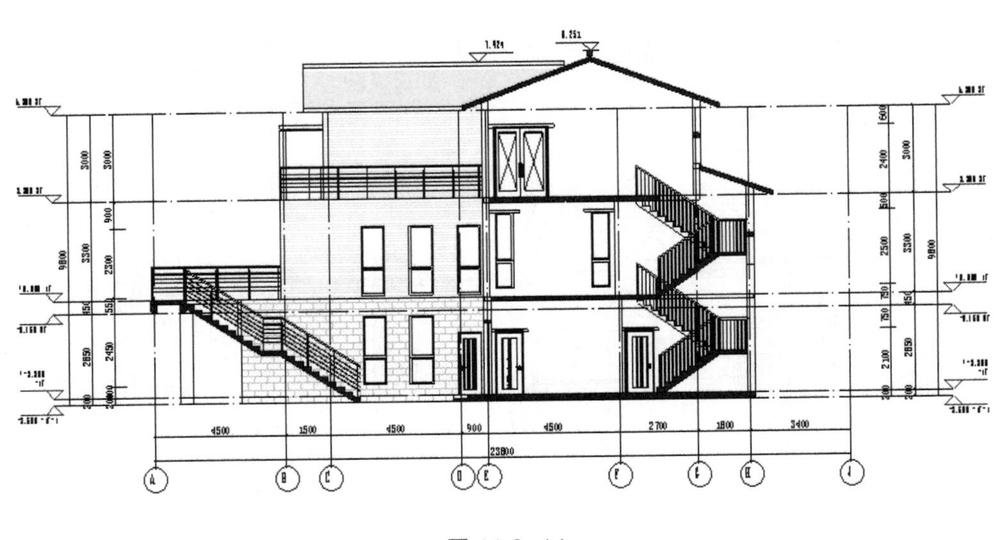

图 11.2–14

完成后保存文件。

11.2.2 课上练习

接 11.2.1 节的练习，创建一个剖面视图，并做出图处理。

打开“F1”平面视图，单击“视图”选项卡“剖面”命令，创建一个如图 11.2-15 所示的剖面。

首先进入该剖面视图中，对视图中的“参照平面”“场地构件”进行隐藏，然后进行尺寸标注，单击“注释”选项卡中的“对齐”命令，对视图中的轴网及标高进行尺寸标注。最后进行高程点标注。完成后另存为项目“剖面图出图练习”，如图 11.2-16 所示。

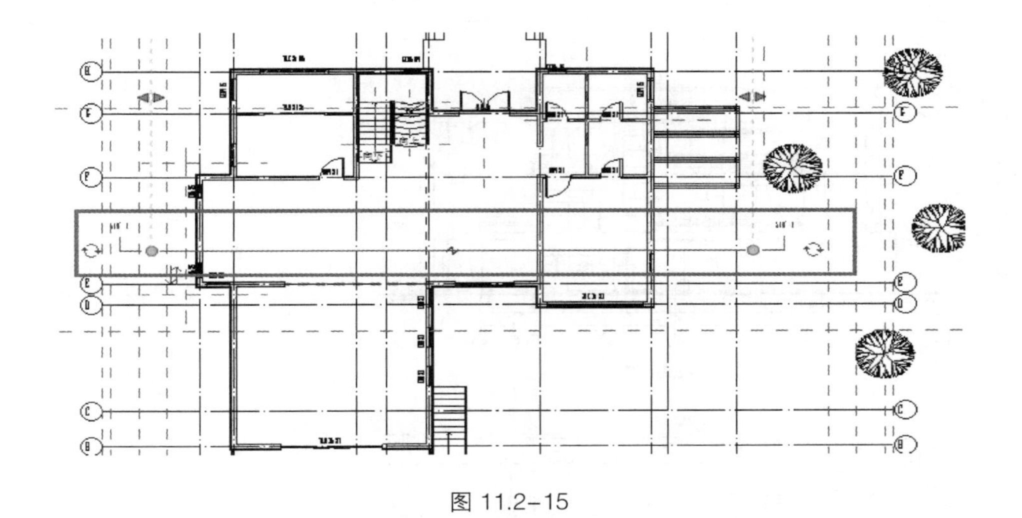

图 11.2-15

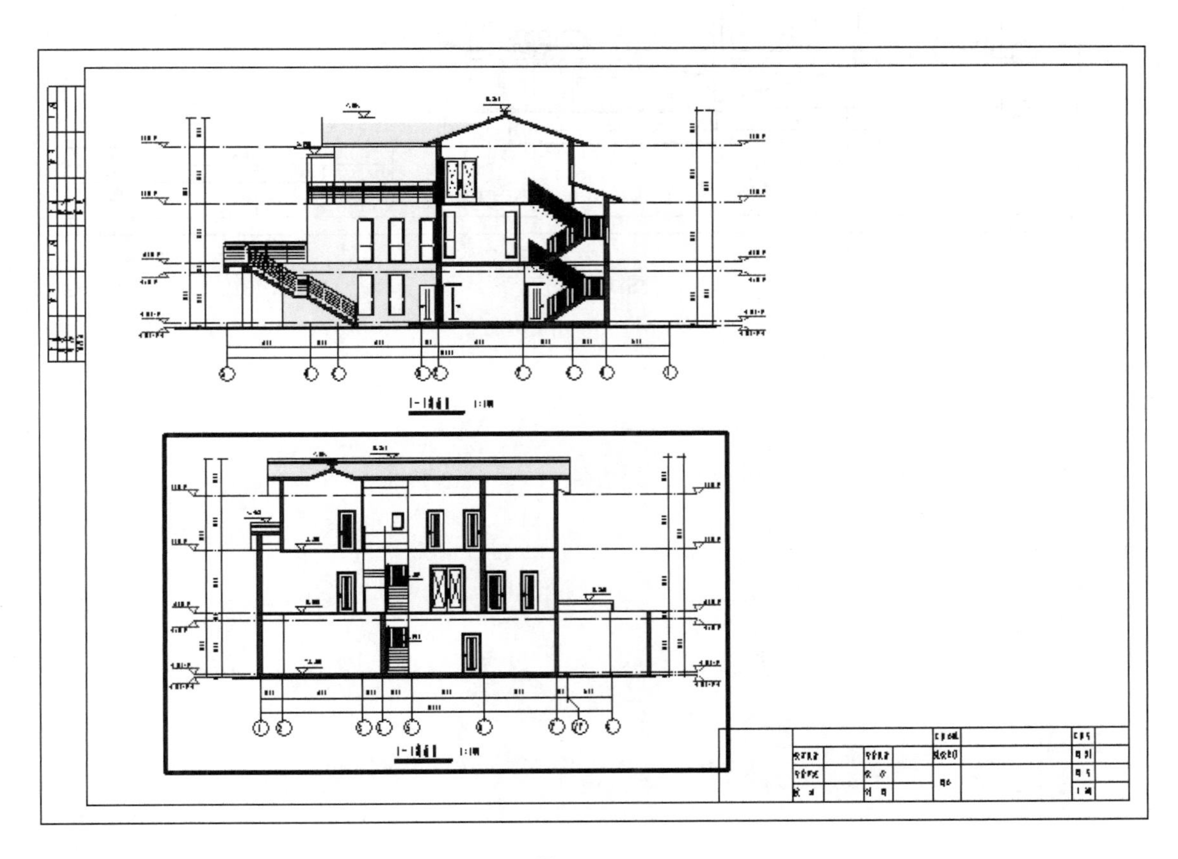

图 11.2-16

保存该文件，请在“中高级课程\11.建筑平立剖出图\11.2 立面图、剖面图出图\11.2.2 课上练习\11-2-2.rvt”项目文件中查看最终结果。

11.2.3 课后作业

接 11.2.2 节的练习，将西/南立面进行出图处理。完成后如图 11.2-17 所示。

保存该文件，请在“中高级课程\11.建筑平立剖出图\11.2 立面图、剖面图出图\11.2.3 课后作业\11-2-3.rvt”项目文件中查看最终结果。

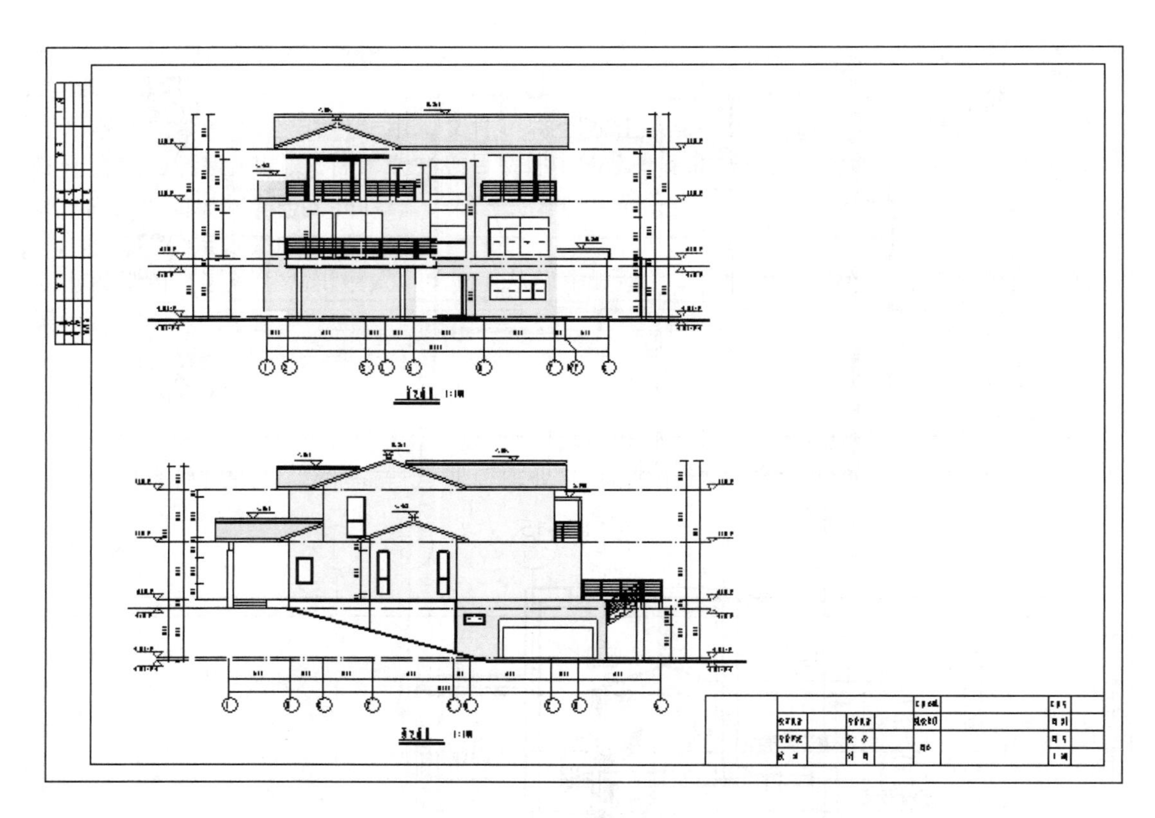

图 11.2–17

第 12 章　成果输出与明细表

12.1　图纸设置与制作

12.1.1　基本操作

1. 创建图纸

单击“视图”选项卡下“图纸组合”面板中的“图纸”命令，如图 12.1-1 所示，在弹出的对话框中选择“BM_图框-标准标题栏-横式：A2”，完成如图 12.1-2 所示。

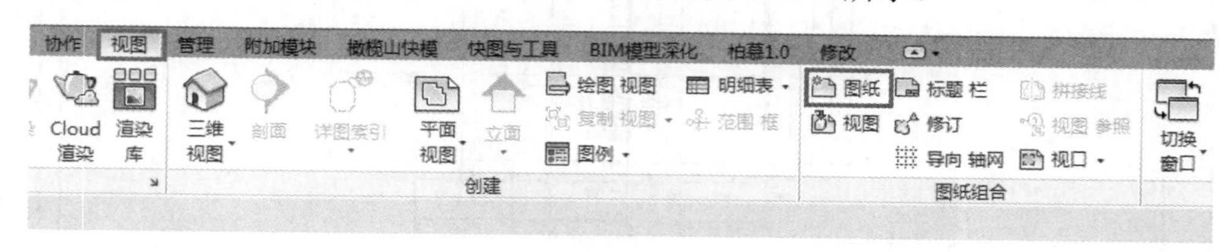

图 12.1-1

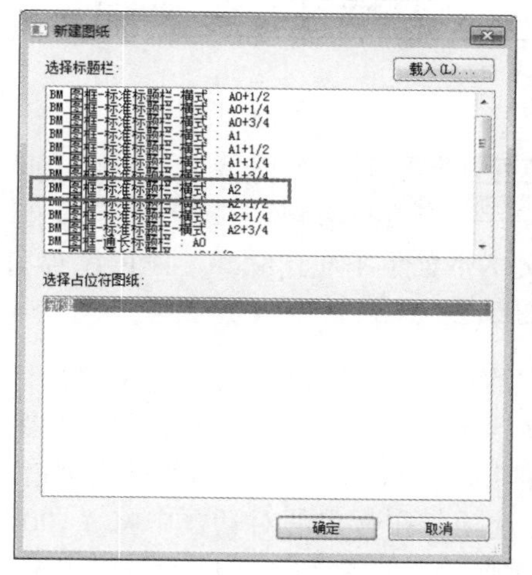

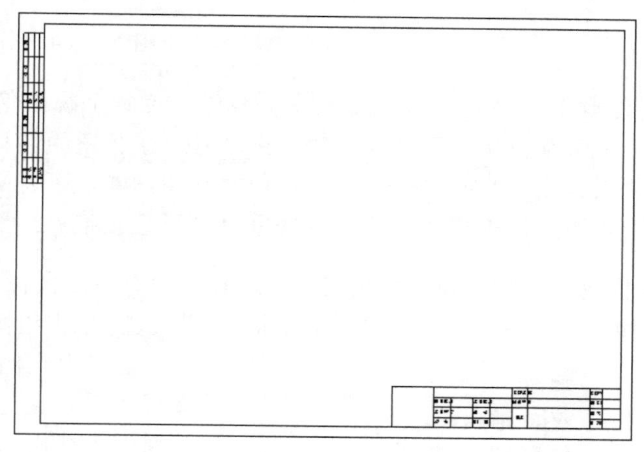

图 12.1-2

在项目浏览器中选择新建的图纸，单击鼠标右键选择“重命名”，修改其图纸标题如图 12.1-3 所示。

图 12.1-3

在项目浏览器中双击“图纸（柏慕-制图）”下的“建施-01-首层平面图”进入视图，然后在项目浏览器中选择“出图_首层平面图”拖曳至绘图区域的图纸中，如图 12.1-4 所示。

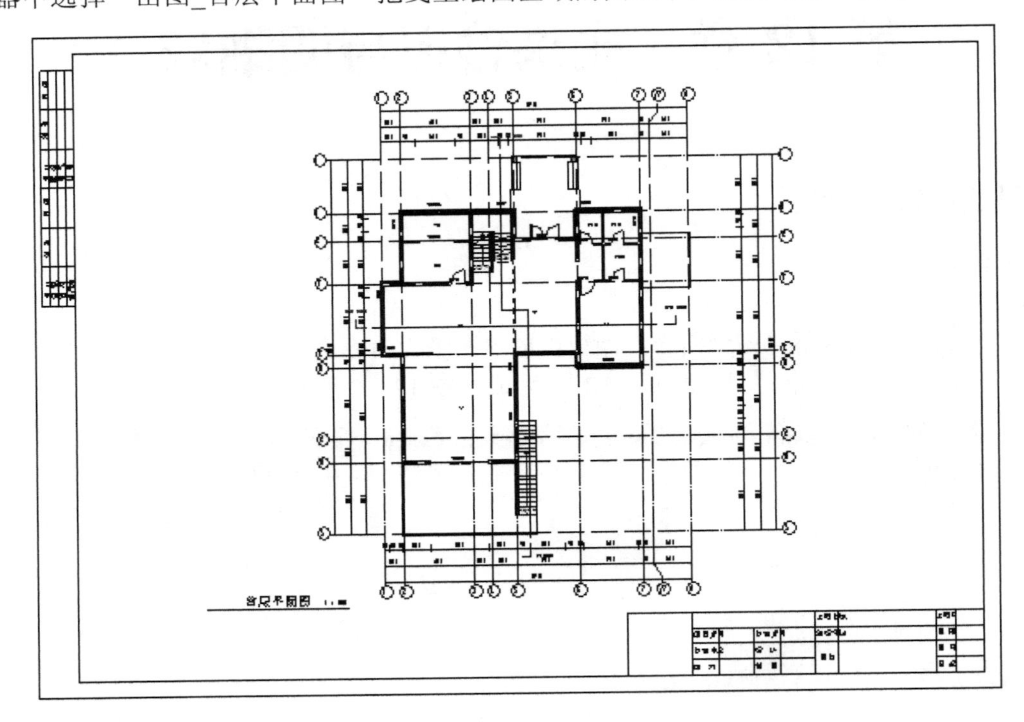

图 12.1-4

【注意】 每张图纸可布置多个视图，但每个视图仅可以放置到一个图纸上。要在项目的多个图纸中添加特定视图，请在项目浏览器中该视图的名称上单击鼠标右键，在弹出的对话框中选择“复制视图”“复制作为相关”，创建视图副本，可将副本布置于不同图纸上。除图纸视图外，明细表视图、渲染视图、三维视图等也可以直接拖曳到图纸中。

如需修改视口比例，可在图纸中选择视口并单击鼠标右键，在弹出的对话框中选择“激活视图”命令，如图 12.1-5 所示。此时“图纸标题栏”灰显，单击绘图区域左下角视图控制栏比例，如图 12.1-6 所示。弹出比例列表，可选择列表中的任意比例值，也可选择“自定义”选项，在弹出的对话框中将“100”更改为新值后单击“确定”，如图 12.1-7 所示。比例设置完成后，在视图中单击鼠标右键，在弹出的快捷菜单栏中选择“取消激活视图”命令，完成比例的设置。

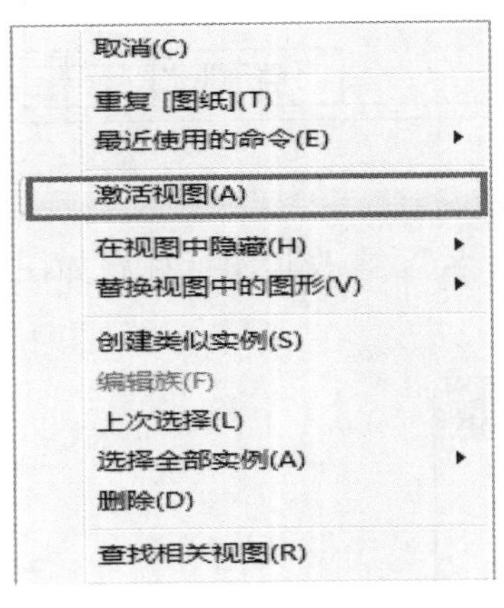

图 12.1-5

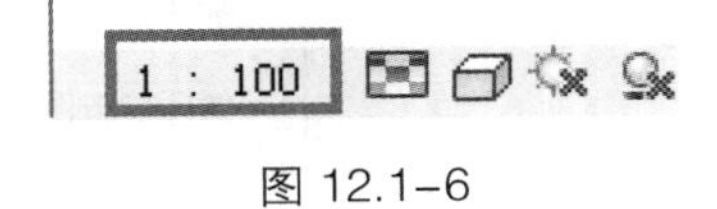

图 12.1-6

2. 图纸处理

在项目浏览器中双击“建施-01-首层平面图”进入视图，选择首层平面图，然后单击属性栏，视口选择“有线条的标题”，如图 12.1-8 所示。

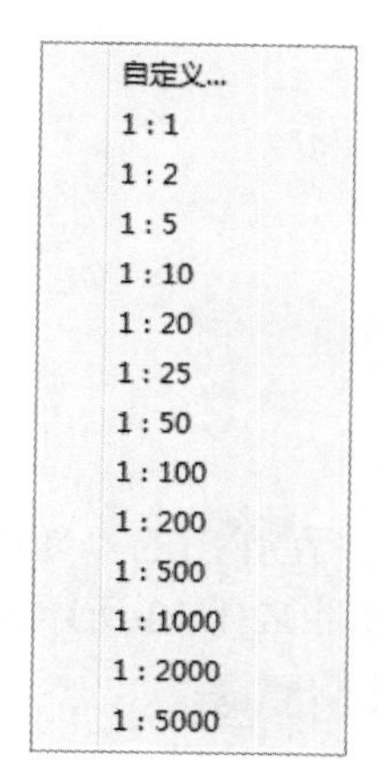

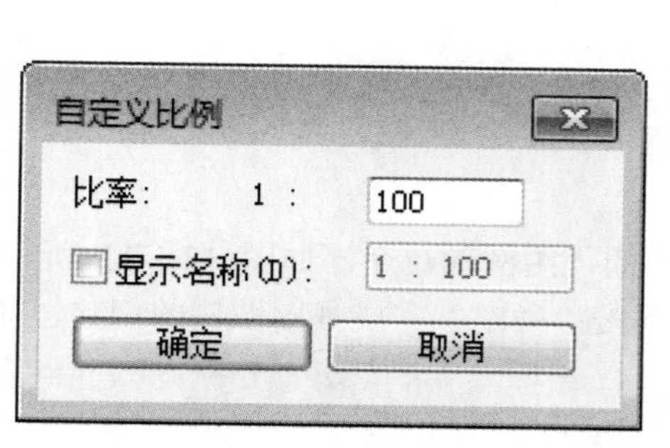

图 12.1-7

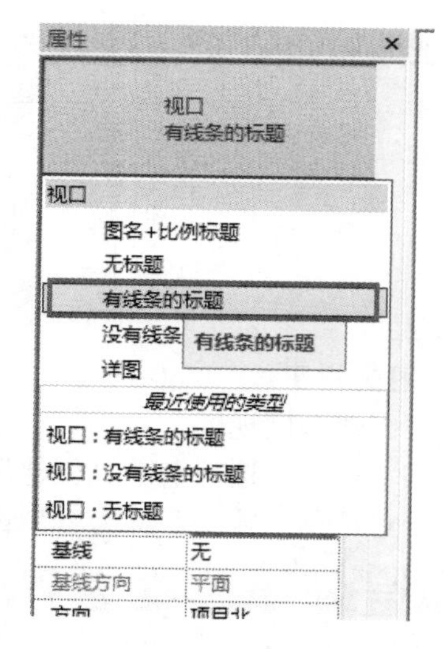

图 12.1-8

双击视口，激活视图，调整裁剪区域，将轴网及尺寸标注调整至适当位置，使视口在图纸位置适中。

3. 设置项目信息

单击“管理”选项卡下“设置”面板中的“项目信息”命令，如图 12.1-9 所示。

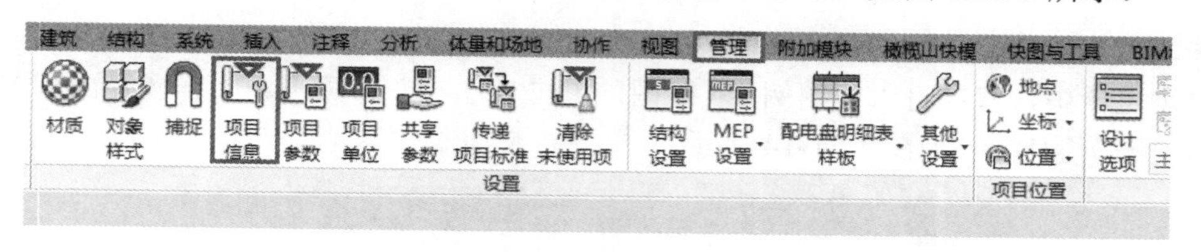

图 12.1-9

在弹出的对话框中录入项目信息，单击“确定”完成录入，如图 12.1-10 所示。

项目属性

族 (F): 系统族: 项目信息 载入 (L)...

类型 (T): 编辑类型 (E)...

实例参数 - 控制所选或要生成的实例

参数	值
文字	
工程负责人	
工程名称	
建设单位	
施工图审查批准单位	
施工图审查批准书证号	
图别	
备注	
工程编号	
日期	
设计单位名称	
标识数据	
组织名称	
组织描述	
建筑名称	
作者	
能量分析	
能量设置	编辑...
其他	

确定 取消

图 12.1-10

图纸里的“设计人”“审核人”等内容可在图纸属性中进行修改，如图 12.1-11 所示。

				工程名称		工程号	
项目负责		专业负责		建设单位		图 别	
专业审定		设 计		图名		图 号	
校 对		制 图				日 期	

图 12.1-11

4. 图例视图

（1）创建图例视图。

单击“视图”选项卡下“创建”面板中的“图例”命令，如图 12.1-12 所示，在弹出的“新图例视图”对话框中输入名称为“图例 1”，单击“确定”完成视图图例的创建，如图 12.1-13 所示。

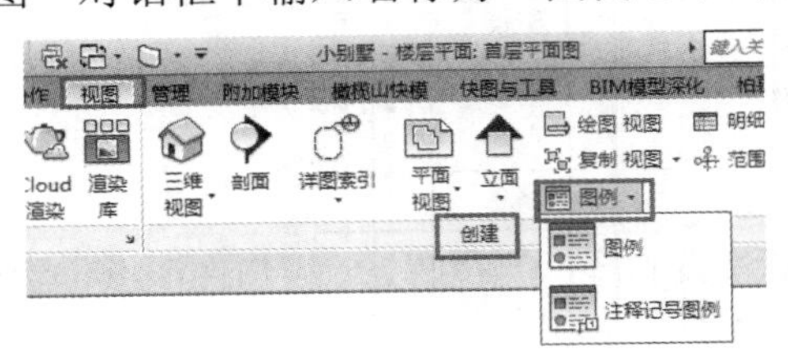

图 12.1-12

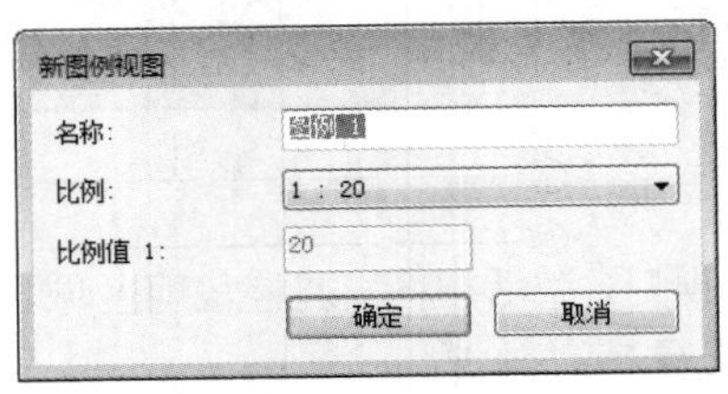

图 12.1-13

（2）选取图例构件。

在项目浏览器中，双击进入“图例 1”视图，单击“注释”选项卡下“详图”面板中的“构件”命令，选择“图例构件”，如图 12.1-14 所示。

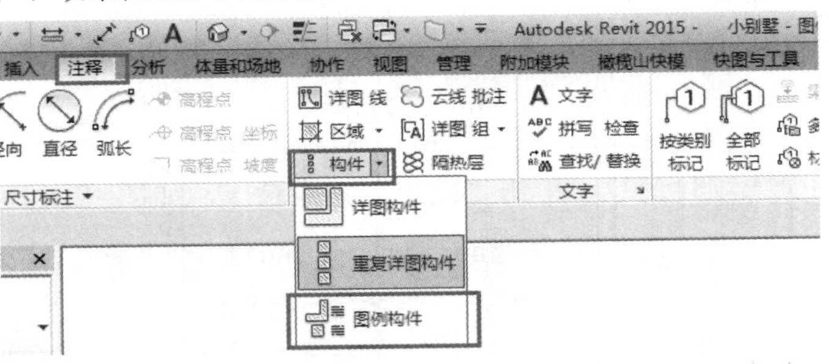

图 12.1-14

按图示内容进行选项栏的设置，可进行视图的选择及族的选择，完成后在视图中放置图例，如图 12.1-15 所示。

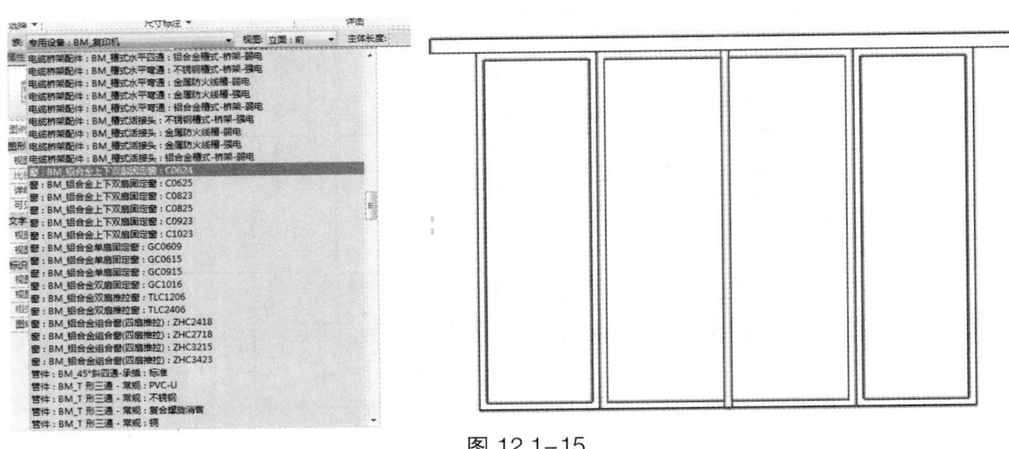

图 12.1-15

（3）添加图例注释。

使用文字及尺寸标注命令，按图示内容为其添加注释说明，如图 12.1-16 所示。

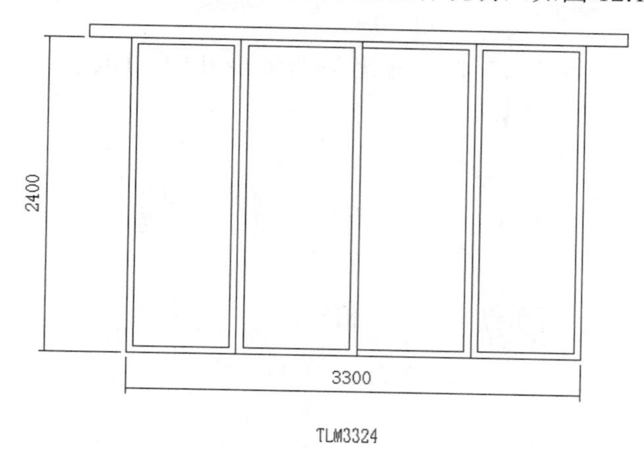

图 12.1−16

12.1.2　课上练习

本练习的目的是将所有立面视图布置到图纸中。

首先打开“小别墅成果输出模型”项目，新建图纸，选择“BM_图框-标准标题栏-横式：A2”然后将图纸重命名为“建施-02，东立面图”，将视图“东/北立面图”拖曳至图纸中央，视口选择“有线条的标题”。其他立面视图操作相同，不做多余赘述，如图 12.1-17 所示。

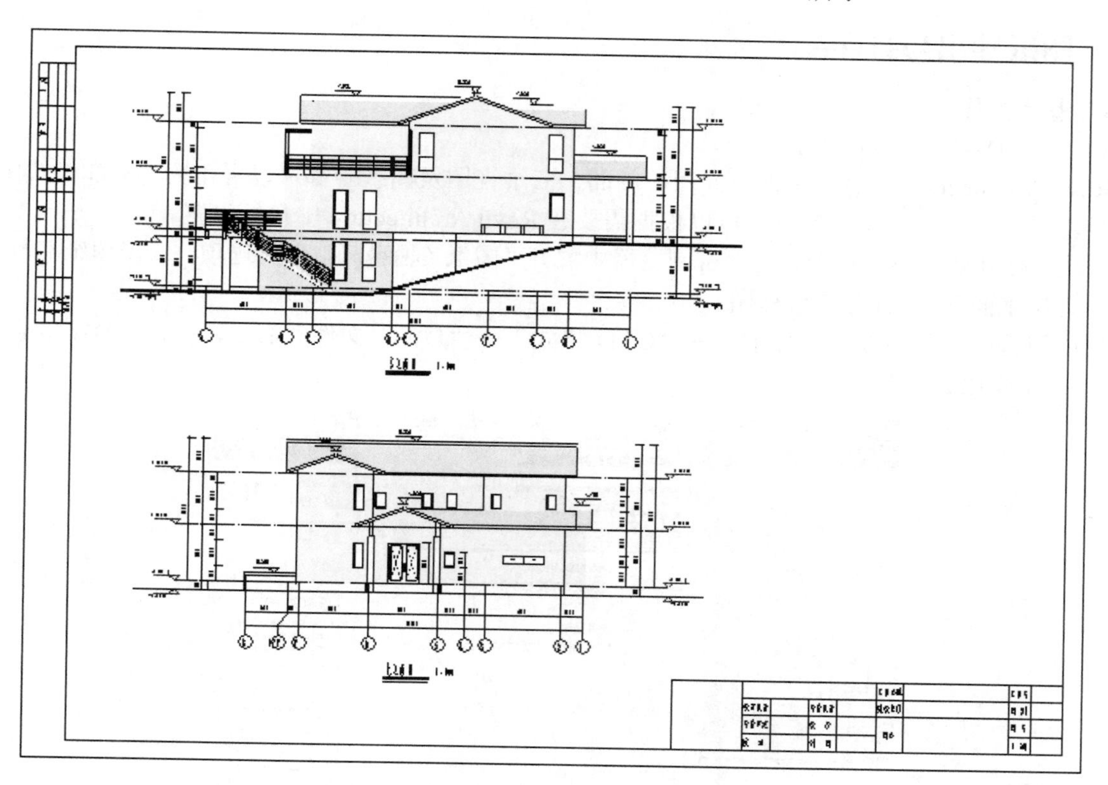

图 12.1−17

保存该文件，请在“中高级课程\12.成果输出与明细表\12.1 图纸设置与制作\12.1.2 课上练习\12-1-2.rvt”项目文件中查看最终结果。

12.1.3 课后作业

打开配套文件：中高级课程\12.成果输出与明细表\12.1 图纸设置与制作\12.1.3 课后作业\12.1-3.rvt，做出如图 12.1-18 所示图例。

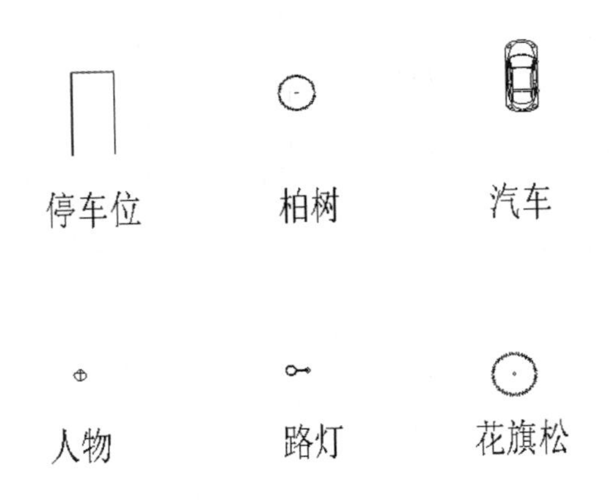

图 12.1-18

保存该文件，请在“中高级课程\12.成果输出与明细表\12.1 图纸设置与制作\课后作业\12-1-3.rvt”项目文件中查看最终结果。

12.2 图纸导出与打印

12.2.1 基本操作

1. 导出 DWG 与导出设置

Revit Architecture 所有的平面、立面、剖面、三维视图及图纸等都可以导出为 DWG 格式图形，而且导出后的图层、线型、颜色等可以根据需要在 Revit Architecture 中自行设置。

首先，打开要导出的视图，在项目浏览器中展开“图纸（柏慕-制图）”选项，双击图纸名称“建施-01-首层平面图”，打开图纸视图。

在应用程序菜单中选择“导出”→“CAD 格式”→“DWG 文件”命令，弹出“DWG 导出”对话框，如图 12.2-1 所示。

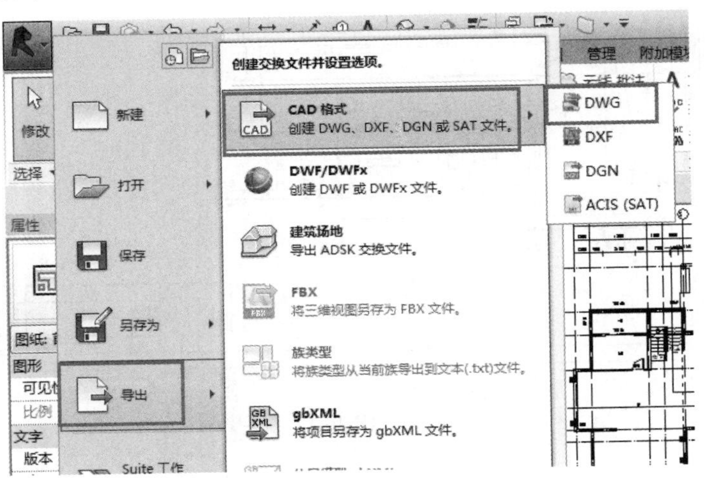

图 12.2-1

单击“选择导出设置”按钮 ，弹出“修改 DWG/DXF 导出设置”对话框，如图 12.2-2 所示，进行相关修改后单击“确定”按钮。

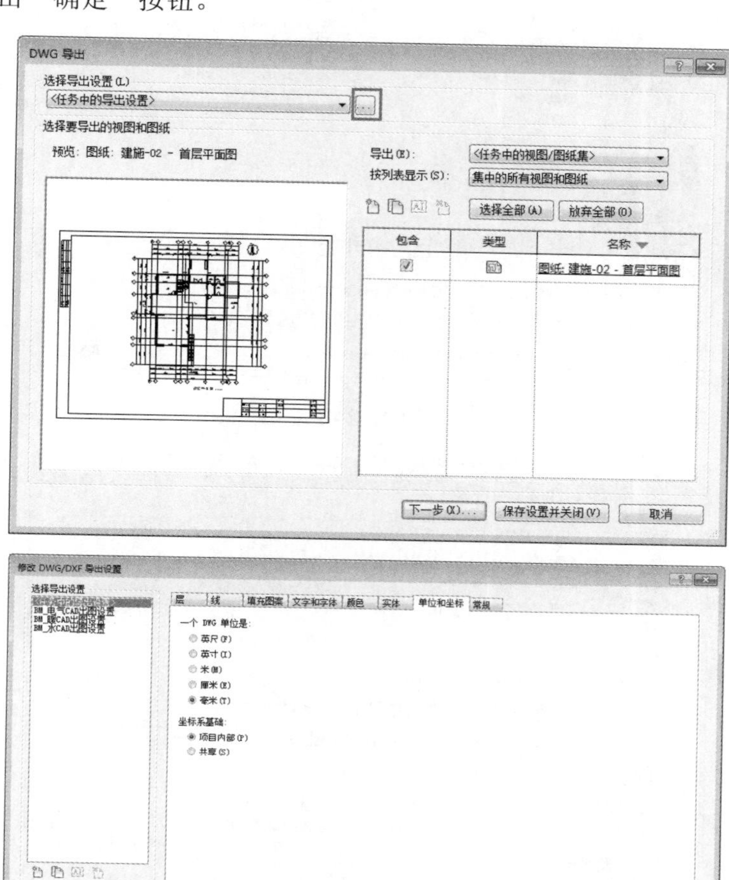

图 12.2-2

在“DWG 导出”对话框中单击“下一步”按钮，在弹出的“导出 CAD 格式保存到目标文件夹”对话框的“保存于”下拉列表中设置保存路径，在“文件类型”下拉列表中选择相应 CAD 格式文件的版本，在“文件名/前缀”文本框中输入文件名称，如图 12.2-3 所示。

单击“确定”按钮，完成 DWG 文件导出设置。

2. 打印

选择“应用程序菜单栏”，然后单击“打印”命令，弹出“打印”对话框，如图 12.2-4 所示。

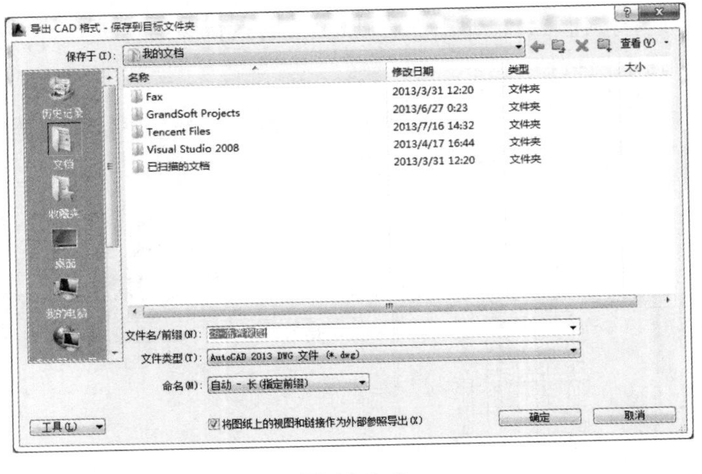

图 12.2-3

打印
打印机
名称(N)：Adobe PDF
属性(P)...
状态：准备就绪
类型：Adobe PDF Converter
位置：Documents*.pdf
注释：
打印到文件(L)
文件
将多个所选视图/图纸合并到一个文件(M)
创建单独的文件。视图/图纸的名称将被附加到指定的名称之后(F)
名称(A)：C:\Users\Administrator\Documents\小别墅.pdf
浏览(B)...
打印范围
当前窗口(W)
当前窗口可见部分(V)
所选视图/图纸(S)
集 1
选择(E)...
选项
份数(C)：1
反转打印顺序(D)
逐份打印(O)
设置
默认
设置(T)...
打印提示
预览(R)
确定
关闭
帮助(H)

图 12.2-4

单击左下角的“选择”按钮，弹出“视图/图纸集”对话框，取消勾选“视图”，再单击“选择全部”，单击“确定”关闭对话框，如图 12.2-5 所示。

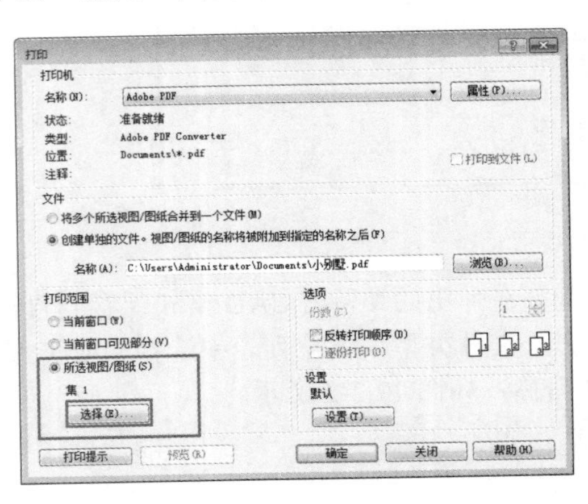

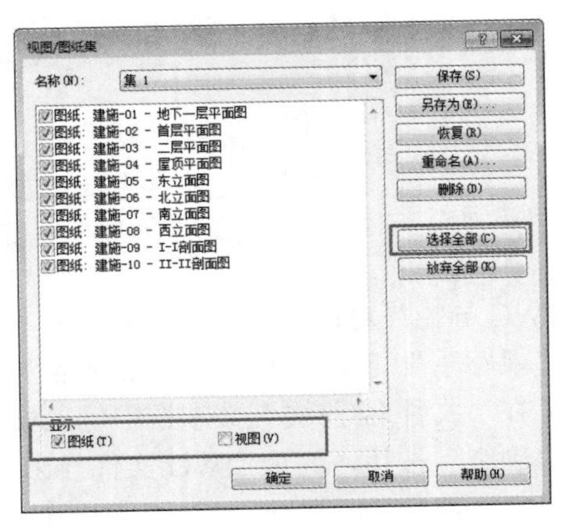

图 12.2-5

在“名称”下拉列表中选择可用的打印机名称。

单击“名称”后的“属性”按钮，弹出打印机的“文档属性”对话框，如图 12.2-6 所示。可设置“布局方向”以及“纸张规格”，单击“确定”按钮，返回“打印”对话框。

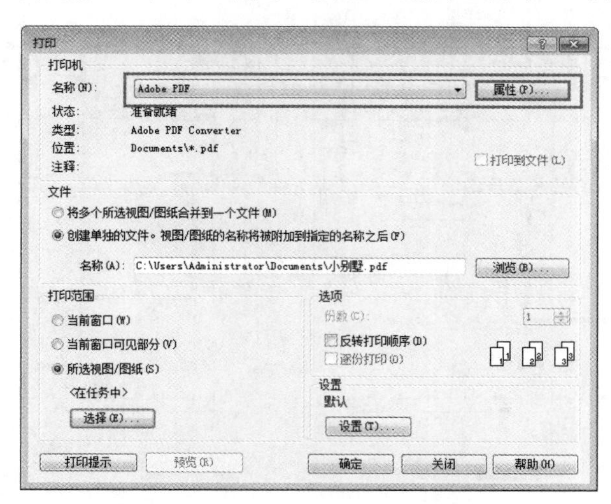

图 12.2-6

单击“确定”按钮，即可自动打印图纸。

12.2.2 课上练习

首先打开配套的“12.2.2”项目文件，将项目中的图纸导出 CAD，如图 12.2-7 所示。

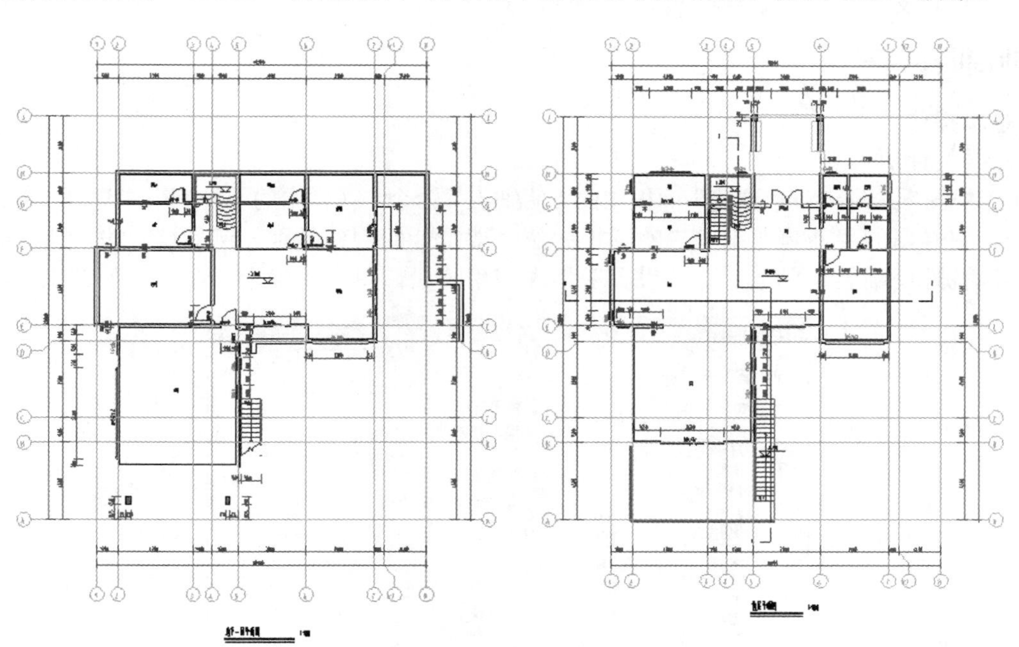

图 12.2-7

保存该文件，请在“中高级课程\12.成果输出与明细表\12.2 图纸导出与打印\12.2.2 课上练习\12-2-2.rvt”项目文件中查看最终结果。

12.2.3 课后作业

首先打开“12.2.3”项目，将项目中的图纸打印出 PDF，如图 12.2-8 所示。

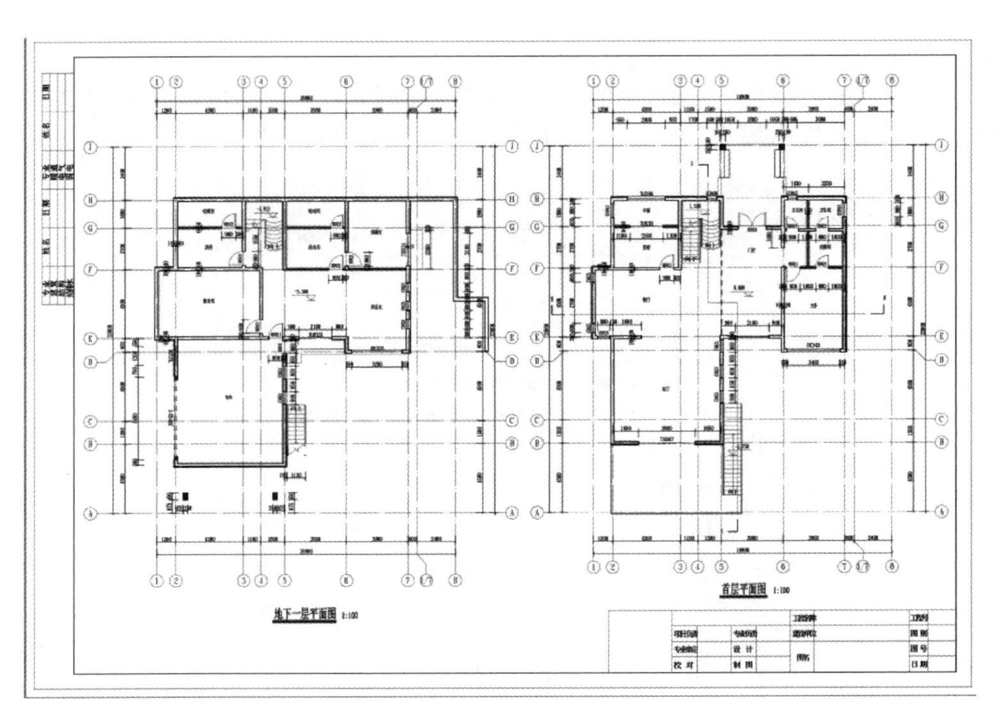

图 12.2-8

保存该文件，请在“中高级课程\12.成果输出与明细表\12.2 图纸导出与打印\12.2.3 课上练习\12-2-3.rvt”项目文件中查看最终结果。

12.3 明细表

12.3.1 基本操作

1. 建筑构件明细表

单击“视图”选项卡下“创建”面板中的“明细表”命令，在弹出的下拉列表中选择“明细表丨数量”命令，在弹出的“新建明细表”对话框中选择要统计的构件类别，例如墙，设置明细表名称，选择“建筑构件明细表”单选命令，设置明细表应用阶段，单击“确定”命令，如图 12.3-1 所示。

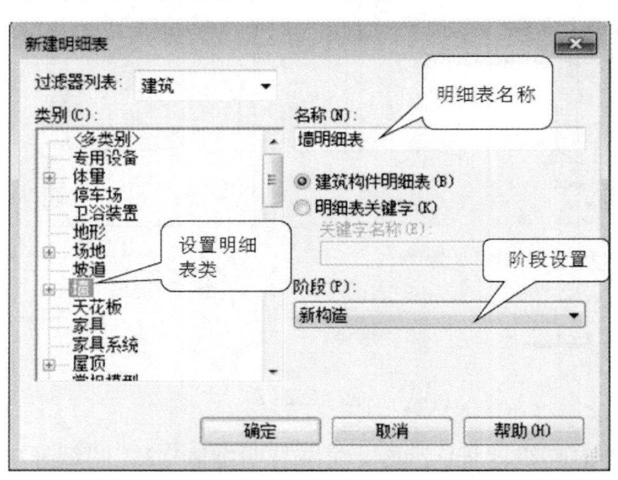

图 12.3-1

“字段”选项卡：从“可用字段”列表框中选择要统计的字段，单击“添加”命令移动到“明细表字段”列表框中，利用“上移”“下移”命令调整字段顺序，如图 12.3-2 所示。

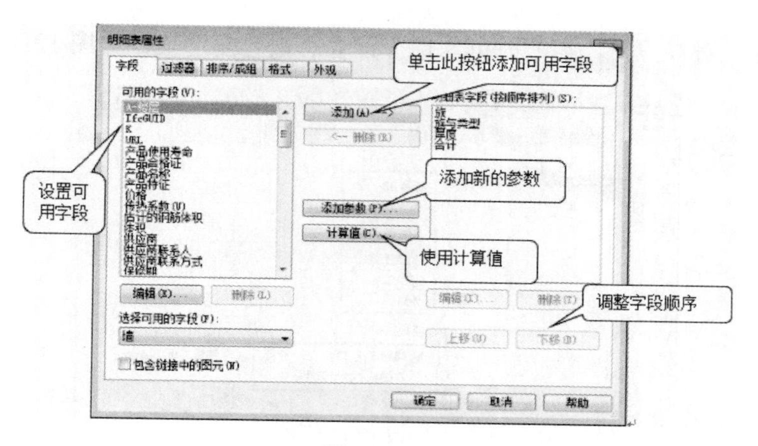

图 12.3-2

“过滤器”选项卡：设置过滤器可以统计其中部分构件，不设置则统计全部构件，如图 12.3-3 所示。

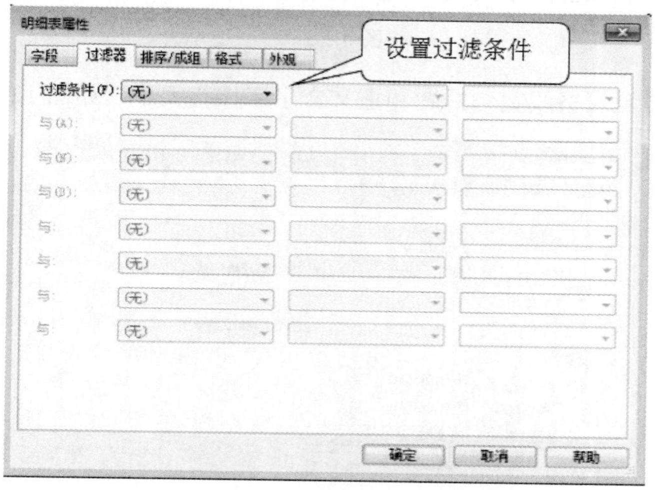

图 12.3-3

“排序 | 成组”选项卡：设置排序方式，勾选“总计”，如图 12.3-4 所示。

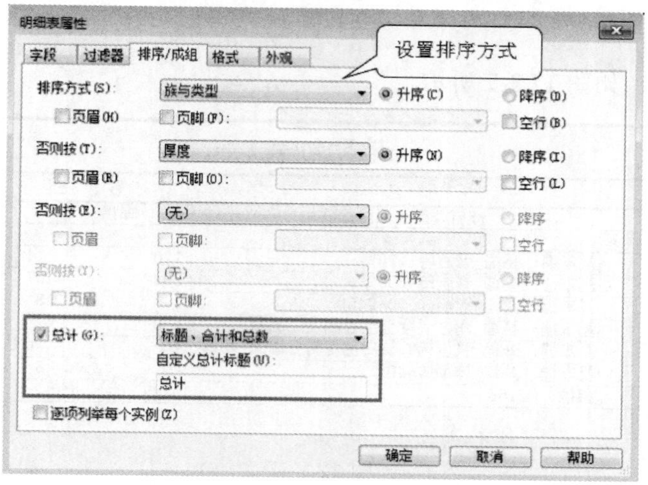

图 12.3-4

“格式”选项卡：设置字段在表格中的标题名称（字段和标题名称可以不同，如“类型”可修改为窗编号)、方向、对齐方式，需要时可勾选“计算总数”复选框，如图 12.3-5 所示。

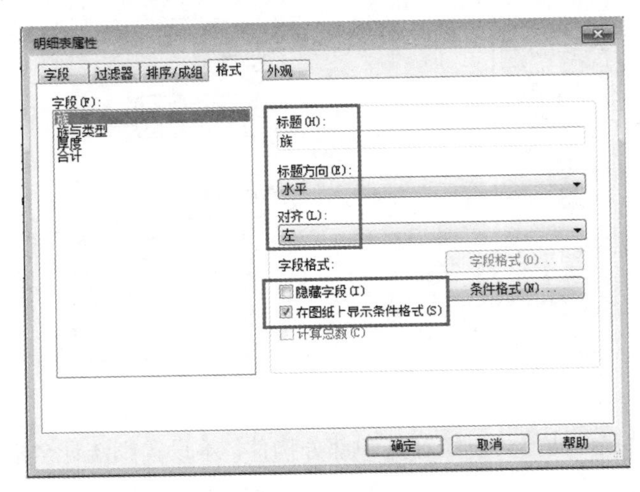

图 12.3–5

“外观”选项卡：设置表格线宽、标题和正文文字字体与大小，如图 12.3-6 所示。

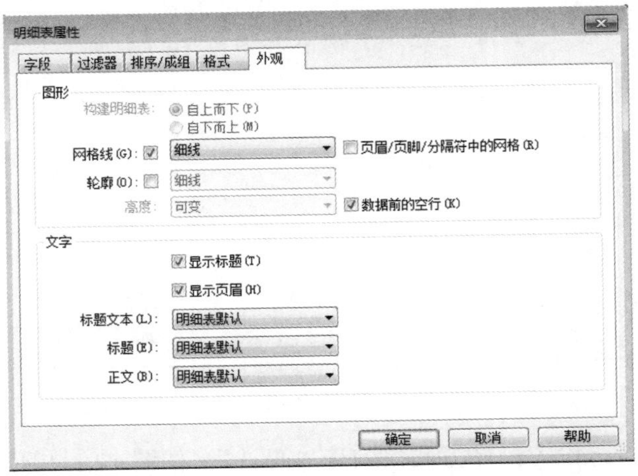

图 12.3–6

单击“确定”按钮，如图 12.3-7 所示。

<墙明细表>

A	B	C	D
族	族与类型（项目特征）	厚度	合计
基本墙	基本墙：基墙_普通砖-120厚	120	14
基本墙	基本墙：基墙_普通砖-200厚	200	37
基本墙	基本墙：基墙_钢筋砼C30-240厚	240	8
基本墙	基本墙：基墙_陶粒混凝土空心砌块-200厚	200	7
基本墙	基本墙：外墙_机刨横纹灰白色花岗石墙面-40厚	40	26
基本墙	基本墙：外墙_饰面砖-40厚	40	8
幕墙	幕墙：C2156		1
总计：101			

图 12.3–7

柱的明细表跟墙类似，首先单击“视图”选项卡下“创建”面板中的“明细表”下拉命令，在弹出的下拉列表中选择“明细表 | 数量”命令，在弹出的“新建明细表”对话框中选择要统计的构

件类别，选择“结构柱”，设置明细表名称，选择“建筑构件明细表”单选命令，设置明细表应用阶段，单击“确定”命令。

单击“字段”选项卡：从“可用字段”列表框中选择要统计的字段，单击“添加”按钮移动到“明细表字段”列表框中，利用“上移”“下移”命令调整字段顺序，如图 12.3-8 所示。

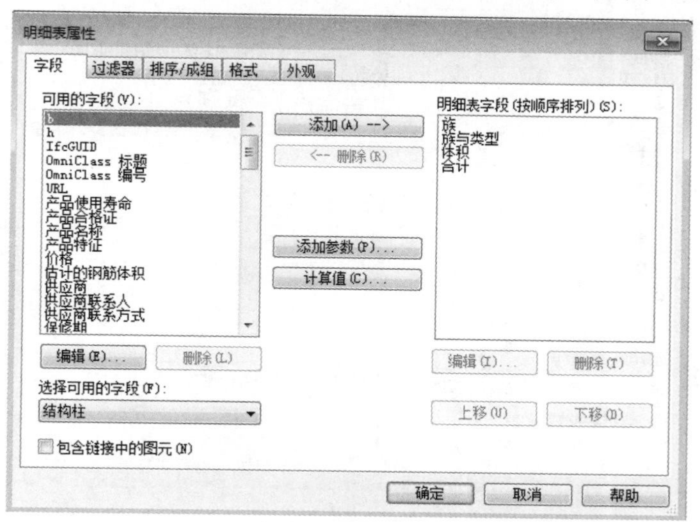

图 12.3-8

单击“确定”按钮，出现如图 12.3-9 所示。

<结构柱明细表>			
A	B	C	D
项目名称	族与类型（项目特征）	工程量	柱根数
BM-混凝土-结构柱	BM-混凝土-结构柱：钢筋混凝土250X450mm	0.378	1
BM-混凝土-结构柱	BM-混凝土-结构柱：钢筋混凝土250X450mm	0.378	1
BM-混凝土-结构柱	BM-混凝土-结构柱：钢筋混凝土350X350mm	0.398	1
BM-混凝土-结构柱	BM-混凝土-结构柱：钢筋混凝土350X350mm	0.398	1

图 12.3-9

2. 材质明细表

单击“视图”选项卡下“创建”面板中的“明细表”下拉命令，在弹出的下拉列表中选择“材质提取”命令，在弹出的“新建明细表”对话框中选择要统计的构件类别，例如墙，设置明细表名称，设置明细表应用阶段，单击“确定”命令，如图 12.3-10 所示。

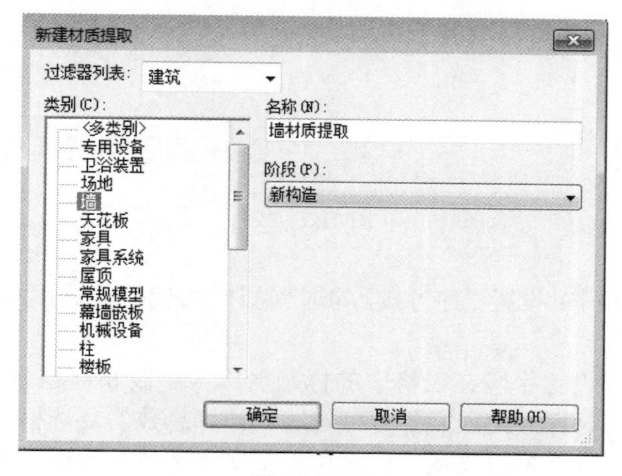

图 12.3-10

（1）“字段”选项卡：从“可用字段”列表框中选择要统计的字段，单击“添加”命令移动到“明细表字段”列表框中，利用“上移”“下移”命令调整字段顺序，如图 12.3-11 所示。

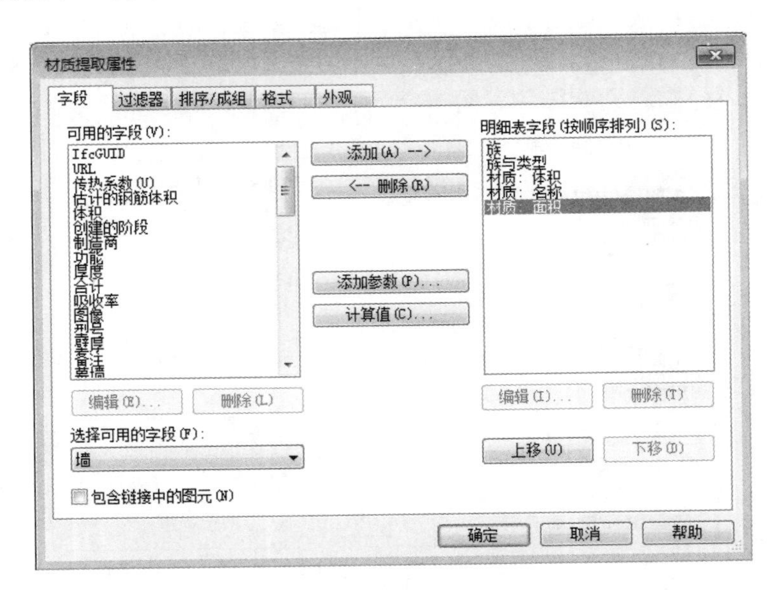

图 12.3-11

（2）“过滤器”选项卡：设置过滤器可以统计其中部分构件，不设置则统计全部构件，如图 12.3-12 所示。

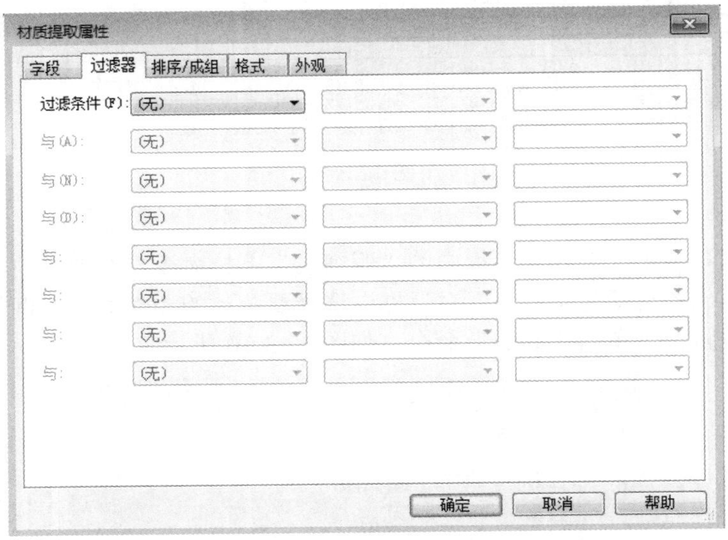

图 12.3-12

（3）“排序｜成组”选项卡：设置排序方式，勾选“总计”“逐项列举每个实例”复选框，如图 12.3-13 所示。

（4）“格式”选项卡：设置字段在表格中的标题名称（字段和标题名称可以不同，如“类型”可修改为窗编号）、方向、对齐方式，需要时可勾选“计算总数”复选框，如图 12.3-14 所示。

（5）“外观”选项卡：设置表格线宽、标题和正文文字字体与大小，如图 12.3-15 所示。

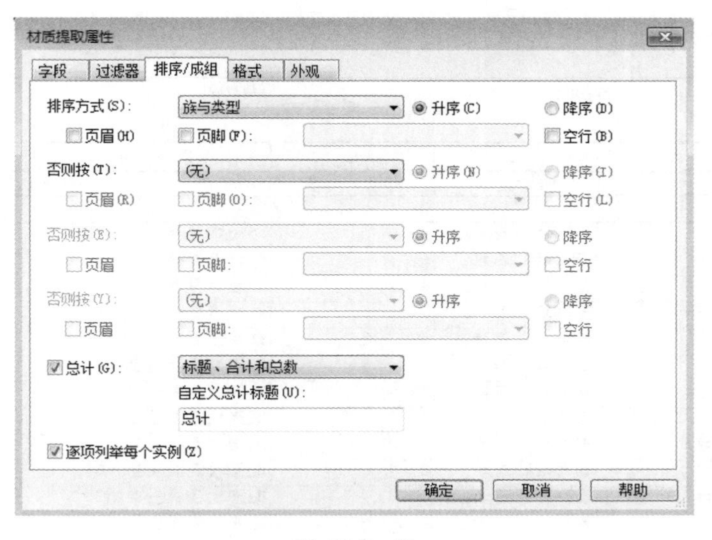

图 12.3-13

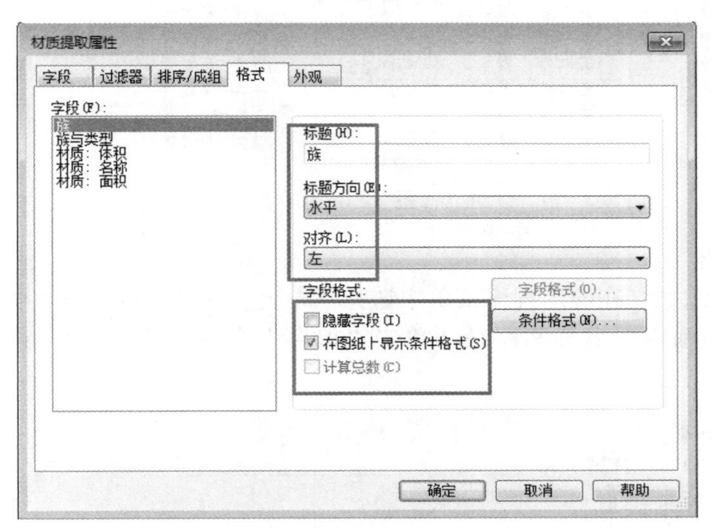

图 12.3-14

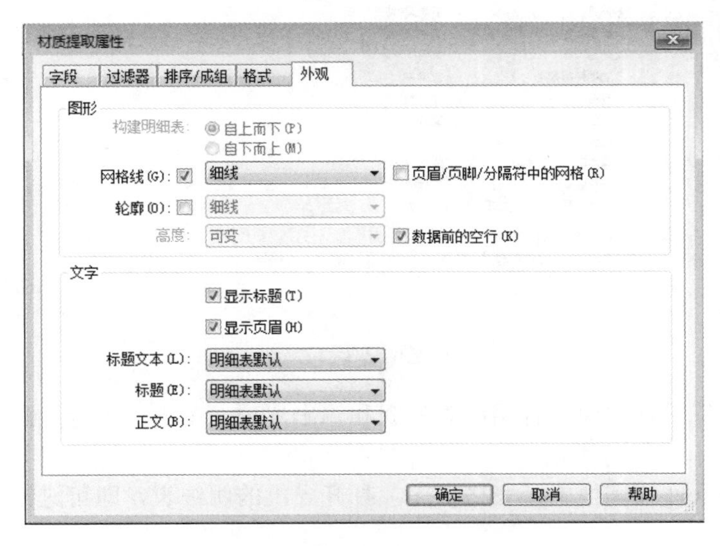

图 12.3-15

单击“确定”命令，如图 12.3-16 所示。

〈墙材质提取〉

A	B	C	D	E
族	族与类型	材质：体积	材质：名称	材质：面积
基本墙	基本墙：基墙_	4	外墙饰面砖	16
基本墙	基本墙：基墙_	1	外墙饰面砖	4
基本墙	基本墙：基墙_	4	外墙饰面砖	15
基本墙	基本墙：基墙_	14	外墙饰面砖	59
基本墙	基本墙：基墙_	6	外墙饰面砖	23
基本墙	基本墙：基墙_	1	M_陶粒混凝土空	4
基本墙	基本墙：基墙_	3	M_陶粒混凝土空	15
基本墙	基本墙：基墙_	5	M_陶粒混凝土空	23
基本墙	基本墙：基墙_	4	M_陶粒混凝土空	22
基本墙	基本墙：基墙_	2	M_陶粒混凝土空	8
基本墙	基本墙：基墙_	1	M_陶粒混凝土空	3
基本墙	基本墙：基墙_	1	M_陶粒混凝土空	7
基本墙	基本墙：基墙_	4	墙体-普通砖	20
基本墙	基本墙：基墙_	4	墙体-普通砖	18
基本墙	基本墙：基墙_	2	墙体-普通砖	12
基本墙	基本墙：基墙_	2	墙体-普通砖	12
基本墙	基本墙：基墙_	3	墙体-普通砖	15
基本墙	基本墙：基墙_	2	墙体-普通砖	12
基本墙	基本墙：基墙_	3	墙体-普通砖	23

图 12.3–16

3. 明细表的导出

打开要导出的明细表，在应用程序菜单中选择“导出”→“报告”→“明细表”命令，在“导出”对话框中指定明细表的名称和路径，单击“保存”命令将该文件保存为分隔符文本，如图 12.3-17 所示。

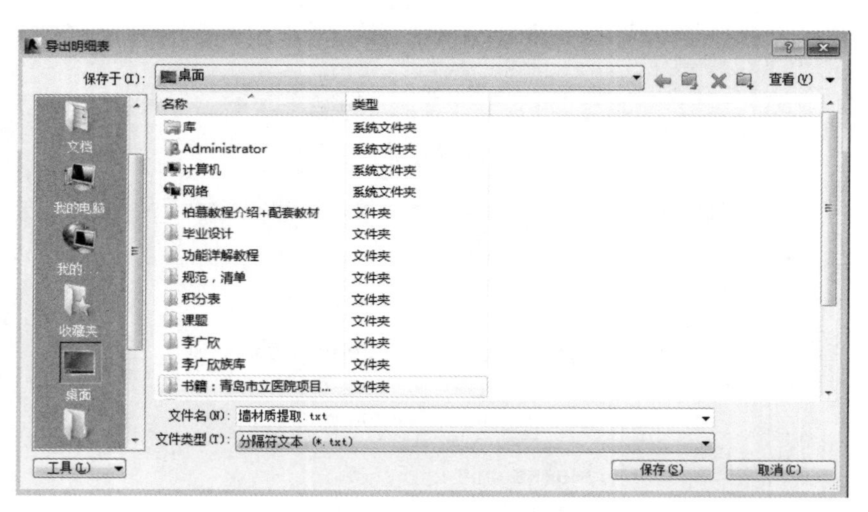

图 12.3–17

在“导出明细表”对话框中设置明细表外观和输出选项，单击“确定”命令，完成导出，如图 12.3-18 所示。

启动 Microsoft Excel 或其他电子表格程序，打开导出的明细表，即可进行任意编辑修改。

12.3.2　课上练习

统计小别墅门窗的工程量。

打开练习模型，单击“视图”选项卡下“创建”面板中的“明细表”下拉命令，在弹出的下拉列表中选择“明细表 | 数量”命令，在弹出的“新建明细表”对话框中选择窗，单击“确定”按钮，在字段中选择族、族与类型、项目编码、宽度、高度等字段。单击“确定”完成明细表统计。同理，门的工程量统计跟窗类似，完成后如图 12.3-19 所示。

保存该文件，请在“中高级课程\12.成果输出与明细表\12.3 明细表\12.3.2 课上练习\12-3-2.rvt”项目文件，查看最终结果。

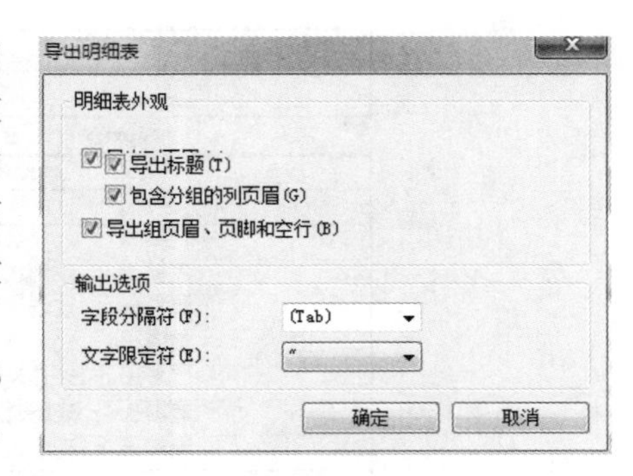

图 12.3-18

12.3.3 课后作业

根据练习模型，统计模型中梁板柱及基础的工程量，完成后如图 12.3-20 所示。

<门明细表>

A	B	C	D	E	F	G
项目编码	族	类型	高度	宽度	合计	标高
010501002	BM_木质单扇平开门	M0821	2100	800	2	-1F
010501002	BM_木质单扇平开门	M0921	2100	900	6	-1F
010502001	BM_铝合金四扇推拉门	TLM2124	2400	2100	2	-1F
010503002	BM_防火卷帘门_中装	JLM5422-Z	2200	5400	1	-1F
010501002	BM_木质单扇平开门	M0821	2100	800	3	1F
010501002	BM_木质单扇平开门	M0921	2100	900	2	1F
010501002	BM_木质双扇平开门	M1524	2400	1500	1	1F
010502001	BM_铝合金四扇推拉门	TLM2124	2400	2100	1	1F
010502001	BM_铝合金四扇推拉门	TLM3627	2700	3600	1	1F
010501002	BM_木质单扇平开门	M0821	2100	800	3	2F
010501002	BM_木质单扇平开门	M0921	2100	900	3	2F
010501002	BM_木质双扇平开门	M1524	2400	1500	1	2F
010502001	BM_铝合金四扇推拉门	TLM3324	2400	3300	1	2F
010502001	BM_铝合金四扇推拉门	TLM3627	2700	3600	1	2F
总计：28					28	

<窗明细表>

A	B	C	D	E
类型	宽度	高度	标高	合计
C0624	600	2400	-1F	3
C0823	800	2300	-1F	2
TLC1206	1200	600	-1F	1
ZHC3215	3200	1500	-1F	1
C0625	600	2500	1F	2
C0823	800	2300	1F	3
C0825	800	2500	1F	1
GC0609	600	900	1F	1
GC0615	600	1500	1F	1
GC0915	900	1500	1F	2
TLC2406	2400	600	1F	1
ZHC3423	3400	2300	1F	1
C0923	900	2300	2F	2
C1023	1000	2300	2F	1
GC0609	600	900	2F	5
GC0615	600	1500	2F	1
总计：28				

图 12.3-19

保存该文件，请在“中高级课程\12.成果输出与明细表\12.3 明细表\12.3.3 课后作业\12-3-3.rvt”项目文件中查看最终结果。

<结构柱明细表>

A	B	C	D	E
类型	结构材质	体积	底部标高	合计
GZ1	混凝土 - 现场浇注混凝土	3.28 m³	F0	12
Z2	混凝土 - 现场浇注混凝土	0.43 m³	F0	1
GZ1	混凝土 - 现场浇注混凝土	3.06 m³	F1	14
LZ1	混凝土 - 现场浇注混凝土	0.05 m³	F1	2
Z2	混凝土 - 现场浇注混凝土	0.34 m³	F1	1
GZ1	混凝土 - 现场浇注混凝土	0.32 m³	F2	14
Z2	混凝土 - 现场浇注混凝土	0.04 m³	F2	1
总计：45		7.53 m³		45

<结构框架明细表>

A	B	C	D	E
类型	结构材质	参照标高	体积	合计
120*300	混凝土 - 现场	F0	0.02 m³	1
240*350	混凝土 - 现场	F0	0.62 m³	2
DQL	混凝土 - 现场	F0	2.54 m³	7
120*300	混凝土 - 现场	F1	0.07 m³	1
200*200 2	混凝土 - 现场	F1	0.14 m³	1
240*350	混凝土 - 现场	F1	1.73 m³	5
240*400	混凝土 - 现场	F1	0.55 m³	2
320*200	混凝土 - 现场	F1	0.30 m³	4
L7	混凝土 - 现场	F1	0.32 m³	1
L8	混凝土 - 现场	F1	0.36 m³	1
QL	混凝土 - 现场	F1	2.19 m³	6
WL1(1)	混凝土 - 现场	F2	0.32 m³	1
WL2(2A)	混凝土 - 现场	F2	0.73 m³	1
WL3(2)	混凝土 - 现场	F2	0.30 m³	1
WL4(1)	混凝土 - 现场	F2	0.31 m³	1
WL5	混凝土 - 现场	F2	0.41 m³	1
WQL	混凝土 - 现场	F2	0.58 m³	2
WQL 2	混凝土 - 现场	F2	0.67 m³	1
总计：39			12.18 m³	39

<楼板明细表>

A	B	C	D	E
类型	面积	体积	标高	合计
现场浇注混凝土 230mm	82 m²	18.95 m³	F0	3
现场浇注混凝土90	63 m²	5.71 m³	F1	9
现场浇注混凝土110	75 m²	8.29 m³	F2	3
总计：15	221 m²	32.96 m³		15

<结构基础明细表>

A	B	C	D	E	F	G
类型	长度	宽度	标高	面积	体积	合计
1500 x 1500 x300 mm	1500	1500	F0	32 m²	6.75 m³	10
3000 x 1500 x 300 mm	3000	1500	F0	6 m²	1.35 m³	1
总计：11				37 m²	8.10 m³	11

图 12.3-20

第13章 渲染与漫游

13.1 渲染

13.1.1 基本操作

1. 创建透视视图

在项目浏览器中，打开一个平面视图、剖面视图或立面视图，在“视图”选项卡下的“三维视图”下拉列表中选择“相机”选项，如图 13.1-1 所示。

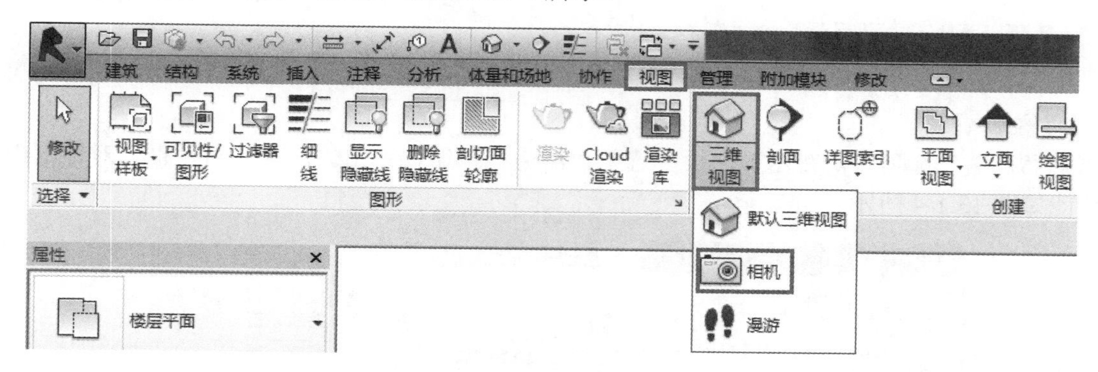

图 13.1-1

在平面视图绘图区域中单击放置相机并将光标拖曳到所需目标点。

【注意】 如果清除选项栏上的“透视图”选项，则创建的视图会是正交三维视图，不是透视视图。

单击放置相机视点，光标向上移动，超过建筑最上端，选择三维视图的视口，视口各边出现 4 个蓝色控制点，单击上边控制点向上拖曳，直至超过屋顶，单击拖曳左右两边控制点，超过建筑后释放鼠标，视口被放大。至此就创建了一个正面相机透视图，如图 13.1-2 所示。

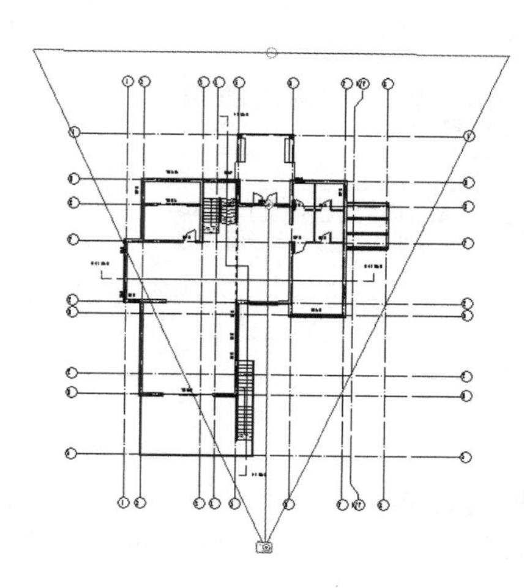

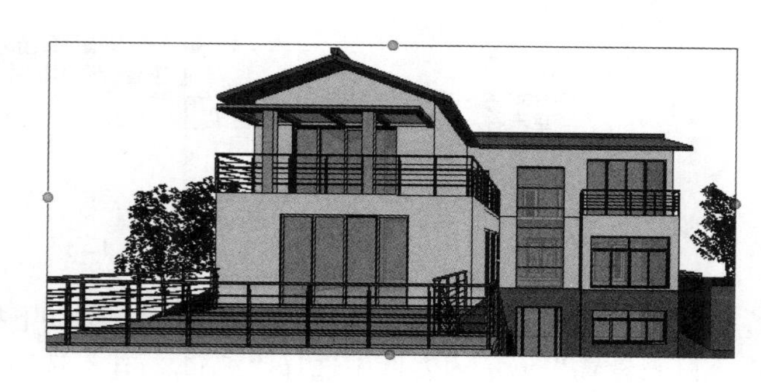

图 13.1-2

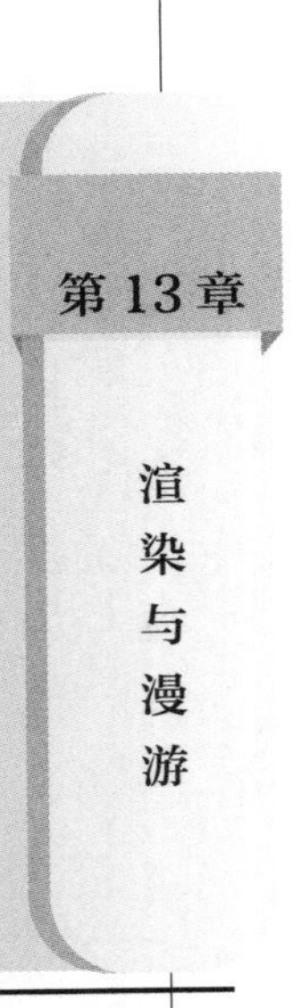

在立面视图中按住相机可以上下移动，相机的视口也会跟着上下摆动，以此可以创建鸟瞰透视图或者仰视透视图，如图 13.1-3 所示。

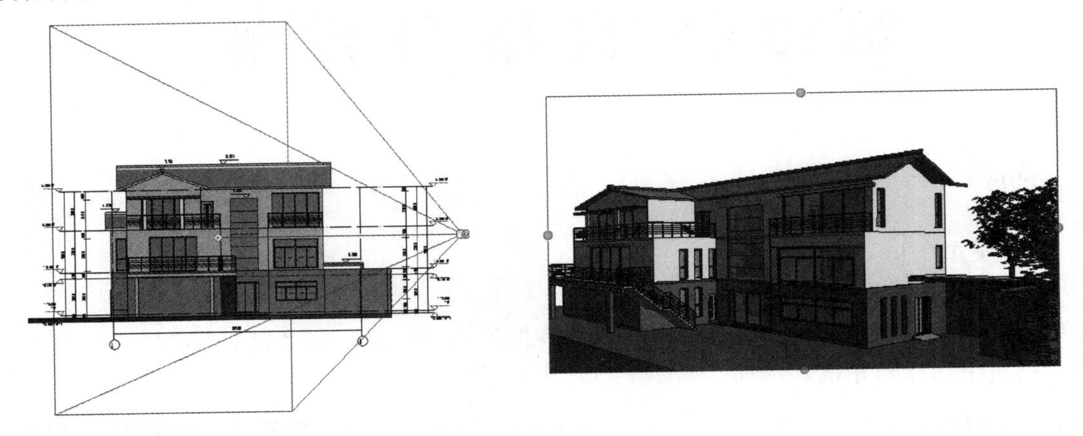

图 13.1–3

2. 渲染设置

单击“视图”选项卡，在图形面板中选中“渲染”按钮，弹出“渲染”对话框，对话框中各选项的功能如图 13.1-4 所示。

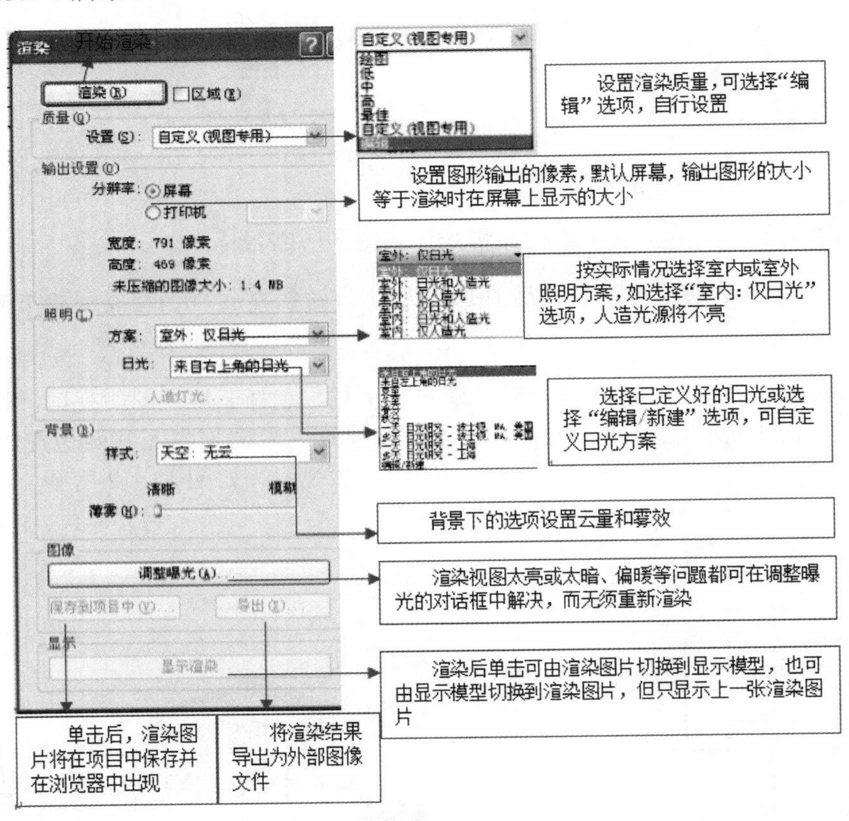

图 13.1–4

在“渲染”对话框中“照明”选项区域的“方案”下拉列表框中选择“室外：仅日光”选项。

在“日光设置”下拉列表框中选择“编辑/新建”选项，打开“日光位置”对话框，日光研究选择静止，如图 13.1-5 所示。

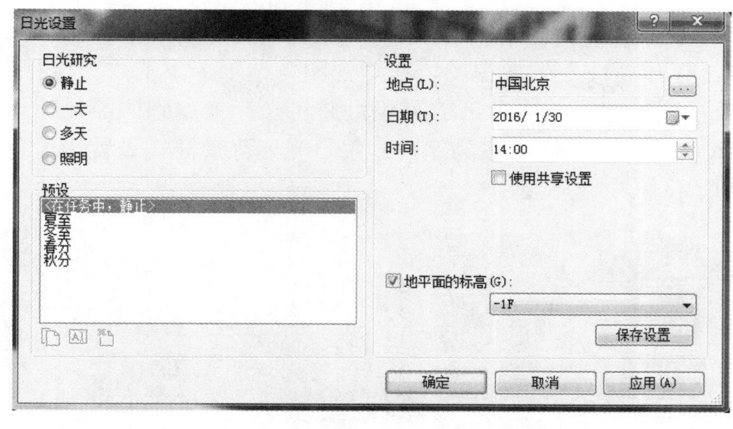

图 13.1–5

在“日光设置”对话框右边的设置栏下面选择地点、日期和时间，单击“地点”后面的□按钮，弹出“位置、气候和场地”对话框。在项目地址中搜索“北京，中国”，经度、纬度将自动调整为北京的信息，勾选“根据夏令时的变更自动调整时钟”复选框。单击“确定”按钮关闭对话框，回到“日光设置”对话框。

单击“日期”后的下拉按钮，设置日期为“2016-1-30”，单击时间的小时数值，输入“14”，单击分钟数值输入“0”，单击“确定”按钮返回“渲染”对话框。

在“渲染”对话框中“质量”选项区域的“设置”下拉列表中选择“高”选项。

设置完成后，单击“渲染”按钮，开始渲染，并弹出“渲染进度”对话框，显示渲染进度，如图 13.1-6 所示。

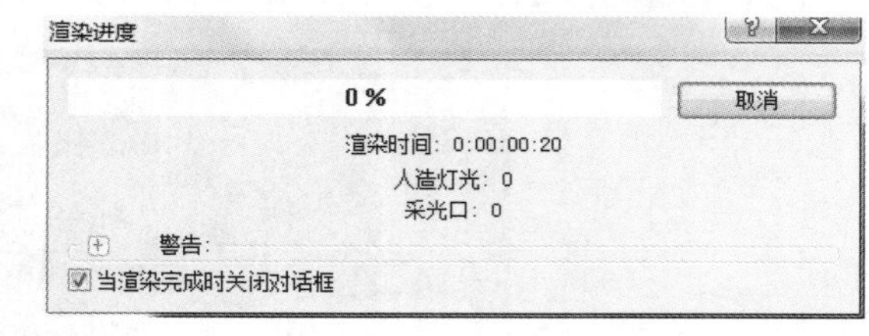

图 13.1–6

【注意】 可随时单击“取消”按钮，或按快捷键“Esc”结束渲染。

勾选“渲染进度”对话框中的“当渲染完成时关闭对话框”复选框，渲染后此工具条自动关闭，渲染结果如图 13.1-7 所示，图中为渲染前后对比，如图 13.1-8 所示为其他渲染练习。

图 13.1–7

图 13.1–8

13.1.2 课上练习

在项目浏览器中，打开“1F”平面视图，在“视图”选项卡下的“三维视图”下拉列表中选择“相机”选项，在平面视图绘图区域中单击放置相机并将光标拖曳到所需目标点。

渲染设置，质量设置为中，照明方案为室外：仅日光，背景样式设置为蓝色，绿色为颜色背景，渲染结果如图 13.1-9 所示。

图 13.1-9

保存该文件，请在“中高级课程\13.渲染与漫游\13.1 渲染\13.1.2 课上练习\13-1-2.rvt”项目文件中查看最终结果。

13.1.3 课后作业

使用上述的方法在室内放置相机就可以创建室内三维透视图，绘制结果如图 13.1-10 所示。

图 13.1-10

保存该文件，请在“中高级课程\13.渲染与漫游\13.1 渲染\13.1.3 课后作业\13-1-3.rvt”项目文件中查看最终结果。

13.2 漫游

13.2.1 基本操作

1. 创建漫游

在项目浏览器中单击“1F”平面视图。

单击“视图”选项卡下“创建”面板中的“三维视图”下拉列表中的“漫游”命令。

【注意】 选项栏中可以设置路径的高度，默认为 1750，可单击修改其高度。

将光标移至绘图区域，在 1F 平面视图中别墅南面中间位置单击，开始绘制路径，即漫游所要经过的路径，路径围绕别墅一周后，单击选项栏上的“完成”按钮或按“Esc”键完成漫游路径的绘制，如图 13.2-1 所示。

完成路径后，项目浏览器中出现“漫游”项，双击“漫游”项显示的名称是“漫游 1”，双击“漫游 1”打开漫游视图。

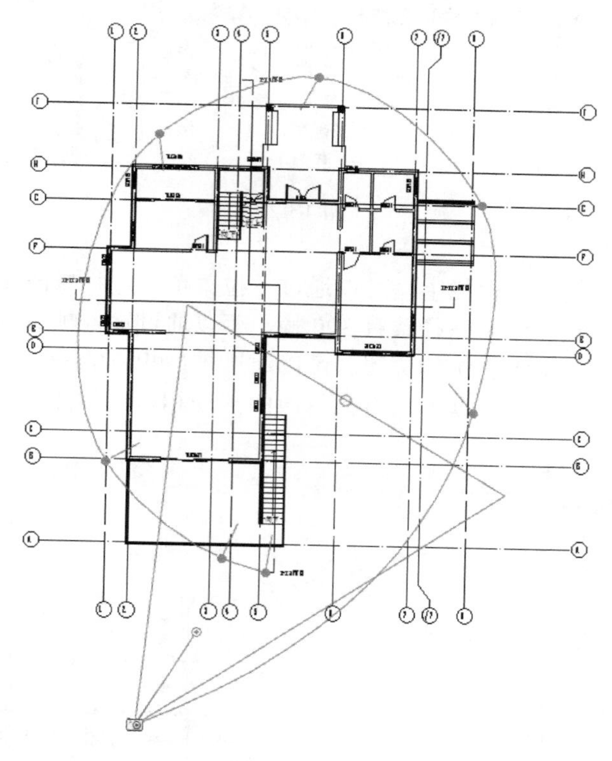

图 13.2-1

2. 修改漫游路径

创建好漫游路径以后，在项目浏览器的三维视图下面，可以找到新创建的漫游视图。双击打开此漫游视图，并点选视图框，再单击工具栏最右侧的“编辑漫游”，可以对此漫游进行进一步编辑，如图 13.2-2 所示。

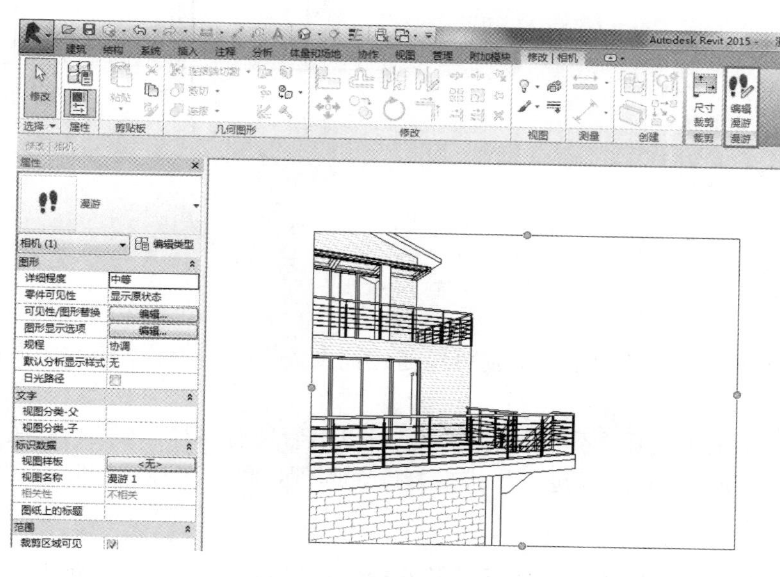

图 13.2-2

在“编辑漫游”上下文选项卡里，单击“重设相机”命令，如图 13.2-3 所示。

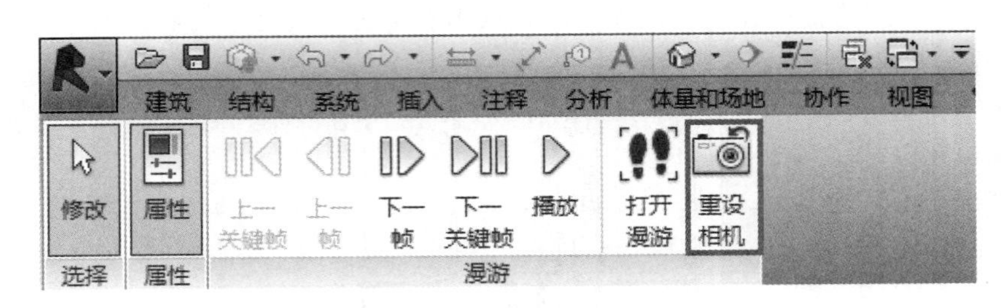

图 13.2-3

在激活的“修改 | 相机”选项栏中，可以通过下拉菜单，选择修改相机、路径或关键帧。选择“活动相机”，选项栏显示整个漫游路径共有 300 帧，可以通过输入帧数选择要修改的活动相机，例如“155”，相机符号退到了第 155 帧的位置。可以通过推拉相机的三角形前端的控制点，编辑相机的拍摄范围。如此反复操作，可以修改所有想修改的活动相机，如图 13.2-4 所示。

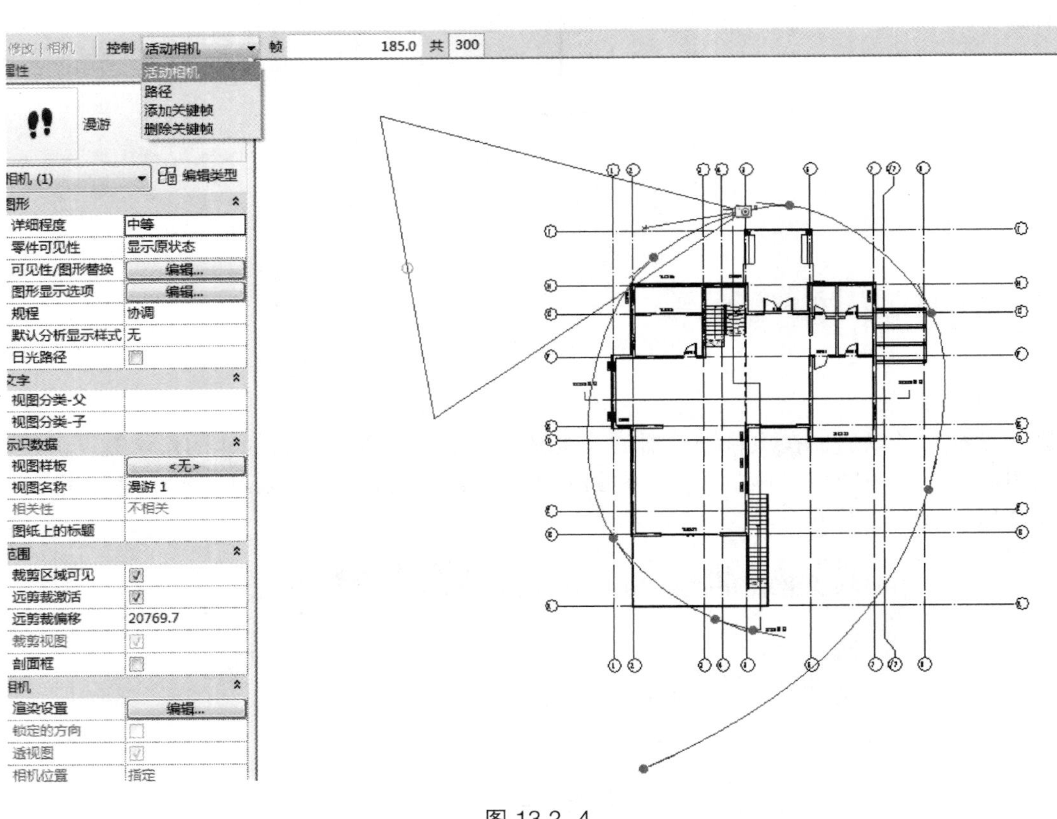

图 13.2-4

在“控制”下拉菜单中选择“路径”，则可以通过拖曳关键帧的位置，修改漫游路径，如图 13.2-5 所示。

在“控制”下拉菜单中选择“添加关键帧”，则可以沿着现有路径，添加新的关键帧，如图 13.2-6 所示。添加新的关键帧可以对路径进一步推敲修改。同理，可以选择“删除关键帧”，删除已有的某个或多个关键帧。

【注意】 “添加关键帧”不可以用于延长路径，所以现有路径以外不可以“添加关键帧”。

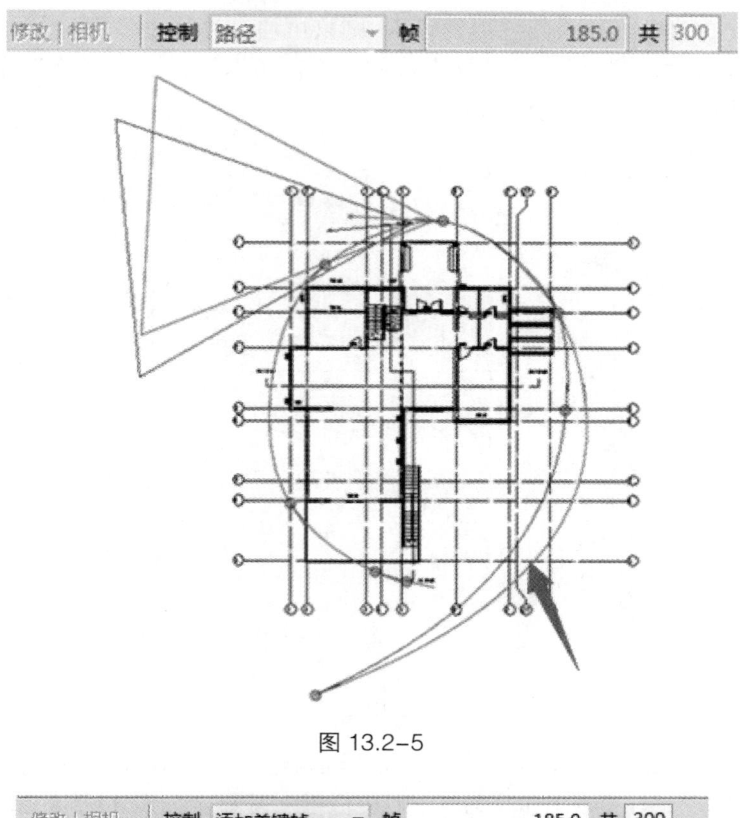

图 13.2-5

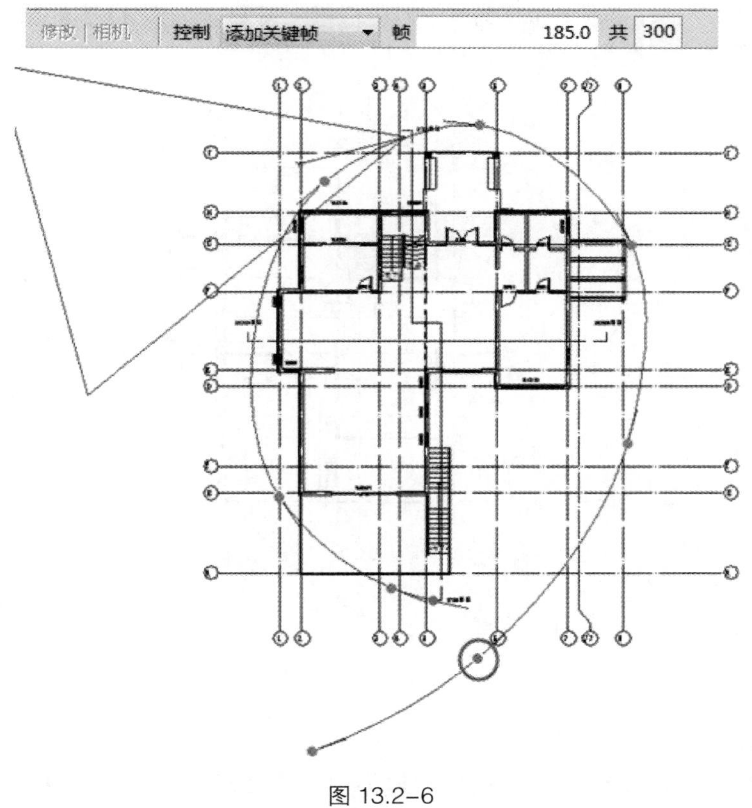

图 13.2-6

3．修改漫游帧

单击“修改 | 相机”选项栏中，单击最右侧按钮“300”，激活“漫游帧”对话框。可以修改漫

游的“总帧数”和漫游速度。如果勾选“匀速”，则只可通过“帧/秒”设定平均速度，每秒几帧。如果不勾选“匀速”，则可控制每个关键帧直接的速度。可以通过“加速器”为关键帧设定速度，此数值有效范围为 0.1～10，如图 13.2-7 所示。

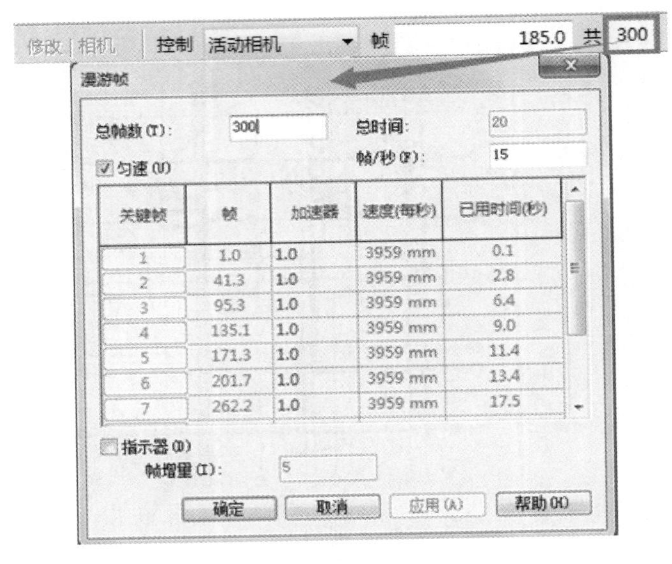

图 13.2-7

为了更好地掌握沿着路径的相机位置，可以通过勾选“指示器”，并设定“帧增量”来设定相机指示符。如图 13.2-7 所示，“帧增量”为 5，则相机指示符显示如图 13.2-8 所示。如果希望减少相机指示符的密度，可将“帧增量”设定得大些。

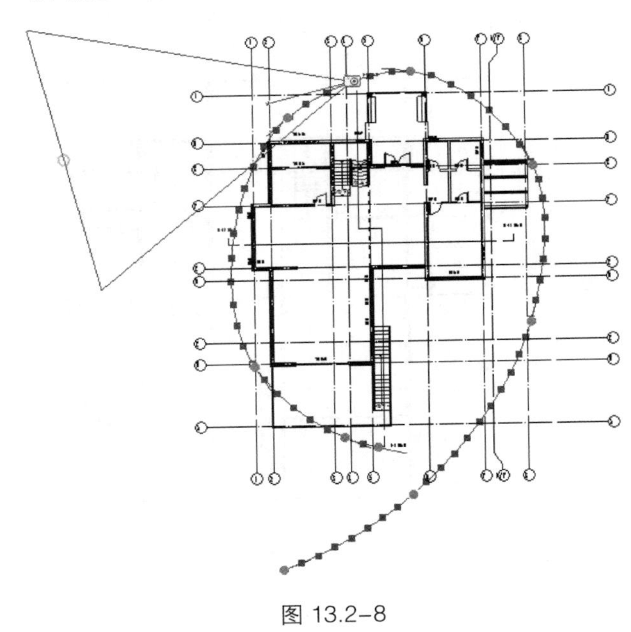

图 13.2-8

4. 控制漫游播放

由于在平面中编辑漫游不够直观，在编辑漫游时，需要通过播放漫游来审核漫游效果，再切换到路径和相机中去进一步编辑。在“编辑漫游”选项卡中，可以通过“播放”按钮播放整个漫游效果，或者通过“上一关键帧”“下一关键帧”“上一帧”和“下一帧”等按钮，切换播放的起始位置，如图 13.2-9 所示。

图 13.2-9

5. 导出漫游

漫游编辑完毕以后，就可以选择将其导出成视频文件或图片文件了。单击“应用程序菜单”按钮下“导出”选项卡下的“图像和动画”按钮下“漫游”，打开“长度/格式”对话框，如图 13.2-10 所示。

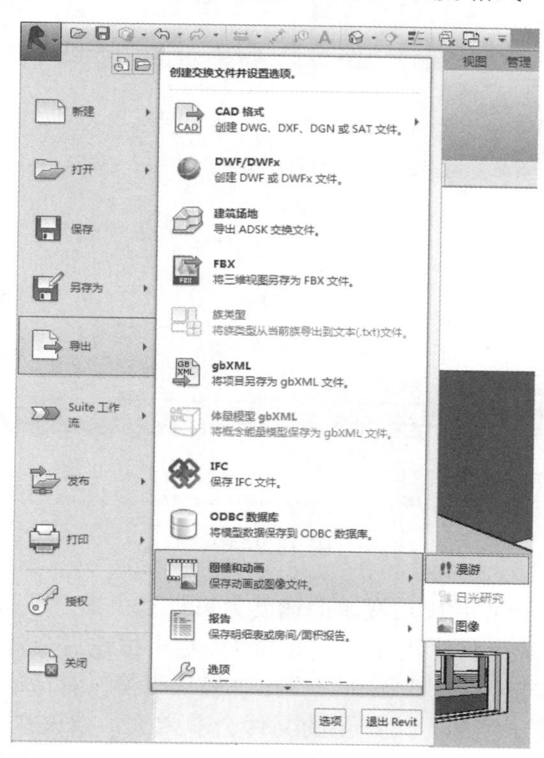

图 13.2-10

在“长度/格式”对话框中，可以选择导出“全部帧”或“部分帧”。若为后者，则在“帧范围”内设定起点帧数、终点帧数、速度和时长。在“格式”中，可以设定“视觉样式”和输出尺寸，以及是否“包含时间和日期戳”，如图 13.2-11 所示。全都设定完毕后，单击“确定”按钮，打开“导出漫游”对话框。

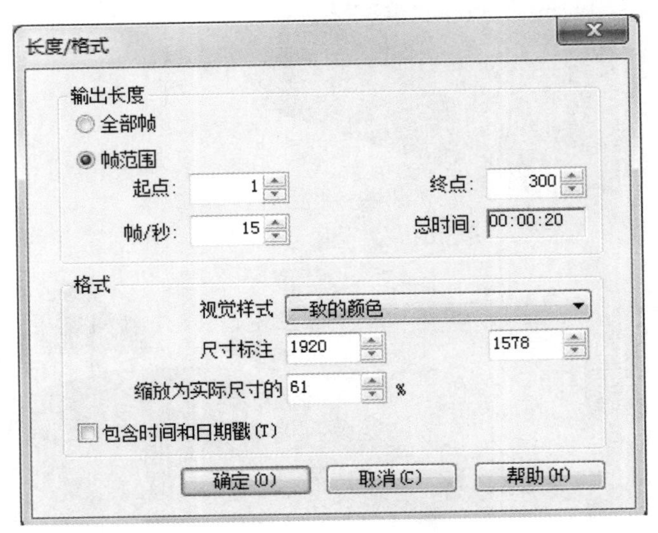

图 13.2–11

在“导出漫游”对话框中，可以在文件类型下拉菜单中选择导出为 AVI 视频格式，或者 JPEG、TIFF、BMP 等图片文件格式，如图 13.2-12 所示。

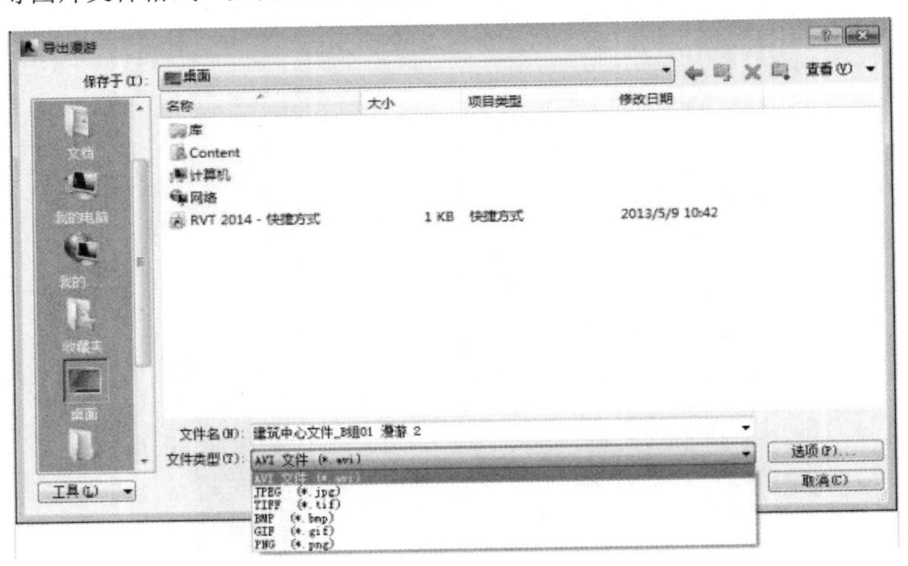

图 13.2–12

其中“帧/秒”选项用于设置导出后漫游的速度为每秒多少帧，默认为 15 帧，播放速度会比较快，建议设置为 3 或 4 帧，速度将比较合适。单击“确定”按钮后会弹出“导出漫游”对话框，输入文件名，并选择路径，单击“保存”按钮，弹出“视频压缩”对话框，如图 13.2-13 所示。在该对话框中默认为“全帧（非压缩的）”，产生的文件会非常大，建议在下拉列表中选择压缩模式为“Microsoft Video 1”，此模式为大部分系统可以读取的模式，同时可以减少文件大小，单击“确定”按钮将漫游文件导出为外部 AVI 文件。

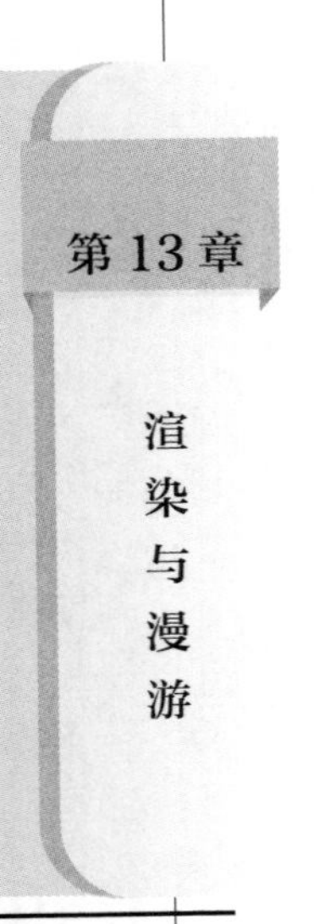

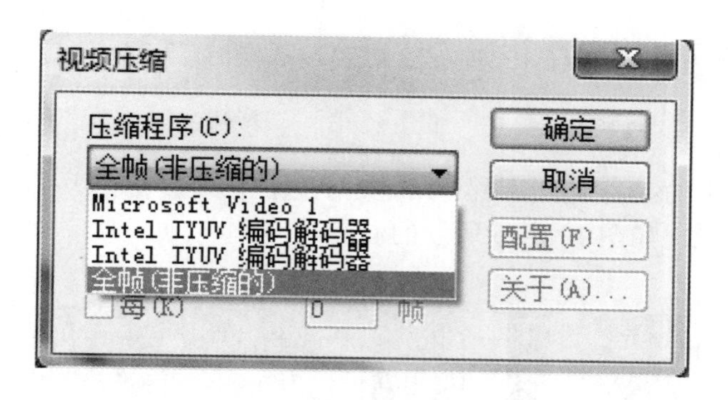

图 13.2–13

13.2.2 课上练习

打开“1F”平面视图，单击“视图”选项卡下“创建”面板“三维视图”下拉列表中的“漫游”命令。在室内创建一个漫游，绘制路径如图 13.2-14 所示。

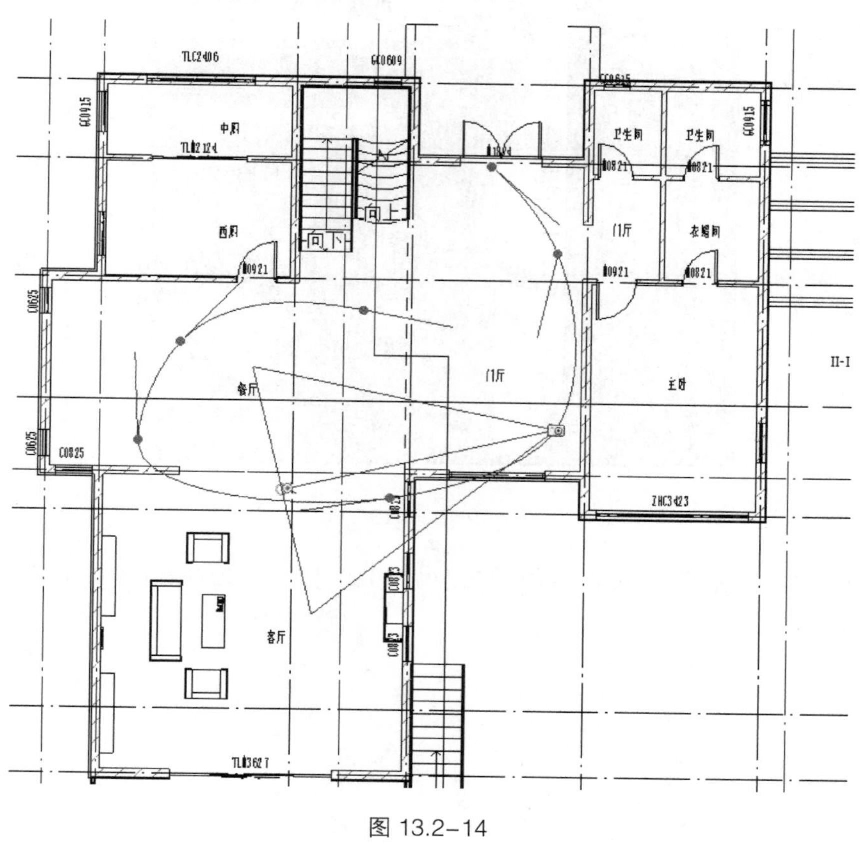

图 13.2–14

通过关键帧“上一关键帧”“下一关键帧”“上一帧”和“下一帧”等按钮，调整相机视点及视野范围。

单击“修改 | 相机”选项栏中最右侧的按钮“300”，激活“漫游帧”对话框。可以修改漫游的“总帧数”为“200”和漫游速度为匀速。

单击“应用程序菜单”按钮下的“导出”选项卡下的“图像和动画”按钮下的“漫游”，打开“长度/格式”对话框，在“帧范围”内设定起点帧数为“1”、终点帧数为“200”、速度为“5”和时长为“15”。

单击“确定”按钮将漫游文件导出为外部 AVI 文件。

保存该文件，请在“中高级课程\13.渲染与漫游\13.2 漫游\13.2.2 课上练习\13-2-2.rvt”项目文件中查看最终结果。

13.2.3 课后作业

打开配套电子文件中的：“中高级课程\13.渲染与漫游\13.2 漫游\课后作业\13-2-3.rvt”项目文件。

打开“F1”平面，做出如图 13.2-15 所示的漫游。

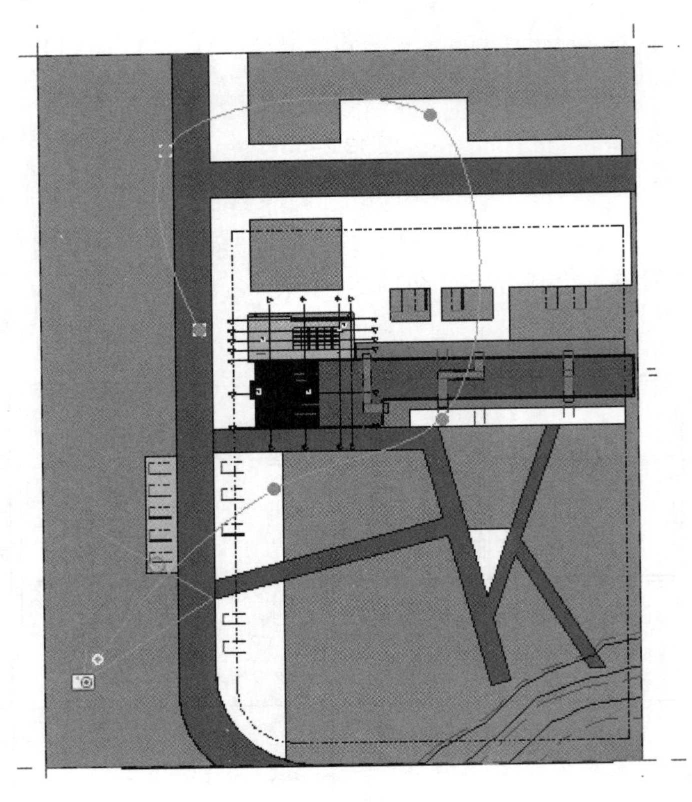

图 13.2–15

保存该文件，请在“中高级课程\13.渲染与漫游\13.2 漫游\13.2.3 课后作业\13-2-3.rvt”项目文件中查看最终结果。

第14章 族 与 体 量

14.1 族概述

所有添加到 Revit Architecture 项目中的图元（从用于构成建筑模型的结构构件、墙、屋顶、窗和门到用于记录该模型的详图索引、装置、标记和详图构件）都是使用族创建的。

通过使用预定义的族和在 Revit Architecture 中创建新族，可以将标准图元和自定义图元添加到建筑模型中。通过族，还可以对用法和行为类似的图元进行某种级别的控制，以便用户轻松地修改设计和更高效地管理项目。

族是一个包含通用属性（称为参数）集和相关图形表示的图元组。属于一个族的不同图元的部分或全部参数可能有不同的值，但是参数（其名称与含义）的集合是相同的。族中的这些变体称为族类型或类型。

例如，家具族包含可用于创建不同家具（如桌子、椅子和橱柜）的族和族类型。尽管这些族具有不同的用途并由不同的材质构成，但它们的用法却是相关的。族中的每一类型都具有相关的图形表示和一组相同的参数，称为族类型参数。

14.1.1 内建族

14.1.1.1 内建族的应用范围

内建族的应用范围主要有以下几种：

1）斜面墙或锥形墙。

2）独特或不常见的几何图形，如非标准屋顶。

3）不需要重复利用的自定义构件。

4）必须参照项目中的其他几何图形的几何图形。

5）不需要多个族类型的族。

14.1.1.2 内建族的创建

【注意】 仅在必要时使用它们。如果项目中有许多内建族，将会增加项目文件的大小并降低系统的性能。

创建内建族，在“建筑”选项卡下“构建”面板中的“构件”下拉列表中选择“内建模型”选项，如图 14.1-1 所示。在弹出的对话框中选择族类别为“屋顶”，输入名称，进入创建族模式，如图 14.1-2 所示。

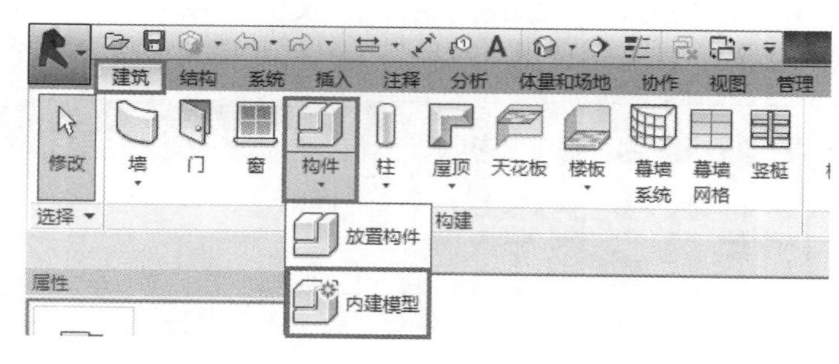

图 14.1-1

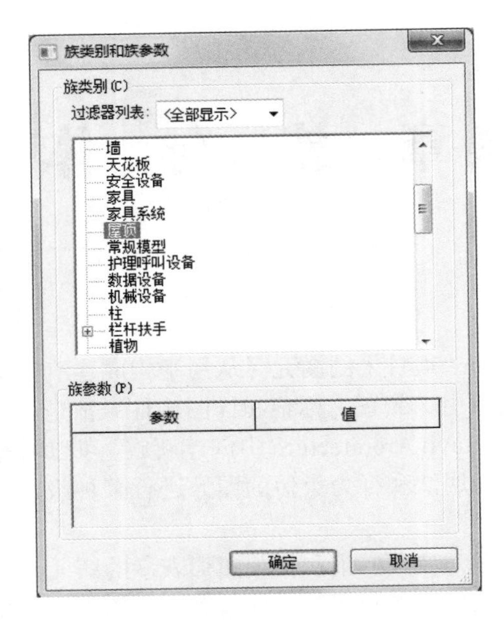

图 14.1–2

【注意】 设置类别的重要性。只有设置了“族类别”，才会使它拥有该类族的特性。在该案例中，设置“族类别”为屋顶才能使它拥有让墙体“附着/分离”的特性等。

打开“项目浏览器中”的“标高 1”视图，单击“创建”选项卡中的“参照平面”或快捷键“RP”，画一条参照线，通过设置拾取参照工作平面进入到西立面视图，绘制 4 条参照平面，如图 14.1-3 所示。

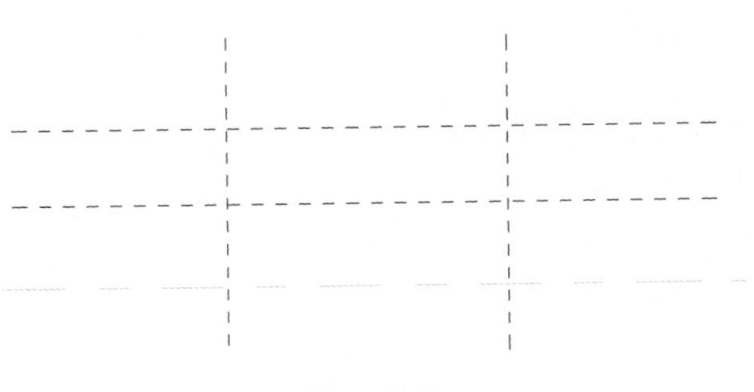

图 14.1–3

【注意】 一般情况需要在立面上绘制拉伸轮廓时，首先在标高视图上通过“设置工作平面”命令来拾取一个面进入到立面视图中绘制。此案例可以在标高视图中绘制一条参照平面作为设置工作平面时需要拾取的面。

单击“创建”选项卡中的“拉伸”“融合”“旋转”“放样”“放样融合”和“空心形状”等建模工具为族创建三维实体和洞口，此案例使用“拉伸”工具创建屋顶形状，如图 14.1-4 所示。

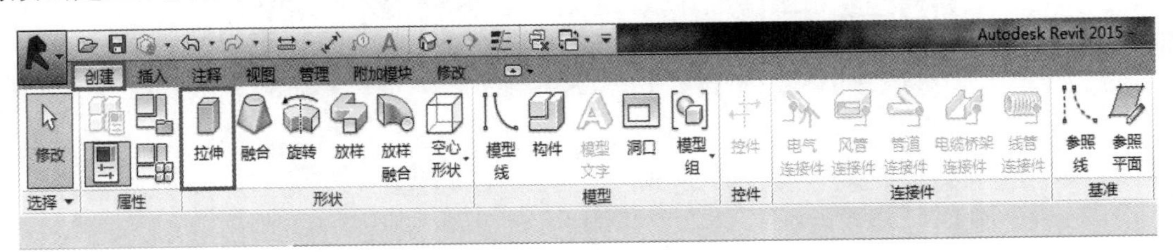

图 14.1–4

单击“拉伸”按钮，设置“拾取一个参照平面”，转到视图“立面：北”绘制屋顶形状，如图14.1-5所示，单击✔完成拉伸。

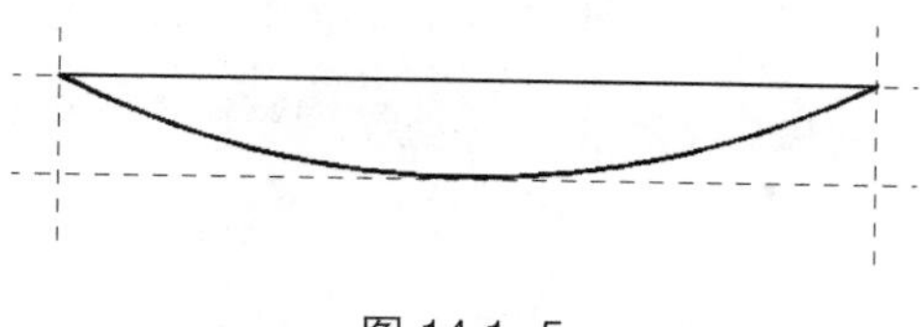

图 14.1-5

进入3D视图，通过拖曳修改屋顶长度如图14.1-6（a）所示。选中拉伸屋顶，单击“在位编辑”，单击“创建”选项卡中的“空心形状”上下文选项卡中的“空心拉伸”命令，绘制洞口，完成空心形状，点击“完成”。单击几何图形中的“剪切”上下文选项卡中“剪切几何图形”为屋顶开洞，完成后效果如图14.1-6（b）所示。

（a）　　　　（b）

图 14.1-6

为几何图形指定材质，设置其“可见性/图形替换”。在模型编辑状态下单击选择屋顶，在“属性”面板上设置其材质及可见性，如图14.1-7所示。

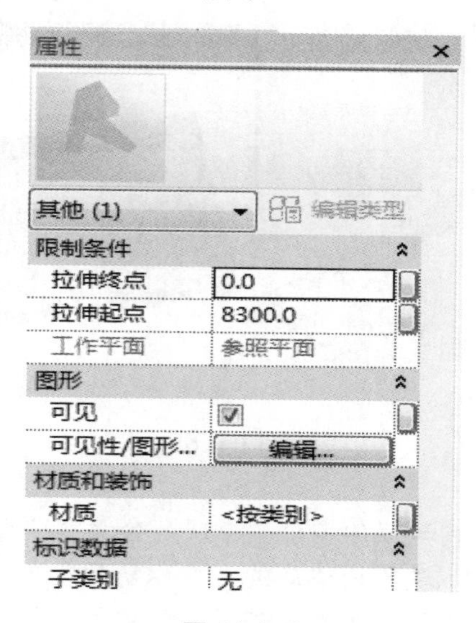

图 14.1-7

【注意】　在“属性”面板中直接选择材质时，在完成模型后材质不能在项目中做调整；如果需要材质能在项目中做调整，那么单击材质栏后面的矩形按钮添加“材质参数”，如图14.1-8所示。

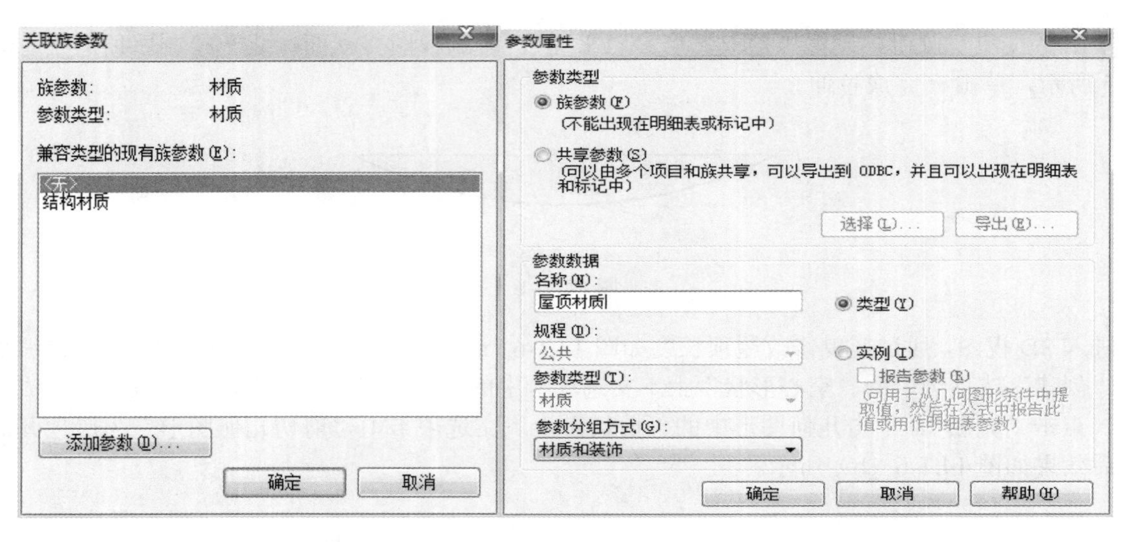

图 14.1–8

14.1.1.3　内建族的编辑

1. 复制内建族

展开包含要复制的内建族的项目视图，选择内建族实例，或在项目浏览器的族类别和族下选择内建族类型。单击“修改”上下文选项卡下“剪贴板”面板中的“复制—粘贴”按钮，单击视图放置内建族图元。

此时粘贴的图元处于选中状态，以便根据需要对其进行修改。根据粘贴的图元的类型，可以使用“移动”“旋转”和“镜像”工具对其进行修改。此外，还可以使用选项栏上的选项，如图 14.1-9 所示。

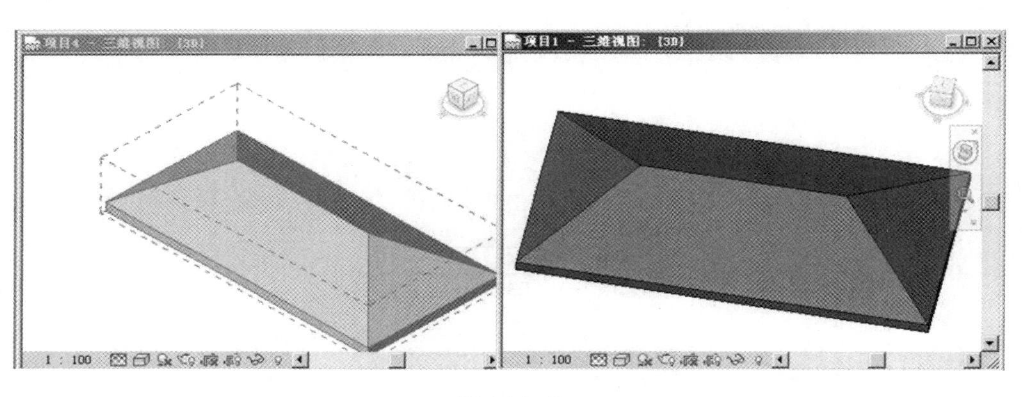

图 14.1–9

【注意】　如果放置了某个内建族的多个副本，则会增加项目的文件大小。处理项目时，多个副本会降低软件的性能，具体取决于内建族的大小和复杂性。

如果要复制的内建族是在参照平面上创建的，则必须选择并复制带内建族实例的参照平面，或将内建族作为组保存并将其载入到项目中。

2. 删除内建族

在项目浏览器中展开“族”和族类别，选择内建族的族类型。（也可以在项目中，选择内建族图元。）然后单击鼠标右键，在弹出的快捷菜单中选择“删除”命令。

【注意】 如果要从项目浏览器中删除该内建族类型，但项目中具有该类型的实例，则会显示一个警告。在警告对话框中单击“确定”按钮删除该类型的实例。如果单击“取消”按钮，则会修改该实例的类型并重新删除该类型。此时该内建族图元已从项目中删除，并不再显示在项目浏览器中。

3. 查看项目中的内建族

可以使用项目浏览器查看项目中使用的所有内建族。展开项目浏览器的“族”，此时显示项目中所有族类别的列表。该列表中包含项目中可能包含的所有内建族、标准构建族和系统族。

【要点】 内建族将在项目浏览器的该类别下显示，并添加到该类别的明细表中，而且还可以在该类别中控制该内建族的可见性。

14.1.2 系统族

14.1.2.1 系统族的概念和设置

系统族包含基本建筑图元，如墙、屋顶、天花板、楼板及其他要在施工场地使用的图元。标高、轴网、图纸和视口类型的项目和系统设置也是系统族。

系统族已在 Revit Architecture 中预定义且保存在样板和项目中，系统族中至少应包含一个系统族类型，除此以外的其他系统族类型都可以删除。可以在项目和样板之间复制和粘贴或者传递系统族类型。

14.1.2.2 查看项目或样板中的系统族

使用项目浏览器来查看项目或样板中的系统族和系统族类型。在项目浏览器中，展开“族”和族类别，选择墙族类型。在 Revit Architecture 中有 3 个墙系统族：基本墙、幕墙和叠层墙。展开“基本墙”，此时将显示可用基本墙的列表，如图 14.1-10 所示。

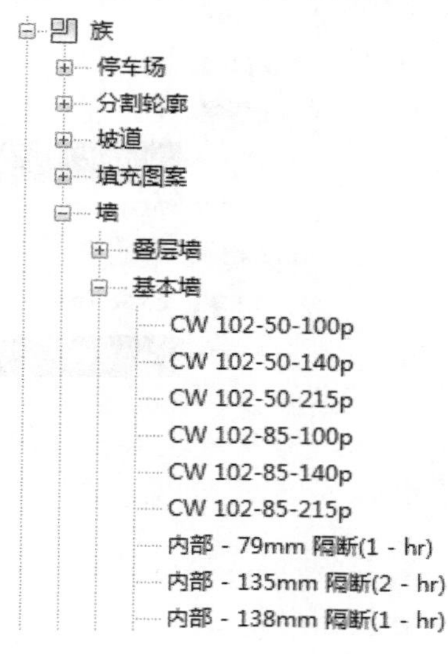

图 14.1–10

14.1.2.3 创建和修改系统族类型

1. 创建墙体类型

在“属性”选项卡中单击“编辑类型”按钮，弹出“类型属性”对话框，单击“复制”按钮，创建一个新的墙类型，如图 14.1-11 所示。

2. 创建墙材质

单击“管理”选项卡下“设置”面板中的“材质”按钮，弹出“材质”对话框，如图 14.1-12

所示。

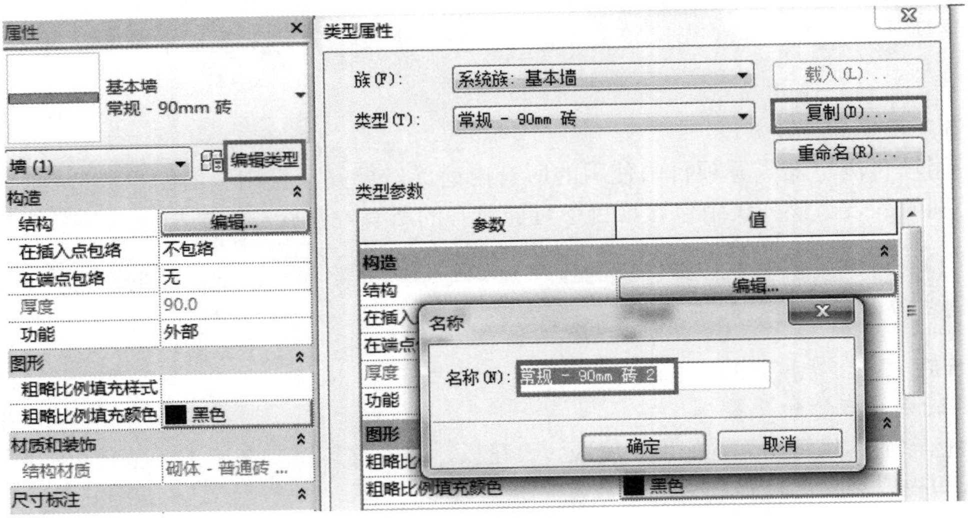

图 14.1-11

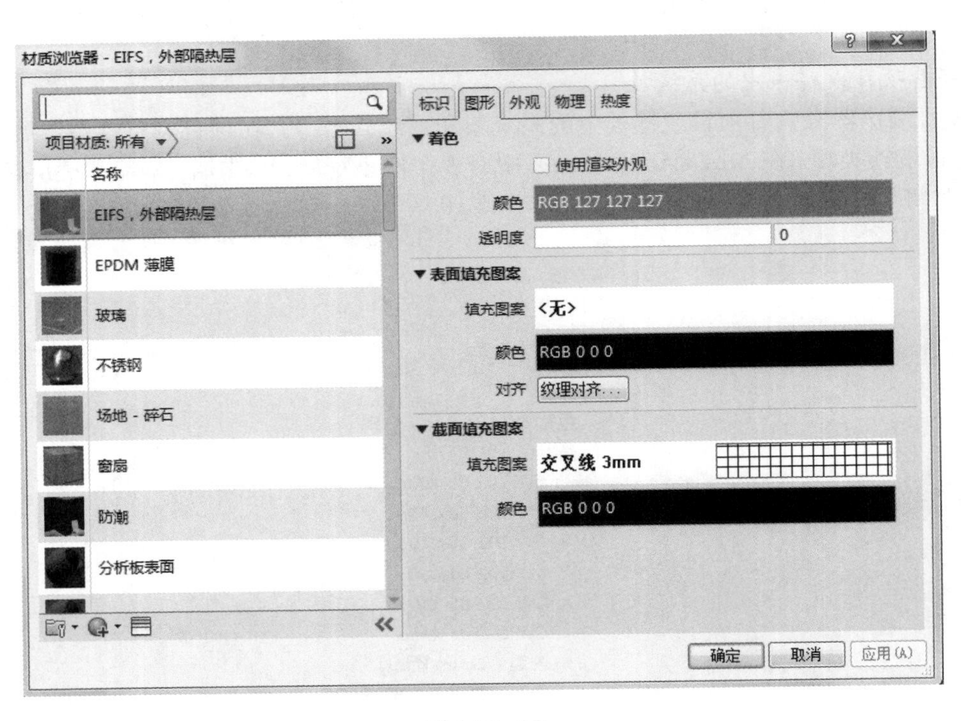

图 14.1-12

在“材质”对话框的左侧窗格的搜索框中输入“隔热层/保温层-空心填充”，单击鼠标右键选择“复制”命令，重新命名“隔 1”作为名称，如图 14.1-13 所示。

在“材质”对话框的“图形”选项卡中的“着色”选项区域，单击颜色样例，指定材质的颜色，单击“确定”按钮。

指定颜色后，创建表面填充图案并应用到材质，以便在将材质应用到自定义墙类型时能够产生木材效果。单击“表面填充图案”选项区域中的“填充样式”。在“填充图案类型”选项区域选择“模型”单选按钮，如图 14.1-14 所示。

图 14.1-13

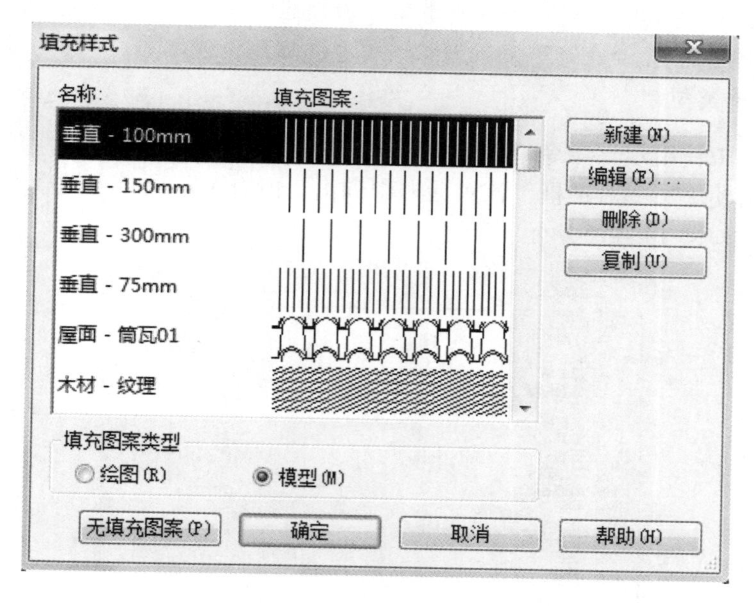

图 14.1-14

【注意】 模型图案表示建筑上某图元的实际外观，在本示例中是木材覆盖层。模型图案相对于模型是固定的，即随着模型比例的调整而调整比例。同理，创建截面填充图案并应用到材质。

单击“确定”按钮，完成材质的创建。

3. 修改墙体构造

选择墙，在“属性”选项卡中单击“编辑类型”按钮，弹出“类型属性”对话框。单击类型参数中“构造”下的“结构—编辑”按钮，弹出“编辑部件”对话框，我们可以通过在“层”中插入构造层来修改墙体的结构，也可以用“向上”“向下”按钮调整构造层的顺序，如图 14.1-15 所示。

外部边

	功能	材质	厚度	包络	结构材质
1	面层 1 [4]	<按类别>	0.0	☑	■
2	核心边界	包络上层	0.0		
3	结构 [1]	砌体 - 普通砖	90.0	☐	☑
4	核心边界	包络下层	0.0		

内部边

插入(I)　删除(D)　向上(U)　向下(O)

图 14.1–15

14.1.2.4 删除项目中或样板文件中系统族

尽管我们不能从项目和样板中删除系统族，但可以删除未使用的系统族类型。要删除系统族类型，可以使用两种不同的方法。

（1）在项目浏览器中选择并删除该类型。展开项目浏览器中的“族”，选择包含要删除的类型的类别和族，单击鼠标右键，在弹出的快捷菜单中选择“删除”命令，或按“Delete”键，即可从项目或样板中删除了该系统族类型。

【注意】 如果要从项目中删除系统族类型，而项目中具有该类型的实例，则将会显示一个警告。在警告对话框中单击“确定”按钮删除该类型的实例，或单击“取消”按钮，修改该实例的类型并重新删除该类型。

（2）使用“清除未使用项”命令。单击“管理”选项卡下“设置”面板中的“清除未使用项”工具，弹出“清除未使用项”对话框。该对话框中列出了所有可从项目中卸载的族和族类型，包括标准构件和内建族，如图 14.1-16 所示。

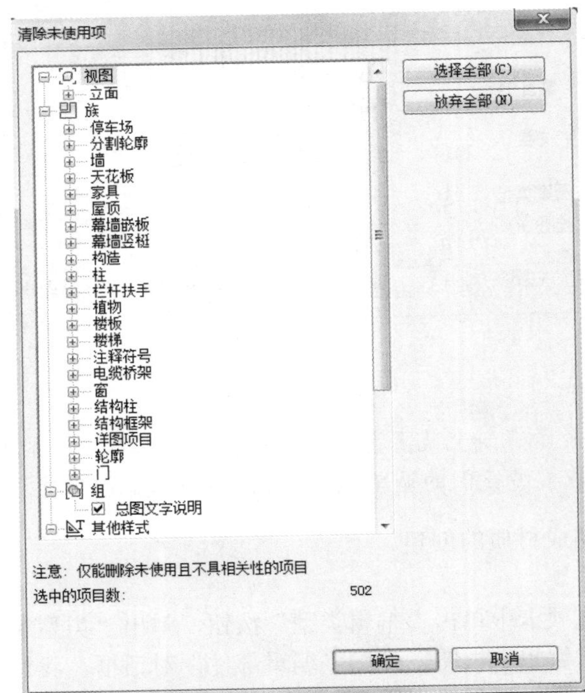

图 14.1–16

选择需要清除的类型，可以单击“放弃全部”按钮，展开包含要清除的类型的族和子族，选择类型，然后单击“确定”按钮。

【注意】 如果项目中未使用任何系统族类型，则在清除族类型时将至少保留一个类型。

14.1.2.5 将系统族载入到项目或样板中

1. 在项目或样板之间复制墙类型

如果仅需要将几个系统族类型载入到项目或样板中，步骤如下。

打开包含要复制的墙类型的项目或样板，再打开要将类型粘贴到其中的项目，选择要复制的墙类型，单击“修改\墙”选项卡下“剪贴板”面板中的“复制到剪贴板”按钮，如图 14.1-17 所示。

单击“视图”选项卡下“窗口”面板中的“切换窗口”按钮，如图 14.1-18 所示。

选择视图中要将墙粘贴到其中的项目。单击“修改\墙”的上下文选项卡中的“剪贴板”面板中的“粘贴”按钮。此时，墙类型将被添加到另一个项目中，并显示在项目浏览器中，如图 14.1-19 所示。

图 14.1-17

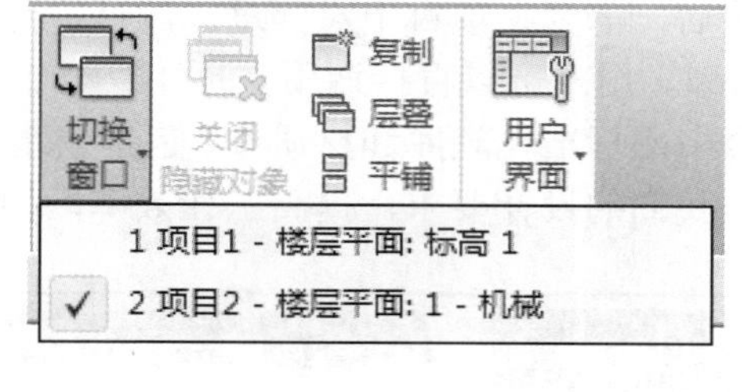

图 14.1-18

图 14.1-19

2. 在项目或样板之间传递系统族类型

如果要传递许多系统族类型或系统设置（如需要创建新样板时），假设要把项目 2 中的系统族类型传递到项目 1 中，那么步骤如下。

分别打开项目 1 和项目 2，把项目 1 切换为当前窗口，单击“管理”选项卡下“设置”面板中的“传递项目标准”按钮，如图 14.1-20（a）所示，弹出“选择要复制的项目” 对话框，“复制自”选择“项目 2”。

单击“放弃全部”按钮，仅选择需要传递的系统族类型，然后单击“确定”按钮，如图 14.1-20（b）所示。

（a）

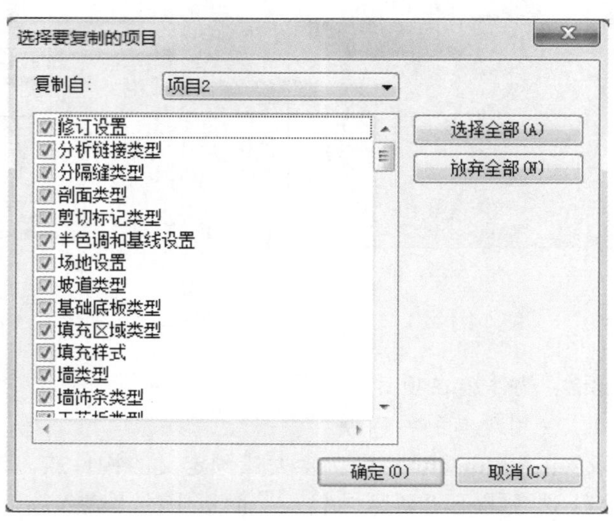

（b）

图 14.1-20

【提示】　可以把自己常用的系统族（如墙、天花板、楼梯等）分类集中存储为单独的一个文件，需要调用时，打开该文件，通过“复制到剪贴板”“粘贴”命令或“传递项目标准”命令，即可应用到项目中。

14.1.3　标准构件族

14.1.3.1　标准构件族的概念

标准构件族是用于创建建筑构件和一些注释图元的族。构件族包括在建筑内和建筑周围安装的建筑构件，例如窗、门、橱柜、装置、家具和植物。此外，它们还包含一些常规自定义的注释图元，例如符号和标题栏。它们具有高度可自定义的特征，构件族是在外部“rfa”文件中创建的，可导入（载入）到项目中。

创建标准构件族时，需要使用软件提供的族样板，样板中包含有关要创建的族的信息。先绘制族的几何图形，使用参数建立族构件之间的关系，创建其包含的变体或族类型，确定其在不同视图中的可见性和详细程度。完成族后，需要在项目中对其进行测试，然后使用。

Revit Architecture 中包含族库，用户可以直接调用。此外，还可以从 www.51bim.com 柏慕网站上的柏慕产品资源中心下载符合中国标准化族库和材质库，包括建筑构件族、环境构件族、系统族、建筑设备族等，能够很好地满足我们的设计要求，提高工作效率，如图 14.1-21～图 14.1-23 所示。

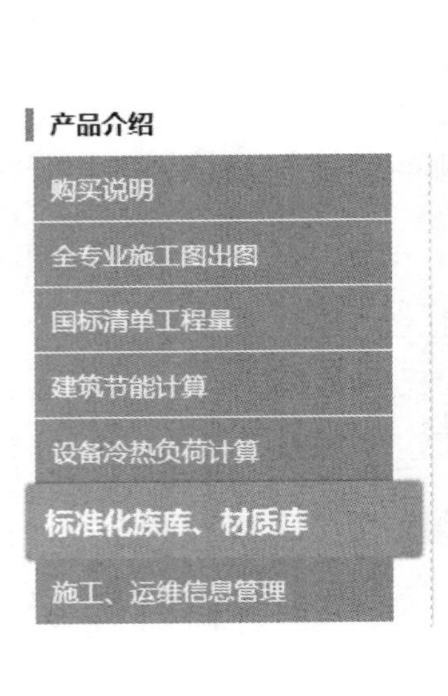

图 14.1-21

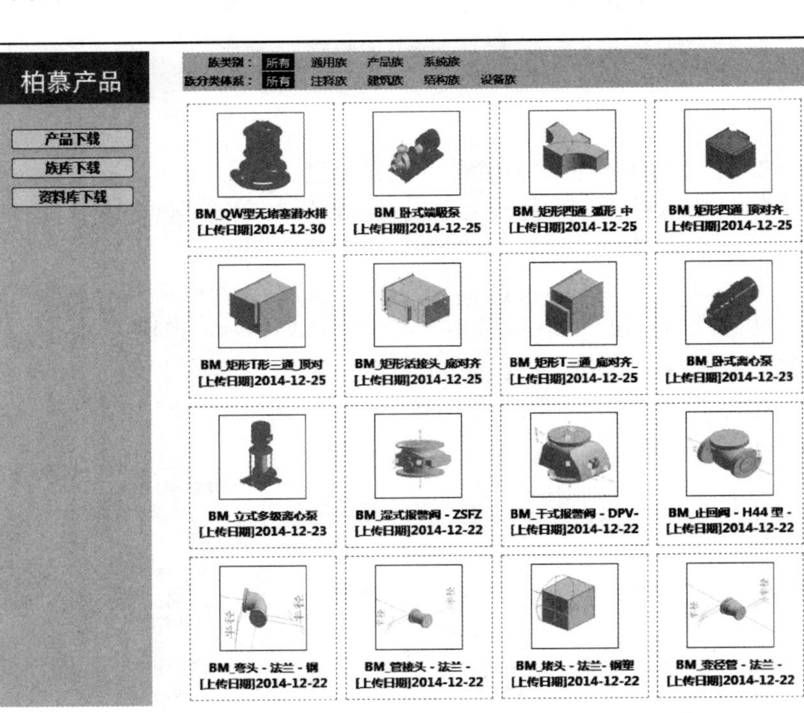

图 14.1-22

14.1.3.2　构件族在项目中的使用

1. 使用现有的构件族

Revit Architecture 中包含大量预定义的构件族。这些族的一部分已经预先载入到样板中，单击“插入”选项卡下“从库中载入”面板中的“载入族”按钮，弹出的对话框如图 14.1-24 所示。

而其他族则可以从该软件包含的 Revit Architecture 英制库、公制库或个人制作的族库中导入。用户可以在项目中载入并使用这些族及其类型。

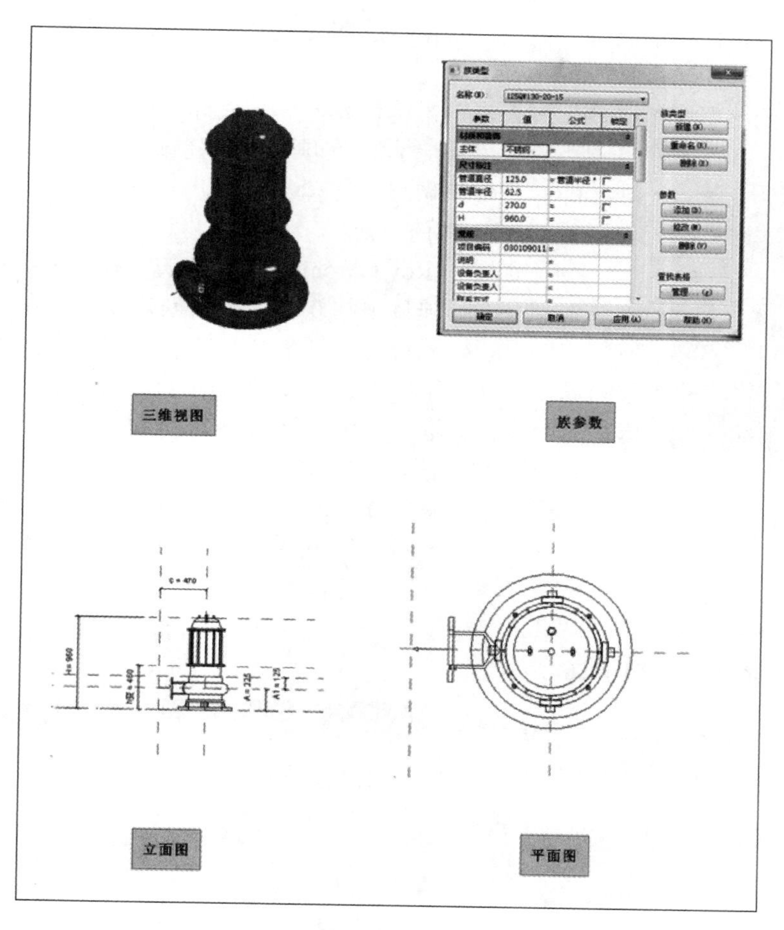

图 14.1-23

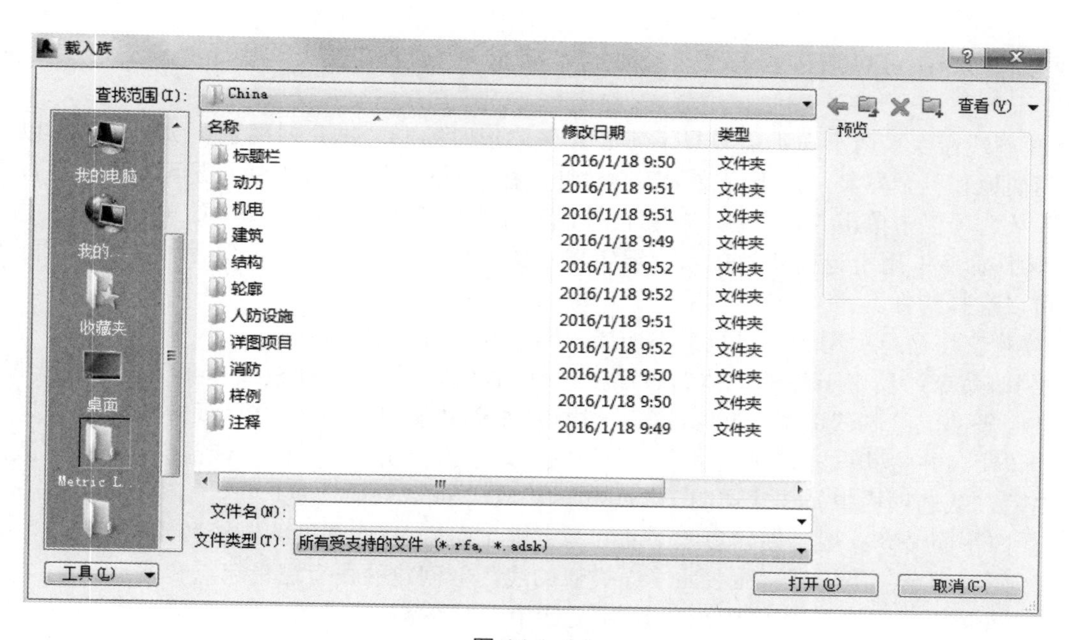

图 14.1-24

2. 查看和使用项目或样板中的构件族

单击展开项目浏览器中的“族”列表，直接点选图元拉到项目中，或者单击项目中的构件族，在“属性”面板中修改图元类型。

单击展开项目浏览器中的“族”列表，单击构件族，单击鼠标右键，在弹出的快捷菜单中选择“创建实例”命令，此时在项目中创建该实例。

图 14.1–25

14.1.3.3 构件族制作的基础知识

1. 族编辑器的概念

族编辑器是 Revit Architecture 中的一种图形编辑模式，使用户能够创建可引入到项目中的族。当开始创建族时，在族编辑器中打开要使用的样板。样板可以包括多个视图，例如平面视图和立面视图等。族编辑器与 Revit Architecture 中的项目环境具有相同的外观和特征，但在各个设计栏选项卡中包括的命令不同。

2. 访问族编辑器的方法

打开或创建新的族（.rfa）文件，如图 14.1-25 所示。

选择使用构件或内建族类型创建的图元，并单击“模式”面板上的“编辑族”按钮。

3. 族编辑器命令

创建族的常用命令如图 14.1-26 所示。

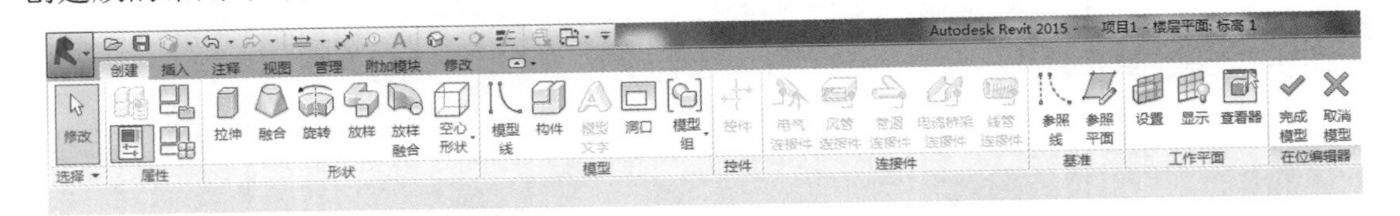

图 14.1–26

1）族类型命令：用于打开“族类型”对话框。可以创建新的族类型或新的实例参数和类型参数。

2）形状命令：可以通过“拉伸”“融合”“旋转”“放样”“放样融合”来创建实心或者空心形状。

3）模型线命令：用于在不需要显示实心几何图形时绘制二维几何图形。例如，可以以二维形式绘制门面板和五金器具，而不用绘制实心拉伸。在三维视图中，模型线总是可见的。可以选择这些线，并从选项栏中单击“可见性”按钮，控制其在平面视图和立面视图中的可见性。

4）构件命令：用于选择要被插入族编辑器中的构件类型。选择此命令后，类型选择器为激活状态，可以选择构件。

5）模型文字命令：用于在建筑上添加指示标记或在墙上添加字母。

6）洞口命令：仅用于基于主体的族样板（例如，基于墙的族样板或基于天花板的族样板）。通过在参照平面上绘制其造型，并修改其尺寸标注来创建洞口。创建洞口后，在将其载入项目前，可以选择该洞口并将其设置为在三维或立面视图中显示为透明。单击选择该窗口，出现修改洞口剪切选项栏后，从选项栏中勾选“透明于”旁边的“3D”或“立面”复选框。

7）参照平面命令：用于创建参照平面（为无限平面），从而帮助绘制线和几何图形。

8）参照线命令：用于创建与参照平面类似的线，但创建的线有逻辑起点和终点。

9）控件命令：将族的几何图形添加到设计中后，“控件”命令可用于放置箭头以旋转和镜像族的几何图形。在“常用”选项卡中单击“控件”面板的“控件”按钮，在“控制”面板中选择“垂直”或“水平”箭头，或选择“双垂直”或“双水平”箭头。也可以选择多个选项，如图 14.1-27 所示。

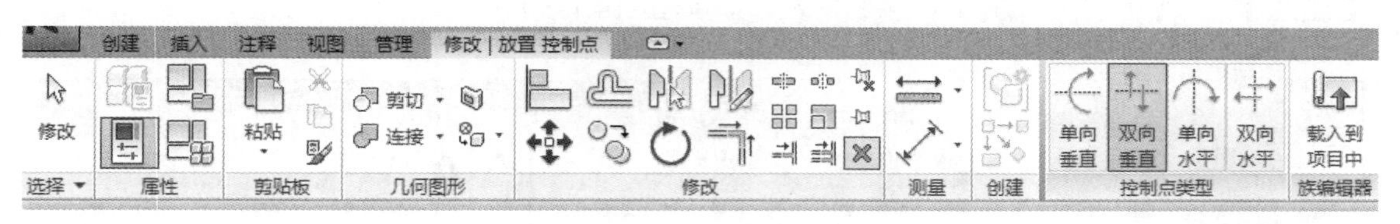

图 14.1-27

【注意】 Revit Architecture 将围绕原点旋转或镜像几何图形。使用两个方向相反的箭头，可以垂直或水平双向镜像。可在视图中的任何地方放置这些控制。最好将它们放置在可以轻松判断出其所控制的内容的位置。

【提示】 创建门族时“控件”命令很有用。双水平控制箭头可改变门轴处于门的哪一边。双垂直控制箭头可改变开门方向是从里到外还是从外到里。

创建族的注释工具如图 14.1-28 所示。

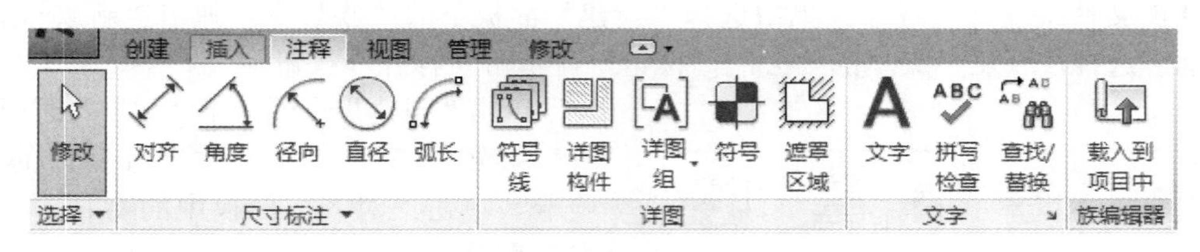

图 14.1-28

1）尺寸标注命令：在绘制几何图形时，除了 Revit Architecture 会自动创建永久性尺寸标注，该命令也可向族添加永久性尺寸标注。如果希望创建不同尺寸的族，该命令很重要。

2）符号线命令：用于绘制仅用于符号目的的线。例如，在立面视图中可绘制符号线以表示开门方向。

3）详图构件命令：用于放置详图构件。

4）符号命令：用于放置二维注释绘图符号。

5）遮罩区域命令：用于对族的区域应用遮罩。如果使用族在项目中创建图元，则遮罩区域将遮挡模型图元。

6）文字命令：用于向族中添加文字注释。在注释族中这是典型的使用方法。该文字仅为文字注释。

7）填充区域命令：用于对族的区域应用填充，如图 14.1-29 所示。

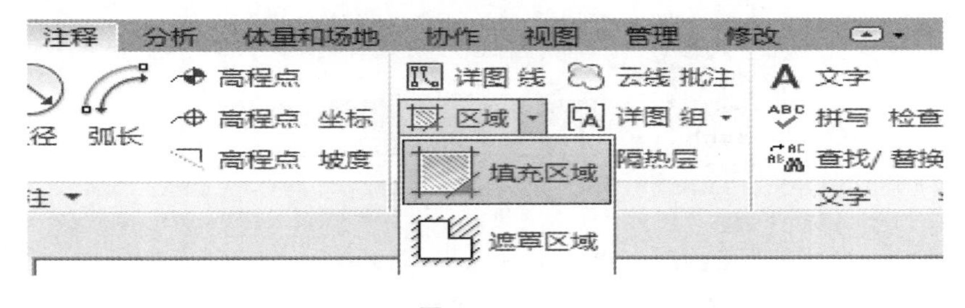

图 14.1-29

【注意】 此命令仅在二维族样板中显示。

8）标签命令：用于在族中放置智能化文字，该文字实际代表族的属性。指定属性值后，它将显示在族中。

【注意】 此命令仅在注释族样板中显示，如图 14.1-30 所示。

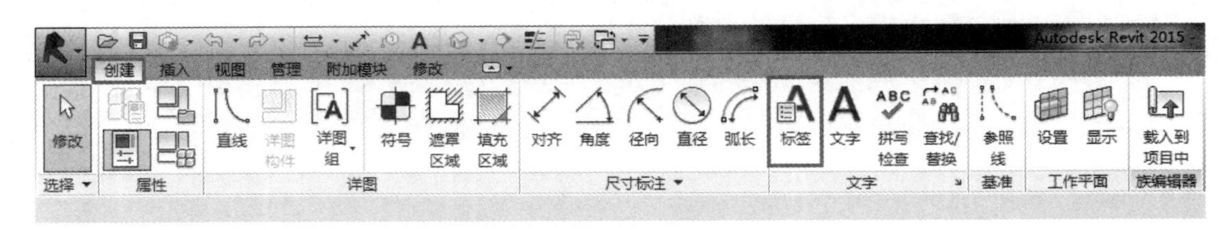

图 14.1-30

14.2 族案例

14.2.1 基本操作

14.2.1.1 创建门窗标记族

以门为例介绍门窗标记的方法。

打开样板文件。在应用程序菜单中选择“新建”面板下的“族”令，弹出“新族-选择样板文件”对话框，选择注释文件夹里的“公制门标记”，单击“打开”按钮。

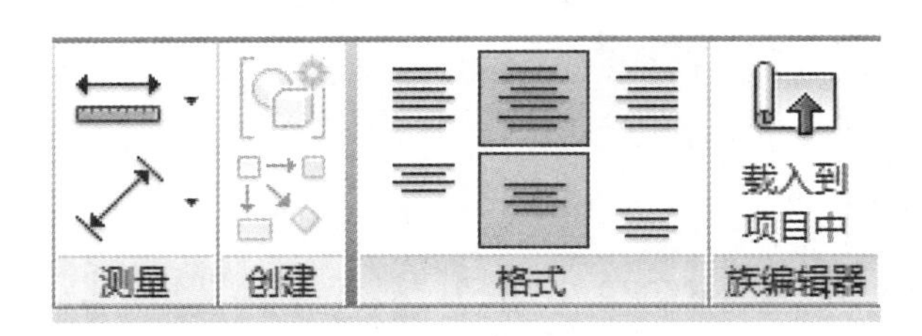

图 14.2-1

单击“创建”选项卡下“文字”面板中的“标签”按钮，打开“修改|放置标签”的上下文选项卡。单击“对齐”面板中的和按钮，单击参照平面的交点，以此来确定标签位置，如图 14.2-1 所示。

单击“属性”面板上的“编辑类型”，弹出“类型属性”对话框。可以调整文字大小、文字字体、下划线是否显示等，如图 14.2-2 所示。

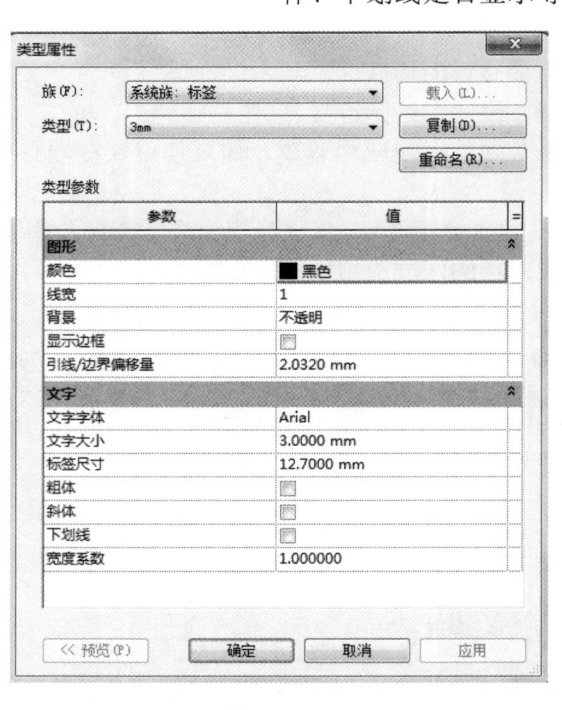

图 14.2-2

将标签添加到门标记。在“编辑标签”对话框的“类别参数”列表框中选择“类型名称”选项，单击 ⇆ 按钮，将“类型名称”参数添加到标签，单击“确定”按钮，如图 14.2-3 所示。载入到项目中进行测试。

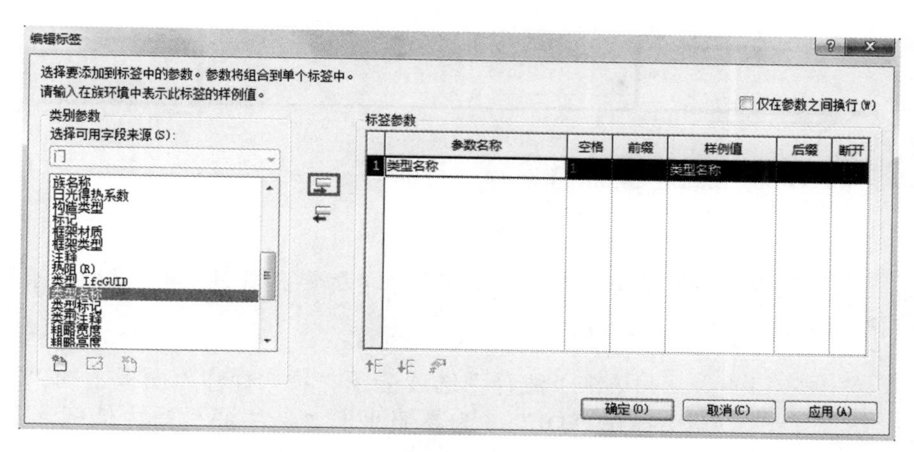

图 14.2-3

14.2.1.2 创建双扇平开门族

1. 绘制门框

选择族样板。在应用程序菜单中选择“新建”面板下的“族”命令，弹出“新族-选择样板文件”对话框，选择“公制门.rft”文件，单击“确定”按钮，如图 14.2-4 所示。

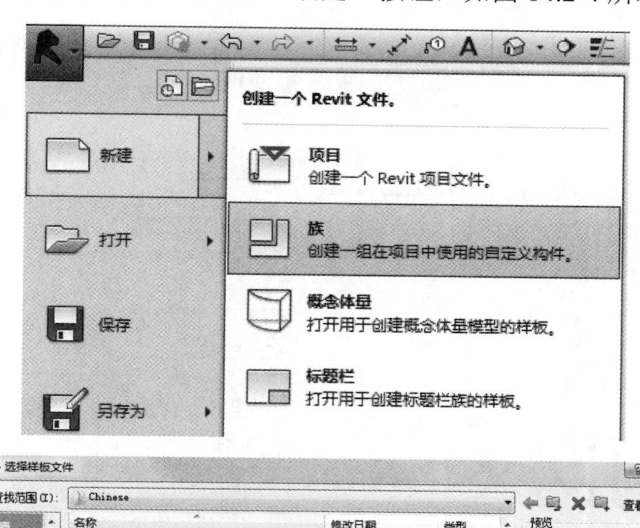

图 14.2-4

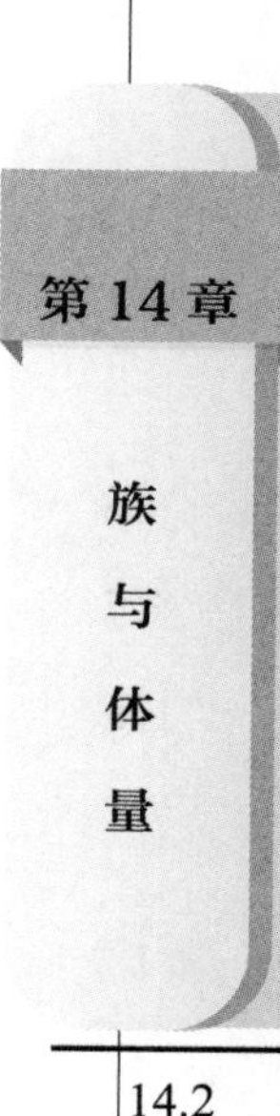

定义参照平面与内墙的参数，以控制门在墙体中的位置。进入参照标高平面视图，单击“创建”选项卡下的“参照平面”按钮，绘制参照平面，并命名“新中心”，如图 14.2-5 所示。

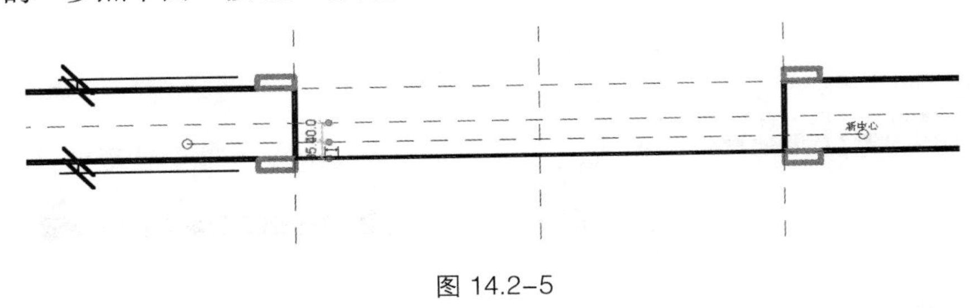

图 14.2–5

【注意】 为参照平面命名的方式为，选择需要命名的参照平面，在“属性”面板的“名称”栏填写参照平面的名称，如图 14.2-6 所示。

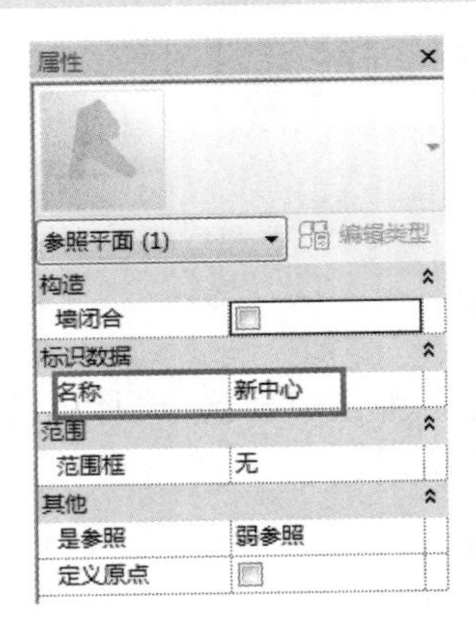

图 14.2–6

单击“注释”选项卡下“尺寸标注”面板上的“对齐”工具或快捷键“DI”，为参照平面“新中心”与内墙标注尺寸。选择此标注，单击选项栏中“标签”下拉按钮，在弹出的下拉列表中选择“添加参数”选项，弹出“参数属性”对话框，将“参数类型”设置为“族参数”，在“参数数据”选项区域添加参数“名称”为“窗户中心距内墙距离”，并设置其“参数分组方式”为“尺寸标注”，并选择为“实例”属性，单击“确定”按钮完成参数的添加，如图 14.2-7 所示。

【注意】 将该参数设置为“实例”参数能够分别控制同一类窗在结构层厚度不同的墙中的位置。

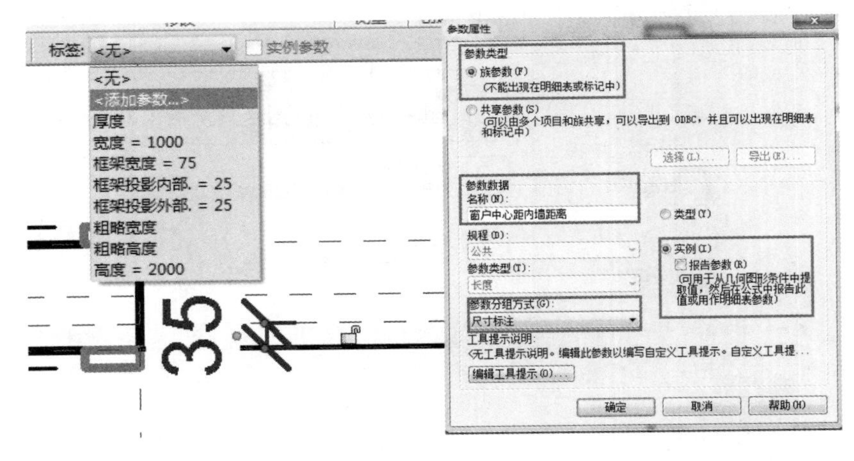

图 14.2–7

2. 设置工作平面

单击“创建”选项卡下“工作平面”面板中的“设置”按钮，在弹出的“工作平面”对话框中选择“拾取一个平面”单选按钮，单击“确定”按钮。选择参照平面“新中心”为工作平面，在弹出的“转到视图”对话框中选择“立面：外部”，单击“打开视图”按钮，如图 14.2-8 所示。

3. 创建实心拉伸

单击“创建”选项卡下“形状”面板中的“拉伸”按钮，单击“绘制”面板中的▭按钮绘制矩形框轮廓与四边锁定，如图 14.2-9 所示。

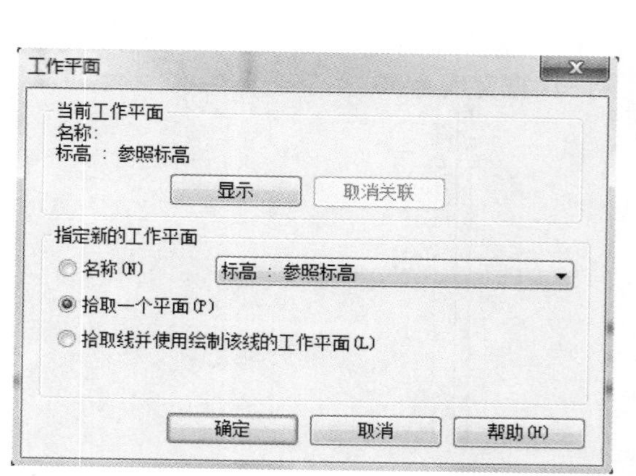

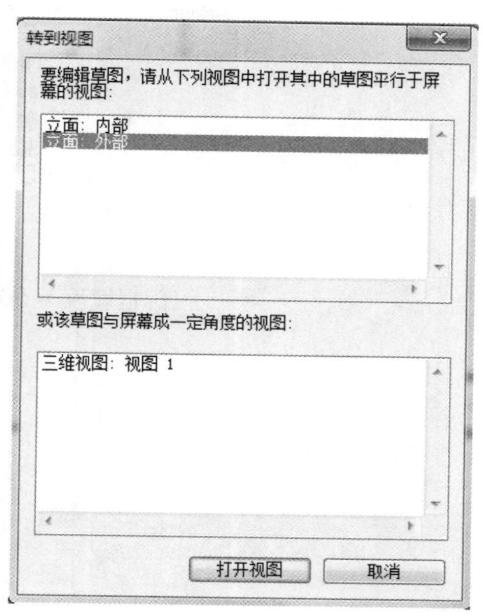

图 14.2–8

重复使用上述命令，并在选项栏中设置偏移值为“—50”，利用修剪命令编辑轮廓，如图14.2-10 所示。

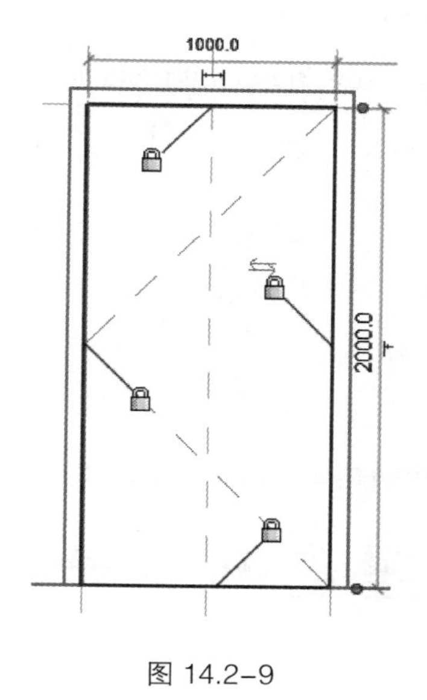

图 14.2–9

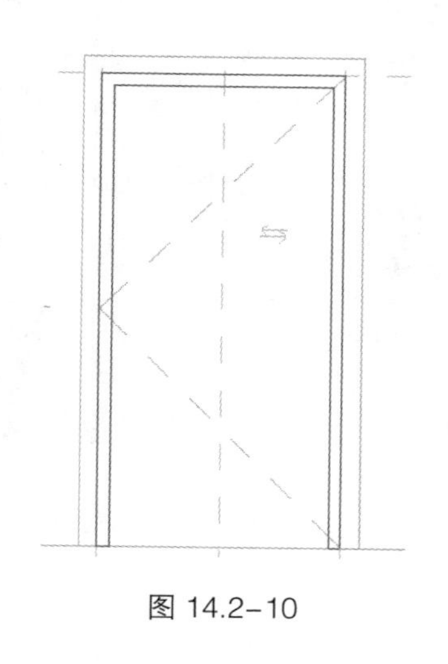

图 14.2–10

【注意】 此时并没有为门框添加门框宽度的参数，现在的门框宽度是一个“50”的定值，我们可以通过标注尺寸添加参数的方式为窗框添加宽度参数，如图 14.2-11 所示，方法与添加“门中心距内墙距离”参数相同。

在“属性”面板中设置拉伸起点、终点分别为“—30”“30”，并添加门框材质参数，完成拉伸，如图 14.2-12 所示。

进入参照标高视图，添加门框厚度参数，如图 14.2-13 所示。

单击“创建”选项卡下“属性”面板中的“族类型”按钮，测试高度、宽度、门框宽度、窗户中心距内墙距离参数，如图 14.2-14 所示。完成后分别将文件保存为“门框.rfa”“门扇.rfa”。

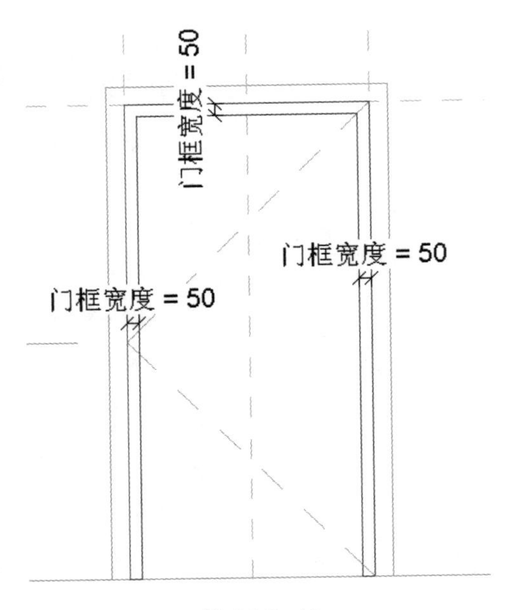

图 14.2–11

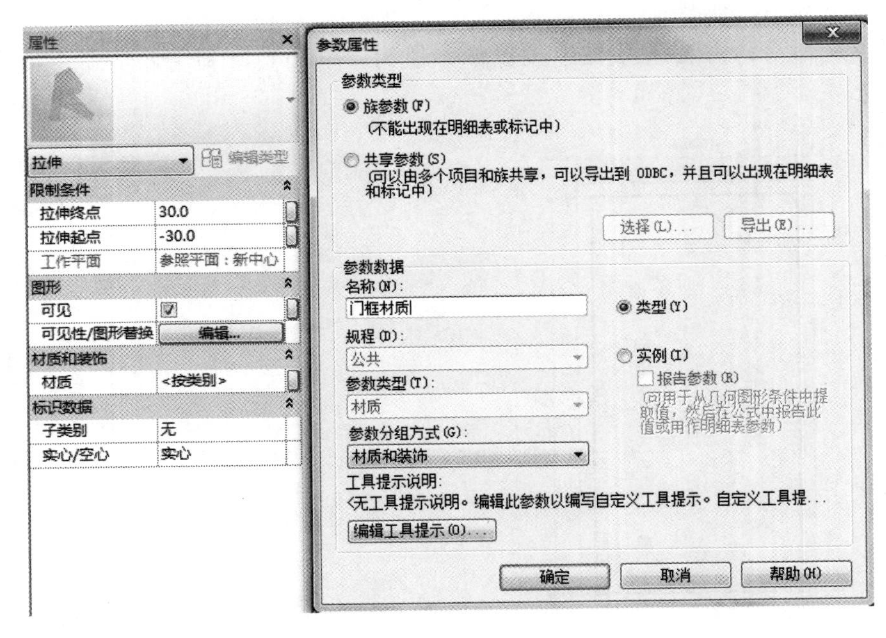

图 14.2–12

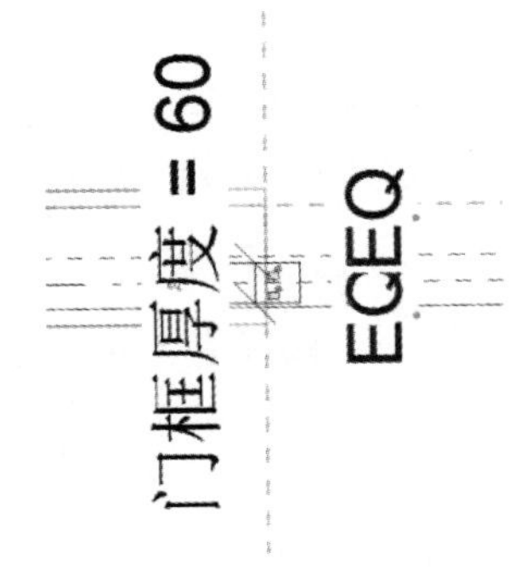

图 14.2–13

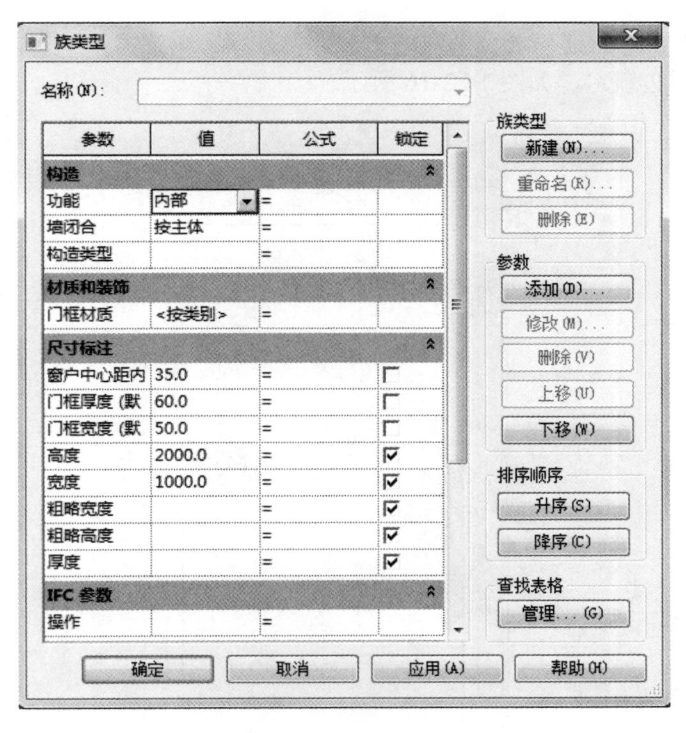

图 14.2–14

4. 创建推拉门门扇

（1）打开“门扇”族。在应用程序菜单中选择“打开-族”命令，选择已保存的“门扇.rfa”，单击“确定”按钮；或者双击“门扇.rfa”，进入族编辑器工作界面。

（2）编辑门框。选择创建好的门框，单击“修改\编辑拉伸”上下文选项卡中的“编辑拉伸”，修改门框轮廓并添加门框宽度参数，完成拉伸，如图 14.2-15 所示。

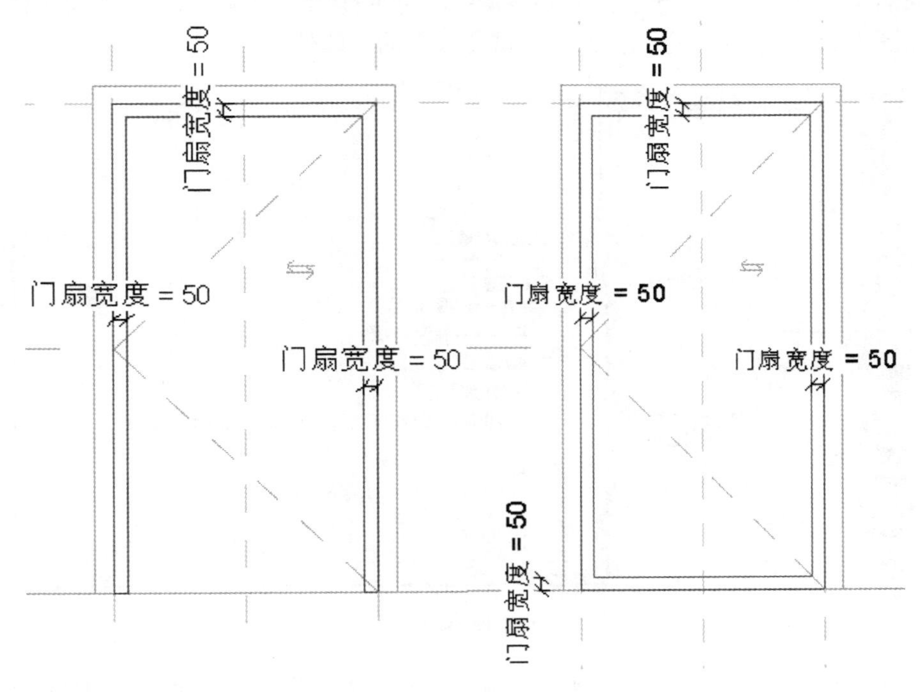

图 14.2–15

（3）创建玻璃。单击“创建”选项卡下的“拉伸”按钮，单击“绘制”面板中的按钮绘制矩形框轮廓与门框内边四边锁定，如图 14.2-16 所示。

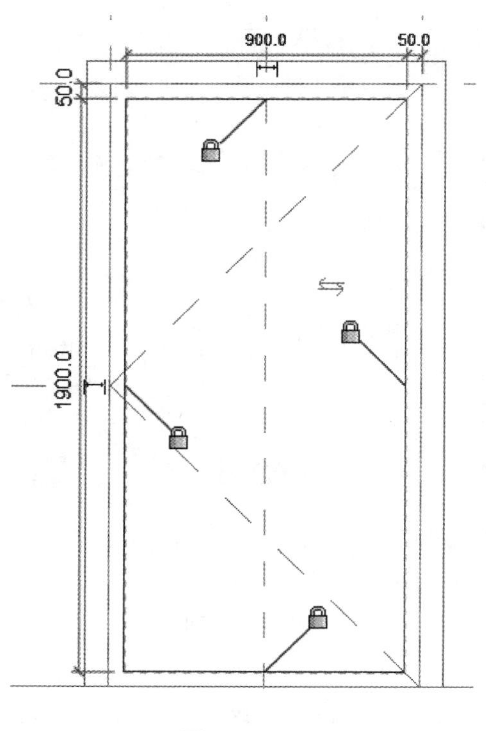

图 14.2-16

【注意】 保证此时的工作平面为参照平面“新中心”。

设置玻璃的拉伸终点、拉伸起点，设置玻璃的“可见性/图形替换”，如图 14.2-17 所示。添加玻璃材质，如图 14.2-18 所示，完成拉伸并测试各参数的关联性。

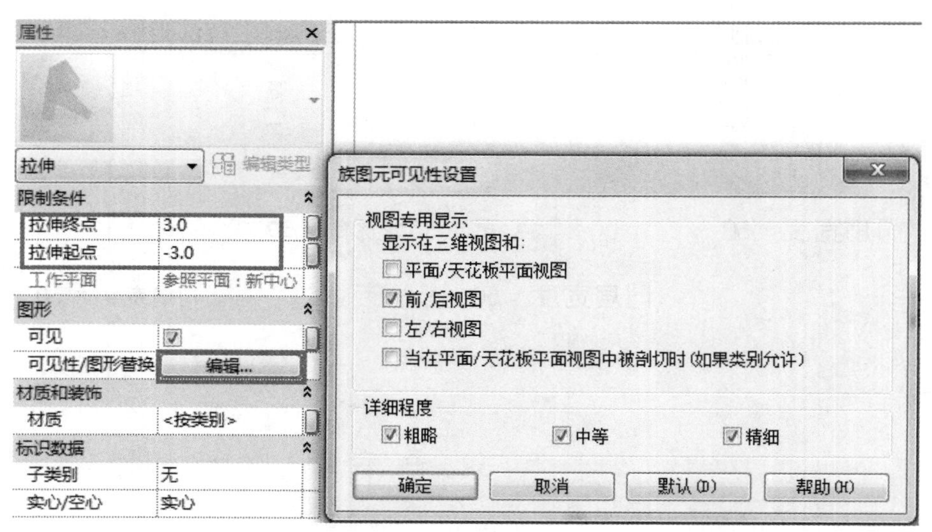

图 14.2-17

在项目浏览器的族列表中用鼠标右键单击墙体，利用快捷菜单中的命令复制“墙体 1”生成“墙体 2”，再删除“墙体 1”，如图 14.2-19 所示。

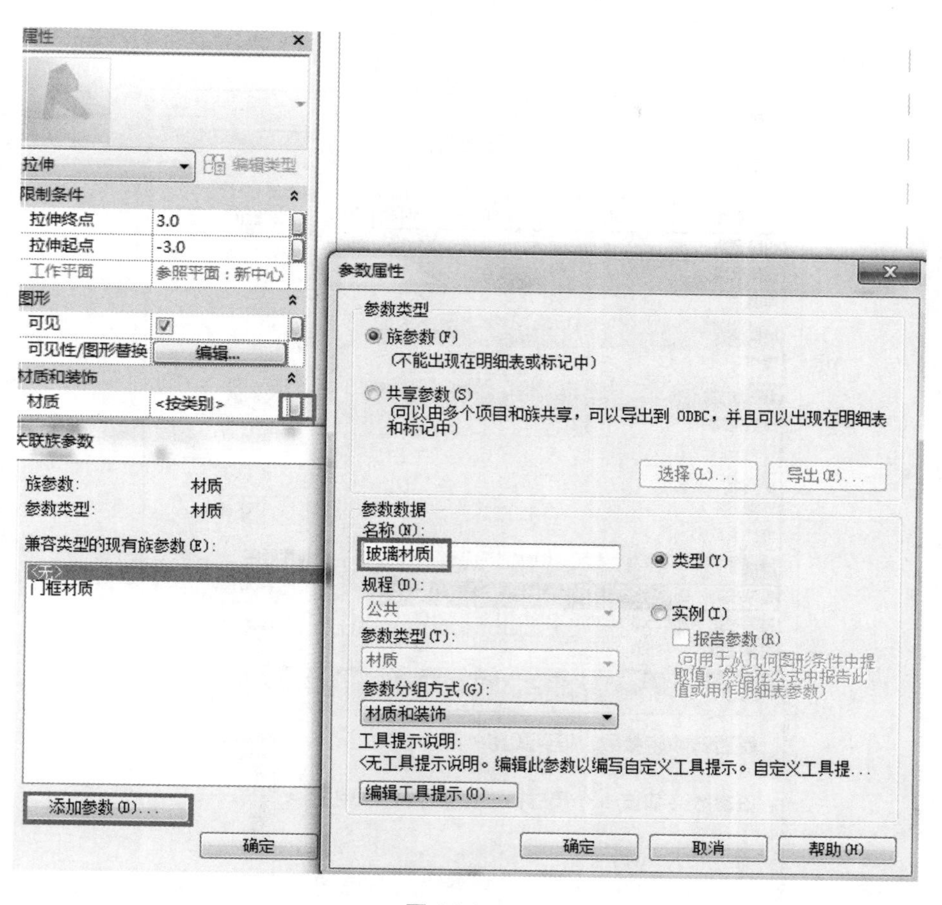

图 14.2-18

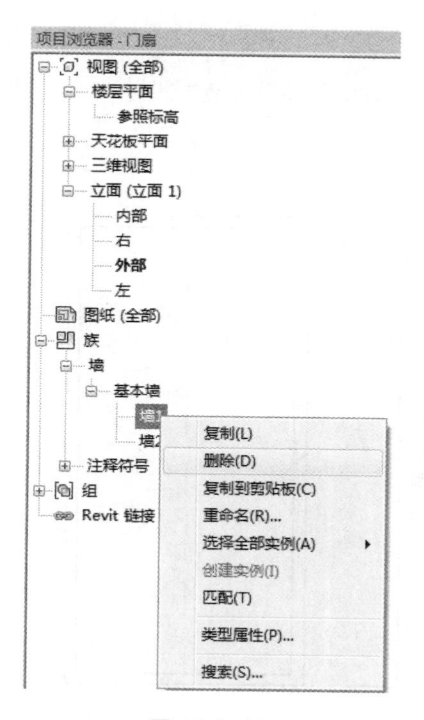

图 14.2-19

由于默认的门样板中已经创建好了门套及相关参数，还创建了门的立面开启线，此时删除不需要的参数，如图 14.2-20 所示。

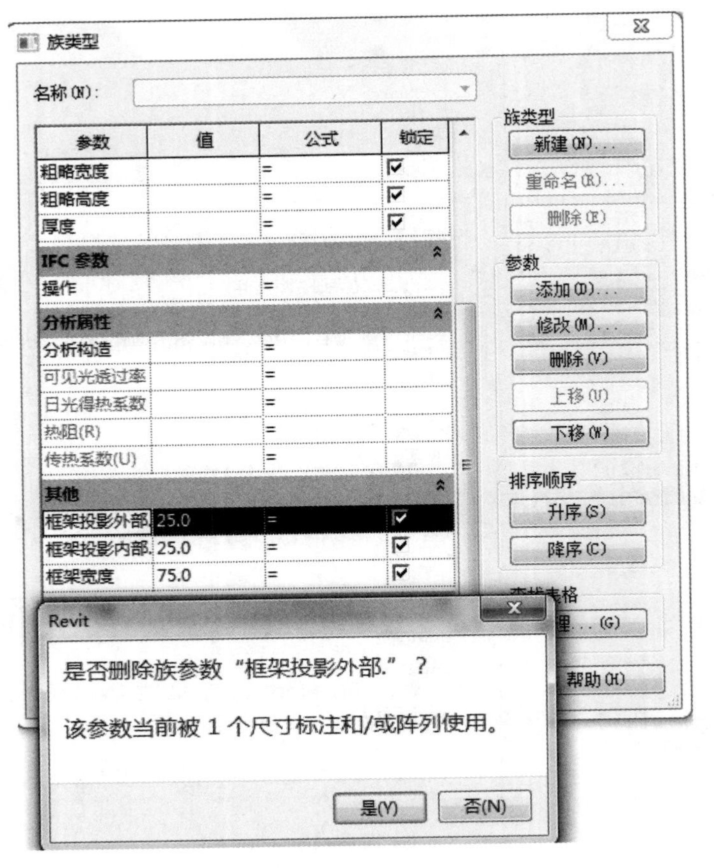

图 14.2-20

【注意】 删除"墙 1"后，"高度"参数一起被删掉，这样我们必须再次添加"高度"参数，如图 14.2-21 所示。

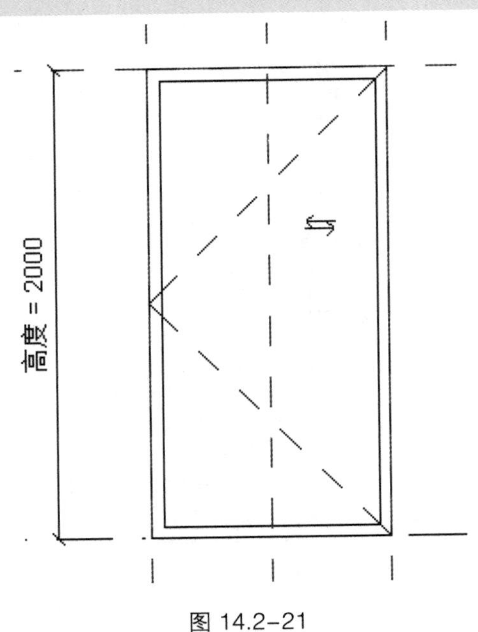

图 14.2-21

进入参照标高视图，为门扇添加门扇厚度参数，如图 14.2-22 所示，完成“平开门门扇”设置并保存文件“平开门门扇.rfa”。

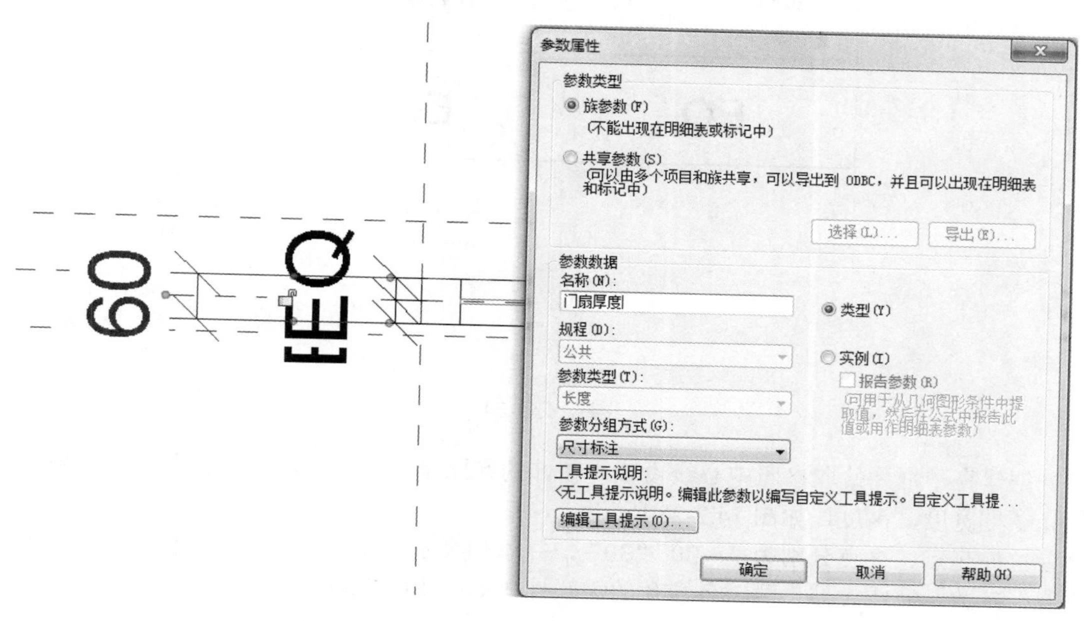

图 14.2-22

【注意】 此门扇会以嵌套方式进入推拉门门框中，单击参照平面“新中心”，在“属性”面板上将“是参照”选择为“强参照”，如图 14.2-23 所示。

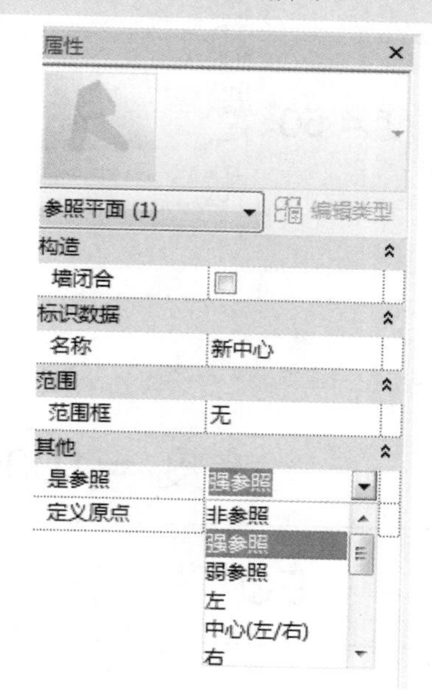

图 14.2-23

5. 绘制亮子

（1）选择族样板。在应用程序菜单中选择“新建”面板下的“族”命令，弹出“新族-选择样板文件”对话框，选择“公制常规模型.rft”，单击“打开”按钮。

（2）绘制参照平面添加亮子宽度。进入参照标高视图，绘制两条参照平面并添加宽度参数，如图 14.2-24 所示。

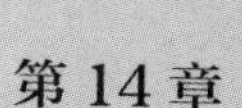

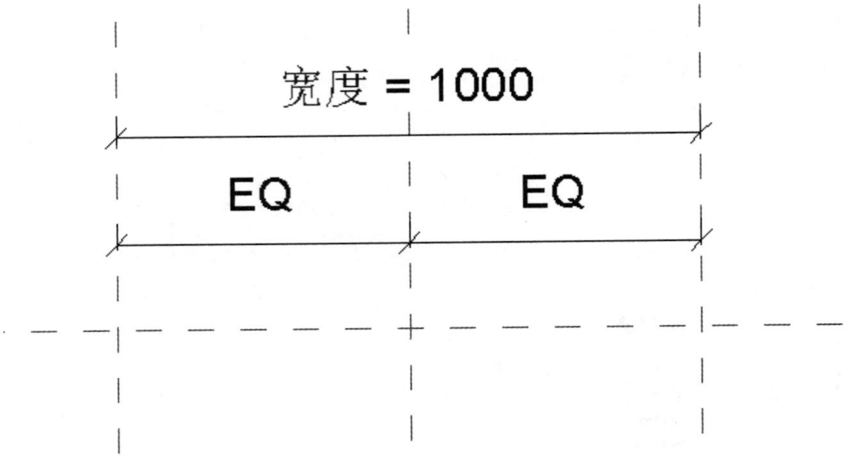

宽度 = 1000

EQ EQ

图 14.2-24

（3）创建亮子框。拾取参照中心线设置为拉伸的参照平面，进入前立面视图，绘制亮子框轮廓并添加亮子框宽度、高度，如图 14.2-25 所示。

设置拉伸起点、终点分别为“−30”“30”，并添加亮子框材质，进入参照标高视图，添加“亮子框厚度”参数，完成拉伸后测试各参数的关联性，如图 14.2-26 所示。

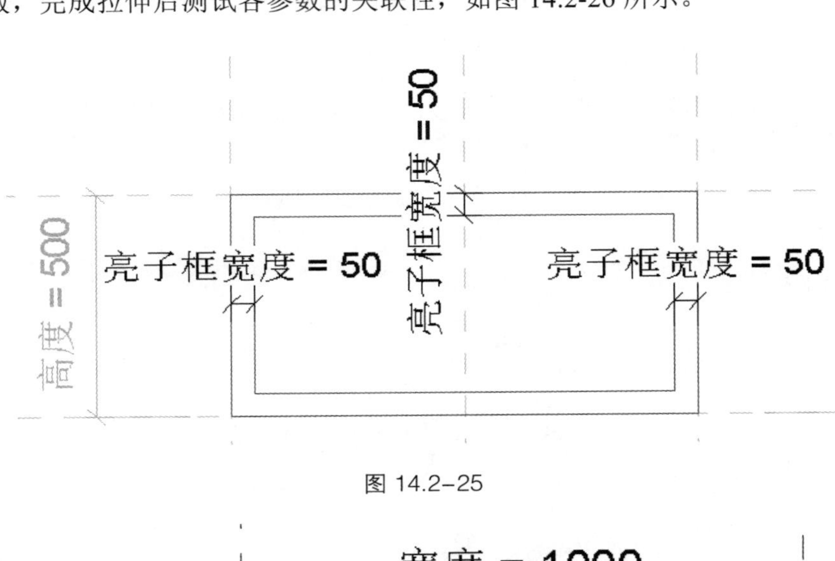

图 14.2-25

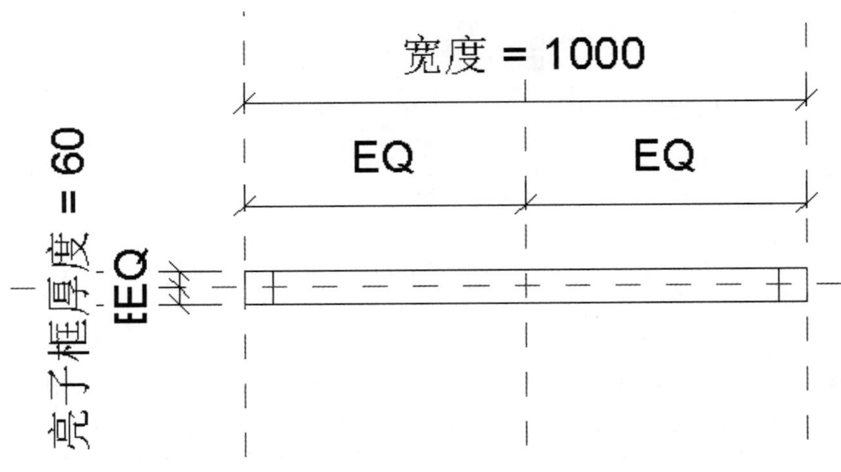

图 14.2-26

（4）创建中梃并添加玻璃。同样的方式用实心拉伸命令创建亮子竖梃并添加竖梃宽度、厚度、材质、中梃可见参数，设置竖梃默认不可见，如图 14.2-27 和图 14.2-28 所示。

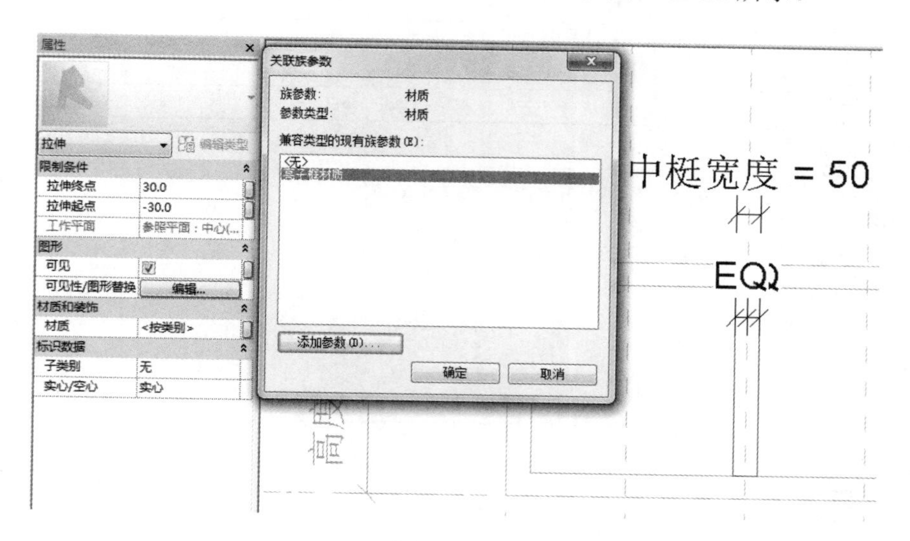

图 14.2-27

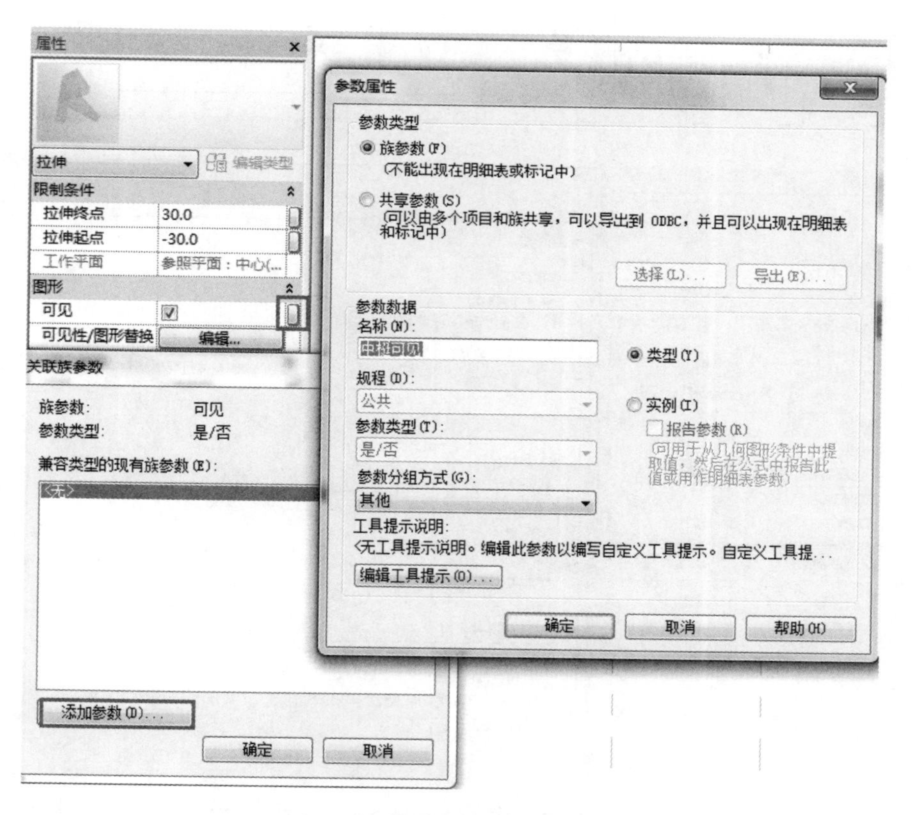

图 14.2-28

【注意】 中梃的厚度可以与亮子框厚度相同，方法是在参照标高视图中拖曳中梃厚度与亮子框的边锁定，如图 14.2-29 所示。

在前立面视图中，创建实心拉伸，将轮廓四边锁定，设置拉伸起点、终点分别为“3”“-3”，添加玻璃材质，如图 14.2-30 所示，完成拉伸并测试各参数的正确性。

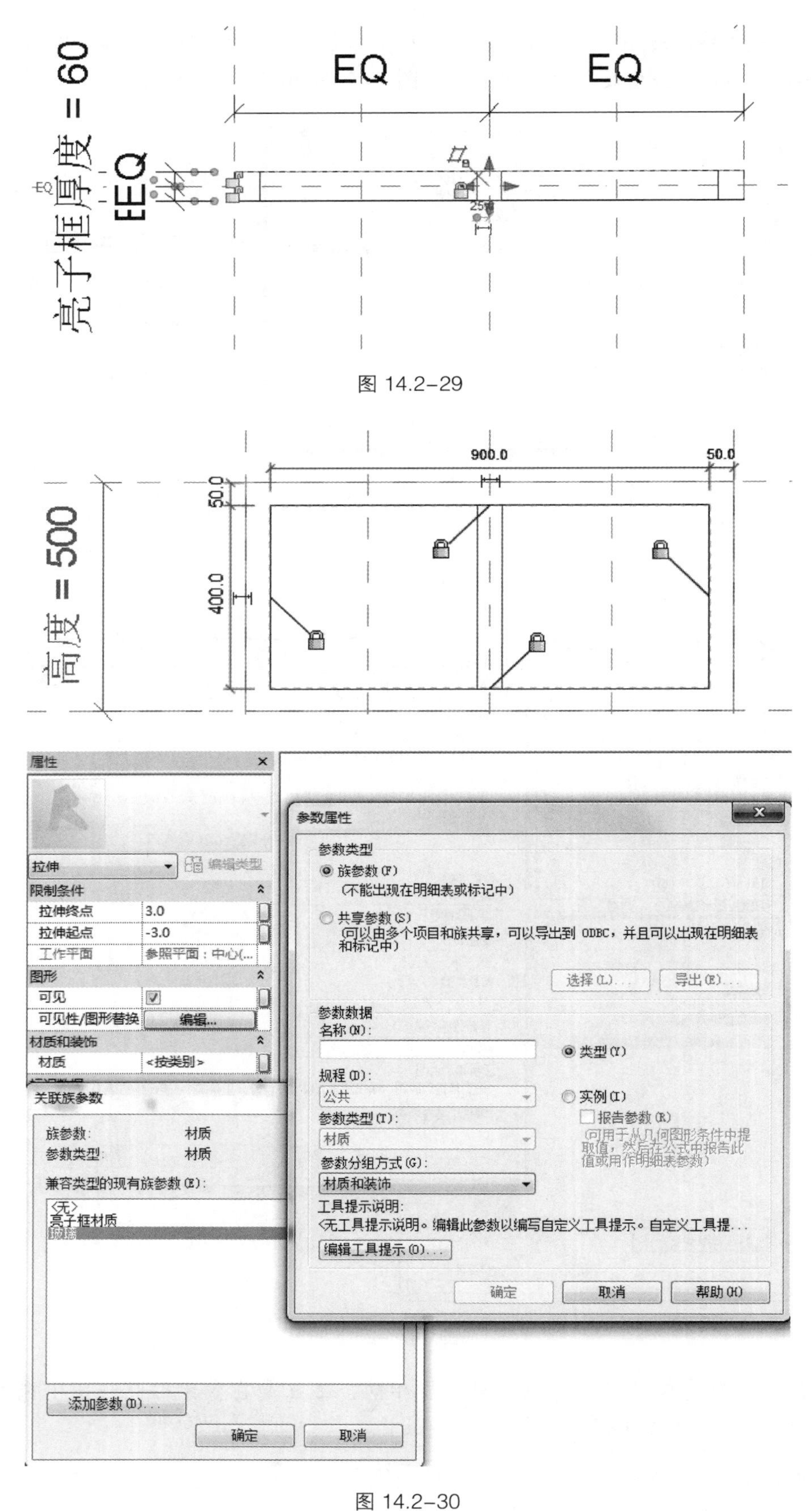

图 14.2-29

图 14.2-30

在族类型中测试各参数值，并将其载入至项目中测试可见性，无错误后保存为“亮子”，如图14.2-31所示。

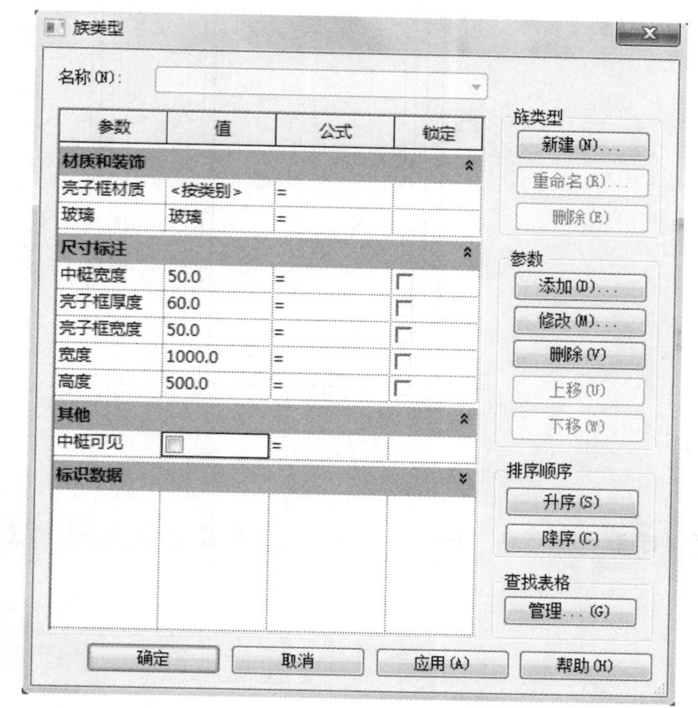

图 14.2-31

6. 创建平开门

（1）嵌套平开门门扇、亮子。

打开先前完成的“门框”族，进入外部立面视图，删除默认的立面开启方向线，完成后如图14.2-32所示。

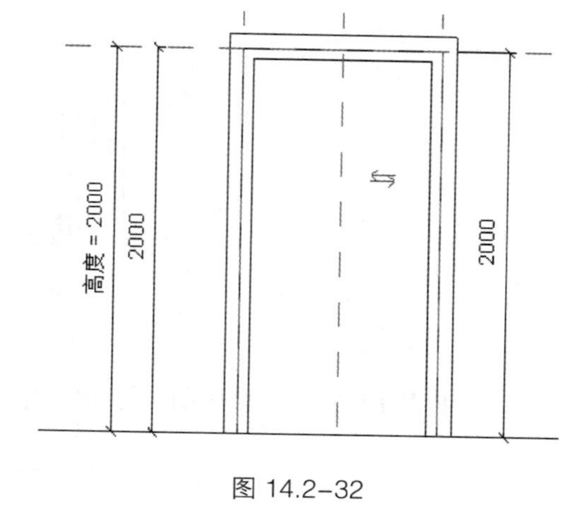

图 14.2-32

将“亮子”“平开门门扇”载入到“平开门门框”中。进入参照标高视图，在项目浏览器中选择“族—门—平开门门扇”直接拖入绘图区域，是参照平面“新中心”在门扇的中心线上，用对齐命令将其中心线与参照平面“新中心”锁定，如图14.2-33所示。

进入“外部”立面视图，用“对齐”命令将“平开门门扇”的下边和左边分别与参照标高和门框内边锁定，如图14.2-34所示。

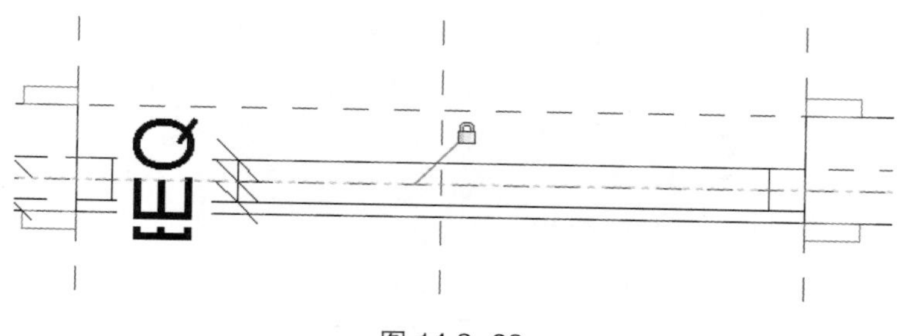

图 14.2-33

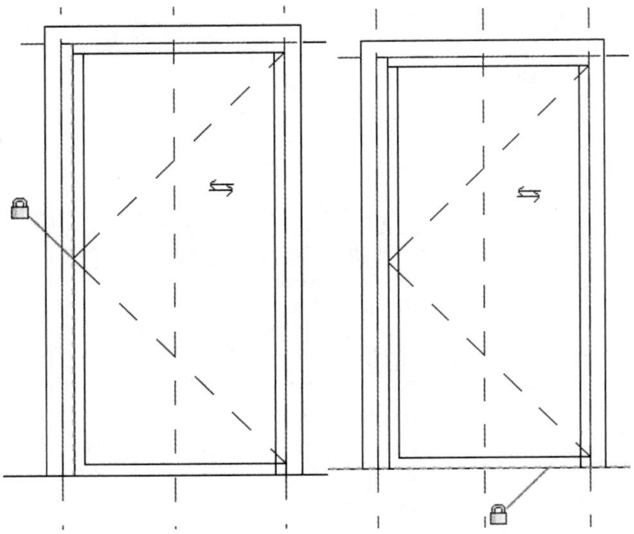

图 14.2-34

【说明】 为了便于操作，现将门宽度和高度分别设为“2000”与“2200”，如图 14.2-35 所示。

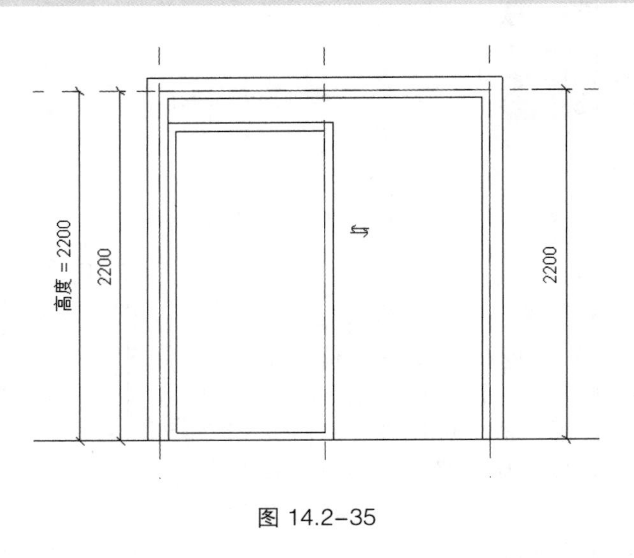

图 14.2-35

进入内部或外部立面视图，绘制一条参照平面，并添加参数“亮子高度”，如图 14.2-36 所示。

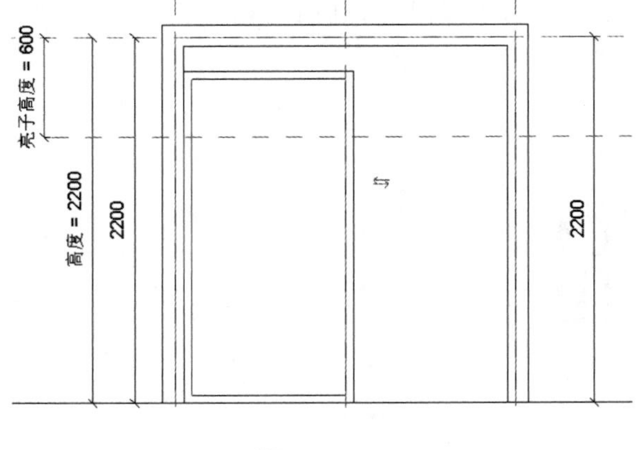

图 14.2-36

进入参照标高视图，在项目浏览器中选择“族—常规模型—亮子”直接拖入绘图区域，用对齐命令将其中心与参照平面“新中心”锁定。进入外部立面视图，用对齐命令将“亮子”的下边和左边分别与参照平面和门框内边锁定，如图 14.2-37 所示。

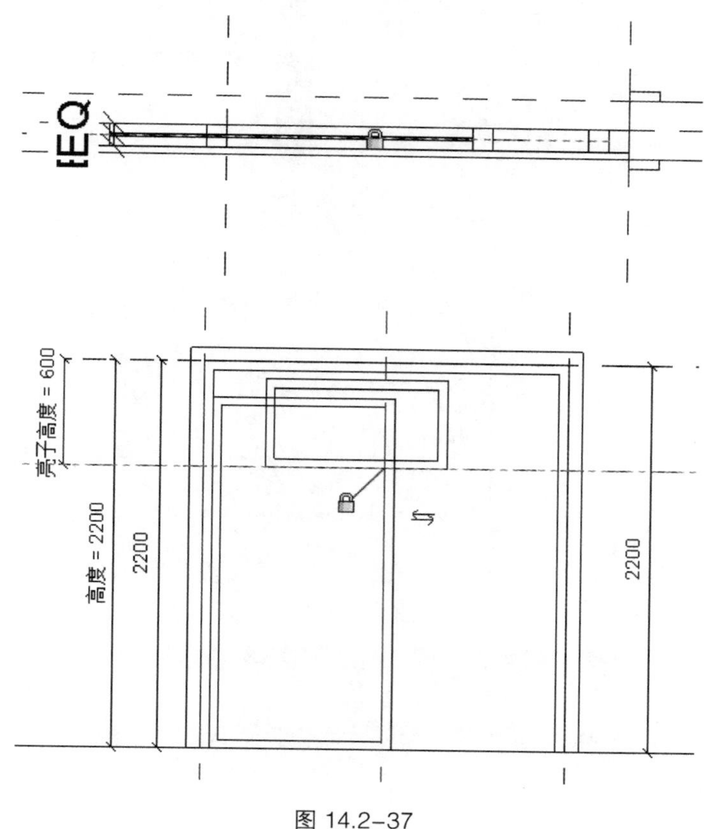

图 14.2–37

（2）关联平开门门扇、亮子参数。

选择平开门门扇，在类型属性栏中设置并关联其参数，如图 14.2-38 所示。

1）门框材质——添加“门框材质”参数。

2）玻璃材质——添加“玻璃材质”参数。

3）高度——添加“门扇高度”参数。

4）宽度——添加“门扇宽度”参数。

5）门框宽度——添加“门扇框宽度”参数。

6）门扇厚度——添加“门扇框厚度”参数。

完成关联后文字将灰显，如图 14.2-39 所示。

同理将亮子的参数做关联。在实例属性中添加“亮子可见”参数，如图 14.2-40 所示。

1）玻璃——添加“玻璃材质”参数。

2）亮子框材质——添加“门框材质”参数。

3）高度——添加“亮子高度”参数。

4）宽度——添加“亮子宽度”参数。

5）亮子框宽度——添加“门框宽度”参数。

6）亮子框厚度——添加“门框厚度”参数。

7）中梃宽度——添加“中梃宽度”参数。

8）中梃可见——添加“中梃可见”参数。

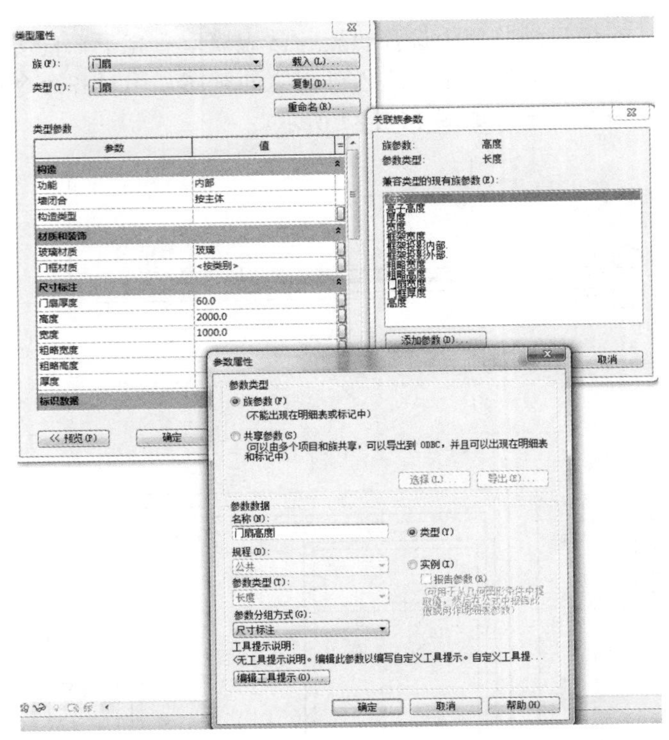

图 14.2-38

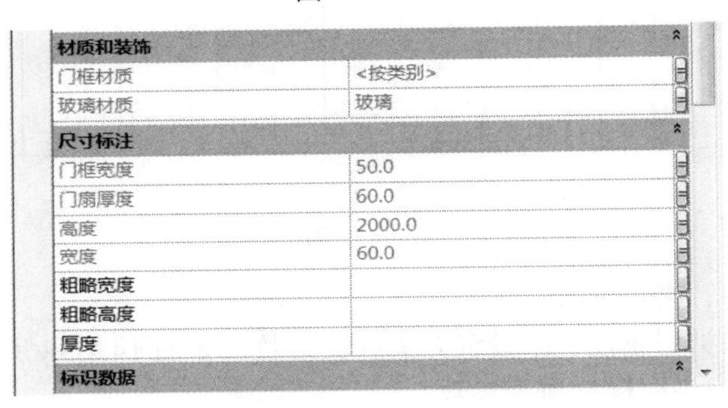

图 14.2-39

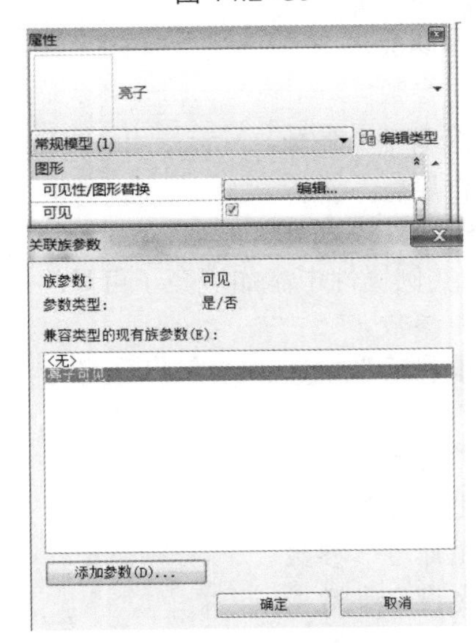

图 14.2-40

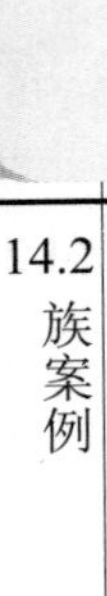

完成后，如图 14.2-41 所示。

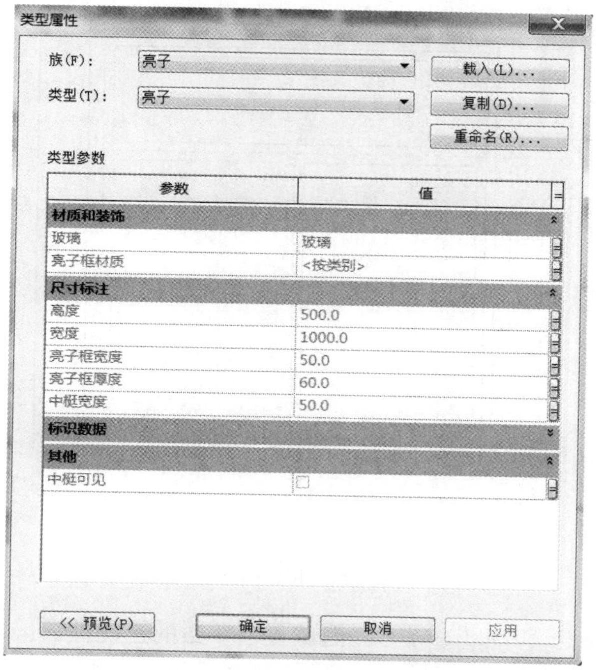

类型属性

族(F)：亮子　　载入(L)...

类型(T)：亮子　　复制(D)...

重命名(R)...

类型参数

参数	值
材质和装饰	
玻璃	玻璃
亮子框材质	<按类别>
尺寸标注	
高度	500.0
宽度	1000.0
亮子框宽度	50.0
亮子框厚度	60.0
中梃宽度	50.0
标识数据	
其他	
中梃可见	☐

<< 预览(P)　确定　取消　应用

图 14.2-41

（3）编辑参数公式。打开“族类型”对话框编辑如下公式，如图 14.2-42 所示。

门扇宽度=（宽度－2×门框宽度）/2＋门扇框宽度/2。

门扇高度=if（亮子可见，高度－亮子高度，高度－门框宽度）。

亮子高=亮子高度－门框宽度。

亮子宽=宽度－2×门框宽度。

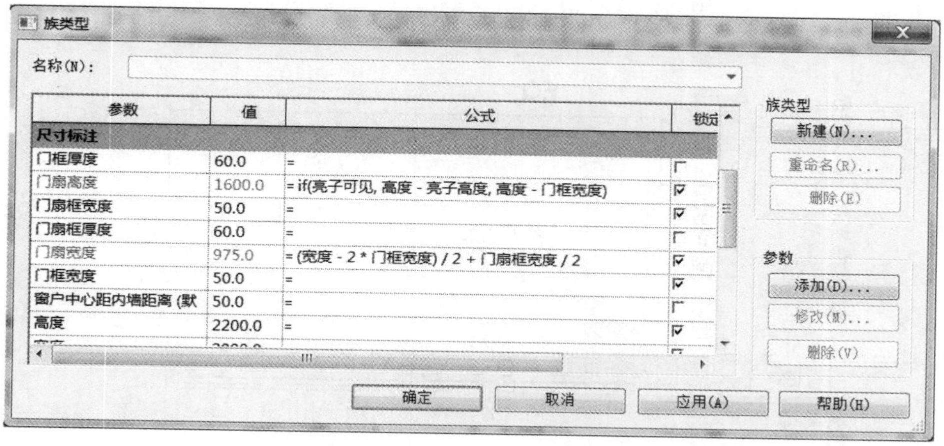

族类型

名称(N)：

参数	值	公式	锁定
尺寸标注			
门框厚度	60.0	=	☐
门扇高度	1600.0	= if(亮子可见, 高度 - 亮子高度, 高度 - 门框宽度)	☑
门扇框宽度	50.0	=	☑
门扇框厚度	60.0	=	☐
门扇宽度	975.0	= (宽度 - 2 * 门框宽度) / 2 + 门扇框宽度 / 2	☑
门框宽度	50.0	=	☑
窗户中心距内墙距离 (默	50.0	=	☐
高度	2200.0	=	☑

族类型：新建(N)...　重命名(R)...　删除(E)

参数：添加(D)...　修改(M)...　删除(V)

确定　取消　应用(A)　帮助(H)

图 14.2-42

【注意】 参数公式必须为英文书写，即英文字母、标点、各种符号都必须为英文书写格式，否则会出错。

选择门扇，单击“修改\门”上下文选项卡下“修改”面板中的“镜像”按钮，镜像门扇，并锁定，如图 14.2-43 所示。

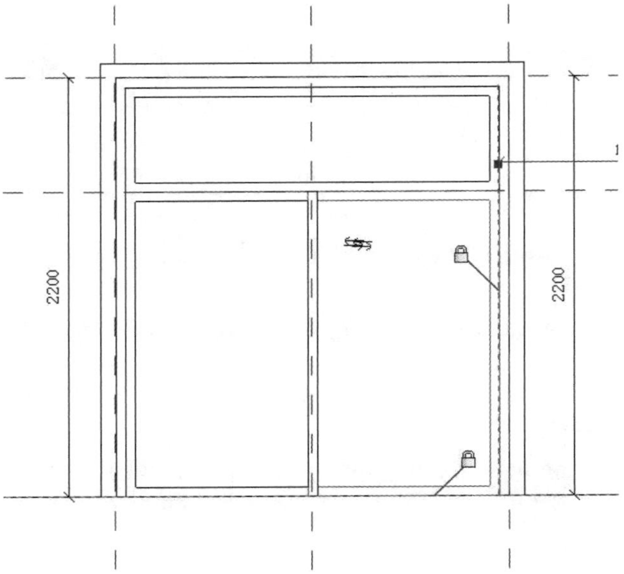

图 14.2-43

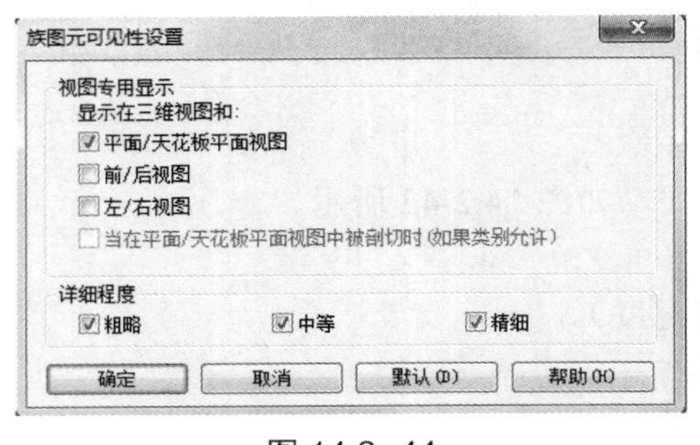

图 14.2-44

测试各项参数的正确性。

7. 设置平开门的二维表达

绘制推拉门的平面表达。

选择图元，单击“可见性”面板中的“可见性设置”按钮，在弹出的对话框中勾选亮子的“平面/天花板平面视图”的可见性，如图 14.2-44 所示。

单击“注释”选项卡中的“符号线”命令，在“子类别”面板中，下拉倒三角，选择“平面打开方向—截面”，绘制如图 14.2-45 所示的门开启线。

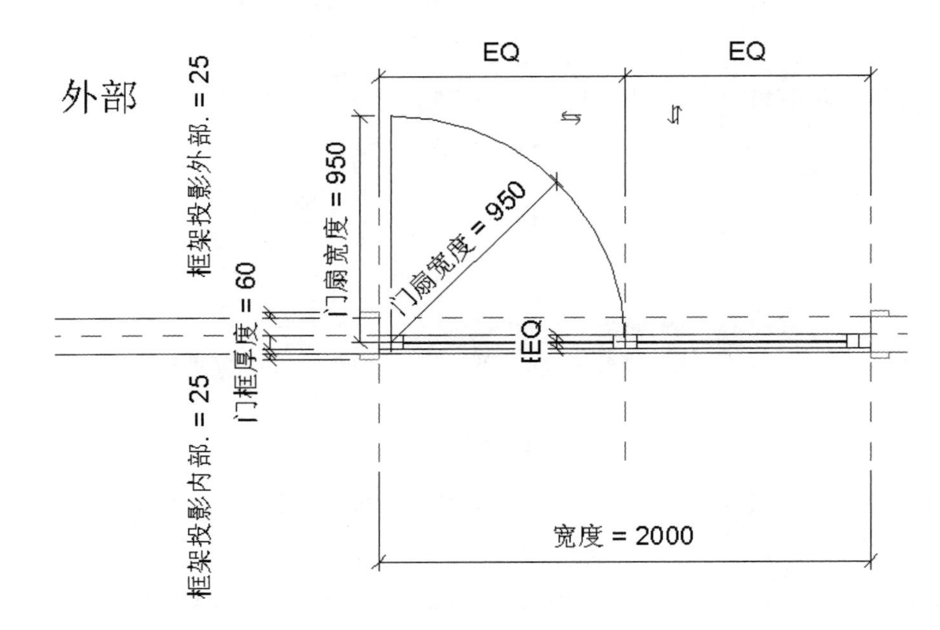

图 14.2-45

两次镜像，完成平面表达，如图 14.2-46 所示。

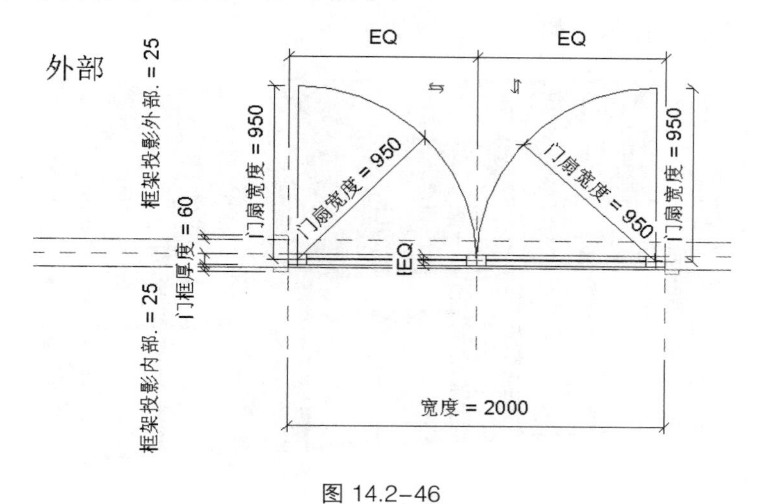

图 14.2-46

【注意】 绘制开启线的时候将半径与长度定义为“门扇宽度”参数，并锁定边线在门扇边线上，镜像的开启线也如此。

载入项目中测试二维表达，如图 14.2-47 所示。

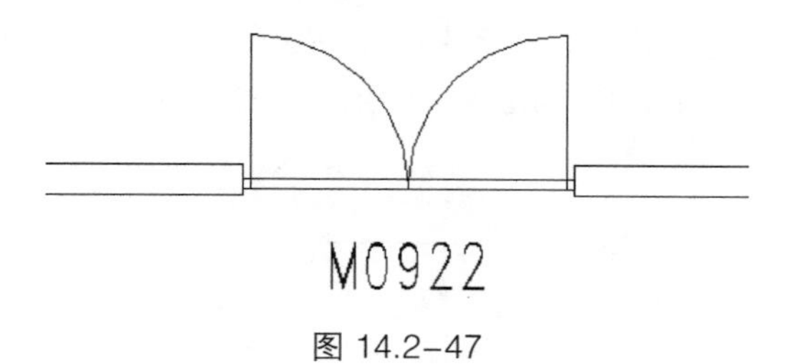

M0922

图 14.2-47

设置推拉门的立面、剖面二维表达，单击“注释”选项卡下“详图”面板中的“符号线”按钮，绘制二维线，如图 14.2-48 所示。

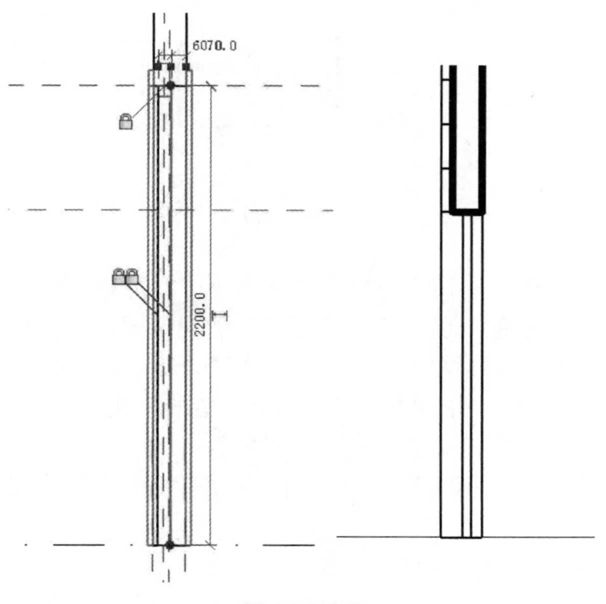

图 14.2-48

8. 测试结果

载入项目中测试得到的结果，如图 14.2-49 所示。

图 14.2-49

14.2.2　课上练习

在应用程序菜单中选择“新建”面板下的“族”命令，弹出“新族—选择样板文件”对话框，选择“公制门.rft”文件，单击“确定”按钮。

单击项目浏览器立面视图下的外部，进入外部立面视图，单击“创建”选项卡下的“拉伸”命令，选择绘制矩形按钮，绘制结果如图 14.2-50 所示，单击完成。

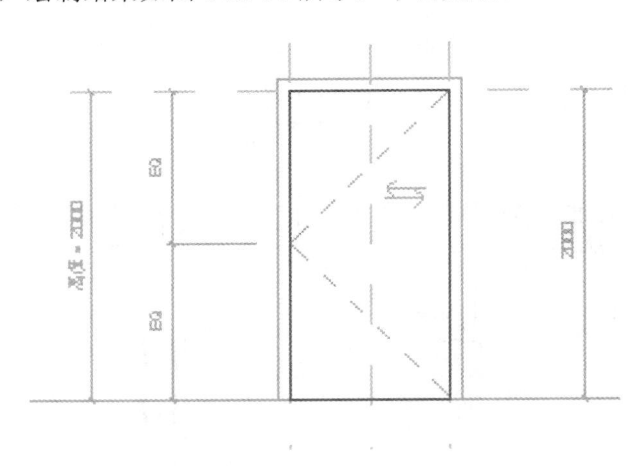

图 14.2-50

进入楼层平面参照标高视图，单击“注释”选项卡下“尺寸标注”面板上的“对齐”工具或快捷键“DI”，标注“门的厚度”，单击选项栏中“标签”下拉按钮，在弹出的下拉列表中选择“添加参数”选项，弹出“参数属性”对话框，将“参数类型”设置为“族参数”，在“参数数据”选项区域添加参数“名称”为“门厚”，并设置其“参数分组方式”为“尺寸标注”，并选择为“实例”属性，单击“确定”按钮完成参数的添加，单击“确定”。

单击“注释”选项卡下“尺寸标注”面板上的“对齐”工具或快捷键“DI”，使门厚以墙中心参照平面平分。

在“属性”面板中设置并添加“门材质”参数。

在族类型里，设置“门厚”为“60”，“门材质”为“木材”，绘制结果如图 14.2-51 所示。

图 14.2-51

14.2.3 课后作业

打开“公制窗.rft”族样板文件，绘制如图 14.2-52 所示的窗族。

图 14.2-52

保存该文件，请在“中高级课程\14.族与体量\14.2 族案例/14.2.3 课后作业\14.2-3.rvt”项目文件中查看最终结果。

14.3 体量

体量可以在项目内部（内建体量）或项目外部（可载入体量族）创建。

14.3.1 基本操作

1. 创建实心体量

在项目中创建体量，用于表示项目中特有的体量形状。创建特定于当前项目上下文的体量，此体量不能在其他项目中重复使用。

在“体量和场地”选项卡“概念体量”面板下单击“内建体量”命令，在弹出的“名称”对话框中输入内建体量的名称，单击“确定”，如图 14.3-1 所示。

图 14.3-1

Revit 会自动打开如图 14.3-2 所示的“内建体量模型”的上下文选项卡，在选项卡中选择命令进行绘制。

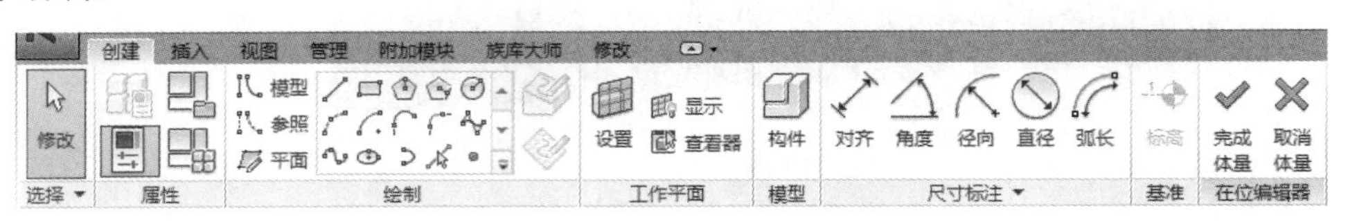

图 14.3-2

可用于创建体量的线类型包括下列几种。

1）模型：使用线工具绘制的闭合或不闭合的直线、矩形、多边形、圆、圆弧、样条曲线、椭圆、椭圆弧等都可以被用于生成体块或面。

2）参照：使用参照线来创建新的体量或者创建体量的限制条件。

3）通过点的样条曲线：单击“创建”选项卡“绘制”面板下的“模型”工具中的“通过点的样条曲线”，将基于所选点创建一个样条曲线，自由点将成为线的驱动点。通过拖曳这些点可修改样条曲线路径，如图 14.3-3 所示。

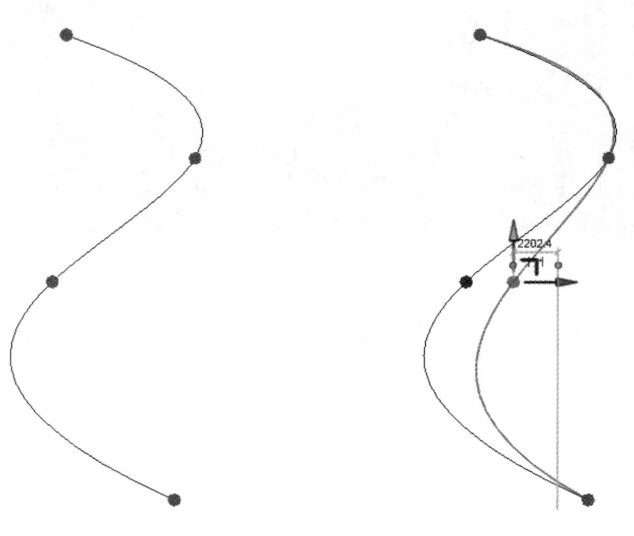

图 14.3-3

4）导入的线：外部导入的线。

5）另一个形状的边：已创建的形状的边。

6）来自已载入族的线或边：选择模型线或参照，然后单击“创建形状”按钮。参照可以包括族中几何图形的参照线、边缘、表面或曲线。

（1）通过线创建实心体量面。单击“绘制”面板下“模型”命令中的“直线╱”命令，绘制一条直线，选择所绘制的直线，单击“形状”面板下“创建形状”下拉菜单中的“实心形状”命令，直线将垂直向上生成面，如图 14.3-4 所示。

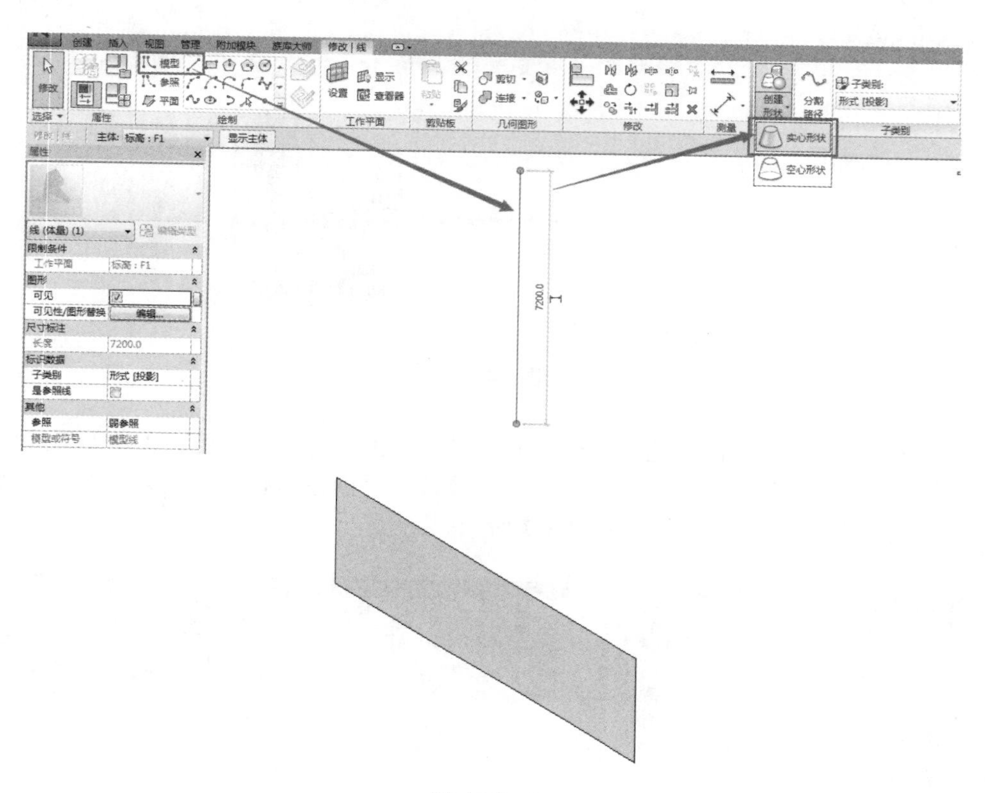

图 14.3–4

（2）通过一封闭轮廓创建实心体量。单击“绘制”面板下“模型”线命令绘制一封闭图形，选择所绘制的封闭图形，单击“形状”面板下“创建形状”下拉菜单中的“实心形状”命令，封闭图形将垂直向上生成体块，如图 14.3-5 所示。

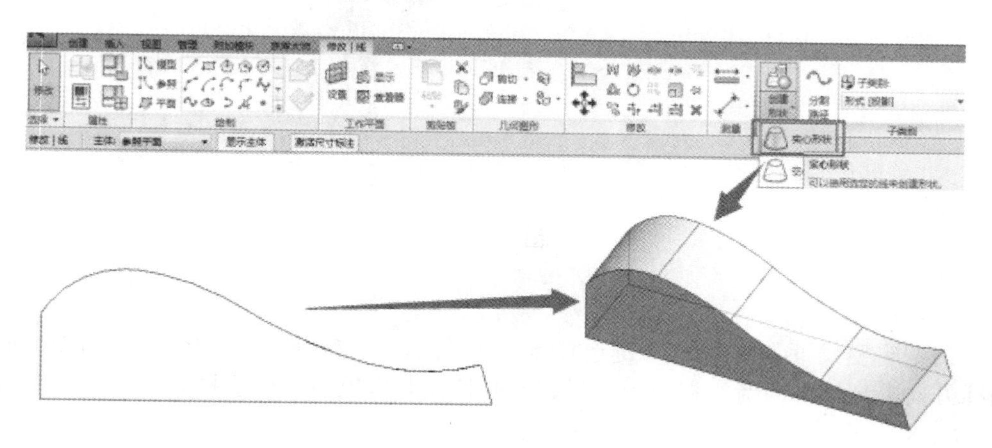

图 14.3–5

（3）通过一条线及一闭合图形轮廓创建实心体量。单击“绘制”面板下“模型”线命令绘制一条线及一封闭图形，选择所绘制的线及封闭图形，单击“形状”面板下“创建形状”下拉菜单中的

“实心形状”命令，将以线为轴旋转封闭图形创建体量，如图 14.3-6 所示。

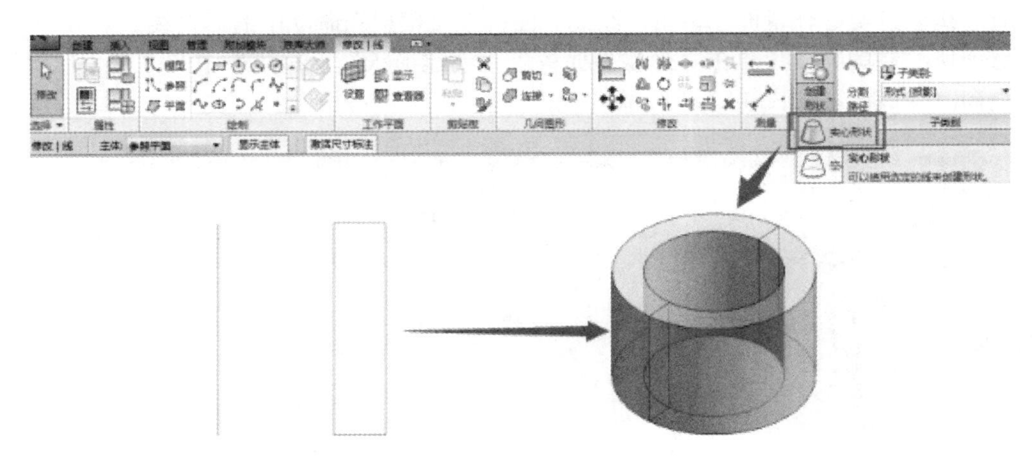

图 14.3–6

（4）通过一条或多条闭合图形轮廓创建实心体量。单击“绘制”面板下“模型”线命令绘制两封闭图形，选择所绘制的封闭图形，单击“形状”面板下“创建形状”下拉菜单中的“实心形状”命令，Revit 将自动创建融合体量，如图 14.3-7 所示。

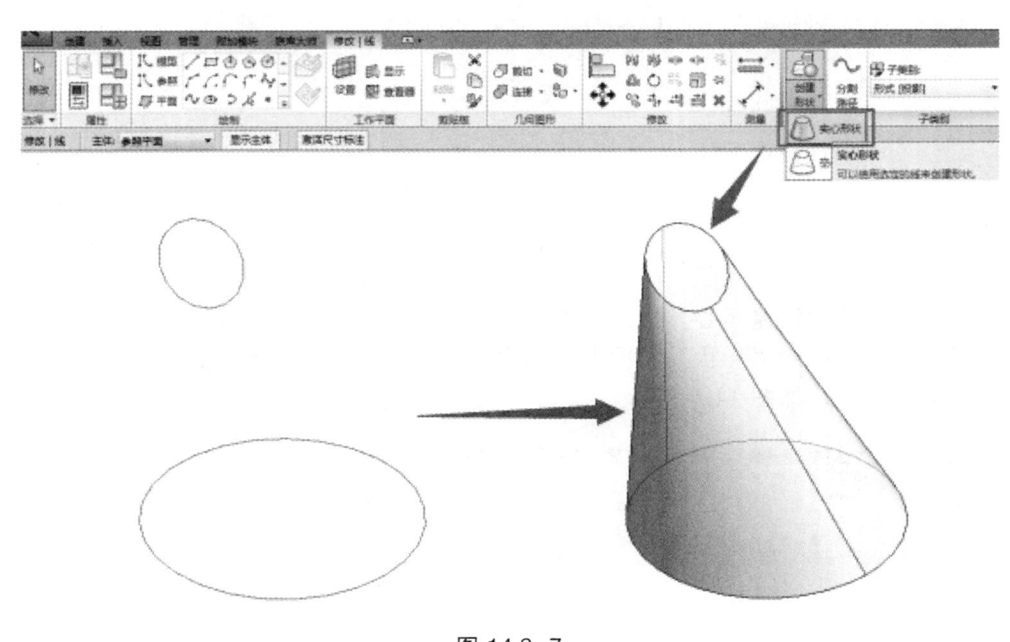

图 14.3–7

2. 编辑体量

在体量的编辑模式下，按“Tab”键选择点、线、面，选择后将出现坐标系，当光标放在 *X*、*Y*、*Z* 任意坐标方向上，该方向箭头将变为亮显，此时按住并拖曳将在被选择的坐标方向移动点、线或面，如图 14.3-8 所示。

选择体量，单击“修改 | 形式”上下文选项卡“形状图元”面板下的“透视”命令，观察体量模型，如图 14.3-9 所示，透视模式将显示所选形状的基本几何骨架。这种模式下便于更清楚地选择体量几何构架，对它进行编辑。再次单击“透视”工具将关闭透视模式。

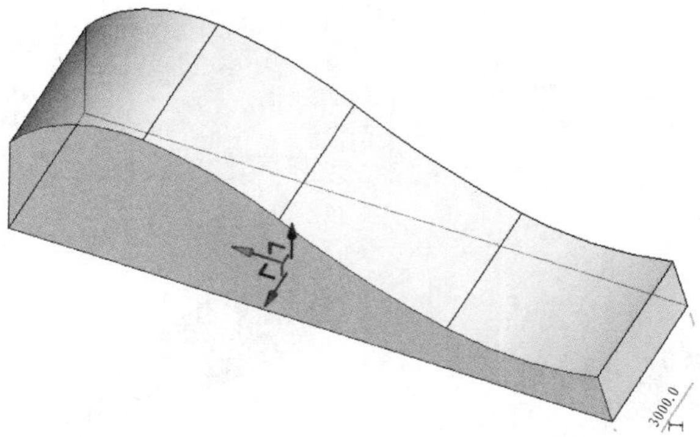

图 14.3-8

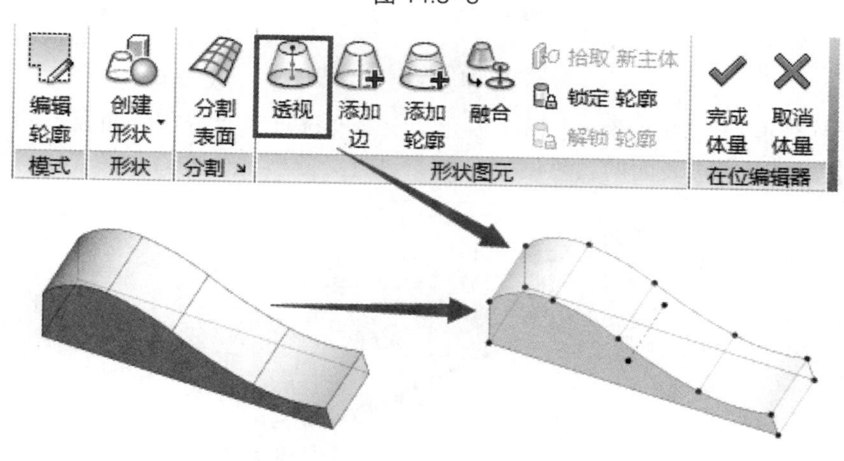

图 14.3-9

选择体量，在创建体量时自动产生的边缘有时不能满足编辑需要，单击“修改 | 形式”上下文选项卡“形状图元”面板下的“添加边”命令，将光标移动到体量面上，将出现新边的预览，在适当位置单击即完成新边的添加。同时也添加了与其他边相交的点，可选择该边或点通过拖曳的方式编辑体量，如图 14.3-10 所示。

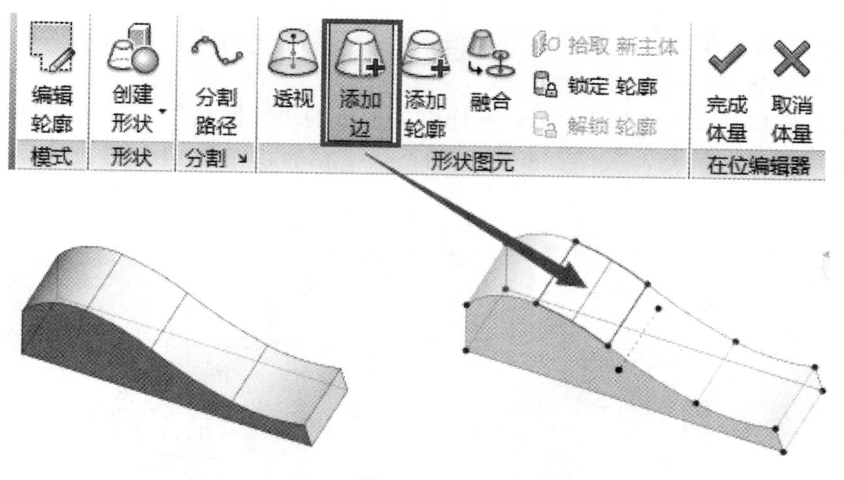

图 14.3-10

选择体量，单击“修改 | 形式”上下文选项卡“形状图元”面板下的“添加轮廓”命令，将光标移动到体量上，将出现与初始轮廓平行的新轮廓的预览，在适当位置单击将完成新的闭合轮廓的添加。新的轮廓同时将生成新的点及边缘线，可以通过操纵它们来修改体量，如图 14.3-11 所示。

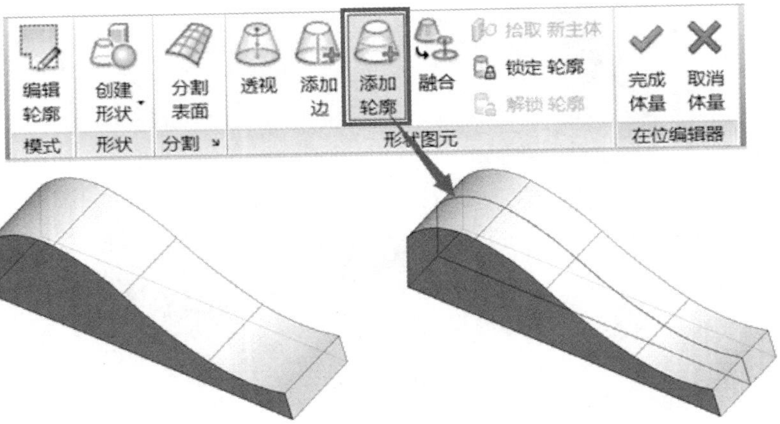

图 14.3-11

选择体量上任意面，单击“修改 | 形状图元”上下文选项卡“分割”面板下的“分割表面”命令，表面将通过 UV 网格（表面的自然网格分割）进行分割所选表面，如图 14.3-12 所示。

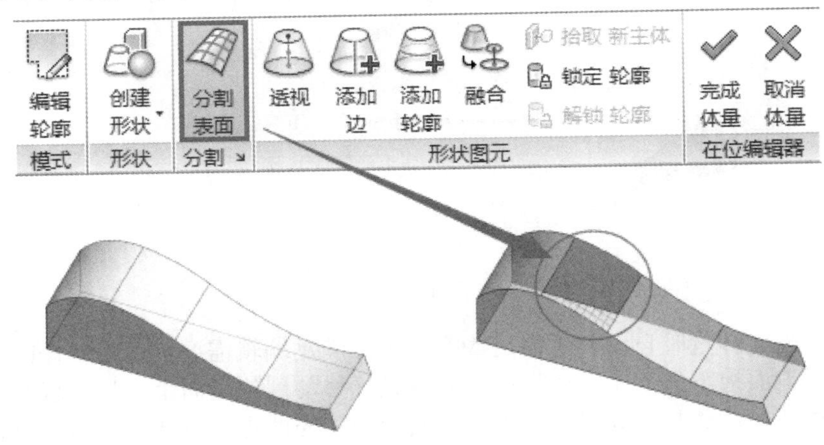

图 14.3-12

UV 网格彼此独立，并且可以根据需要开启和关闭。默认情况下，最初分割表面后，U 网格和 V 网格都处于启用状态。

单击“修改 | 分割表面”选项卡“UV 网格”面板下的“U 网格”命令，将关闭横向 U 网格，再次单击该按钮将开启 U 网格，关闭、开启 V 网格操作相同，如图 14.3-13 所示。

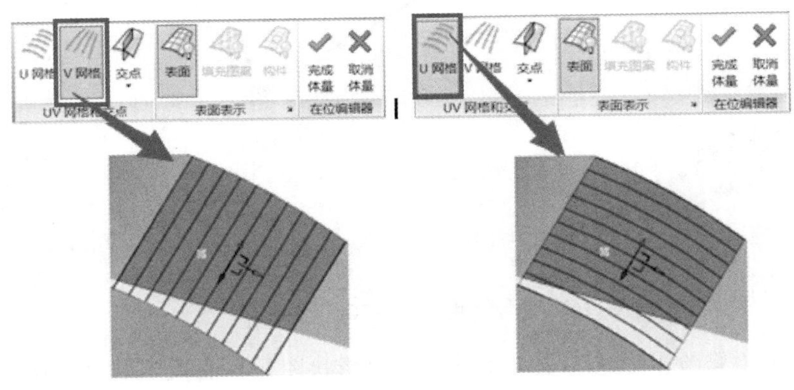

图 14.3-13

UV 网格表面分割的大小可以在选项栏中设置网格数及网格的距离，如图 14.3-14 所示。

图 14.3-14

分割表面的填充图案可以在“属性”选项栏中进行修改，如图 14.3-15 所示。

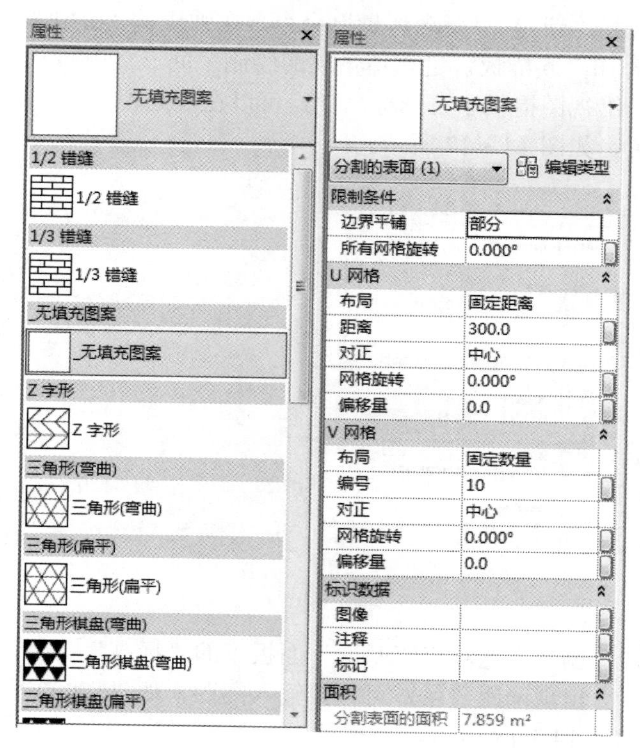

图 14.3-15

3. 创建空心体量

空心体量是在实心体量的基础上，对实心体量进行剪切以达到对实心体量的编辑。

选择实心体量，在“修改 | 体量”选项卡“模型”面板下单击“在位编辑”命令，在编辑体量的模式下创建空心体量，如图 14.3-16 所示。

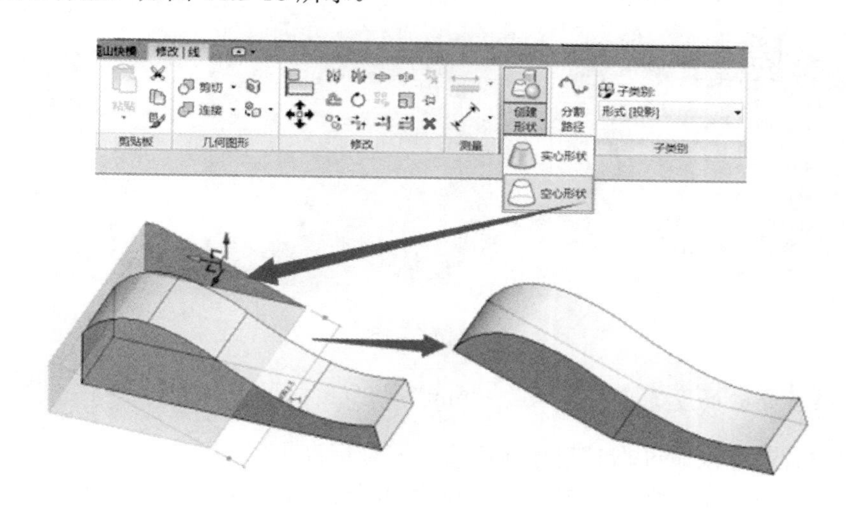

图 14.3-16

4. 创建体量族

在族编辑器中创建体量族后，可以将族载入到项目中，并将体量族的实例放置在项目中。

体量族与内建体量创建形体的方法基本相同，但由于内建体量只能随项目保存，因此在使用上相对体量族有一定的局限性。而体量族不仅可以单独保存为族文件随时载入项目，而且在体量族空间中还提供了如三维标高等工具并预设了两个垂直的三维参照面，优化了体量的创建及编辑环境。

在应用程序菜单中选择“新建”“概念体量”命令，在弹出的“新建概念体量-选择样板文件”对话框中双击“公制体量.rft”族样板，进入体量族的绘制空间。

概念体量族空间的三维视图提供了三维标高面，可以在三维视图中直接绘制标高，更有利于体量创建中工作平面的设置，如图 14.3-17 所示。

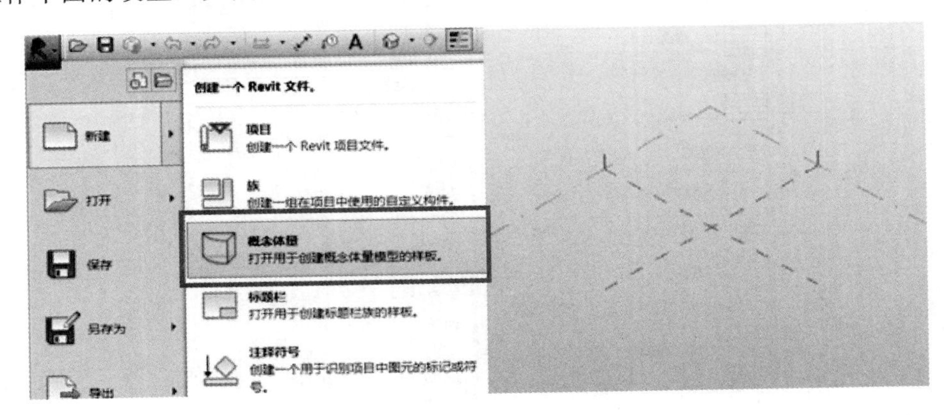

图 14.3-17

创建三维标高。单击“创建”选项卡“基准”面板下的“标高”命令，将光标移动到绘图区域现有标高面上方，光标下方出现间距显示，可直接输入间距，如“10000”，即 10m，按回车键即可完成三维标高的创建，如图 14.3-18 所示。

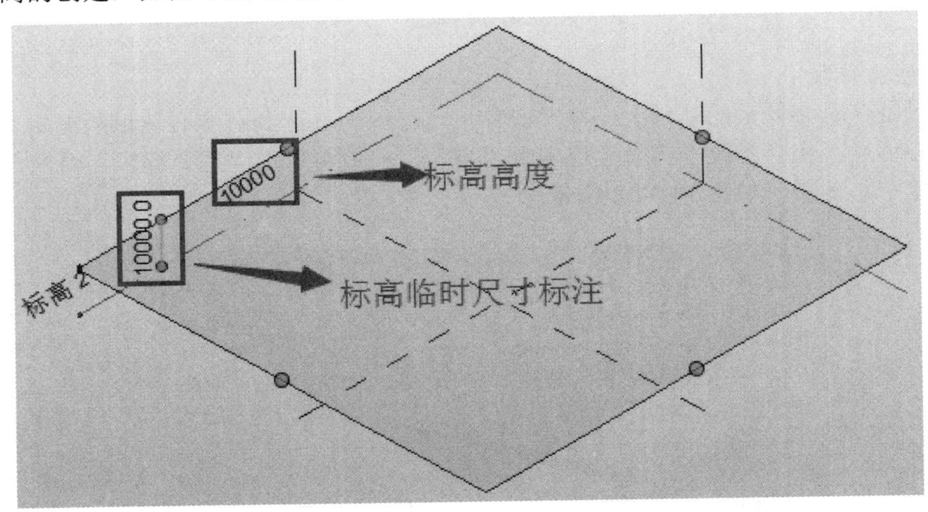

图 14.3-18

【注】 三维标高的高度的单位默认为“mm”。

标高绘制完成后还可以通过临时尺寸标注修改三维标高高度。

定义三维工作平面。在三维空间中要想准确绘制图形，必须先定义工作平面，定义工作平面的方法如下。

单击“创建”选项卡下“工作平面”面板中的“设置”按钮，选择高亮显示的标高平面或构件表面等即可将该面设置为当前工作平面，如图 14.3-19 所示。

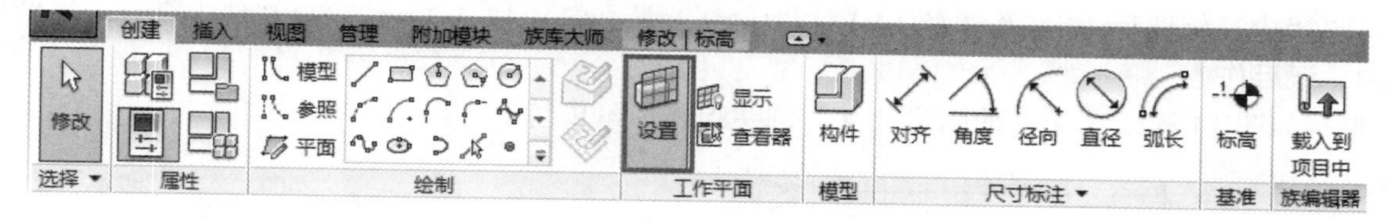

图 14.3-19

单击激活“显示”工具可始终显示当前工作平面，如图 14.3-20 所示。

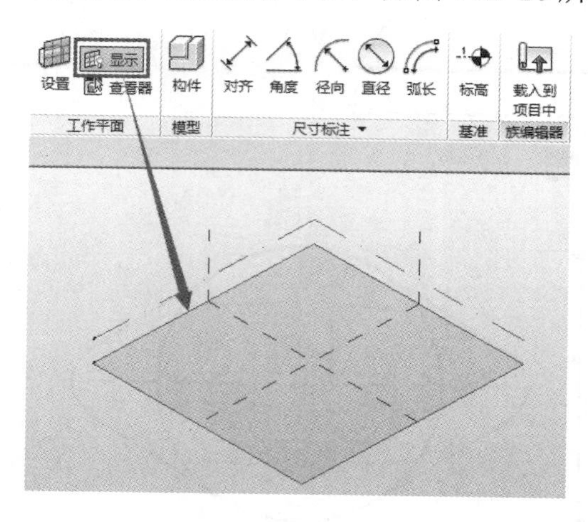

图 14.3-20

14.3.2 课上练习

创建如图 14.3-21 所示的体量族。

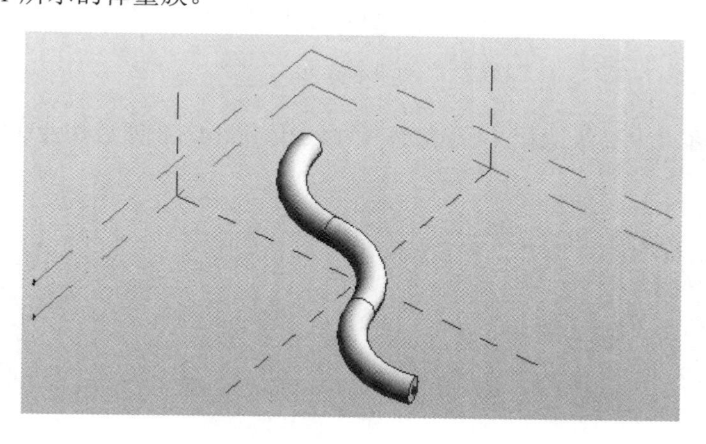

图 14.3-21

单击“应用程序菜单”下“创建”“概念体量”命令，在弹出的“新概念体量-选择样板文件”对话框中双击“公制体量.rft”文件。

选择“标高 1”平面，单击“修改 | 标高”选项卡“修改”面板下的“复制”命令创建“标高 2”，标高高度为“10000”。

单击“修改”选项卡“工作平面”面板下的“设置”命令，将“标高 2”设置为工作平面。

绘制曲线，在曲线的端点处垂直于曲线的工作平面上绘制半径为 3200mm 的圆。

选择曲线及圆，单击“修改 | 线”选项卡“形状”面板下“创建形状”下拉菜单中的“实心形状”命令创建模型。保存文件为“14.3.2 族与体量-课上作业”。

请在“中高级课程\14.族与体量\14.3 体量\14.3.2 课上练习\14-3-2.rvt”项目文件中查看最终结果。

14.3.3 课后作业

根据如图 14.3-22 中所示的阴影尺寸，创建形体体量模型。

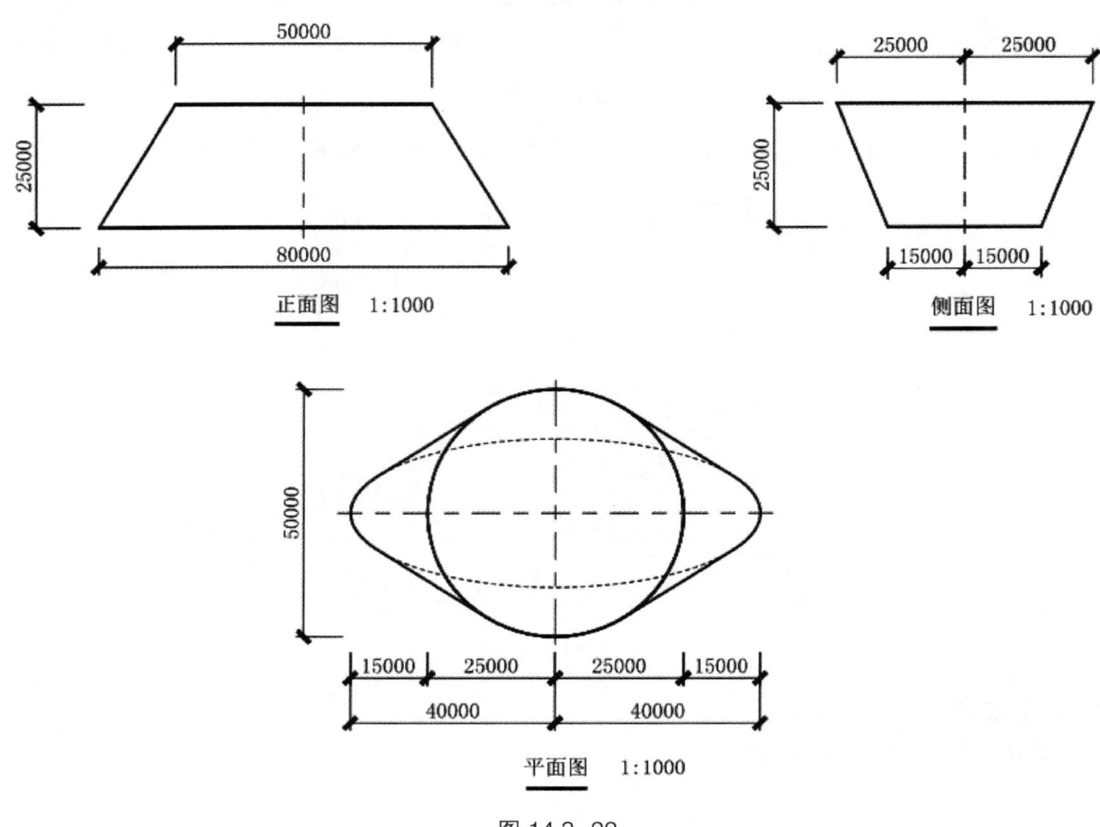

图 14.3-22

保存该文件，请在“中高级课程\14.族与体量\14.3 体量\14.3.3 课后作业\14.3-3.rvt”项目文件中查看最终结果。

参考书目推荐

Revit 行业的**十万个为什么**

BIM 技术应用者的必备**宝典**

一线设计师心血总结

站在巨人的肩膀上，**少走弯路·事半功倍**

针对建筑类设计方案

- 建筑结构构件类技巧
- 视图处理类技巧
- 建筑表现类技巧
- 工程量统计类技巧

书号：978-7-5170-4490-1
作者：黄亚斌等
定价：48.00 元
出版日期：2016 年 7 月

针对设备类的设计方案

- 基础技巧
- MEP 构建类技巧
- 工程量统计类技巧
- 高级应用类技巧

书号：978-7-5170-4622-6
作者：黄亚斌等
定价：26.00 元
出版日期：2016 年 8 月

*购书可微信扫条码或联系中国水利水电出版社营销中心（010-68367658）。